U0227619

农业无人机遥感与应用

杨贵军　杨小冬　徐　波　杨　浩　著

科学出版社

北　京

内 容 简 介

近年来无人机遥感技术快速发展，在农业领域的应用达到了前所未有的广度和深度，极大丰富了农业信息获取手段，在农情监测、灾害评估、产量调查、植被表型获取等方面发挥了重要作用，农业无人机已成为空天地农业遥感体系中不可或缺的部分。本书著者团队依托农业农村部农业遥感机理与定量遥感重点实验室，在近 10 年中持续开展农业无人机定量遥感研究与应用实践，本书即相关研究成果的集中体现。书中涵盖了当前无人机遥感领域的主要研究应用方向，包括农业无人机遥感的基本概念和研究现状、无人机平台及传感器、无人机遥感数据处理技术、大田作物无人机遥感技术、无人机遥感作物表型获取、果园无人机遥感及植被病虫害无人机遥感等内容。

本书可供农业信息技术、农业遥感、智能传感装备、测绘地理、生态环境、自然资源管理等相关专业的高校师生和科研人员阅读参考。

图书在版编目（CIP）数据

农业无人机遥感与应用/杨贵军等著. —北京：科学出版社，2024.1

ISBN 978-7-03-074039-7

Ⅰ.①农… Ⅱ.①杨… Ⅲ. ①无人驾驶飞机–航空遥感–应用–农业 Ⅳ. ①S127

中国版本图书馆 CIP 数据核字(2022)第 227440 号

责任编辑：王海光 田明霞 / 责任校对：郑金红

责任印制：赵 博 / 封面设计：北京图阅盛世文化传媒有限公司

科学出版社 出版

北京东黄城根北街 16 号

邮政编码：100717

http://www.sciencep.com

三河市春园印刷有限公司印刷

科学出版社发行 各地新华书店经销

*

2024 年 1 月第 一 版 开本：787×1092 1/16

2024 年 7 月第二次印刷 印张：21 1/2

字数：505 000

定价：228.00 元

(如有印装质量问题，我社负责调换)

前　言

无人驾驶飞行器（unmanned aerial vehicle，UAV），简称无人机，是一种有动力、可控制、能携带多种设备并执行多种任务，且能重复使用的无人驾驶航空器。无人机与遥感技术的结合，即无人机遥感，是利用先进的无人驾驶飞行器技术、传感器技术、遥测遥控技术、通信技术、导航定位技术和遥感分析技术，实现对地空间遥感信息的自动化、智能化高效获取，已成为测绘勘查、资源调查、生态环境、数字城市、地理国情监测等领域不可或缺的信息获取手段。在农业领域，无人机遥感相较于地面物联网、卫星遥感具有操作便捷、机动灵活、易维护等特点和优势，满足了复杂农田环境条件下的时空多变信息高效观测要求，也逐渐成为一种低成本、高效率的农情信息获取方式，为农业智能化发展提供了重要支撑。

我国的无人机市场从 2012 年开始出现了暴发式增长，其中以深圳市大疆创新科技有限公司为代表的无人机研发生产企业对产品不断推陈出新，占有全球 85%的市场，但面向智慧农业领域一直存在“缺模型、少理论、决策难”的问题。通过检索 Clarivate Web of Science 数据库，涉及无人机遥感的文献多达 1500 篇以上，农业领域相关的文献占到 1/3 左右，其中大部分是最近 10 年发表的，但是到目前为止还没有专门论述农业无人机遥感基础理论、技术及应用的相关著作，这对于即将从事农业无人机遥感研究与应用的工作者来说，从浩如烟海的文献中找到有价值的参考资料，其难度可想而知。为此，我们深入总结了团队多年来的相关研究及应用成果，希望可以为国内外同行开展相关工作提供一定借鉴和参考，这也是撰写本书的初衷。

近年来，农业农村部农业遥感机理与定量遥感重点实验室（北京市农林科学院信息技术研究中心）在国家重点研发计划、国家自然科学基金、北京市自然科学基金等 10 多个项目的支撑下，紧密关注农业无人机遥感前沿方向，面向农业生产实际需求，充分发挥农业无人机遥感机动灵活的观测优势，瞄准作物农情监测、表型高通量获取、病虫害检测、果园精准探测等领域，持续开展了理论探索和技术攻关，取得了较为丰硕的研究成果，并系统归纳总结为本书。全书共 8 章，第 1 章绪论，简要介绍了无人机遥感技术背景及国内外研究现状，由杨贵军、杨小冬、杨浩共同撰写；第 2 章无人机平台及传感器，由徐波、杨贵军、杨小冬撰写；第 3 章无人机遥感数据处理技术，由杨浩、徐波、杨贵军撰写；第 4 章大田作物无人机遥感技术，由杨小冬、杨贵军、徐波、杨浩撰写；第 5 章无人机遥感作物表型获取，由杨贵军、杨浩撰写；第 6 章果园无人机遥感，由杨浩、杨贵军、徐波撰写；第 7 章植被病虫害无人机遥感，由杨小冬、杨贵军撰写；第 8 章展望，由杨贵军、杨小冬、徐波撰写。杨贵军、杨小冬对全书进行了统稿。

本书相关研究成果获得了“十四五”国家重点研发计划项目“基于多平台遥感和物联网感知的苹果生产全程精准优管关键技术”（2017YFE0122500）、863 计划课题“微小型无人机遥感信息获取与作物养分管理技术”（2013AA102303）、国家科技支撑计划项目“旱区多遥感平台农田信息精准获取技术集成与应用”（2012BAH29B04）、国家自然科学基金项目“多平台高光谱遥感信息融合的作物养分精准诊断决策”（61661136003）和“面向家庭农场的小麦条锈病无人机遥感监测与诊断模型研究”（41771469）、北京市自然科学基金重点项目“微小型无人机载的近地成像高光谱作物氮素探测方法研究”（4141001）、北京市自然科学基金面上项目“基于无人机画幅式成像高光谱谱-图融合的作物氮素立体动态表征及早期亏缺诊断研究”（6182011），以及“十三五”国家重点研发计划课题“玉米生长与生产力近地面实时监测预测”（2016YFD0300602）、“基于低空遥感的华北小麦玉米营养诊断与变量追肥管理模型与技术”（2016YFD020060306）、“十四五”国家重点研发计划项目“粮食生产大数据平台研发与应用”（2023YFD2000100）等项目的持续资助。著者团队有30余名硕士/博士研究生和博士后参与了相关研究，其中韩亮、周成全、雷蕾、杨文攀、牛庆林、岳继博、高林、王艳杰、万鹏、刘帅兵、张博、杨福芹、陶惠林、王道勇、蒋小敏、张凝等在田间试验、科学研究及应用示范等方面做了大量工作。此外，北京市农林科学院的冯海宽、龙慧灵、孟炀、王聪聪、常红、李伟国等为获取本书实验数据付出了辛勤的劳动。在此对上述项目和个人表示衷心的感谢。

随着无人机平台、传感器及人工智能技术的快速发展，农业无人机遥感技术将不断完善，会以更“接地气”的方式实现与智慧农业联通，成为田块-农场精细尺度下农业生产精准指导决策的“千里眼、顺风耳”。

在本书撰写过程中，我们力求精益求精，但由于水平有限，书中难免存在不足之处，恳请各位读者批评指正，也敬请各位专家学者不吝赐教。

著　者

2022年11月9日

目　　录

第 1 章　绪　　论

1.1　研 究 意 义

利用以遥感技术为主的空间信息对农业生产进行动态监测，具有覆盖范围广、无破坏等优点。目前卫星遥感技术较为成熟，是农业遥感监测中重要的技术手段；然而卫星遥感存在着重访周期长、分辨率较低等缺点，限制了农业遥感实时、连续监测的应用。航空遥感获取成本较高，在恶劣的天气条件下，有人飞机往往无法升空作业。近年来，无人机以其机动灵活、操作简便、空间分辨率高等优势，成为低空领域准确、灵活、高效获取多种类型遥感数据的重要手段，无人机遥感技术在农业空天地遥感一体化中也起到了至关重要的桥梁作用，有力地支撑了智慧农业高效数据获取和智能化科学决策。

无人机遥感（unmanned aerial vehicle remote sensing，UAVRS）是集无人驾驶飞行器技术、遥感传感器技术、遥测遥控技术、无线通信技术、定位定姿技术、卫星定位技术于一体，以无人驾驶的飞行器作为平台搭载不同类型传感器，快速采集高时空分辨率空间遥感信息继而完成数据处理、建模和应用分析的一项新兴航空遥感综合技术（Colomina and Molina，2014；郭庆华等，2016；李德仁和李明，2014）。无人机遥感诞生于 20 世纪初，其核心技术主要掌握在欧美手中，并主要应用于军事遥感领域。进入 21 世纪后，无人机遥感进入了飞速发展时期并逐渐走向民用化，而且中国无人机制造技术也逐渐涌现并迈入世界前列，尤其是轻小型无人机（定义参考中国民用航空局 2019 年最新发布的《轻小无人机运行规定》，即可在视距内或超视距操作的、空机重量小于等于 116 kg 或起飞全重不大于 150 kg 的无人机）。2012 年，深圳市大疆创新科技有限公司推出世界首款到手即飞航拍一体机“大疆精灵 Phantom 1”，降低了无人机使用门槛，将无人机遥感带到了大众消费领域，并拉开了无人机遥感获取众源地理数据的序幕。据不完全统计，目前国内无人机保有量已超过 100 万架。到 2019 年年底，我国无人机年销售量达到 196 万架，其中消费级无人机 150 万架，工业级无人机 46 万架。2018 年 6 月以“无人机时代”为主题的报道登上美国《时代》专刊，预示着无人机遥感这一重大技术正在走向大规模实用发展阶段。

低空无人机遥感技术不受传统监测设备监测范围小、分辨率低、视野窄等问题的困扰，将无人机遥感技术应用到农业生产中及时、准确地探测农情信息（图 1-1），对农田管理可实现定位、定量管理，不仅可以减少农药、化肥的使用量，在提高利用率的同时也可以解决我国人均耕地少、环境压力大等问题。此外，无人机可加装喷洒系统、播撒系统等机载设备，替代传统地面机械及人工作业，以提高工作效率，减少了作业过程中农药对人员造成的身体伤害及地面作业机械对作物的伤害，节约生产成本的同时还可以提高产量。但目前把无人机应用到农业生产环节中指导田间管理操作还处于起步阶段，有许多问题亟待进一步研究解决。本书从农业无人机遥感平台系统、农情监测、表型获取、病虫害监测等方面梳理了著者团队近年来取得的初步研究成果，期望为农业无人机遥感领域的进步发展提供有益借鉴和参考。

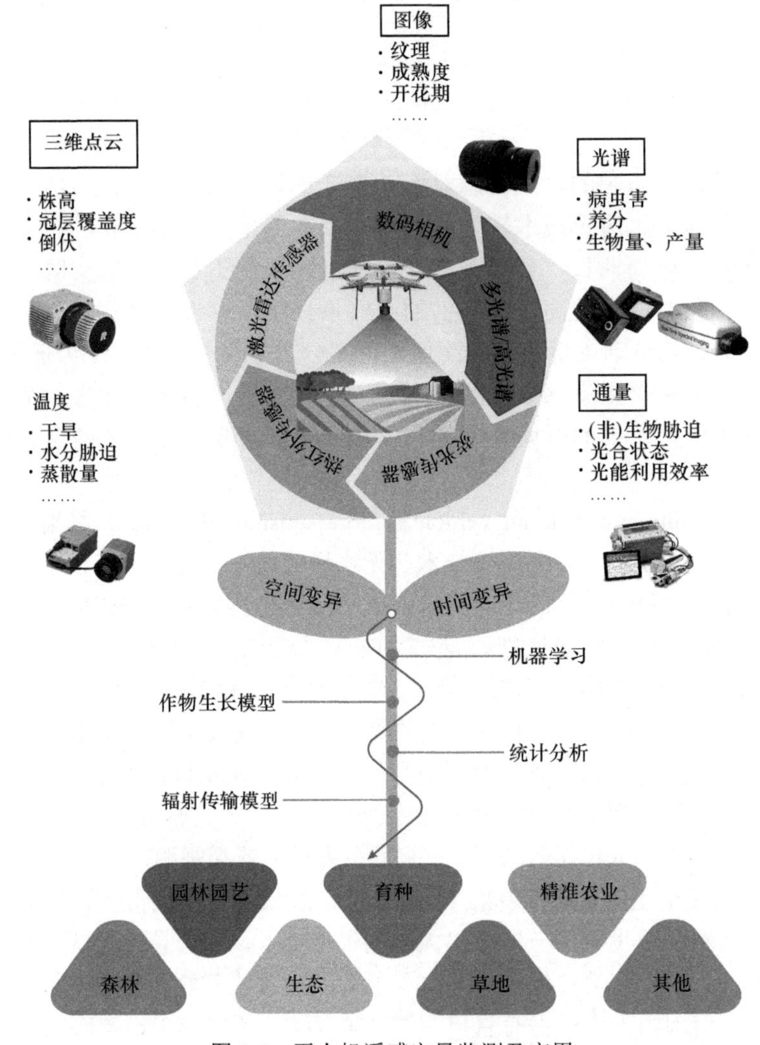

图 1-1 无人机遥感定量监测及应用

1.2 国内外研究现状

1.2.1 无人机平台及传感器研究进展

自 1918 年美国军方的“凯特灵小飞虫（Kettering Bug）”问世以来，无人机的研发历史已逾百年。得益于飞行控制技术取得的较大突破，从 20 世纪 90 年代中后期开始无人机民用研究规模稳步增长，加之复合材料、动力系统、传感器等新技术的投入使用，短短十余年间无人机遥感硬件装备得到迅猛发展。目前，不同用途民用无人机机型达到上百种，根据机械结构组成和飞行原理，无人机可划分为固定翼和旋翼两类机型。无人机飞行动力主要包括燃油驱动和电力驱动，总体上燃油驱动的无人机载荷能力、航时要优于由电力驱动的无人机；但燃油发动机难以自动控制，难以实现自驾智能飞行。以锂电池动力系统为主的无人机最大缺陷就是飞行时长太短，难以进行大面积、长航时作业。此外，作为第三种最新动力系统——氢燃料电池系统也逐渐受到国内外广泛关注，如西北工业大学发布了氢燃料电池无人机技术，氢燃料电池系统包括空冷燃料电池和燃料电池混合动力系统控制器，该氢燃料电池系统适用于20～40 kg级别的长航时固定翼无人机。从2016年开始，中国各大无人机厂商以及燃料电池厂商也开始了氢燃料电池在工业级无人机领域的应用。但由于燃料电池核心配件性能、客户使用便捷等问题，一直未能得到大范围推广和使用。随着产业的不断发展以及技术的成熟，中国的燃料电池产业得到了快速发展，而作为无人机全球基地的中国，也建立了全球第一个国家级别的标准，即《无人机用氢燃料电池发电系统》（GB/T 38954—2020）。

固定翼无人机和旋翼无人机在结构复杂程度、作业性能等方面优缺点各不相同，各有利弊。固定翼无人机的特点是在飞行载荷、飞行距离以及航速方面具备优势，因此在执行快速、大面积遥感信息采集紧急任务时应用较多。固定翼无人机主要采用跑道滑行、弹射、车载助跑、火箭助推、飞机投放和人工投掷等方式起飞。目前大多数固定翼无人机的翼展为1～8 m，有效载荷为0.5～10 kg，巡航速度为60～240 km/h，升限4000～5000 m，航时1～6 h（廖小罕等，2019；廖小罕和周成虎，2016）。旋翼无人机可以做到无须跑道而便利起降，且在执行任务过程中可以定点悬停、灵活操纵飞行姿态、清晰稳定传输实时动态影像，其具有自动驾驶飞行、不受场地条件限制、操作简便、易学等特点，所以在农田复杂环境下越来越多的用户更青睐旋翼无人机。根据旋翼数量和结构的不同，旋翼无人机大致可分为3类：常规单旋翼式、共轴双旋翼式和多旋翼式。常规单旋翼式和共轴双旋翼式无人机有时也被统称为无人直升机。目前，行业应用中多为多旋翼无人机，其主要包括四旋翼无人机、六旋翼无人机、八旋翼无人机。多旋翼无人机结构紧凑、轻便、运输便携，机身翼展为9～245 cm（张继贤等，2021），有效载荷小于20 kg，如果以锂电池作为能源动力，其航时一般为5～30 min，如果是油电混动，则航时可以达到小时级，具体的航时数值视载荷大小以及油箱尺度而定。从无人机的研发趋势来看，无人机正朝着多样化和轻量化的方向发展。例如，近年来兴起的垂直起降固定翼无人机，如纵横大鹏系列无人机，这类无人机通过整合固定翼无人机和旋翼无人机的优势，利用旋翼无人机垂直起降的功能解决了传统固定翼无人机起降限制问题，同时还保留了固定翼无人机航时长、速度快、距离远的特点。大疆面向行业应用推出了经纬M300系列，其体积小，而且可以搭载各种专业传感器，航时也达到55 min。从改善无人机的航时角度来看，研发以太阳能、燃料电池、液氢燃料系统等新型能源为动力源的无人机是未来方向之一。此外，为了大幅提升无人机遥感观测能力，实现集群化、自动化、协同化的无人机作业也是当前热点。

无人机传感器是无人机获取遥感数据开展行业应用的基础。目前，行业应用的无人机传感器主要包括以下几类：数码相机、多光谱/高光谱相机、激光雷达、热红外相机和合成孔径雷达（synthetic aperture radar，SAR）（郭庆华等，2021；汪沛等，2014）。受限于轻小型无人机的载重能力和机舱空间，其搭载的传感器需要具备体积小、重量轻以及功耗低等特性。随着微电子、微机电系统（microelectromechanical system，MEMS）、纳米机电系统（nano-electromechanical system，NEMS）等技术的快速发展，大量小型化传感器被研发出来，为无人机行业应用提供了各种可选载荷。例如，美国 IMSAR 公司设计的 NanoSAR 系统，是目前世界上最轻、最小的 SAR 系统，在 X 和 Ku 波段工作，总重量约 1.5 kg。武汉高德红外股份有限公司自主研发的全球首款单片式红外机芯产品“一元红外机芯”COIN 系列，集高芯自产晶圆级封装探测器、专用成像处理芯片、微动电磁阀快门和通用光学接口于一体，体积为 25.4 mm×25.4 mm×32.6 mm，重量不到 20 g。

虽然轻小型无人机传感器类型多样，但是从实际使用情况来看，光学相机仍是目前获取数据的主要手段。多光谱相机、高光谱相机在无人机中的应用也较多，其中使用最为广泛的是美国 MicaSense RedEdge 系列多光谱相机（刘建刚等，2016）。此外，常规高清数字照相机（俗称数码相机）也多用于无人机遥感，用于农情长势调查及估产等（Yue et al.，2019；Zhou et al.，2018；杨贵军等，2015）。相较于国外的多光谱和高光谱研发厂商，国内自主研制多/高光谱成像设备的厂商较少，尤其是高光谱相机。德国 Cubert 公司研制成功的全画幅、非扫描、实时成像高光谱仪 UHD185，仪器仅 470 g，但此类高光谱相机并不是采用直接成像方式，而是由采集的 50×50 像素高光谱数据和全色 1000×1000 像素数据融合后得到的，融合算法不可避免地会带来光谱计算误差。国内杨贵军等（2015）研发了基于 Offner 的微型线扫成像光谱仪（2 nm 分辨率，光谱范围 450～950 nm，整机 950 g），通过配置同步测量的 POS/INS 系统实现了高质量成像光谱数据获取。农业中对作物及果树等植被三维结构获取越来越迫切，各种轻小型激光雷达传感器产品开始商业化并被用于无人机上用于三维测量。例如，北京市农林科学院团队采用大疆 M600 无人机搭载微型激光雷达（RIEGL VUX-1 RIEGL Co.，奥地利）进行玉米、果树三维叶倾角及枝条分布建模取得了较好效果。大疆最新推出的 Livox 系列传感器将激光雷达传感器的价格拉低到 4000 元，而且能够满足部分地形测绘和农林调查需求，极大地降低了激光雷达系统的使用门槛。轻小型无人机上使用合成孔径雷达系统还相对较少，主要是低于 5 kg 的微小型无人机载 SAR 系统较少。与其他传感器类似，欧美国家在微型 SAR 传感器的研发方面也领先于国内。中国科学院电子学研究所、西安电子科技大学、中国电子科技集团公司第十四研究所等多家科研单位近年来对微型 SAR 技术进行了较为深入的研究（郭庆华等，2021）。从国内微型 SAR 发展水平来看，雷达分辨率和作用距离等性能指标已达到国际先进水平，与国外最先进的 NanoSAR 相当，但在重量和功耗上与国外先进系统相比仍有提升空间。

当前单一数据源难以满足行业应用中的信息需求，无人机传感器的设计正在向多任务、标准化、模块化、开放式架构发展（Yang et al.，2017）。多类型遥感载荷集成、协同工作是未来轻小型传感器发展方向之一，如光学相机、成像光谱仪、激光雷达的集成等。此外，新型的智能传感器通常内置多个微处理器，具备傅里叶变换、小波变换、定量解析模型等先进功能，使得传感器的稳定性、可靠性、信噪比、便利性等性能大大提高，可实现无人机遥感更高效地获取信息。

1.2.2　田间作物无人机遥感信息获取研究进展

国际无人机协会（Association for Unmanned Vehicle Systems International，AUVSI）2013 年预计：2015～2025 年无人机在民用领域的应用将为美国经济贡献 821 亿美元，其中超过 80%将直接来自农业（何勇等，2018）。无人机农业作业与无人机农业遥感构成了无人机在农业应用的两大领域。无人机遥感通过对土壤、作物遥感信息快速获取，实现作物长势、生物胁迫与非生物胁迫的定量监测，支撑农田精准化施肥、施药、灌溉和播种等生产管理决策。目前，无人机遥感主要在以下 5 方面发挥作用（郭庆华等，2021）。①作物养分管理：作物的光谱反射率主要受到作物色素、细胞结构和含水率的影响，作物氮素亏缺将导致光谱特征变化。基于此，Liu 等（2017）利用无人机高光谱影像，估计了小麦叶片的氮含量；Yue 等（2019）基于不同氮素处理的实验，发展了无人机高光谱影像估测小麦生物量的模型；高林等（2016）、牛庆林等（2018）分别利用无人机高光谱与数码影像估计了小麦与玉米的叶面积指数。上述研究为作物养分的定量诊断与决策提供了基础。②作物病虫害监测：病虫害会造成作物叶片细胞结构色素、水分、氮素等性质发生变化，从而引起反射光谱的变化，利用无人机遥感监测技术定量监测病虫害的发生、发展情况，有利于开展精准防控，做到及时发现、及时处理。Zhang 等（2018）基于无人机成像高光谱影像，利用高光谱分类实现单木冠幅的分割，提取虫害识别敏感波段，构建虫口密度到失叶率遥感定量化反演框架，实现了油松毛虫的定量监测。兰玉彬等（2019）综述了无人机遥感在病虫害监测领域的研究进展，无人机遥感监测病虫害研究仍处于起步阶段，与实际生产应用普及仍存在着较大距离。③作物水分胁迫监测：作物水分胁迫将影响作物的蒸腾速率，使其气孔导度降低，叶片开始卷曲，冠层温度升高。因此，基于无人机热红外影像监测作物冠层温度将为监测作物水分胁迫提供支撑（杨文攀等，2018）。Zarco-Tejada 等（2012）结合无人机载高光谱相机、热像仪与荧光传感器来监测果园的水分胁迫。④作物苗情管理：无人机遥感通过农作物植株密度、成苗率等数据统计，可以确定重新栽种方案，如 Zhou 等（2018）统计了苗期玉米的出苗率与向光性，为玉米苗期质量评估提供了依据；刘帅兵等（2018）利用无人机遥感影像提取了玉米苗期的株数；Han 等（2018）利用无人机数码影像监测了作物的高度；陈日强等（2020）基于无人机载激光雷达三维点云数据提取了果树单木树冠信息。⑤土壤墒情与质量管理：土壤反射率受土壤有机质、土壤水分、氧化铁等成分的显著影响。无人机遥感监测可以获得土壤质地与有机质数据，生成土壤水分与营养元素图，服务作物精准肥水决策。

从目前应用情况来看，无人机遥感还需进一步提升传感器和数据及时处理的能力，使之作为航天卫星、航空机载遥感平台的补充手段，帮助在农业遥感体系中构建起更加完整的空天地一体化遥感监测网络。另外，无人机遥感未来必将与无人机作业进行深度融合，真正实现“察打一体”，更好地服务于智慧农业。

1.2.3　作物表型无人机遥感研究进展

1911 年丹麦遗传学家 Wilhelm Johannsen 最早提出了基因型和表型的概念，以明确区分有机体遗传与遗传结果之间的概念性差异。作物的表型性状（trait）是特定环境条件下有机体中可被观察的特征，如其结构形态、生理生化、行为等的集合，是以可观察的方式来表达基因型（汪沛等，2014）。作物表型（phenotype）研究是确定这些性状的定量或者定性的工作（郭庆华等，2021），是从表型变化研究基因变化，通过收集表型数据将作物的表型性状与基因型相关联。无人机遥感高通量表型平台凭借机动灵活、适合复杂农田环境、可及时获取数据、作业效率高和成本低等优势，逐渐成为获取田间作物表型信息的重要手段（图 1-2）。

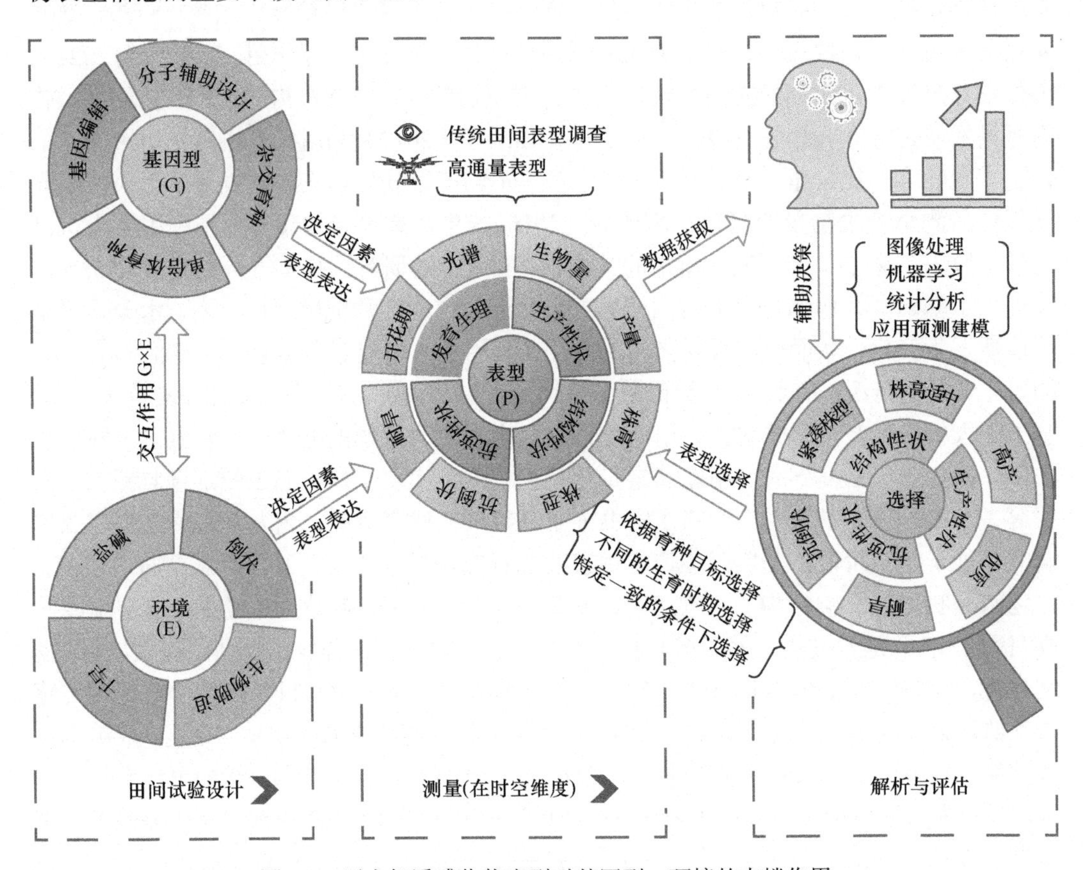

图 1-2　无人机遥感作物表型对基因型、环境的支撑作用

受限于平台载荷，目前无人机遥感解析植物表型研究中采用的传感器主要为数码相机、多光谱相机、高光谱相机、激光雷达和热像仪等（表 1-1），而荧光传感器、3D 相机和 SAR 等传感器仍未在无人机遥感解析作物表型研究中应用。数码相机是一种获取作物表型信息低成本的工具，成像时对外界环境要求相对较低，具有较高的空间分辨率，但光谱分辨率相对较低（只有红、绿、蓝三个波段）。数码图像已经被证实不仅可以用于估测株高、冠层覆盖度、出苗率、叶色、地上生物量、倒伏、长势和产量等表型性状（刘建刚等，2016），还在物候和作物计数（Zhou et al.，2018）等方面得到了很好的应用。作物对光谱的吸收和反射特征可用来反演其生理特性，对光谱反射数据进行经验性处理，能够构建大量的植被指数，以此来评估作物的冠层覆盖度、苗情、

色素含量、成熟度、叶面积、保绿度、营养状态、含水量、光合效率、生物量和产量等表型性状（Yang et al.，2017）。由于多光谱相机的光谱分辨率较低，波段较少，光谱不连续，所以其可提供的光谱特征也较少。高光谱相机则不然，它能够获取较窄（<10 nm）而连续的（通常为 400～1000 nm 可见-近红外波段）光谱图像，因而具有更高的光谱分辨率，可提供的光谱特征也更加丰富，高光谱分辨率的优势也使其成为检测作物病虫害损伤严重程度的有效方法。不论是多光谱相机还是高光谱相机，光谱成像对外界环境影响敏感，使用时通常都需要进行辐射校正。激光雷达（LiDAR）传感器能够快速、准确地测量作物冠层结构参数，多用于估算作物株高、叶面积指数（leaf area index，LAI）、生物量（Han et al.，2018）。借助荧光传感器不仅可以了解作物的光合作用机制，还可以了解作物如何应对环境变化，因此叶绿素荧光传感器被广泛用于理解作物的光合作用机制和评估作物在干旱（杨文攀等，2018）、盐碱等胁迫环境中的响应机制。热红外相机可以捕获作物表面的温差变化，揭示作物水分和干旱状态，借助热红外图像可以评估作物的含水量、耐旱性和倒伏等表型性状（Zarco-Tejada et al.，2012）。

表 1-1 无人机遥感解析植物表型常用传感器类型

传感器类型	应用	优势	不足
数码相机	叶色、花期、株高、倒伏、冠层覆盖度	成本低，可直观、便捷地获取作物表型信息	易受环境光和冠层阴影影响，定量解析表型信息少
多光谱/高光谱相机	LAI、生物量、产量、出苗率、返青率、氮含量、叶绿素含量、作物水分状态、蛋白质含量、净同化速率	可以间接观测多项作物表型信息；不仅有光谱分辨能力，还有图像分辨能力	需要辐射校正及几何校正，高光谱数据处理较为复杂
热像仪	净同化速率、作物水分状态、气孔导度、产量	可实现作物生物/非生物胁迫条件下作物生长状态的间接测定	易受环境条件的影响，难以消除土壤的影响，需频繁地校准
激光雷达	株高、生物量	可直接获得丰富的冠层点云数据，可获取高精度的水平和垂直植被冠层结构参数	获取数据成本高，点云数据处理量较大、处理速度慢

当前针对田间育种需求开展了以下 4 方面无人机遥感表型获取工作。

1）形态指标解析。通过构建数字高程模型（digital elevation model，DEM）、遥感图像分类和混合线性模型预测等方法处理无人机高通量表型平台获取可见光成像数据，可快速实现作物株高、叶色、倒伏、花穗数目和冠层覆盖度等形态指标的获取。利用无人机搭载数码相机快速获取大面积作物的可见光成像数据，通过构建数字高程模型，可实现作物株高的精确提取（刘建刚等，2016；牛庆林等，2018），利用该方法提取的大麦株高与实测值的相关系数达到 0.92。利用图像特征分析可监测作物叶色的分类和花穗数目（Guo et al.，2015）。根据是否已知训练样本的分类数据，遥感影像的分类方法可分为监督分类和非监督分类（何勇等，2018）。冠层覆盖度作为表征作物生长状况的重要指标，利用最佳线性无偏预测方法获取的高粱冠层绿色覆盖与实际地面观测数据的相关系数为 0.88（Colomina and Molina，2014）。出苗率是反映作物品种特性和在逆境下生长状态的重要指标，而越冬死亡率是反映冬小麦幼苗顺利过冬的重要指标，传统获取作物出苗率和冬小麦越冬死亡率的方法是田间人工取样计数，数据获取效率低，而利用无人机高通量平台获取的多光谱成像数据通过特征提取与分析可快速实现大面积作物出苗率和冬小麦越冬死亡率的监测（Sankaran et al.，2015）。

2）作物生理生化指标解析。植物对光谱的吸收和反射特征可用来反演其生理特性，光谱特征分析法可以有效地识别出植物的不同性状所对应的吸收和反射特征，目前在解析作物表型信息应用中已具有较高的精度（Kokaly and Clark，1999）。植物叶片在电磁光谱上的吸收和反射特性可以用来评价许多生物物理特性，对光谱反射数据进行经验性处理，能够构建大量的植被指数（Bannari et al.，1995），这些植被指数可用来监测作物的叶面积指数（LAI）、叶片叶绿素含量、植株养分和水分状态、生物量和产量等表型信息，如归一化差分植被指数（normalized difference vegetation index，NDVI）、绿色归一化差分植被指数（green normalized difference vegetation index，GNDVI）和重归一化差分植被指数（renormalized difference vegetation index，RDVI）用于预测作物叶面积指数，优化土壤调节植被指数（optimized soil adjusted vegetation index，OSAVI）和蓝绿色素指数 2（blue green pigment index 2，BGI2）用于预测作物叶片叶绿素含量，RDVI 和 RGB 植被指数（RGB based vegetative index，RGBVI）用于预测作物生物量（Aasen et al.，2015；Raun et al.，2001），光化学反射指数（photochemical reflectance index，PRI）用于预测产量等（Gonzalez-Dugo et al.，2015）。多元线性回归、偏最小二乘回归（partial least square regression，PLSR）、逐步线性回归等建模方法在无人机遥感解析作物表型信息时具有广泛的应用（刘建刚等，2016）。波段间反射率有着密切的关系，造成线性模型所需参数的重复，因此目前研究者在遥感解析作物表型时转向偏最小二乘回归、主成分分析（principal component analysis，PCA）和人工神经网络（artificial neural network，ANN）等方法，结合高光谱遥感信息，构建包含更多波段的模型，以期更好地解释模型预测的变异。

3）生物/非生物胁迫指标解析。冠层温度、气孔导度、叶片水势、净同化速率和水分胁迫指数等与作物叶片呼吸速率、蒸腾速率和净光合速率等密切相关，是揭示作物生长状态的重要指标（Zarco-Tejada et al.，2012），被普遍用于抗逆性作物品种筛选和抗逆栽培技术的研究。冠层气温差（canopy-air temperature difference，TD）是冠层温度与空气温度的比值，可用来预测作物产量，如研究表明杂交高粱、马铃薯的冠层气温差和产量呈显著的负相关关系，水分胁迫条件下小麦的冠层气温差与产量呈正相关关系。由于冠层温度与作物蒸腾密切相关，当水分亏缺时，蒸腾减弱，气孔关闭，叶温显著增加，可以利用冠层温度间接研究作物的蒸腾速率和气孔导度等。利用热成像数据得到的水分亏缺指数可以用来指示作物叶片水分状态，同时也可以反演作物的气孔导度和净光合速率（Gonzalez-Dugo et al.，2015）。常规获取上述指标的方法为使用田间手持热像仪、气孔计和便携式光合仪等仪器测定，效率较低，难以在短时间内完成较大面积作物的测定，而利用无人机搭载热像仪可快速、方便地获取大面积作物的热成像数据，从而实现作物生长状态的监测。将无人机遥感获取数据与地面实测数据比较可知，目前利用无人机搭载热像仪监测小麦和玉米冠层温度、气孔导度和叶片水分状态等指标的精度较高，但在棉花上的精度较低。比较无人机搭载热像仪获取的冠层温度与地面手持红外测温计测定的冠层温度，其决定系数为 0.84（杨文攀等，2018），利用干旱植被指数反演的叶片气孔导度与地面实测数据的决定系数为 0.53（Gonzalez-Dugo et al.，2015），而利用热成像数据反演的棉花气孔导度与实测数据的决定系数仅为 0.23（Zarco-Tejada et al.，2012）。

4）作物产量性状指标解析。产量是作物科学研究的核心内容，不断提高产量预测模型的精度和通用性是无人机遥感应用的前提。通过植株的生理表型参数结合植被指数可以很好地估测作物产量，基于遥感手段构建的产量预测模型所用指标包含生育期长度、冠层温度、叶绿素含量、LAI、地上部生物量、光谱反射率和植被指数等。基于作物特有的光谱反射特征，通过构建包含多种植被指数的遥感反演模型，可以实现作物产量的预测（刘建刚等，2016；杨贵军等，2015）。Yang 等（2017）构建了一种多载荷无人机遥感辅助小麦育种信息获取系统，该系统能够高通量获取作物叶面积指数、冠层温度和产量等多个关键表型参量。在水分供应充足和水分限制条件下，较低冠层温度的品种产量增加，因此可基于冠层温度实现作物产量的预测。由于作物光合作用与叶绿素含量有一定关系，可以用叶绿素含量来预测作物产量。产量预测模型的精度随着建模参数的增加而增加，而多数基于冠层反射率或冠层温度估产的模型集中在 2～3 个植被指数研究，缺少一定的通用性。因此，融合农学知识与遥感指标构建精度高、通用性强的产量预测模型对应用无人机遥感进行作物产量预测至关重要。

1.2.4　果园无人机遥感研究进展

发展水果产业是实现乡村产业振兴的重要抓手，而果园是水果产业链的源头。果园生产的精准管理不仅有助于果农减少投入，还能增加水果产量和提升水果品质。果园管理在果树不同生长时期（从果树开花，果树枝条生长，果实发育、成熟、收获，到树木休眠）涉及大量的生产决策，包括疏花疏果、修剪整形、灌溉施肥管理、植保喷药、成熟收获等，合理的决策都需要精准信息的支撑。无人机遥感相比于卫星遥感监测精度更高、更能满足实际需求，相比于地面传感器监测成本更低，已逐渐成为果园生产管理中最具应用前景的信息获取手段之一。当前无人机遥感服务于果园生产管理主要体现在以下三个方面。

1. 果树形态结构监测

形态结构特征是果树最为基本的信息，也是无人机遥感应用最为广泛的领域。形态结构特征可以反映果树的生长状态，为估算目标产量、需水量、需肥量和喷药量等提供基本信息。通常根据监测果树形态结构差异将其分为果园尺度和单株尺度。

（1）果园尺度

对果园田间作业机械，如机器人进行路径规划和导航，往往需要果园种植结构信息，如株行距、垄行方向、种植密度、树行位置、垄行体积和郁闭度等。无人机遥感影像提取的行与行间信息可用于各种精准果园任务的规划，如引导地面测量自主导航、果园机器人的树行自动路径计算等。此外，为实现果园定株管理，需要进行果树单木分割

（individual tree segmentation，ITS）。基于冠层高度模型的果树单木分割最为常见：假设每棵树都有独立的树顶，树顶到树底到树边的高度逐渐减小，据此可以实现每棵树的识别和定位，再确定树与树的边缘轮廓。稀疏种植的果园实现单木分割较为容易，但密植型果园相邻果树枝叶交叉重叠，挑战较大。目前研究中往往通过充分利用不同树冠间的几何和光谱差异实现更加细致和准确的边缘分割。

（2）单株尺度

目前研究人员主要使用无人机遥感技术提取的结构参数来表征单株果树的生长状况：树冠高度、冠幅（周长、宽度、直径和投影面积）、叶面积、枝条长度、冠层形状、树木体积或冠层体积。配备激光雷达传感器的无人机已经被证实是果树形态结构测量的最佳工具。陈日强等（2020）使用无人机激光雷达技术实现了单株苹果树树冠信息的提取。Hadas 等（2019）基于安装在小型无人机平台的激光雷达获得的高密度点云，提出了一种确定苹果园树木几何参数的遥感方法。目前冠层体积的计算也主要依赖于点云数据，主要方法有垂直冠层投影面积法（VCPA）、椭圆体积法（VE）和树廓体积法（VTS）。

2. 果园树势诊断

果园树势诊断是果园生产管理决策的基础。除了根据果树的形态结构来判断树势，还可以根据果树冠层叶片的养分状态和水分状态来诊断树势，进而判断果树是否受到养分胁迫或者水分胁迫，进而为果园的施肥决策和灌溉决策提供信息支撑。

（1）养分诊断

氮、磷、钾是果树生长发育过程中最为重要的营养元素，钙、镁、锌、铁、锰、铜、硼等微量元素，也是不可或缺的营养元素，它们影响着果树叶片生长、开花、坐果和果实发育。其中，氮是植物中最为关键的矿质营养元素，氮相关的养分指标也是目前无人机遥感主要监测的指标。无人机遥感主要通过叶片的反射光谱特征来定量表征果树冠层的叶绿素、类胡萝卜素等含量进而反映果树叶片氮浓度和冠层氮浓度等树势指标。例如，朱西存等（2009a，2009b，2011）对苹果花期冠层、苹果其他生长期的高光谱特征、养分含量估测等方面进行了系统研究，取得了初步的研究成果。冯海宽等（2016，2018）利用地面高光谱数据定量监测了苹果叶片尺度的叶绿素和磷含量。王植等（2011）对桃树叶片氮含量进行了高光谱监测。邢东兴和常庆瑞（2008，2009）利用高光谱技术对果树叶片的微量元素和全氮、全磷、全钾含量进行了估测。

（2）水分诊断

高效的灌溉策略不仅是降低生产成本的关键，而且合理的水分投入与果实的产量与品质密切相关。利用无人机遥感技术快速诊断果树水分胁迫的最终目的是提高灌溉生产力和水分利用效率。无人机多光谱影像提取的归一化差分红边植被指数（normalized difference red-edge vegetation index，NDRE）能够反映果园灌溉的不均匀性，并有可能反映果树的生长不均匀性，这一发现有可能将无人机变成农民最喜欢的辅助工具。作物水分胁迫指数（crop water stress index，CWSI）的提出表明了冠层温度能够定量表征果树水分状况，CWSI 将空气和冠层温度差值归一化，可表明蒸腾作用需求。无人机热辐射图像在冠层温度评估方面比传统的实地测量更有效。

3. 果园产量估计

果园收获前的产量预测在指导果园精准管理中起重要作用，准确、快速地定株估算果树产量，使种植者能够根据目标产量优化资源投入、规划收获管理和物流。目前使用无人机遥感技术进行果树产量估测主要基于果实的光谱特征或者果树的生长发育特征，特别是基于果实的光谱或者结构信息，采用图像目标识别或检测的方法对果实进行计数，获得果树产量。但由于无人机图像只能获取果树冠层表面的信息，无法获取冠层内部果实的分布情况，因此，实际的果实数量往往比图像上可见的果实数量多。根据果树生长发育特征估计果树产量主要有三种方法。

1）基于果树光谱信息的产量估算，即利用果树在一定生长期的光谱特征和果实产量等参数之间的相关性来预测产量。Ye 等（2006）开发了一种利用航空高光谱影像估算柑橘产量的方法，该方法表明利用神经网络模型（neural network model，NNM）与柑橘树冠高光谱数据可以准确地预测柑橘产量。

2）基于果树结构参数的产量估算，即利用果树生长变化与产量之间的关系来预测产量。很多研究人员利用作物的结构特征如冠层体积等来估算产量。例如，Sarron 等（2018）利用综合气候、年份和管理效应的负载指数，以及树结构参数（树高、树冠投影面积和体积）作为芒果产量模型的自变量，构建了芒果估产模型（验证精度 R^2 大于 0.77），并准确绘制了果园内单棵芒果树的产量图。

3）基于作物生长模型的估算产量，即利用遥感技术与作物生长模型相结合的方法来模拟果树整个生长周期的动态生长过程，评估作物对基因型、种植环境、种植制度的产量响应。Bai 等（2019）利用 Landsat 图像的 NDVI 和土壤调节植被指数（soil-adjusted vegetation index，SAVI）估计了不同生育期的枣树叶面积指数，并使用 SUBPLEX 算法将 LAI 加入 WOFOST 模型，提高了地块规模上枣树产量的预测精度（R^2= 0.78，RMSE = 0.64 t/hm^2）。作物生长模型综合考虑了果树的生长发育，并利用遥感信息动态模拟了整个生育期的生长状况，更好地反映了果树的生长过程。然而，当前林木生长模型较少，尚无完整的果树生长模型，无法通过模拟果树的生长变化来预测产量。

总体来讲，无人机果园遥感监测主要存在如下几个方面的挑战。

1）从需求方面来讲，由于果园的高经济附加值，对精细化生产管理的需求更为迫切：相比于大田作物分地块或分区管理，果树由于其高价值，在生产经营上对信息需求的尺度和精度要求更高，期望目标是能定株管理、定量投入；相比于森林更关注其蓄积量和固碳能力等生态价值，果园更关注其果实的产量和品质等经济价值，关注点不一样。

2）果园种植具有明显的垄行结构，单株果树具有复杂的三维冠形结构，中低分辨率下往往假设大田作物等下垫面为均质连续的，由于无人机比卫星分辨率更高（达到厘米级），在果园上类似的假设条件难以成立，果园种植以及果树结构的三维异质性需要重点考虑。

3）相比于大田作物，果树一般为多年生树木，其产量的形成比一年生作物更为复杂，受大小年的影响，因此果园产量的估计比一年生作物挑战更大；相比于森林的主要生物量在树干，果树的生物量集中在冠层。

1.2.5 病虫害无人机遥感研究进展

大多数植被病虫害从零星发生到大面积暴发往往只有一个极短的时间过程，这一特性使得灵活、高效的近地遥感技术显得尤为重要。与重访周期固定、受环境影响较大的卫星遥感系统相比，无人机遥感系统在数据采集过程中受大气等外界环境的影响较小，具有操作简单、数据获取速度快、时空分辨率高的优点，更适合高精度的监测识别。

国内外众多学者在利用无人机遥感监测作物病虫害方面做了大量研究工作。目前无人机遥感监测作物病虫害的数据源主要分为数码影像、多光谱影像、高光谱影像、热红外影像等。

数码影像分辨率高，数据获取与预处理均简便成熟，但光谱信息少，适合开展常规的病虫害发生范围监测和分级诊断。Tetila 等（2017）通过从不同飞行高度获取的数码影像提取的影像颜色、纹理及空间变化等特征进行了大豆病害空间变化特征的监测；吴才聪等（2017）基于无人机数码影像和半变异函数开展了小区域范围内玉米螟空间分布预测；付巍（2015）基于无人机数码影像的颜色特征参数开展了小麦全蚀病遥感监测与病情分级研究；Deng 等（2014，2016a，2016b）基于无人机数码影像，采用人工神经网络（artificial neural network，ANN）分类模型对柑橘黄龙病的病情进行了分级诊断；刘伟（2014）对可见光影像的颜色特征参数与病情指数进行相关性分析，利用综合光谱信息预测了小麦白粉病的发生。

高光谱影像光谱信息丰富，但数据获取难度大、成本高，适合作物病虫害识别、早期诊断和定量研究。在病虫害识别分类方面，Couture 等（2018）利用染病及健康叶片的非成像高光谱数据进行基于原始高光谱全波段数据的偏最小二乘判别分析（partial least square-discriminant analysis，PLS-DA），实现了土豆 Y 病毒病胁迫植株与健康植株的分类。Moshou 等（2004）利用变量筛选和归一化差分植被指数（normalized difference vegetation index，NDVI），构建了 4 个输入数据，通过包含 10 个神经元的单隐含层以及两个输出的简单多层感知（multi-layer perceptron，MLP）神经网络，实现了基于冠层成像高光谱数据的田间小麦条锈病胁迫植株的分类，病害胁迫植株的分类精度更是达到了 99.4%。袁琳（2015）通过分析小麦叶片尺度的成像高光谱数据而确定了病害识别敏感波段，从光谱几何角度形成了比值三角植被指数（ratio triangle vegetation index，RTVI）；此外，在构建基于光谱相对变化的光谱比率指纹特征的同时，加入基于图像的几何和纹理特征，实现了小麦白粉病、条锈病及蚜虫虫害叶片的有效识别，总体分类精度达到 90.0%。Knauer 等（2017）通过综合分析基于线性判别分析（linear discriminant analysis，LDA）提取的光谱特征和基于积分图像提取的纹理特征对葡萄白粉病进行了识别，提出了一种基于随机森林（random forest，RF）的空–谱特征提取算法，分类精度达到 99.8%，与传统的单纯基于光谱的随机森林分类结果相比，分类精度提高了 10%以上。在早期诊断方面，Bravo 等（2003）在获取小麦冠层高光谱图像后，利用 NDVI 阈值分割出植株叶片，利用逐步变量筛选确定了叶片尺度的4个最佳分类波段，并通过二次判别分析实现了小麦条锈病的早期分类，总体分类精度达92.0%。在病害严重度定量分析方面，Tekle等（2015）通过偏最小二乘回归（PLSR）法，利用光谱数据估算了脱氧雪腐镰孢霉烯醇（deoxynivalenol，DON）含量，实现了燕麦赤霉病危害程度的定量反演；程帆等（2017）利用随机蛙跳（random frog，RF）和回归系数（regression coefficient，RC）法从高光谱数据中提取了对细菌性角斑病胁迫早期过氧化物酶活性敏感的波段，同样利用PLSR实现了以过氧化物酶活性为衡量指标的危害程度定量分析。

随着多光谱相机的小型化、集成化快速发展，无人机多光谱遥感影像成为目前使用最广泛的精准农业无人机监测数据源，国内外学者基于无人机多光谱遥感影像的光谱信息和纹理信息开展了广泛的病虫害监测诊断研究。赵晓阳等（2019）通过低空无人机遥感平台获取了多光谱影像，从中提取光谱信息构建了植被指数，并建立了基于植被指数的水稻病害识别模型。崔美娜（2019）利用无人机多光谱影像对棉花害虫棉叶螨进行监测，提取特征值建立逻辑斯谛回归模型，分类精度为95.1%。Su等（2018）通过对不同时期的小麦条锈病严重程度进行估算研究，发现红和近红外波段是诊断条锈病的有效波段，且不同生育期应采用不同的波段和指数。Backoulou等（2011）利用田间多光谱图像的空间特征结合地形和土壤变量，构建了15个用于区分俄罗斯小麦蚜虫的一组变量，通过判别函数分析筛选出13个建立分类模型，蚜虫分类精度达98%。Xavier等（2019）利用无人机获得了棉花病虫害试验田不同飞行高度的多光谱图像，用于区分受病害侵染的棉花，研究结果表明，尽管分类有限，但是低成本的无人机多光谱监测系统在监测棉花病虫害方面仍具有潜在的价值。Severtson等（2016）利用无人机获取油菜多光谱影像，提取受虫害胁迫的油菜光谱特征与营养元素进行分析，研究结果表明，油菜钾含量越少，虫害越重。Sanseechan等（2019）通过无人机多光谱相机拍摄甘蔗白叶病图像，结果表明，近红外和红边波段的植被指数能够更好地表征白叶症状。

无人机热红外相机与光谱信息结合开展病虫害监测诊断有时具有特殊的效果，国内外学者也开展了较多的相关研究。Schmitz等（2004）利用航空遥感热成像技术基于温度差异对健康甜菜与受线虫危害的甜菜进行了识别。Calderón等（2013）使用无人机获取了感染霜霉病的罂粟热成像图像，利用植株冠层温度的变化特征构建了NDVI，并建立了PROSPECT叶片模型和SailH冠层水平模型，以分析绿/红指数比（R550/R670）与叶面积指数（leaf area index，LAI）变化，结果表明，受感染植株的R550/R670与NDVI显著正相关。刘飞等（2018）利用正常样本与染病样本的光谱特征和温度差异，使用热红外与RGB图像融合的方法对病害进行分级并绘制了作物病害分布图。

总体而言，病虫害无人机遥感技术正处在蓬勃发展的阶段，已有部分实现落地应用。然而，一方面基于无人机平台的中小尺度病虫害监测研究过多地依赖遥感手段获取地物光谱信息，较少考虑田间小气候以及人为因素等多元数据的影响，因此，基于融合遥感与其他多元数据对病虫害进行监测的研究尚不完善，且系统性较差；另一方面，在近地环境下，混合像元、光源等影响因素依旧存在，对于精细尺度的病虫害监测、识别研究存在一定的影响。

1.3 总结与展望

轻小型、高精度、标准化与集成化应用，是未来无人机遥感载荷与飞行平台发展的总体趋势。载荷内部集成大容量存储，并与全球导航卫星系统（global navigation satellite system，GNSS）/惯性导航系统（inertial navigation system，INS）等设备高度集成；多类型遥感载荷集成，实现多类型载荷的协同工作，如光学相机、成像光谱仪、激光雷达的集成等；研发图谱合一的微小型专用传感器，从而满足小尺度作物养分、病虫害精细诊断需求；针对高空间分辨率、光谱分辨率及三维点云建立多载荷高精度检校与定标方法，大幅度提高无人机遥感数据的质量，提升高精度定量化解析水平。无人机多遥感器间及无人机与卫星、地面多源数据融合仍是当前迫切需要解决的问题，未来研发专业芯片级硬件是实现无人机多源数据融合最具潜力的途径，主要通过传感器之间的关联和遥感机理实现数据的自动智能处理与定量解析，解决无人机遥感数据时空谱多维融合难题，实现多源数据优势互补。同时，开展机器学习、深度学习用于无人机高分辨率图谱数据的智能识别和检测，满足作物表型计数及数量分析高效获取需求。无人机遥感数据处理效率还比较低，亟待基于大数据、5G 通信技术等建立云平台在线高效能处理系统，满足用户“所飞即所得”，将原有数据分析处理时效由日降低到分钟级，甚至秒级。

可以预见，随着我国民用无人机的适航规范以及空中交通管理制度的不断完善，以及计算机技术、网络技术和光电技术的不断开发和应用，以上各种无人机遥感关键技术问题都会得到较好解决，农业无人机遥感技术将以其卓越的信息获取性能在智慧农业中发挥越来越重要的作用，并产生巨大的创新性应用效益，为现代农业产业绿色高质量发展插上科技的翅膀。

参考文献

陈日强, 李长春, 杨贵军, 等. 2020. 无人机机载激光雷达提取果树单木树冠信息. 农业工程学报, 36(22): 50-59

程帆, 赵艳茹, 余克强, 等. 2017. 基于高光谱技术的病害早期胁迫下黄瓜叶片中过氧化物酶活性的研究. 光谱学与光谱分析, 37(6): 1861-1865

崔美娜. 2019. 基于无人机遥感的棉花螨害动态监测研究. 石河子: 石河子大学硕士学位论文

冯海宽, 杨福芹, 李振海, 等. 2016. 最优权重组合模型和高光谱估算苹果叶片全磷含量. 农业工程学报, 32(7): 173-180

冯海宽, 杨福芹, 杨贵军, 等. 2018. 基于特征光谱参数的苹果叶片叶绿素含量估算. 农业工程学报, 34(6): 182-188

付巍. 2015. 小麦全蚀病无人机遥感监测研究. 郑州: 河南农业大学硕士学位论文

高林, 杨贵军, 于海洋, 等. 2016. 基于无人机高光谱遥感的冬小麦叶面积指数反演. 农业工程学报, 32(22): 113-120

郭庆华, 胡天宇, 刘瑾, 等. 2021. 轻小型无人机遥感及其行业应用进展. 地理科学进展, 40(9): 1550-1569

郭庆华, 吴芳芳, 胡天宇, 等. 2016. 无人机在生物多样性遥感监测中的应用现状与展望. 生物多样性,

24(11): 1267-1278
何勇, 岑海燕, 何立文, 等. 2018. 农用无人机技术及其应用. 北京: 科学出版社
兰玉彬, 邓小玲, 曾国亮. 2019. 无人机农业遥感在农作物病虫草害诊断应用研究进展. 智慧农业, 1(2): 1-19
李德仁, 李明. 2014. 无人机遥感系统的研究进展与应用前景. 武汉大学学报(信息科学版), 39(5): 505-513, 540
廖小罕, 肖青, 张颢. 2019. 无人机遥感: 大众化与拓展应用发展趋势. 遥感学报, 23(6): 1046-1052
廖小罕, 周成虎. 2016. 轻小型无人机遥感发展报告. 北京: 科学出版社
刘飞, 曹峰, 孔汶汶, 等. 2018. 一种基于无人机多源图像融合的作物病害监测方法和系统: 中国, CN201810089146.6
刘建刚, 赵春江, 杨贵军, 等. 2016. 无人机遥感解析田间作物表型信息研究进展. 农业工程学报, 32(24): 98-106
刘帅兵, 杨贵军, 周成全, 等. 2018. 基于无人机遥感影像的玉米苗期株数信息提取. 农业工程学报, 34(22): 69-77
刘伟. 2014. 小麦白粉病的遥感监测及空气中病菌孢子的时空动态研究. 合肥: 安徽农业大学硕士学位论文
牛庆林, 冯海宽, 杨贵军, 等. 2018. 基于无人机数码影像的玉米育种材料株高和 LAI 监测. 农业工程学报, 34(5): 73-82
汪沛, 罗锡文, 周志艳, 等. 2014. 基于微小型无人机的遥感信息获取关键技术综述. 农业工程学报, 30(18): 1-12
王植, 周连第, 李红, 等. 2011. 桃树叶片氮素含量的高光谱遥感监测. 中国农学通报, 27(4): 85-90
吴才聪, 胡冰冰, 赵明, 等. 2017. 基于无人机影像和半变异函数的玉米螟空间分布预报方法. 农业工程学报, 33(9): 84-91
邢东兴, 常庆瑞. 2008. 基于光谱分析的果树叶片微量元素含量估测研究: 以红富士苹果树为例. 西北农林科技大学学报(自然科学版), 36(11): 143-150
邢东兴, 常庆瑞. 2009. 基于光谱分析的果树叶片全氮、全磷、全钾含量估测研究: 以红富士苹果树为例. 西北农林科技大学学报(自然科学版), 37(2): 141-147, 154
杨贵军, 李长春, 于海洋, 等. 2015. 农用无人机多传感器遥感辅助小麦育种信息获取. 农业工程学报, 31(21): 184-190
杨文攀, 李长春, 杨浩, 等. 2018. 基于无人机热红外与数码影像的玉米冠层温度监测. 农业工程学报, 34(17): 68-75, 301
袁琳. 2015. 小麦病虫害多尺度遥感识别和区分方法研究. 杭州: 浙江大学博士学位论文
张继贤, 刘飞, 王坚. 2021. 轻小型无人机测绘遥感系统研究进展. 遥感学报, 25(3): 708-724
赵晓阳, 张建, 张东彦, 等. 2019. 低空遥感平台下可见光与多光谱传感器在水稻纹枯病病害评估中的效果对比研究. 光谱学与光谱分析, 39(4): 1192-1198
朱西存, 赵庚星, 董芳, 等. 2009a. 基于高光谱的苹果花磷素含量监测模型. 应用生态学报, 20(10): 2424-2430
朱西存, 赵庚星, 姜远茂, 等. 2011. 基于高光谱红边参数的不同物候期苹果叶片的SPAD值估测. 红外, 32(12): 31-38
朱西存, 赵庚星, 雷彤. 2009b. 苹果花期冠层反射光谱特征. 农业工程学报, 25(12): 180-186
Aasen H, Burkart A, Bolten A, et al. 2015. Generating 3D hyperspectral information with lightweight UAV snapshot cameras for vegetation monitoring: from camera calibration to quality assurance. ISPRS Journal of Photogrammetry and Remote Sensing, 108: 245-259
Backoulou GF, Elliott NC, Giles K, et al. 2011. Spatially discriminating Russian wheat aphid induced plant stress from other wheat stressing factors. Computers and Electronics in Agriculture, 78(2): 123-129
Bai T, Wang S, Meng W, et al. 2019. Assimilation of remotely-sensed LAI into WOFOST model with the

SUBPLEX algorithm for improving the field-scale jujube yield forecasts. Remote Sensing, 11(16): 1945
Bannari A, Morin D, Bonn F, et al. 1995. A review of vegetation indices. Remote Sensing Reviews, 13(1/2): 95-120
Bravo C, Moshou D, West J, et al. 2003. Early disease detection in wheat fields using spectral reflectance. Biosystems Engineering, 84(2): 137-145
Calderón R, Navas-Cortés JA, Lucena C, et al. 2013. High-resolution airborne hyperspectral and thermal imagery for early detection of *Verticillium* wilt of olive using fluorescence, temperature and narrow-band spectral indices. Remote Sensing of Environment, 139: 231-245
Colomina I, Molina P. 2014. Unmanned aerial systems for photogrammetry and remote sensing: A review. ISPRS Journal of Photogrammetry and Remote Sensing, 92: 79-97
Couture J, Singh A, Charkowski A, et al. 2018. Integrating spectroscopy with potato disease management. Plant Disease, 102(11): 2233-2240
Deng X, Lan Y, Hong T, et al. 2016a. Citrus greening detection using visible spectrum imaging and C-SVC. Computers and Electronics in Agriculture, 130: 177-183
Deng X, Lan Y, Xing X, et al. 2016b. Detection of citrus Huanglongbing based on image feature extraction and two-stage BPNN modeling. International Journal of Agricultural and Biological Engineering, 9: 20-26
Deng X, Li Z, Hong T. 2014. Citrus disease recognition based on weighted scalable vocabulary tree. Precision Agriculture, 15(3): 321-330
Gonzalez-Dugo V, Hernandez P, Solis I, et al. 2015. Using high-resolution hyperspectral and thermal airborne imagery to assess physiological condition in the context of wheat phenotyping. Remote Sensing, 7(10): 13586-13605
Guo W, Fukatsu T, Ninomiya S. 2015. Automated characterization of flowering dynamics in rice using field-acquired time-series RGB images. Plant Methods, 11: 1-15
Hadas E, Jozkow G, Walicka A, et al. 2019. Apple orchard inventory with a LiDAR equipped unmanned aerial system. International Journal of Applied Earth Observation and Geoinformation, 82: 101911
Han L, Yang G, Yang H, et al. 2018. Clustering field-based maize phenotyping of plant-height growth and canopy spectral dynamics using a UAV remote-sensing approach. Frontiers in Plant Science, 9: 1638
Knauer U, Matros A, Petrovic T, et al. 2017. Improved classification accuracy of powdery mildew infection levels of wine grapes by spatial-spectral analysis of hyperspectral images. Plant Methods, 13(1): 1-15
Kokaly RF, Clark RN. 1999. Spectroscopic determination of leaf biochemistry using band-depth analysis of absorption features and stepwise multiple linear regression. Remote Sensing of Environment, 67(3): 267-287
Liu H, Zhu H, Wang P. 2017. Quantitative modelling for leaf nitrogen content of winter wheat using UAV-based hyperspectral data. International Journal of Remote Sensing, 38: 2117-2134
Moshou D, Bravo C, West J, et al. 2004. Automatic detection of ‘yellow rust’ in wheat using reflectance measurements and neural networks. Computers and Electronics in Agriculture, 44(3): 173-188
Raun WR, Solie JB, Johnson GV, et al. 2001. In - season prediction of potential grain yield in winter wheat using canopy reflectance. Agronomy Journal, 93(1): 131-138
Sankaran S, Khot LR, Carter AH. 2015. Field-based crop phenotyping: Multispectral aerial imaging for evaluation of winter wheat emergence and spring stand. Computers and Electronics in Agriculture, 118: 372-379
Sanseechan P, Saengprachathanarug K, Posom J, et al. 2019. Use of vegetation indices in monitoring sugarcane white leaf disease symptoms in sugarcane field using multispectral UAV aerial imagery. IOP Conference Series: Earth and Environmental Science, 301(1): 012025
Sarron J, Malézieux É, Sané CAB, et al. 2018. Mango yield mapping at the orchard scale based on tree structure and land cover assessed by UAV. Remote Sensing, 10(12): 1900
Schmitz A, Kiewnick S, Schlang J, et al. 2004. Use of high resolution digital thermography to detect *Heterodera schachtii* infestation in sugar beets. Communications in Agricultural and Applied Biological Sciences, 69(3): 359-363

Severtson D, Callow N, Flower K, et al. 2016. Unmanned aerial vehicle canopy reflectance data detects potassium deficiency and green peach aphid susceptibility in canola. Precision Agriculture, 17(6): 659-677

Su J, Liu C, Coombes M, et al. 2018. Wheat yellow rust monitoring by learning from multispectral UAV aerial imagery. Computers and Electronics in Agriculture, 155: 157-166

Tekle S, Måge I, Segtnan VH, et al. 2015. Near-infrared hyperspectral imaging of *Fusarium*-damaged oats (*Avena sativa* L.). Cereal Chemistry, 92(1): 73-80

Tetila EC, Machado BB, Belete NA, et al. 2017. Identification of soybean foliar diseases using unmanned aerial vehicle images. IEEE Geoscience and Remote Sensing Letters, 14(12): 2190-2194

Xavier TW, Souto RN, Statella T, et al. 2019. Identification of *Ramularia* leaf blight cotton disease infection levels by multispectral, multiscale UAV imagery. Drones, 3(2): 33

Yang G, Liu J, Zhao C, et al. 2017. Unmanned aerial vehicle remote sensing for field-based crop phenotyping: current status and perspectives. Frontiers in Plant Science, 8: 1111

Ye X, Sakai K, Garciano LO, et al. 2006. Estimation of citrus yield from airborne hyperspectral images using a neural network model. Ecological Modelling, 198: 426-432

Yue J, Yang G, Tian Q, et al. 2019. Estimate of winter-wheat above-ground biomass based on UAV ultrahigh-ground-resolution image textures and vegetation indices. ISPRS Journal of Photogrammetry and Remote Sensing, 150: 226-244

Zarco-Tejada PJ, González-Dugo V, Berni J. 2012. Fluorescence, temperature and narrow-band indices acquired from a UAV platform for water stress detection using a micro-hyperspectral imager and a thermal camera. Remote Sensing of Environment, 117: 322-337

Zhang N, Zhang X, Yang G, et al. 2018. Assessment of defoliation during the *Dendrolimus tabulaeformis* Tsai et Liu disaster outbreak using UAV-based hyperspectral images. Remote Sensing of Environment, 217: 323-339

Zhou C, Yang G, Liang D, et al. 2018. An integrated skeleton extraction and pruning method for spatial recognition of maize seedlings in MGV and UAV remote images. IEEE Transactions on Geoscience and Remote Sensing, 56(8): 4618-4632

第 2 章　无人机平台及传感器

与传统卫星遥感及地面遥感技术获取植被健康长势信息的手段不同，近年来迅速发展的无人机遥感技术由于获取的数据分辨率高、成本低、使用方便灵活而在农业监测中发挥着不可替代的作用。无人机技术发展了近百年，从军用扩展到民用，技术已经非常成熟。针对农业遥感不同应用场景，已经发展出多种类型的无人机，有固定翼、直升机及多旋翼等，并且针对常用的高清数码相机、多光谱相机、热红外相机、高光谱相机、雷达等传感器也开发出了相配套的挂载工具和飞行控制软硬件模块，实现了无人机自主航线规划、自动飞行、传感器同步控制等功能。在数据处理分析方面，国内外都已经开发出软件系统，基本建立了从数据获取到数据处理分析全过程自动化、智能化的无人机遥感监测体系。

2.1　无人机系统

无人机的诞生可以追溯到 1914 年。当时第一次世界大战正进行得如火如荼，英国的卡德尔和皮切尔两位将军，向英国军事航空学会提出了一项建议：研制一种不用人驾驶，而用无线电操纵的小型飞机，使它能够飞到某一目标区上空，投下事先装在其上的炸弹。

1917 年，彼得・库伯和艾尔姆・A. 斯皮里发明了第一台自动陀螺稳定仪，无人驾驶飞机由此诞生。

1935 年，英国德·哈维兰公司研制出一款发射后能自主回收并重复利用的“蜂后”无人机，从可回收的角度来看，这是真正意义上的第一架无人机，可以说是近现代无人机历史上的“开山鼻祖”。

1941 年，美国海军研发了 TDN-1 和 TDR-1 型无人攻击机，并在 1944 年 9～10 月用于太平洋战争。随后无人机被运用于各大战场，执行侦察任务。然而由于当时的科技比较落后，无人机无法出色地完成任务，所以逐步受到冷落，甚至被军方弃用。

直到 1982 年，以色列首创无人机与有人机协同作战，无人机才重回大家的视线。后来无人机在海湾战争中大放异彩也引起了各国军事高层的重视，这才开启了无人机真正的发展之路（廖小罕和周成虎，2016）。

21 世纪初，军用无人机从大型逐渐向迷你型发展，且性能更加稳定，进而促进了民用无人机的诞生。国内的杰出代表是深圳市大疆创新科技有限公司，其先后推出精灵系列、御系列、M 系列无人机，并迅速在世界范围内被广泛应用于多个领域。

2.1.1　无人机的定义

无人驾驶飞行器简称无人机，英文缩写为 UAV，是利用无线电遥控设备和自备的程序控制装置操纵的不载人飞机，由机载计算机完全地或间歇地自主操作[Unmanned

Aircraft Systems (UAS)，2005]。从技术角度可以分为无人固定翼飞机、无人直升机、无人多旋翼飞机、无人飞艇、无人伞翼机等。与载人飞机相比，无人机具有体积小、造价低、使用方便等优点。

2.1.2 无人机系统的组成

无人机系统主要包括飞机机体、飞控系统、数据链路系统、任务载荷系统、飞行器系统、发射回收系统等（图 2-1）。飞控系统又称为飞行管理与控制系统，相当于无人机系统的“大脑”，对无人机的稳定性及数据传输的可靠性、精确度、实时性等都有重要影响，对无人机飞行性能起决定性的作用；数据链路系统通过对指令的准确传输，保证了无人机飞行状态信息的高效反馈和任务的及时执行；任务载荷系统是满足用户特定功能需求的核心模块，在农业遥感领域主要指的是光谱采集设备；飞行器系统主要分为电动、油动及混合动力；发射回收系统保证无人机顺利升空以达到安全的高度和速度飞行，并在执行完任务后从空中安全回落到地面。

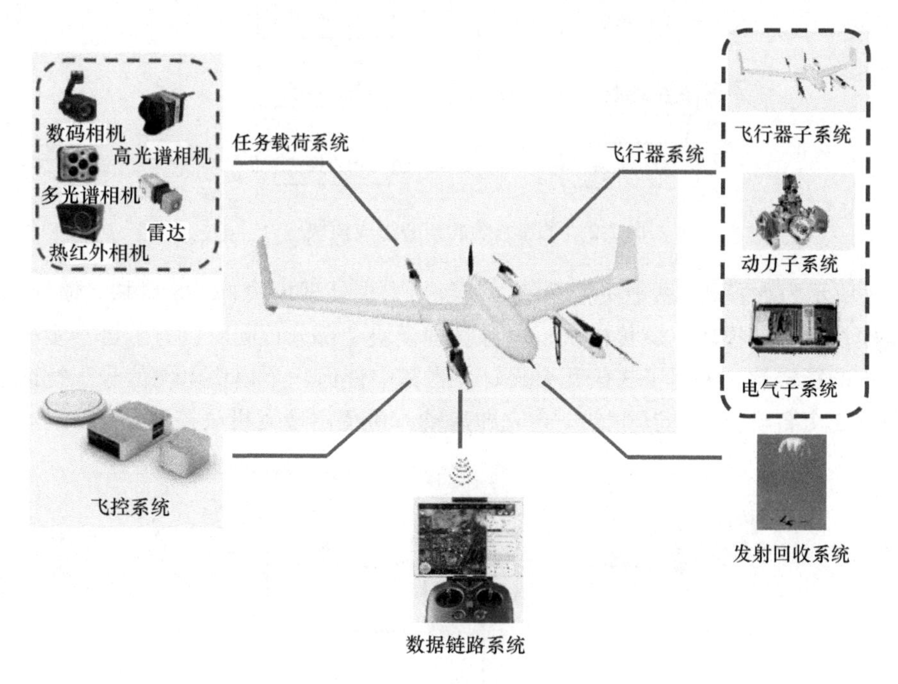

图 2-1　无人机系统组成

2.1.2.1 飞控系统

1. 飞控系统的发展

无人机飞控系统的发展主要经历了 4 个阶段（汪晋宽等，2006）。

1）20 世纪初至 40 年代，由简单的自动稳定器发展成自动驾驶仪。

2）20 世纪 40～50 年代，由自动驾驶仪发展成飞行自动控制系统。飞机性能不断提高，要求自动驾驶仪与机上其他系统耦合形成飞行自动控制系统。为适应飞行条件的剧烈变化，飞行自动控制系统的参数随飞行高度或气压的变化而变化。

3）20 世纪 60 年代出现自适应飞行自动控制系统，该系统集成了增稳系统和自动驾驶仪系统。

4）20 世纪 70～80 年代，飞行自动控制系统发展成主动控制系统，此时的无人机已经能够根据感知的环境信息提前作出预测，并作出相应飞行状态的调整。

2. 飞控系统的组成

飞控系统也称自动驾驶仪，是飞行自动控制系统的神经中枢，包含了多个数据获取及控制模块，主要功能是收集飞机当前所处的飞行状态及部分环境信息，并根据搜集的信息决定飞机下一步需要采取的飞行策略，图 2-2 所示为飞控系统的核心组成模块，飞控系统主要包含了 4 个功能（汪晋宽等，2006）：①通过传感器采集信号；②将采集到的模拟信号转换成电信号（如将模拟量转换成数字量）；③对数字电信号进行解译，形成控制指令；④发送指令控制对应的功能模块完成指定动作。

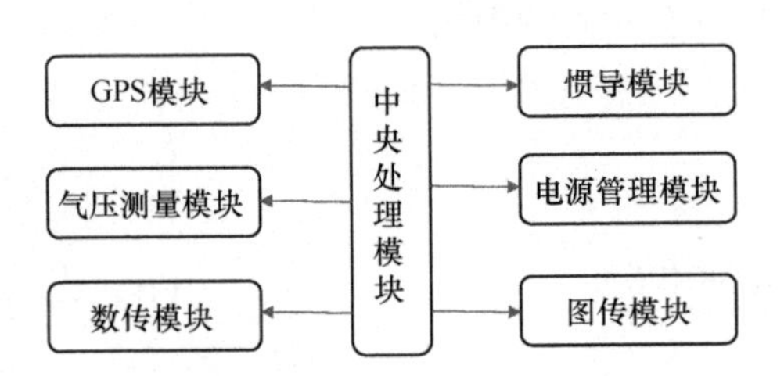

图 2-2　飞控系统的核心组成模块

图 2-3 所示为大疆 A3 智能飞控系统，其包括中央处理模块、GPS 模块、惯导模块、气压测量模块、数传模块、图传模块、电源管理模块 7 部分，同时，为了进一步提高飞控系统运行的稳定性，采用了 3 倍冗余设计，当其中任何一个模块出现信号干扰或者损坏时，剩下 2 个备份模块的其中之一会立即启动，避免出现飞机失控现象。

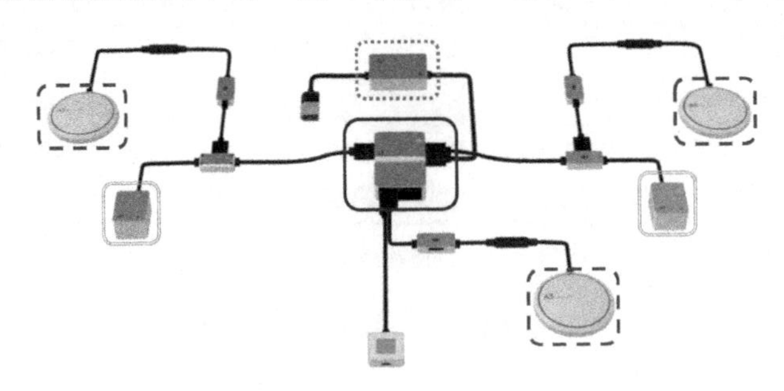

图 2-3　大疆 A3 智能飞控系统

2.1.2.2　数据链路系统

图 2-4 所示为一种典型的无人机数据链路系统结构，包括 GPS 通信链路，数传、图传通信链路，地面站通信链路三部分。数据链路系统是实现无人机飞行控制过程中信息

传输的纽带。随着无线通信、卫星通信和无线网络技术的发展，无人机数据链路系统的性能也得到了大幅提升，但其仍然面临着一些挑战。首先，无人机数据链路系统在复杂电磁环境条件下可靠性不足；其次，频率使用效率低，无人机数据链路系统带宽、通信频率通常采用预分配方式，此种方式会导致长期占用频率资源，而实际作业过程中无人机占用的时间比例并不高，从而造成频率资源的浪费。

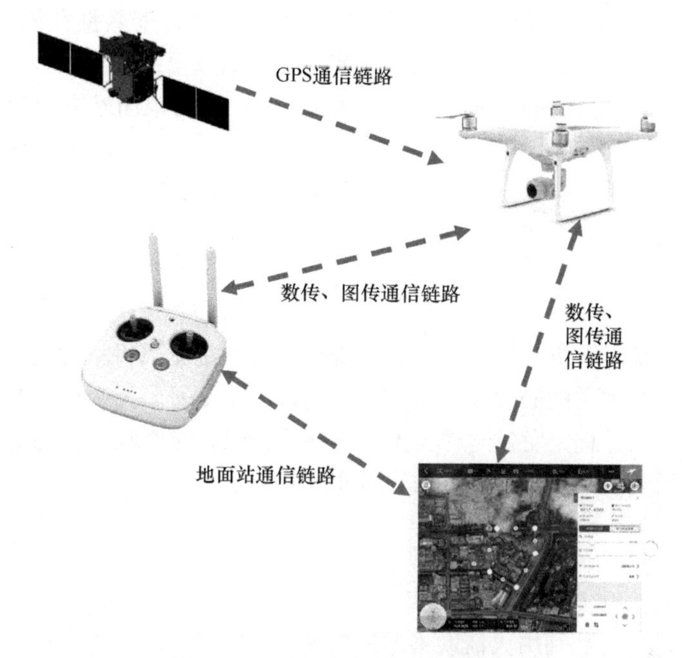

图 2-4　无人机数据链路系统的结构

无人机数据链路系统是一个多模式的智能通信系统，能够感知其工作区域的电磁环境特征，并根据环境特征和通信要求，实时动态地调整通信系统工作参数（包括通信协议、工作频率、调制特性和网络结构等），进而达到可靠通信和节省通信资源的目的。

无人机数据链路系统按照传输方向可以分为上行链路和下行链路。上行链路主要完成地面站到无人机遥控指令的发送和接收，下行链路主要完成无人机到地面站遥测数据的发送和接收，并可根据定位信息和上下行链路进行测距。

目前我国工业和信息化部无线电管理局初步制定了《无人机系统频率使用事宜》，规划 840.5～845 MHz、1430～1444 MHz 和 2408～2440 MHz 频段用于无人驾驶航空器系统，此规定指出，840.5～845 MHz 频段可用于无人机系统的上行遥控链路，其中 841～845 MHz 也可采用时分方式用于下行遥测信息传输链路；1430～1444 MHz 频段用于无人机系统下行遥测信息传输链路，其中 1430～1434 MHz 频段应优先保证警用无人机和直升机视频传输使用，必要时 1434～1442 MHz 也可以用于警用直升机视频传输，无人机在市区部署时，应使用 1442 MHz 以下频段；2408～2440 MHz 频段用于无人机系统下行链路，该无线电台工作时不得对其他合法无线电业务造成影响，也不能寻求无线电干扰保护。

无人机链路的机载部分包括机载数据终端（airborne data terminal，ADT）和天线，机载数据终端包括射频（radio frequency，RF）接收机和发射机，以及用于连接接收机和发射机到系统其余部分的调制解调器，有些机载数据终端为了满足下行链路的带宽限制要求，还提供了用于压缩数据的处理器。天线采用全向天线，有时也采用具有增益的定向天线。

链路的地面部分也称地面数据终端（ground data terminal，GDT）。该终端包括一副或几副天线、RF 接收机和发射机，以及调制解调器。若传感器数据在传送前经过压缩，则地面数据终端还需采用处理器对数据进行恢复。地面数据终端可以分装成几个部分，一般包括一条连接地面天线和地面站的本地数据连线，以及地面站中的若干处理器和接口。对于长航时、远距离飞行的无人机而言，为克服地形阻挡、地球曲率和大气吸收等因素的影响，通常采用中继的方式来解决，当采用中继通信时，中继平台和相应的转发设备也是无人机数据链路系统的组成部分之一。

2.1.2.3 发射回收系统

发射回收系统是无人机的一个重要组成部分，是满足无人机机动灵活、重复使用以及高生存能力等多种需求的必要技术保障。从物理学角度看，无人机的发射与回收过程均是对无人机做功的过程，发射过程为无人机提供能量，而回收过程则是吸收无人机的能量。根据应用场景的不同，发射回收系统也不同。

1. 发射技术

（1）火箭助推发射

火箭助推发射主要是利用火箭助推器的能量，在短时间内将无人机加速到一定的速度和高度，此种发射方式目前主要应用在军用靶机中。

（2）弹射起飞

弹射起飞（图 2-5）的主要原理是将液压能、气压能或弹性势能等不同形式的能量转换为机械动能，使无人机在一定长度的滑轨上加速到安全起飞速度。弹射起飞方式的优点是机动灵活，安全性和隐蔽性好；缺点是发射重量受限制，滑轨不能太长，一般只适用于中小型低速无人机。

图 2-5　无人机弹射起飞

按发射动力能源的不同，可分为液压弹射、气压弹射、橡筋弹射、电磁弹射。若无人机起飞速度小于 25 m/s，起飞重量小于 100 kg，则通常采用橡筋弹射方式；若无人机起飞速度为 25～45 m/s，起飞重量大于 100kg、小于 400 kg，则通常采用气压弹射、液压弹射或者电磁弹射方式。

无人机橡筋弹射原理简单、机构简便，但仅限于低速、微小型无人机发射，由于该种方式成本较低、操作较简便，已成为农业遥感弹射起飞无人机主要采用的方式；而其他三种弹射起飞方式由于成本和危险性较高，多数应用于军事上对大型靶机的发射。

（3）地面滑跑起飞

地面滑跑起飞（图 2-6）的主要原理是利用无人机自身发动机的推力，驱动无人机在跑道上加速起飞（泉州中科星桥空天技术有限公司，2022）。地面滑跑起飞的优点是发射系统简单可靠，配套地面保障设备少，加速的过载小；其缺点主要是需要跑道或较好的地面环境条件作为支持，机动灵活性也较差，并且因为起落架结构部分占用了部分无人机的空间及重量，因此降低了无人机的有效负载。

图 2-6　无人机地面滑跑起飞

（4）空中发射

空中发射（图 2-7）是指通过载机将无人机携带至空中，利用载机自身的速度实现无人机与载机的分离和自主飞行。

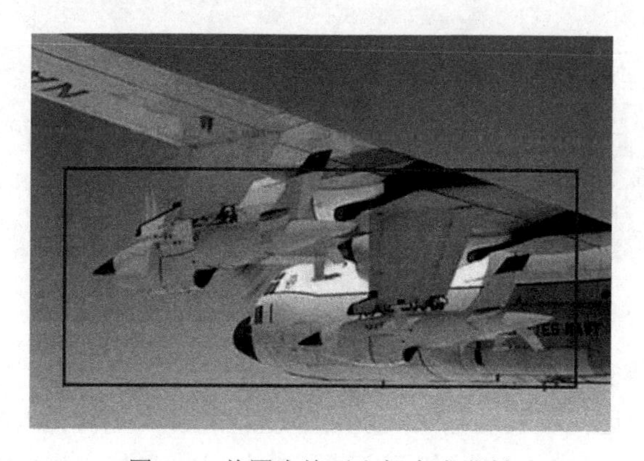

图 2-7　美国火蜂无人机空中发射

空中发射的优点是发射系统简单；缺点主要是对载机的要求高，依赖于机场保障，使用成本高，机动灵活性差。

（5）其他发射方式

1）手抛式：手抛式无人机分为旋翼手抛式无人机（图 2-8）和固定翼手抛式无人机（图 2-9），两者之间既有相同点也有不同点。相同点为：①重量轻，手抛式无人机为了方便抛送，一般在 3 kg 以内；②起飞方式都是采用手抛起飞，根据飞机姿态及对地速度自动启动桨叶产生飞行动力；③由于两者都是采用手抛式起飞，因此需要滑轨或者跑道等额外辅助条件的支持。不同点为：①固定翼手抛式无人机被抛出后需要一定的爬升距离，而旋翼手抛式无人机被抛出后可以直接产生垂直的升力并达到指定高度，因此旋翼手抛式无人机对场地要求更低；②旋翼手抛式无人机一般飞行时间较短，普遍在 30 min 以下，而固定翼手抛式无人机飞行时间较长，一般在 1 h 以上。

图 2-8　旋翼手抛式无人机

图 2-9　固定翼手抛式无人机

2）垂直起降：垂直起降无人机目前主要有三种：无人直升机（也称单旋翼无人机）、多旋翼无人机，以及近几年发展起来的复合型垂直起降固定翼无人机。

无人直升机（图 2-10）在各类机型无人机中机动性最好，载荷能力、航时、飞行速度、抗风性能等硬指标往往都要强于多旋翼无人机。但无人直升机的调试比多旋翼无人机要复杂得多，操作难度也要大得多，因此市场上农业遥感监测越来越多地依靠多旋翼无人机和固定翼无人机来完成。

图2-10　无人直升机

多旋翼无人机（图2-11），也称多轴无人机，根据螺旋桨的数量，又可分为四旋翼、六旋翼、八旋翼等。多旋翼无人机依靠多个螺旋桨产生的升力来平衡飞行器的重力，并通过改变每个旋翼的转速来控制飞行器的姿态及飞行速度。多旋翼无人机体积相对较小，灵活轻便，可垂直起降，可悬停，对场地要求低，这类无人机目前被广泛用于各个领域，如无人机播洒农药、无人机物流、无人机航拍、无人机灯光秀、电力巡检、遥感监测等。

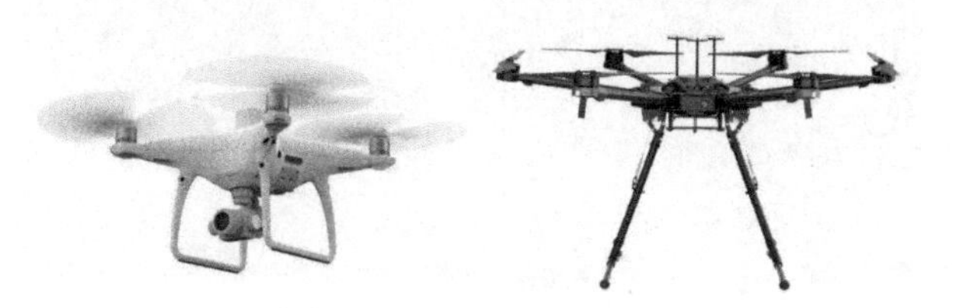

图2-11　多旋翼无人机

垂直起降固定翼无人机（图2-12）结合了多旋翼无人机和固定翼无人机的双重优点，在起降和悬停阶段采用多旋翼无人机飞行模式，在高速飞行时采用固定翼无人机飞行模式，这样既降低了对起降场地的要求，同时也保证了较长的续航时间，这类无人机主要应用于对空间分辨率不高，且监测范围较大，需要长时间续航的场景。

图2-12　垂直起降固定翼无人机

2. 回收技术

无人机的回收方式主要有伞降回收、机腹触地回收、垂直着陆回收、起落架滑跑着陆、拦阻网回收和气垫着陆等类型。有些无人机采用非整机回收，这种情况通常是回收任务设备舱，无人机其他部分不回收。例如，美国的 D-21/GTD-21B 在完成飞行任务后，其任务设备舱被弹射出机体，由 C-130 飞机空中回收。有些小型无人机在回收时不用回收工具而是靠机体某部分直接触地进行回收，采用这种简单回收方式的无人机通常机体小于 10 kg，最大特征尺寸为 3.5 m。例如，英国的 UMACII 飞翼式无人机，完成任务后靠机腹触地回收。垂直着陆回收主要用于旋翼无人机和垂直起降固定翼无人机，其他几种回收方式目前应用较少，主要用于有人机和军用飞机。

（1）伞降回收

图 2-13 所示为一种典型伞降回收无人机（赵政等，2017），伞降回收技术成熟，通常用于固定翼无人机。

图 2-13　无人机的伞降回收

伞降回收也存在着一些缺点，如在回收过程中遇到侧风，会发生水平飘移，影响着陆点的精度控制；同时，着陆点的地貌对伞降后无人机的损伤程度有着直接的影响，着陆过载较大时，如果着陆点表面的硬度也较大，那么就极易造成机体的损坏。

（2）起落架滑跑着陆

这种回收方式的无人机与有人机相似，二者的不同之处是：①跑道要求不如有人机苛刻；②有些无人机的起落架局部被设计成较脆弱的结构，允许着陆时撞地损坏，吸收能量。

（3）拦阻网回收

图 2-14 所示为 20 世纪较普遍采用的拦阻网回收方式之一。拦阻网系统通常由拦阻网、能量吸收装置和自动引导设备组成。能量吸收装置与拦阻网相连，其作用是吸收无人机撞网的能量，免得无人机触网后在网上弹跳不停，造成损伤。自动引导设备一般是一部置于拦阻网后的摄像机，或是装在拦阻网架上的红外接收机，由它们及时向地面站报告无人机返航路线的偏差。

图 2-14　拦阻网回收无人机

当无人机返航时，地面站要求无人机以小角度下滑，最大速度不得超过 120 km/h，操纵人员通过监视器监视无人机飞行，并根据地面摄像机拍摄的图像或红外接收机接收到的无人机信号，确定返航路线的偏差，然后半自动地控制无人机，修正飞行路线，使之对准地面摄像机的瞄准线飞向拦阻网。无人机触网时的过载通常不能大于 6 g，否则易造成拦阻网的损坏。

（4）垂直着陆回收

垂直着陆回收方式只需小面积的回收场地，使用这种回收方式的主要有以下两类无人机。

1）旋翼无人机。图 2-15 所示为大疆 M600PRO 无人机，其可以通过控制旋翼的旋转速度来达到精准着陆的目的。

图 2-15　大疆 M600PRO 无人机

2）垂直起降固定翼无人机。垂直起降方式是在传统固定翼无人机基础上新增的一项功能，即在固定翼无人机起飞和执行完任务返回降落时，启动自带的旋翼完成垂直落地。

2.2 无人机分类

目前，针对无人机的分类问题，中国民用航空局 2015 年颁布的《轻小无人机运行规定（试行）》中从重量角度明确了无人机的分类标准，其余的分类标准基本都是行业内根据无人机结构、航程、飞行高度、用途、动力系统的不同来划分的。

2.2.1 按飞行平台构型分类

2.2.1.1 固定翼无人机

固定翼无人机是机翼外端后掠角可随速度自动或手动调整的一类无人机。因其优异的长续航特点，现已广泛应用在遥感、测绘、地质勘探、林草资源调查等行业。目前市场上主要有非垂直起降固定翼无人机和垂直起降固定翼无人机两种。

2.2.1.2 多旋翼无人机

多旋翼无人机是一种具有两个及以上旋翼轴的特殊的无人驾驶直升机。一方面，其通过每个轴上的电动机转动，带动旋翼产生升推力；另一方面，通过改变不同旋翼之间的相对转速来改变单轴推进力的大小，从而控制飞行器的运行轨迹。多旋翼无人机操控性强，可垂直起降和悬停，主要适用于低空、低速、有垂直起降和悬停要求的任务类型，目前多旋翼无人机的主要代表企业是深圳市大疆创新科技有限公司，主要代表产品有四旋翼的精灵、御及悟系列（图 2-16），另外还有六旋翼的经纬 M600PRO 无人机及 T30 喷药植保机等（图 2-17）。

图 2-16 四旋翼无人机

2.2.1.3 无人飞艇

如图 2-18 所示，无人飞艇艇体的气囊内充上密度比空气小的浮升气体（氢气或氦

经纬M600PRO无人机

T30喷药植保机

图 2-17　六旋翼无人机

图 2-18　Airlander 10 无人飞艇

气），借以产生浮力使飞艇升空。现代无人飞艇一般使用安全性更好的氦气，另外飞艇上安装的发动机提供部分升力，发动机提供的动力主要用于飞艇水平移动以及艇载设备的供电，所以无人飞艇相对于现代喷气飞机来说节能性能更好，而且对环境的破坏也较小。

2.2.1.4　扑翼无人机

扑翼无人机是指一类像鸟一样通过机翼主动运动产生升力和前行力的飞行器，又称振翼机。图 2-19 所示为西北工业大学研制的一款微型扑翼无人机，其特征是：①机翼主动运动；②靠机翼拍打空气产生的反作用力作为升力及前行力；③通过机翼及尾翼的位置改变进行机动飞行。扑翼无人机由于飞行稳定性较差、效率低，现已基本被淘汰。

图 2-19　扑翼无人机

2.2.2 按重量分类

中国民用航空局 2015 年颁布的《轻小无人机运行规定（试行）》规定，无人机按重量分类，可分为微型无人机、轻型无人机、小型无人机以及大型无人机。微型无人机的空机重量小于等于 7 kg，轻型无人机的空机重量大于 7 kg，但小于等于 116 kg，且在全马力平飞中，校正空速小于 100 km/h，升限小于 3000 m。小型无人机是指空机重量小于等于 5700 kg 的无人机，微型和轻型无人机除外。大型无人机是指空机重量大于 5700 kg 的无人机（表 2-1）。

表 2-1　无人机按重量分类

名称	空机重量（W）	主要应用领域
微型无人机	$W\leqslant 7$ kg	遥感、测绘、巡逻执法、电力巡线、植保等
轻型无人机	7 kg$<W\leqslant$116 kg	
小型无人机	116 kg$<W\leqslant$5700 kg	
大型无人机	$W>$5700 kg	主要应用于军事

2.2.3 按飞行半径分类

按飞行半径分类，无人机可分为超近程无人机、近程无人机、短程无人机、中程无人机和远程无人机。超近程无人机飞行半径在 15 km 以内，近程无人机飞行半径为 15～50 km，短程无人机飞行半径为 50～200 km，中程无人机飞行半径为 200～800 km，远程无人机飞行半径大于 800 km（表 2-2）。

表 2-2　无人机按飞行半径分类

名称	飞行半径（D）	主要应用领域
超近程无人机	$D\leqslant$15 km	勘察、测绘、植保、遥感等
近程无人机	15 km$<D\leqslant$50 km	
短程无人机	50 km$<D\leqslant$200 km	主要应用于军事
中程无人机	200 km$<D\leqslant$800 km	
远程无人机	$D>$800 km	

2.2.4 按飞行高度分类

按飞行高度分类，无人机可以分为超低空无人机、低空无人机、中空无人机、高空无人机和超高空无人机。超低空无人机飞行高度一般为 0～100 m，低空无人机飞行高度一般为 100～1000 m，中空无人机飞行高度一般为 1000～7000 m，高空无人机飞行高度一般为 7000～18 000 m，超高空无人机飞行高度一般大于 18 000 m，如表 2-3 所示。

表 2-3　无人机按飞行高度分类

名称	飞行高度（H）	主要应用领域
超低空无人机	$0\ \text{m}<H\leq 100\ \text{m}$	遥感、测绘、植保、气象观测、通信中继等
低空无人机	$100\ \text{m}<H\leq 1000\ \text{m}$	
中空无人机	$1000\ \text{m}<H\leq 7000\ \text{m}$	
高空无人机	$7000\ \text{m}<H\leq 18\ 000\ \text{m}$	主要应用于军事
超高空无人机	$H>18\ 000\ \text{m}$	

2.2.5　按用途分类

按用途分类，无人机可分为军用无人机和民用无人机。军用无人机可分为侦察无人机、诱饵无人机、电子对抗无人机、通信中继无人机、无人战斗机以及靶机等，民用无人机可分为巡查/监视无人机、遥感无人机、植保无人机、气象无人机、勘探无人机以及测绘无人机等。

2.2.6　按动力系统分类

动力系统是无人机飞行的基础，不仅关系到无人机的飞行安全，而且直接决定了无人机滞空时间长短，在很多行业应用中把无人机的飞行时间当作首要因素来考虑。目前，无人机的动力系统有很多种，但主要包含电动、油动以及混合动力三大类，电动动力主要为锂聚合物电池，油动动力主要为化石燃料，混合动力主要包含氢燃料电池、气电混合、太阳能及系留等。

2.2.6.1　电动无人机

图 2-20 所示为大疆无人机使用的锂聚合物电池，这也是目前电动无人机特别是微型电动无人机主要使用的电池类型，该类型电池有很多优势，主要包括充电方便、可多次使用、能量密度大、重量轻、便于携带、使用安全性能高等。

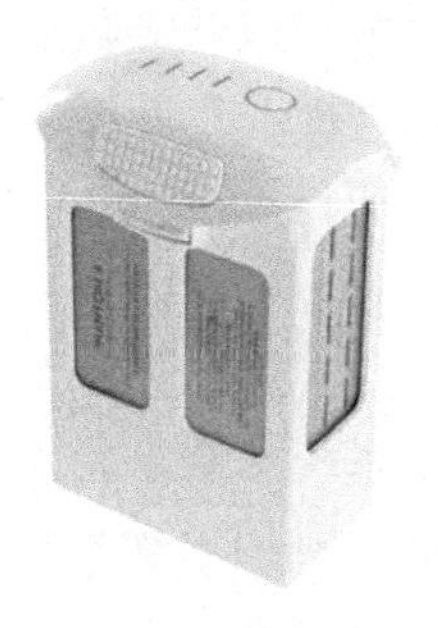

图 2-20　锂聚合物电池

2.2.6.2　油动无人机

化石燃料为油动无人机的主要动力来源，图 2-21 所示为一种典型的油动发动机，该类型发动机的显著特点是工作时间长、动力足、能满足大载荷长航时无人机的飞行要求，一般情况下，油动无人机航时在 2 h 以上，非常适合长航时作业场景。目前，该种类型发动机主要应用在测绘及资源调查的无人机上，由于该种类型发动机振动较大，容易对精密类传感器产生损害，因此在农业遥感领域主要使用的还是电动无人机。

图 2-21　油动发动机

2.2.6.3　混合动力无人机

（1）氢燃料电池

氢燃料电池有很多优点：没有污染、噪声小，而且能量密度大、功率高，但由于其使用安全性问题尚未彻底解决，而且使用成本较高，无法大面积推广应用。

（2）油电混合动力

类似于混合动力汽车，人们在无人机动力上也发展了油动及电动相结合的混合动力系统，油电混合动力设计既保证了飞机电子元器件供电的稳定性，又保证了较长的航时。

（3）太阳能电池

太阳能电池是一种清洁能源，未来发展潜力巨大，近些年，太阳能电池的效率在不断提高，已经从 10%提升到近 46%，达到了约 175 W/m^2 的功率比。在整个无人机机翼的表面覆盖大面积的太阳能板，就可以和多数无人机一样进行正常的飞行工作。然而，由于该项应用技术难度较大、稳定性受环境影响较大、安全性能得不到保证，因此只有较少的公司在推进该技术的研发应用。

（4）系留

以系留系统为动力的无人机可以在一个小半径范围内进行无限期的飞行，是执行监视和侦察任务的完美选择。系留系统主要以无人飞艇为代表，通过充入氦气或者氢气实现飞行器的长时间空中停留，同时利用电动系统或者油动系统实现飞艇的移动。

2.3　无人机遥感监测常用传感器

无人机所使用的传感器有很多，涉及的行业主要有电视电影拍摄、航拍测绘、遥感监测、灾害监测、野外救援等，不同的行业所使用的传感器不尽相同，农业无人机遥感平台的传感器受限于其载荷能力，需满足精度高、质量轻和尺寸小的要求，数码相机、热红外相机、多光谱相机、高光谱相机、激光雷达是目前搭载于农业无人机遥感平台的主要传感器（图 2-22）。

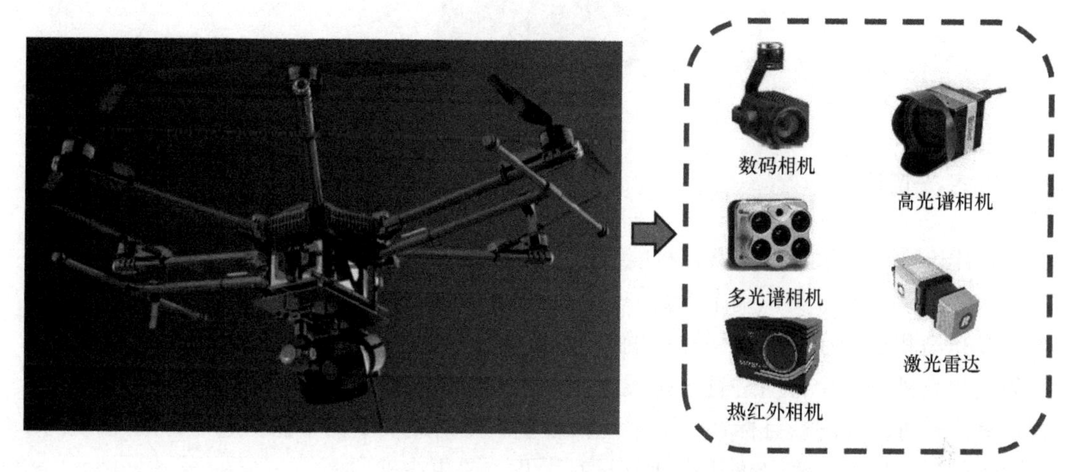

图 2-22　无人机载传感器

2.3.1　数码相机

数码相机在机载平台上对地面目标进行直接观测，获取的数据类型主要有照片和视频两种，是遥感监测、电影电视拍摄、航拍测绘、野外救援行动中最常用的传感器，其造价相对较低，数据较容易获取和辨识，技术也较为成熟。目前，市场上的数码相机有两种形式：一种是相机与无人机一体化集成，可实现无人机飞行与数据获取同步控制；另一种是相机与无人机分别为两个独立模块，使用时需要二次集成后方能实现无人机对相机的控制。根据应用场景的不同，数码相机又分为单镜头和多镜头两种，图 2-23 所示为大疆精灵及御单镜头集成一体化无人机，不仅集成度高、使用方便，而且作业效率较高。而针对三维信息重建的应用场景，产生了如图 2-24 所示的五镜头数码相机，其可同时获取所拍摄对象 5 个角度的影像，该类型相机对于刚性物体，如建筑物及山体一类的对象应用效果较好，而对于农作物等易受环境影响而发生形变的物体效果较差。

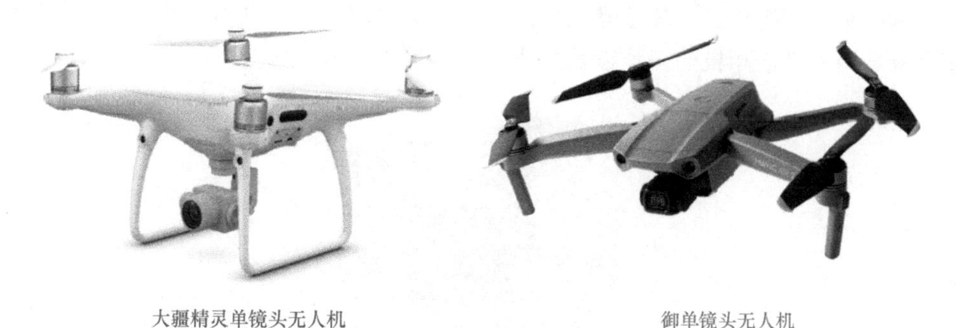

图 2-23　单镜头数码相机

图 2-24　五镜头数码相机

2.3.2　多光谱相机

相比于数码相机，多光谱相机能获取更多人眼看不到的地物信息，特别是在植被生长状态监测及地物分类识别中有着广泛的应用。

多光谱相机是在普通数码相机的基础上发展而来的。其主要是在可见光的基础上向红外光和紫外光两个方向进行了扩展，并通过各种滤光片或分光器与多种感光元器件组合，使其同时接收同一目标在不同窄光谱带上所辐射或反射的信息，进而得到几张不同光谱带的目标照片，多光谱相机通常只有十几个或更少波段数。

多光谱相机可分为两种：一种是单镜头多光谱相机，即在镜头上加装窄波段滤光片，然后通过一定的算法对电荷耦合器件（charge-coupled device，CCD）探测器上像元点进行插值实现多波段照片的获取（图 2-25），该种类型相机获取的影像光谱质量不高，像元点数据非光谱物理值，经常伴有通道之间光谱混合的现象；另一种是多镜头多光谱相机，它由多台相机组合在一起，每台相机分别配置不同波段的滤光片，分别接收测量目标不同光谱带上的信息，各获得一套特定光谱带的影像，最后将多个波段的影像进行几何配准和谱段融合形成一张完整的多光谱影像，如美国 Micasense 公司研发的 5 通道 RedEdge-MX 多光谱相机（图 2-26）、法国 Parrot 公司的 Sequoia 多光谱相机，以及我国长光禹辰信息技术与装备（青岛）有限公司研发的可定制波段的 6 通道 MS600 Pro 多光谱相机和深圳市大疆创新科技有限公司研发的 P4M 多光谱相机。

上述两种多光谱相机中，单镜头多光谱相机的优点是结构简单，各谱段图像几何配准精度高，但信噪比较低；多镜头多光谱相机由于各镜头物理位置不同，获取的影像存在空间几何位置上的偏差，需要通过后期几何配准才能实现各谱段影像的高精度重叠，相比于单镜头多光谱相机，其信噪比更高、操作更便捷、体积更小。目前市场上几种农业遥感中常用多光谱相机的工作参数如表 2-4 所示。

图 2-25　单镜头多光谱相机（3 通道）

RedEdge-MX多光谱相机

Sequoia多光谱相机

MS600 Pro多光谱相机

P4M多光谱相机

图 2-26　多镜头多光谱相机

表 2-4　典型多光谱相机工作参数

名称	品牌名称	性能参数	产地
单镜头多光谱相机	MAPIR	3 通道，红、绿、近红，总像素 1200 万	美国
多镜头多光谱相机	RedEdge-MX	5 通道，红、绿、蓝、红边、近红，单通道 400 万像素	美国
	Sequoia	5 通道，蓝、绿、红、近红+RGB	法国
	MS600 Pro	17 个 400～900 nm 通道中任选 6 个通道，单通道 120 万像素	中国
	P4M	6 通道，蓝、绿、红、红边、近红+RGB，单通道 200 万像素	中国

2.3.3　热红外相机

热红外相机主要是利用红外热成像技术来捕获被监测对象的温度信息，红外热成像是运用光电技术检测物体热辐射的红外线（波长为 2.0～1000 μm）特定波段信号，将该信号转换成可供人类视觉分辨的图像和图形以及温度值。近些年来，热成像技术越来越多地应用到农业对植被冠层温度获取上，并由此发展出更多机载平台上使用的热红外相机，不仅操作方便，而且性能逐步提升，价格逐渐下降。

与数码相机、多光谱相机不同，热红外相机是一种对温度极其敏感的传感器，探测精度越高，对于探测器材料的要求也就越高，特别是环境温度对数据获取精度有很大的影响，为了消除这种影响，出现了带制冷装置的热红外相机，其测量数据误差受环境影响较小，但相对应的体积也较大，重量及成本也较高；而不带制冷装置的热红外相机体积和重量一般较小，非常适合微型无人机挂载使用，缺点是容易发生温度漂移，需要进行系统订正。

一般来讲，热红外图像的分辨率较低，普遍在 100 万像素以内，目前以 640×512 像素为主流，国内常用的机载热红外相机包括两种：一种是集成式热红外相机，主要以大疆产品为代表，典型的有如图2-27所示的大疆M300 RTK无人机所集成的禅思Zenmuse H20热红外相机，其体积小、重量轻，而且同步集成了高清数码相机，实现了热红外影像和高清数码影像的同步采集；另一种是没有与无人机集成的第三方热红外相机，主要代表有如图2-28所示的美国WIRIS Pro和Altum系列热红外相机，其中Altum系列包含了Altum和Altum-PT两个版本，Altum-PT为最新版本，性能较Altum更加优越，同时集成了多光谱通道和热红外通道，获取信息量更大，两类相机工作参数如表2-5所示。

图2-27　大疆M300 RTK+禅思Zenmuse H20

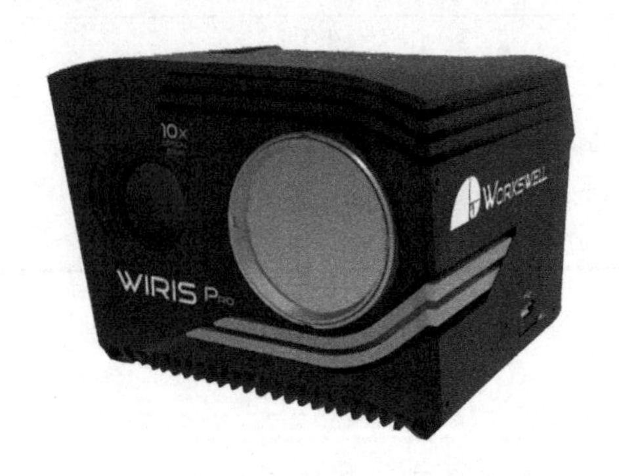

图2-28　大疆M300RTK+WIRIS Pro（左图）和Altum-PT热红外相机（右图）

表2-5　热红外相机参数

名称	品牌名称	性能参数	产地
机载集成热红外相机	禅思Zenmuse H20 热红外相机	照片分辨率640×512像素 波长：8～14 μm 灵敏度：≤50 mK @ f/1.0	中国
非机载集成热红外相机	WIRIS Pro	照片分辨率640×512像素 波长：7.5～13.5 μm 灵敏度：≤30 mK @ f/1.0	美国
	Altum-PT	照片分辨率320×256像素 波长：7.5～13.5 μm ≤50 mK @ f/1.0	美国

2.3.4　高光谱相机

高光谱成像（hypespectral imaging）技术是将成像技术与光谱技术相结合，探测目标的二维几何空间及一维光谱信息，获取高光谱分辨率的连续、窄波段的图像数据，光谱分辨率一般优于 10 nm。高光谱相对多光谱有以下优势：①通过更高的光谱分辨率获得更复杂、更精准的光谱特征信息，更丰富的光谱波段信息使得应用场景更丰富；②可用一套硬件根据应用灵活选择光谱序列，免去系统重新设计的过程。

目前，国外无人机载的高光谱相机厂商主要有美国 Headwall 公司、美国 Coring 公司、挪威 NEO 公司、德国 Cubert 公司等，国内主要有中国科学院长春光学精密机械与物理研究所、中国科学院西安光学精密机械研究所、武汉大学以及江苏双利合谱科技有限公司等。

一种典型的机载高光谱成像应用系统组成示意图如图 2-29 所示，系统主要由无人机、高光谱相机、数据采集存储装置、光谱参考板、数据分析处理软件 5 部分构成。无人机提供高光谱相机的挂载及飞行作业平台。数据采集存储装置负责高光谱相机的数据采集及存储控制，目前市场上已经存在将无人机飞控系统和数据采集存储装置进行集成后的模块，实现了无人机飞行状态与高光谱数据采集一体化控制。光谱参考板是一种标准的光谱定标设备，目的是将高光谱相机采集的非量化数值数据转换成绝对反射率数据，对光谱数据的量化分析具有重要作用，光谱参考板主要有白板和灰板两种，实际使用中以白板为主。数据分析处理软件对高光谱成像数据进行加工，提取分析出需要的数据信息。

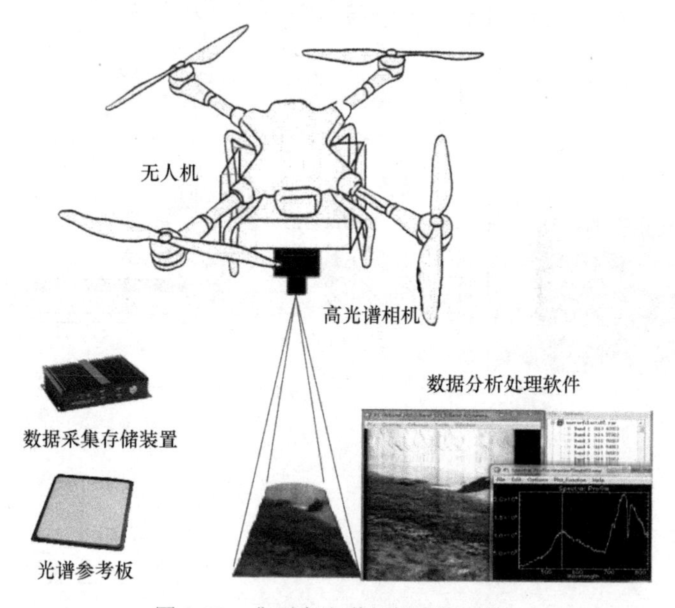

图 2-29　典型高光谱相机应用系统

高光谱成像仪发展迅速，从原理上可划分为色散型、干涉型和光场成像三大类。色散型高光谱相机是利用色散元件（光栅或棱镜等）将复色光色散分成序列谱线，然后用探测器测量每一谱线元的强度。而干涉型高光谱相机可同时测量所有谱线元的干涉强度，对干涉图进行逆傅里叶变换得到目标的光谱图。色散型高光谱相机常见的是线推扫式高光谱相机和棱镜分光光谱仪；干涉型高光谱相机主要有可调谐滤光片高光谱相机、芯片镀膜高光谱相机等。

2.3.4.1 色散型高光谱相机

（1）线推扫式高光谱相机

在线推扫式高光谱相机中，光波穿过狭缝时，不同波长的光会发生不同程度的弯散传播，再通过光栅进行衍射分光，形成一条条谱带。也就是说，空间中的一维信息通过镜头和狭缝后，不同波长的光按照不同程度的弯散传播形成一维图像上的每个点，再通过光栅进行衍射分光，形成一个谱带，照射到探测器上，探测器上的一个点对应一个谱段，一条线就对应一个谱面，因此探测器每次成像是空间一条线上的光谱信息，为了获得空间二维图像必须再通过机械推扫，完成整个平面的图像和光谱数据的采集。

线推扫式高光谱相机中的狭缝越窄，光谱分辨率越高，而进入系统的光通量就越少，即光谱分辨率和光通量成为该类型高光谱相机中相互制约的一对矛盾。线推扫式高光谱相机的狭缝宽度不影响光谱分辨率，只决定空间分辨率。图 2-30 是一种典型的 Offner 结构的线推扫式光栅型高光谱相机，其主要由镜头、狭缝组件、平面反射镜、前置球面反射镜、光栅、后置球面反射镜、CCD 相机等核心部件组成。

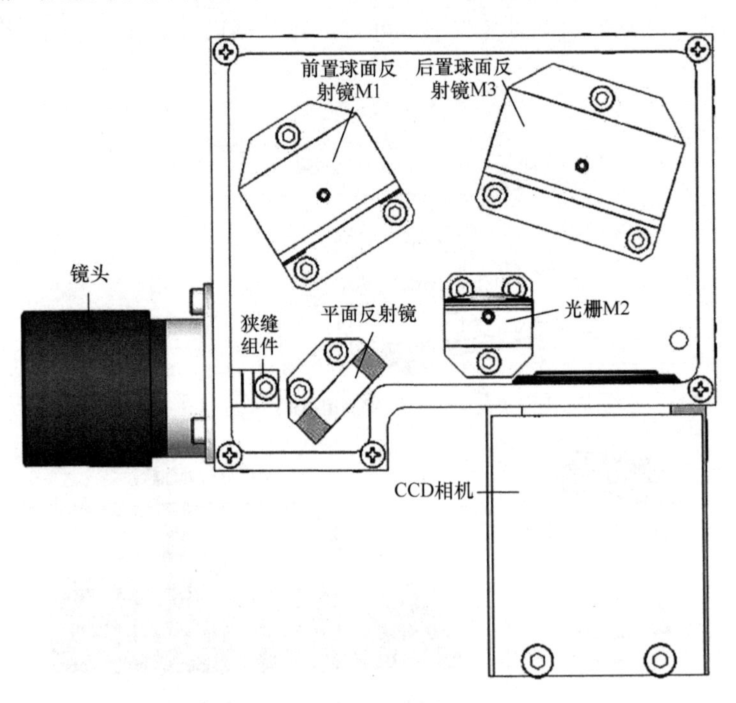

图 2-30 线推扫式光栅型高光谱相机结构

光栅作为线推扫式高光谱相机的一个核心元器件，其又分为刻划光栅、复制光栅、全息光栅等。刻划光栅是用钻石刻刀在涂薄金属表面机械刻划而成，复制光栅是用母光栅复制而成的，典型刻划光栅和复制光栅的刻槽是三角形的，全息光栅是利用全息照相技术制作的光栅。刻划光栅具有衍射效率高的特点。全息光栅光谱范围广、杂散光少，目前市场上使用较为普遍。

高光谱相机由于兼具高光谱分辨率和高空间分辨率，获取的信息量大而受到使用者的青睐，特别是遥感卫星领域，目前使用的基本都是此类相机，然而，在低空领域，随着民用市场的需求不断增大，传统的将此类光谱仪固定在一个稳定的推扫平台上使用的模式已经不能满足当前需求，其主要原因是无人机载平台并不是一个稳定的运动平台，挂载光栅式高光谱相机采集的图像极易发生几何畸变，导致图像模糊、变形，难以推广应用。基于此，目前主要有两种解决方式：一种是在镜头前增加扫描振镜实现近似原位的摆扫；另一种是加入高精度定位与惯性导航系统，通过位置和姿态解算实现图像的二次拼接，但是数据计算处理复杂、工作量大，两种方法都没有彻底解决高光谱线阵推扫带来的图像几何畸变问题。

由国家农业信息化工程技术研究中心研发的线推扫式高光谱相机（图 2-31），具有自动、轻便、快捷、性价比高及维护成本低等诸多优势，其主要性能参数如表 2-6 所示。将该微型高光谱相机通过在镜头前加装扫描振镜实现机载模式下数据的采集，可高效获取植被、土壤及水体的高光谱成像信息，并利用配套的高光谱分析软件，实现作物理化参量的定量解析，为农业生产提供了一种全新的信息获取手段。

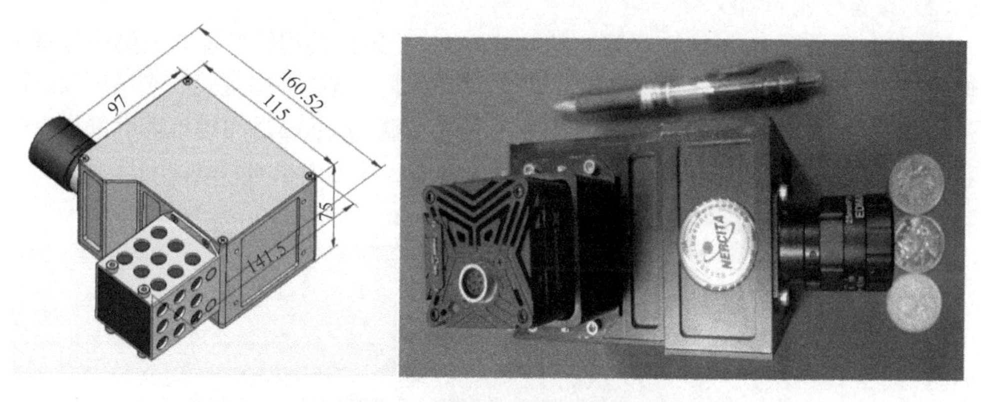

图 2-31 线推扫式高光谱相机

图中数据单位为 mm

表 2-6 线推扫式高光谱相机主要性能参数

参数名称	性能指标
成像方式	线推扫
光谱覆盖范围/nm	400～1000
光谱分辨率/nm	2.5
波段数	200
扫描速度/（线/s）	60
重量/g	915

中国科学院遥感应用研究所（现中国科学院空天信息创新研究院）研发了一款通过

惯导数据对畸变影像进行几何校正的线推扫式高光谱相机，如图 2-32 所示，该光谱仪主要是在高光谱相机上集成高精度定位及惯导系统（APX15 模块），实时记录每一条线推扫数据的位置及姿态信息，通过专门开发的软件实现数据的几何畸变校正。

图 2-32　几何校正型线推扫式高光谱相机

（2）棱镜分光光谱仪

图 2-33 为德国 Cubert 公司研制的 SHD185，是国内使用较广也较成熟的棱镜分光光谱仪的代表。该设备可以高速获取超过 128 个光谱通道的全画幅式高光谱图像，连续覆盖 450～950 nm 的波长，光谱分辨率为 8 nm，重量为 490 g，相较单幅影像其为一个完整的立方体，因此具有极小的几何畸变，非常适合在无人机等移动平台上使用。

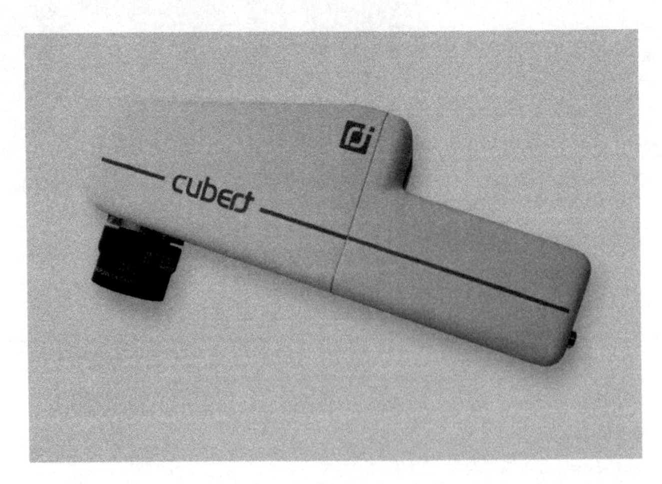

图 2-33　SHD185 高光谱相机

2.3.4.2　干涉型高光谱相机

与线推扫式高光谱相机成像原理截然不同，干涉型高光谱相机由于能同时获取目标对象的二维空间位置和一维光谱信息，因此不受搭载平台的影响，已经越来越多地被无人机载平台使用。

（1）可调谐滤光片高光谱相机

可调谐滤光片高光谱相机主要有声光可调谐滤光片（acousto-optic tunable filter，AOTF）高光谱相机和液晶可调谐滤光片（liquid crystal tunable filter，LCTF）高光谱相机两种。

AOTF 高光谱相机具有结构简单、光谱波段宽、分辨率高等特点。其所获取的数据中不仅包含了空间信息和光谱信息，还包含了待测目标的偏振信息，增强了所获取待测目标的信息量，可以获得目标物的物质成分和相对丰度，在军事、民用、航天等众多领域都有着重要应用。

AOTF 高光谱相机是根据各向异性双折射晶体声光衍射原理而制成的一种新型分光器件，主要由声光晶体、压电换能器和声波吸能器等构成，AOTF 工作原理如图 2-34 所示（段乔峰，2004）。

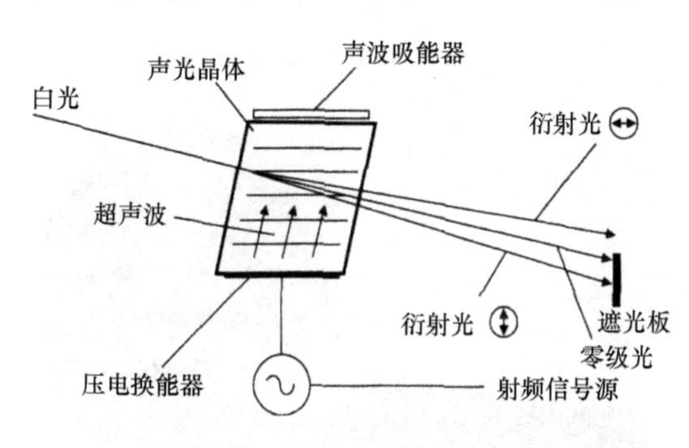

图 2-34　AOTF 工作原理

AOTF 有共线和非共线两种工作模式，其通常处于反常布拉格衍射的非共线模式下工作。压电换能器能够将所加载的电信号转换为同频率的超声波，在声光晶体中超声波与入射光波产生非线性效应，当超声波矢量与入射光矢量满足布拉格衍射条件时，入射光将发生布拉格衍射，且衍射光的偏振态与入射光的偏振态正交，改变驱动电信号的频率来改变超声波频率，从而实现对衍射光波长的控制，以达到滤波的目的。

通常，AOTF 高光谱相机主要包括以下 5 部分：前置光学系统、AOTF 分光系统、CCD 成像系统、射频驱动系统、数据采集控制系统。与传统分光器件相比，AOTF 具有体积小、无活动部件、通光孔径大、衍射效率高、调谐范围宽等众多优点，从而使其在光谱成像技术上有着巨大的应用潜力。

图 2-35 为美国 Brimrose 公司生产的一款基于 AOTF 原理的高光谱相机，其利用高品质的声光可调谐滤波器，使图像更加清晰，而且没有图像变形，同时具有更高的时间分辨率和光谱分辨率，波长转换速度快；配备射频驱动器软件，使用非常方便。

液晶可调谐滤光片（LCTF）是双折射滤光片，它通过改变寻常入射光纤和非寻常入射光纤之间的相位延迟或光程差，选择一个窄波长范围，从而产生相长干涉或者相消干涉。

（2）芯片镀膜高光谱相机

近年来，欧洲微电子研究中心（IMEC）采用高灵敏度 CCD 芯片及科研级互补性金属氧化物半导体（scientific complementary metal-oxide-semiconductor，SCMOS）芯片研制了一种新的高光谱相机——芯片镀膜高光谱相机，即在探测器的像元上分别镀不同波段的滤波膜实现高光谱成像（图 2-36），此技术大大降低了高光谱成像的成本。

图 2-35　美国 Brimrose AOTF 高光谱相机

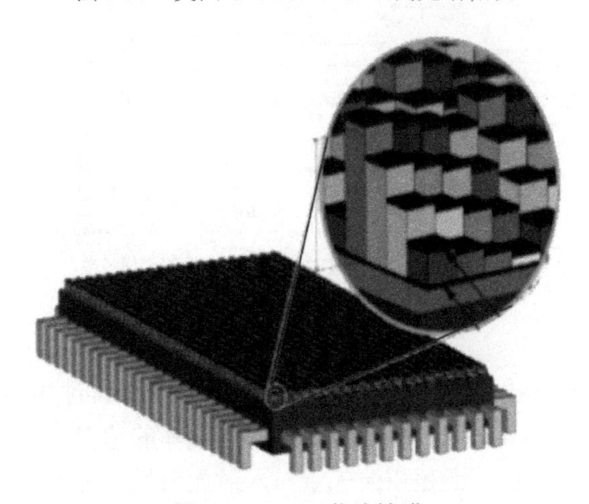

图 2-36　CCD 芯片镀膜

目前 IMEC 提供了三种标准的光谱探测器。

线扫描探测器：该型号的光谱探测器具有 100 个波段。它通过逐行扫描样本来获取光谱信息。

瓷砖式镀膜探测器：这种探测器采用瓷砖状的设计，并具有 32 个波段。它利用特殊的镀膜技术来实现对不同波长的光信号的探测。

马赛克式镀膜探测器：这款探测器使用马赛克式的设计，具有 16 个波段。每个波段又由 4×4 个子波段组成。它通过镀膜技术在一个探测器上实现多个波段的探测。

这种光谱技术的优点是可以快速、高性能地获得光谱信息和空间信息，集成度高，成本低；缺点是光谱分辨率较低，一般大于 10 nm，多用于无人机等大范围扫描的光谱领域。

2.3.4.3　光场成像高光谱相机

图 2-37 所示为德国 Cubert 公司研制的一款全画幅式高光谱相机 X20P，其基于光场

成像技术，可以高速获取超过 160 个光谱通道的高光谱图像，连续覆盖 350～1000 nm 的波长，光谱分辨率为 4 nm，重量为 630 g，是目前市场上应用较成熟、推广范围较广的快照式高光谱相机。

图 2-37　X20P 高光谱相机

2.3.5　激光雷达

激光雷达（light detection and ranging，LiDAR）是激光探测及测距系统的简称，是以发射激光束来探测目标的位置、速度等特征量的雷达系统。其工作原理是向目标发射探测信号（激光束），然后将接收到的从目标反射回来的信号（目标回波）与发射信号进行比较，进行适当处理后就可获得目标的有关信息，如目标距离、方位、高度、速度、姿态、形状等参数，进而对目标进行探测、跟踪和识别。它由激光发射机、光接收机、转台和信息处理系统等组成，激光发射机将电脉冲变成光脉冲发射出去，光接收机再把从目标反射回来的光脉冲还原成电脉冲，送到显示器，转台实现激光点发射到物体的不同位置表面，信息处理系统综合发射和回收的脉冲信号，最终形成扫描物体的三维点云阵列。

2.3.5.1　激光雷达分类

激光雷达的种类有很多，主要的分类方式有以下几种。

（1）按线数分类

目前主要有单线激光雷达和多线激光雷达两种，单线激光雷达主要用于规避障碍物，其扫描速度快、分辨率高、可靠性强，但单线激光雷达只能平面式扫描，不能测量物体高度，有一定的局限性，当前主要应用于服务机器人。

相比于单线激光雷达，多线激光雷达（图 2-38）在维度提升和场景还原上有了质的改变，可以识别物体的高度信息。多线激光雷达常规是 2.5D，也可以做到 3D，目前在国际市场上推出的主要有 4 线、8 线、16 线、32 线和 64 线，农业遥感上主要使用的是多线激光雷达。

（2）按扫描方式分类

1）MEMS 型激光雷达：MEMS 型激光雷达可以动态调整自己的扫描模式，以此来聚焦特殊物体，采集更远、更小物体的细节信息并对其进行识别，这是传统机械激光雷

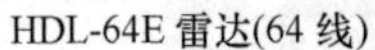

HDL-64E 雷达(64 线)　　VLP-16雷达(16线)

图 2-38　多线激光雷达

达无法实现的，MEMS 整套系统只需一个很小的反射镜就能引导固定的激光束射向不同方向。由于反射镜很小，因此其惯性矩并不大，可以快速移动。

2）Flash 型激光雷达：Flash 型激光雷达能快速记录整个场景，避免了扫描过程中目标或激光雷达移动带来的各种麻烦，它运行起来比较像摄像头，激光束会直接向各个方向漫射，因此只要一次快闪就能照亮整个场景。随后，系统会利用微型传感器阵列采集不同方向反射回来的激光束。Flash 型激光雷达有它的优势，当然也存在一定的缺陷，像素越大，需要处理的信号就会越多，如果将海量像素塞进光电探测器，必然会产生各种干扰，其结果就是精度的下降。

（3）按探测方式分类

1）直接探测激光雷达：直接探测激光雷达的基本结构与激光测距机颇为相近。工作时，由发射系统发送一个信号，经目标反射后被接收系统收集，通过测量激光信号往返传播的时间而确定目标的距离。至于目标的径向速度，则可以由反射光的多普勒频移来确定，也可以测量两个或多个距离，并计算其变化率而求得速度。

2）相干探测激光雷达：相干探测激光雷达有单稳与双稳之分，在单稳系统中，发送与接收信号共用一个光学孔径，并由发送-接收开关隔离。而双稳系统则包括两个光学孔径，分别供发送与接收信号使用，发送-接收开关自然不再需要，其余部分与单稳系统相同。

（4）按激光发射波形分类

根据激光光源的不同，激光雷达可以分为脉冲式和连续式，脉冲式可实现远距离探测（100 m 以上），连续式主要用于近距离探测（数十米）。

（5）按载荷分类

目前，激光雷达按载荷分类主要分为机载式、车载式、地基式、星载式四大类。在实际生产应用中，一个应用场景可以由多种不同类型的雷达完成，然而根据用户重点关心的测量指标及精度要求，需要选择某方面性能指标较突出的一种。

2.3.5.2　机载激光雷达

机载激光雷达集成了全球定位系统（GPS）、惯性测量单元（IMU）、激光扫描仪等模块。机载激光雷达探测距离一般较近，普遍在 20 km 以内，农业上应用的激光雷达一般在 500 m 以下。作业高度太高，地面点云就会稀疏，对于农作物这类小目标来讲，可能会因为点云不足而难以分析和提取有用的信息。

以无人机为挂载平台的轻小型激光雷达，目前国内市场用得较多的主要有奥地利的 RIEGL、美国的 Velodyne、法国的 L'Avion Jaune、德国的 SICK 和 IBEO、日本的 Hokuyo 等。其中 RIEGL 公司推出的雷达系列由于重量轻、精度高、扫描频率高等特性而得到用户的广泛好评，其中，VUX-1UAV 激光雷达仅 3.6 kg，配备高精度惯导系统，可搭载到固定翼、旋翼无人机平台上，图 2-39 为 VUX-1UAV 激光雷达及其机载图，配备 APX-15 高精度惯导系统实现高密度点云获取、高精度点云解析，表 2-7 为其工作参数。

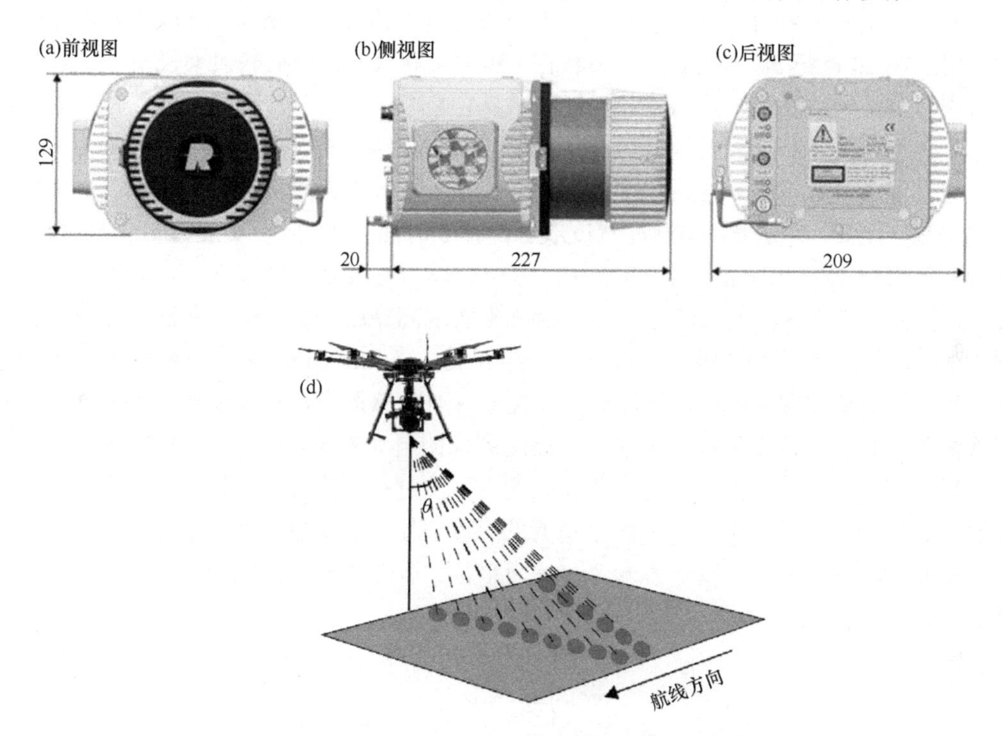

图 2-39　VUX-1UAV 激光雷达及其工作示意图

（a）VUX-1UAV 激光雷达前视图；（b）VUX-1UAV 激光雷达侧视图；（c）VUX-1UAV 激光雷达后视图；（d）VUX-1UAV 激光雷达工作示意图。图中数据单位为 mm

表 2-7　VUX-1UAV 激光雷达工作参数

参数名称	性能指标
激光发射频率/kHz	550（最高）
精度/重复精度/mm	10 / 5
最大测量范围/m	1050
最小距离/m	3
激光等级	1
视场角/（°）	330
扫描速度	10～200 r/s，相当于 10～200 线/s
输入电压/V	11～34 DC
功率/W	标准 60
主机尺寸/mm	227 × 209 × 129（含风扇）
重量/kg	约 3.5（不含风扇）/约 3.75（含风扇）

2.3.6 合成孔径雷达

合成孔径雷达（SAR）是一种高分辨率成像雷达，可以在能见度极低的气象条件下得到类似光学照相的高分辨率雷达图像。利用雷达与目标的相对运动把尺寸较小的真实天线孔径用数据处理的方法合成一个较大的等效天线孔径的雷达，也称综合孔径雷达。合成孔径雷达的特点是分辨率高，能全天候工作，能有效地识别伪装和穿透掩盖物，所得到的高方位分辨力相当于一个大孔径天线所能提供的方位分辨力。合成孔径雷达的首次使用是在 20 世纪 50 年代后期，装载在 RB-47A 和 RB-57D 战略侦察飞机上。经过近 70 年的发展，合成孔径雷达技术已经比较成熟，各国都建立了自己的合成孔径雷达发展计划，各种新型体制合成孔径雷达应运而生，包括星载和机载两种。

与其他大多数雷达一样，合成孔径雷达通过发射电磁脉冲和接收目标回波之间的时间差来测定距离，其分辨率与脉冲宽度或脉冲持续时间有关，脉冲宽度越窄分辨率越高，合成孔径雷达工作原理如图 2-40 所示，方位分辨力与波束宽度成正比，与天线尺寸成反比，就像光学系统需要大型透镜或反射镜来实现高精度一样，雷达在低频工作时也需要大的天线孔径来获得清晰的图像（廖小罕和周成虎，2016）。由于飞机航迹不规则、变化很大，会造成图像散焦。必须使用惯性和导航传感器来进行天线运动的补偿，同时对成像数据反复处理以形成具有最大对比度图像的自动聚焦。因此，合成孔径雷达成像必须以侧视方式工作，在一个合成孔径长度内，发射相干信号，接收后经相干处理从而得到一幅电子镶嵌图。雷达所成图像像素的亮度正比于目标区上对应区域反射的能量。总量就是雷达截面积，它以平方米（m^2）为单位。后向散射的程度表示为归一化雷达截面积，以分贝（dB）表示。

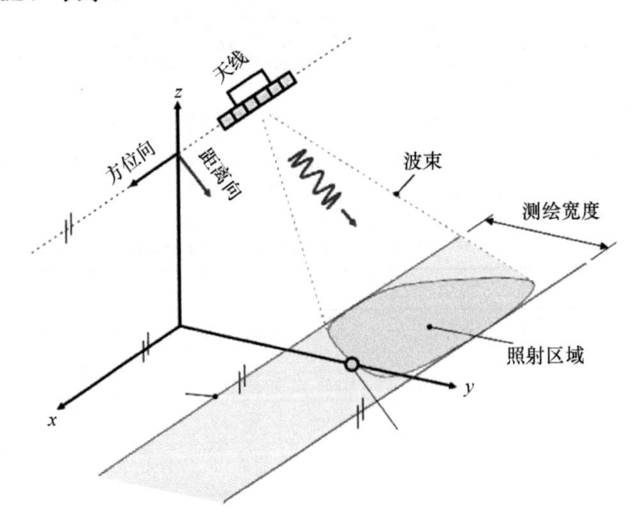

图 2-40 合成孔径雷达工作原理

随着无人机遥感技术的快速发展和应用，对于小型化、经济化、适用于无人机平台的高分辨率成像雷达的需求越来越多，目前，国内外已经开发出了多种微型合成孔径雷达。表 2-8 为国内外主要的几种轻微型合成孔径雷达系统参数（中国科学院空天信息创新研究院，2021）。

表 2-8　主要轻微型合成孔径雷达系统参数

参数名称	miniSAR	nanoSAR	Lynx	miSAR
体制	脉冲	FMCW（调频连续波）	脉冲	FMCW（调频连续波）
作用距离/km	15	1～4	30	0.3～2
最高分辨率/m	0.1	0.3	0.1	0.5
重量/kg	13.6	1.5	52	4
体积/m^3	0.03	0.004	0.04	0.01

国内机载合成孔径雷达比较具有代表性的是中国科学院研制的 miniSAR 系统，其覆盖了 L、C、X、Ku、Ka 和 W 波段，具备全极化、干涉、地面移动目标指示（GMTI）等多种工作模式。图 2-41 为典型的高精度的 W 波段微型 SAR 系统及其搭载旋翼无人机的装机图。

图 2-41　微型 SAR（a）及无人机装机图（b）

该 miniSAR 系统的功能模块包括：收发天线、发射模块、多通道接收模块、信号产生模块、信号采集和处理模块、导航测量模块、控制模块、电源模块共 8 个模块。所有模块均采用芯片化和模块化设计的思路进行高度集成，使得小型旋翼无人机搭载高性能成像雷达成为可能，大幅降低了 SAR 的使用和维护成本，miniSAR 的主要技术参数如表 2-9 所示。

表 2-9　miniSAR 的主要技术参数

参数名称	性能指标					
波段	L	C	X	Ku	Ka	W
分辨率/m	0.5	0.3	0.2	0.15	0.15	0.15
作用距离/km	8	8	6	6	4	1
重量/kg	5.8	5.2	3.2	2.3	1.6	0.4
功耗/W	80	80	80	80	60	30

2.4 无人机遥感数据采集

无人机遥感数据采集过程包括无人机飞行控制和传感器控制两部分，实际作业过程中，无人机飞行控制参数要与传感器工作特性相匹配，否则获取的数据将难以处理。决定无人机飞行高度、速度及航线的因子包括传感器获取影像的幅宽、分辨率、工作频率等。控制无人机的飞行过程一般有两种方式：一种是遥控器手动控制飞行，飞行航线、速度和高度都是通过手动操作来实现的；另一种是航线规划飞行，航线规划飞行是大多数场景下的飞行控制方式，特别是对于超视距飞行。农业无人机遥感数据分析需要影像满足一定重叠度和分辨率的要求，重叠度过低及分辨率过低都容易导致特征点对无法匹配，影像无法正常几何配准拼接。除了无人机飞行控制以外，数据获取过程中的另一个重要环节是传感器控制，传感器控制包括两部分：一部分是通过控制机载云台来实现传感器偏航、俯仰和横滚，以达到最佳数据采集角度；另一部分是对传感器本身的工作状态控制，常见无人机飞控都设计有信号输出接口，该信号可以直接用来控制数据获取传感器的工作状态，而传感器在设计时同样也会设计物理电信号接收接口，用来接收外部控制信号以达到控制传感器工作状态的目的。

2.4.1 无人机飞行控制

随着自动控制技术的不断发展成熟，越来越多的无人机倾向于使用地面站控制，然而地面站控制并不能完全代替遥控器控制，地面站控制系统控制精度往往受机身传感器获取数据精度的影响，特别是在环境较复杂的情况下，使用地面站控制容易造成飞行事故，另外，对于某些难度较大的特种飞行，地面站控制是无法完成的，必须使用遥控器控制，鉴于此，常见的无人机飞行控制同时保留了遥控器和地面站两种控制方式。

2.4.1.1 遥控器控制

无人机的遥控器利用操纵杆来实现无人机的飞行状态控制，而地面站则使用无人机链路系统，利用专门的控制软件实现对无人机飞行航线的规划以及飞行过程中飞机状态参数的获取和调整。

遥控器是当前无人机手动操控的主要部件。相对于自动航线规划飞行，虽然其操作难度更大，但它的信号稳定性更好，操控更加灵活，而且遥控距离远，特别适合一些复杂场景下的无人机飞行控制。图 2-42 所示为一种典型的遥控器，覆盖了无人机的控制参数调整、飞行状态参数显示及飞行姿态控制等功能。

随着用户操控需求的不断提高，传统遥控器也出现了相应的升级换代，已经从传统简单的摇杆控制发展成集摇杆控制及地面站控制于一体的遥控器，不仅能手动控制无人机的飞行，而且能够实时查看无人机的飞行状态信息，实现对无人机航线规划、拍照和录像，国内主要以大疆御及精灵系列无人机带屏遥控器为代表（图 2-43）。

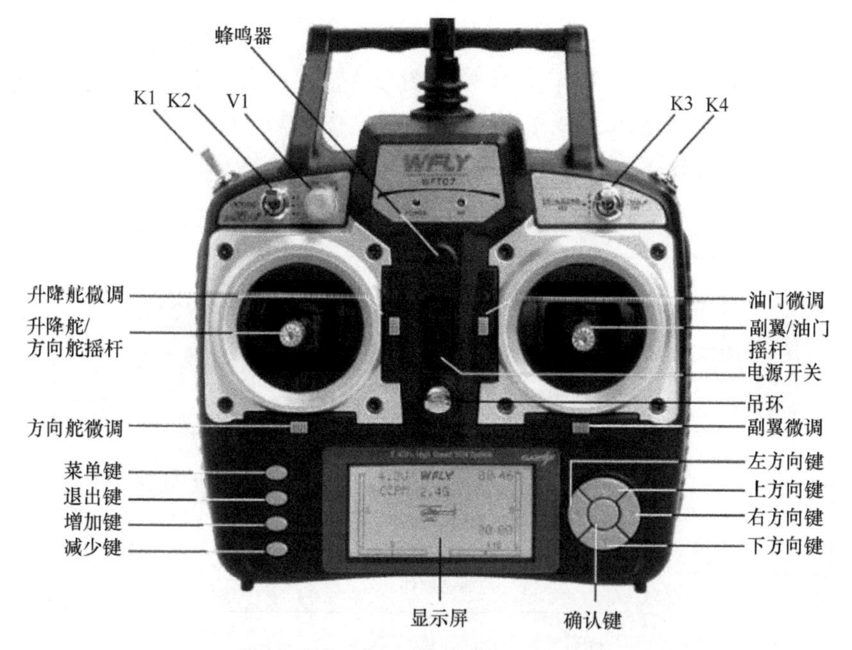

图 2-42　一种典型的无人机遥控器

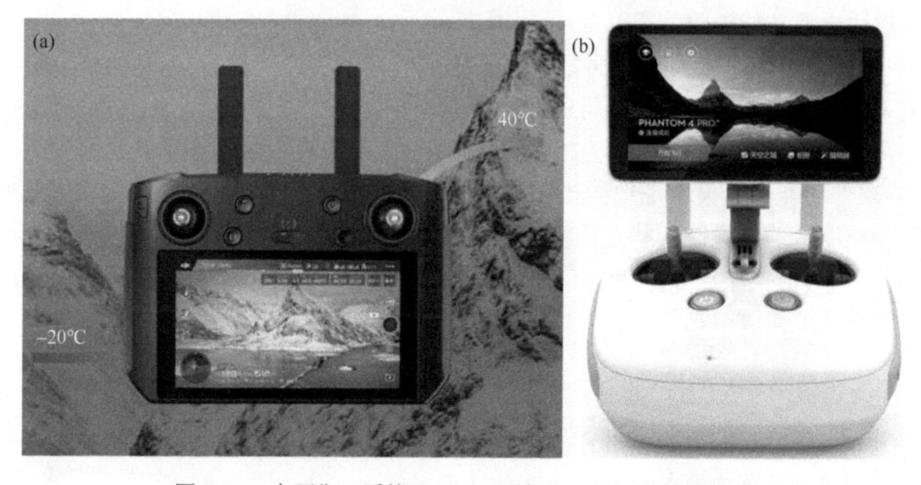

图 2-43　大疆御 3 遥控器（a）及精灵 4（b）带屏遥控器

2.4.1.2　地面站控制

地面站自动控制飞行功能的实现主要是通过软件及飞控系统共同协作完成的，无人机操控人员使用地面站软件规划航线，其受控要素包括飞行路线、飞行高度、速度、图像获取频率及位置等，地面站软件将飞行控制信息转换成指令集，通过无人机链路系统上传到无人机飞控系统中，飞控系统接收并存储指令集，并且在飞行过程中实现对无人机飞行状态的实时调整，除此之外，飞控系统同时也将收集到的飞行状态参数及传感器采集的影像数据，利用数传和图传模块再次通过无人机链路系统传回到地面站软件上，地面操控人员根据返回来的无人机飞行状态数据作出相应的决策。

无人机地面站软件的主要功能包括导航数据库、航线规划与回放、飞行控制、地图导航、状态监测、串口数据交互等（图 2-44），并且支持多架无人机的控制与管理。无人机与地面站通过无线数传电台通信，按照规定的通信协议对收到的数据解析并显示，同时将数据实时存储到数据库中。在任务结束后读取数据库进行任务回放。

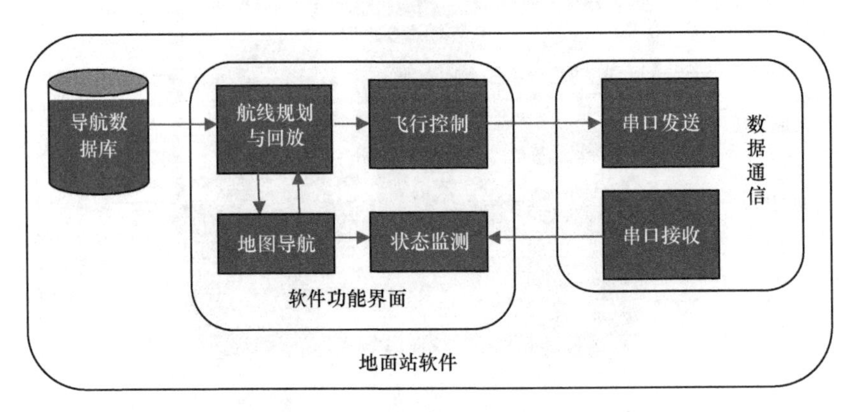

图 2-44　地面站软件系统组成结构

各模块主要功能说明如下。

1）导航数据库是无人机地面站软件系统中极其重要的一部分。航点及航线信息、任务记录信息、系统配置信息、历史飞行数据等都保存在数据库中，用户操作软件时会频繁读写数据库。

2）软件功能界面模块是地面控制人员与无人机交互的窗口，包含了航线规划与回放、飞行控制、地图导航及状态监测 4 个模块。

3）数据通信模块一般采用串口通信。地面站中实现了多线程、多串口的全双工通信，实时发送或接收数据。

2.4.3.3　地面站数据获取过程

在无人机地面站获取数据的作业过程中，一般遵循以下步骤。

（1）明确项目基本要求

项目的实施内容严格依据需求进行设计和组织，内容包括航空航拍、像控测量、数字正射影像图（DOM）生产、倾斜摄影模型生产、点云生产，并最终提交符合规范和技术要求的数据成果。

明确工期要求：前期方案、完工日期、数据成果提交日期要求。

明确技术方案的数学基础坐标系统、高程基准。

明确成果格式要求：原始航拍影像格式、POS 数据文件、像控点精度等，倾斜三维模型分辨率、平面精度、成果格式等。

（2）确定无人机机型

根据项目具体需求，选择合理的无人机型号，根据实际作业经验，一般对于倾斜摄影、小面积测量、超高分辨率测量都会采用多旋翼无人机，其余大面积、长航时测量均采用固定翼无人机。

（3）明确航飞区域，确认是否为禁飞区

明确任务区域，有无飞行限制，了解测区地貌，并进行合理的飞行架次划分，优化航飞方案，禁飞区域主要包括机场附近及重要军事设施附近等，大疆无人机禁飞区在官网可查询，查询结果中深红色为禁飞区，浅红色为限高区，一般限高 120 m。

（4）掌握天气情况

无人机航测作业前，要掌握当前天气状况，并观察云层厚度、光照强度和空气能见度，这些对于农业遥感监测应用来讲尤为重要，特别是对于光谱类传感器，光照条件的好坏对影像质量起到了至关重要的作用，一般建议在天气晴朗、上午 9 点到下午 3 点之间开展作业。

（5）确定航高

无人机航线规划软件中对于高度的描述一般包含两个指标：一个是海拔，另一个是对地高度，对地高度一般以飞机起飞前所在地面的高度为零高度，设置的飞行高度以零高度为参考基准。

（6）确定地面分辨率

地面分辨率也称空间分辨率，是指在遥感图像上能够显示出探测地物的最小尺寸的能力，也就是像元（探测器的视场窗口大小）的大小，一般用单位米（m）表示。地面分辨率不同，识别信息的能力也不同。一般情况下，凡是大于分辨率的地物容易辨认，而小于分辨率的地物辨认就比较困难，在特殊情况下，其分辨率取决于地物本身状况与背景之间的反差条件。

理想情况下，飞机和航拍基准面保持一定的相对高度，维持某特定高度即可获取相同分辨率的图像。而实际上，被拍摄的地表往往略有起伏，会导致影像之间分辨率不一致。仿地飞行可以减少由于飞机与地面相对高度不同而带来的精度偏差，但是仍有很多误差无法消除，因此应根据规范要求，结合实际地形，将航高适当降低，飞行过程中按优于规定分辨率的要求进行航飞。

地面分辨率与航高之间呈负相关关系，即航高越高，地面分辨率越低，航高越低，地面分辨率越高，除了航高外，决定地面分辨率的还有两个重要因素，即相机像元大小和镜头焦距，相机的像元大小在相机出厂时就已经固定，其计算方法为

$$a=L/R$$

式中，a 为像元大小；L 为传感器长边或短边大小（mm）；R 为长边或短边像元个数，以佳能 EOS 5D Mark Ⅱ相机为例：传感器大小为 36 mm×24 mm，将相机设置为 5616×3744 像素时，其像元大小=36 mm/5616=24 mm/3744=6.4 μm。

镜头焦距、航高、像元大小、地面分辨率之间的相互关系符合以下计算公式：

$$H=f\times \mathrm{GSD}/a$$

式中，H 为摄影航高（m）；f 为镜头焦距（mm）；a 为像元大小（mm）；GSD 为地面分辨率（m）。

表 2-10 以佳能 EOS 5D Mark Ⅱ数码相机 35 mm 和 24 mm 定焦镜头为例列举了几种典型比例尺与地面分辨率的对应关系。

表 2-10 佳能 EOS 5D Mark Ⅱ数码相机几种典型比例尺与地面分辨率的对应关系

相机类型	短边像元数	长边像元数	像元大小/μm	焦距/mm	成图比例尺	相对航高/m
佳能 EOS 5D Mark Ⅱ-24mm	3744	5616	6.4	24	1∶500	188
					1∶1000	375
					1∶2000	750
佳能 EOS 5D Mark Ⅱ-35mm	3744	5616	6.4	35	1∶500	273
					1∶1000	547
					1∶2000	1094

（7）重叠度设置

图像重叠度是指在摄影测量中相邻两张影像具有同一地区影像部分的比例，通常以百分比表示。影像重叠是进行立体量测和正射镶嵌拼接的必要条件，具体包括航向重叠和旁向重叠两种。航向重叠指本航线内相邻影像上具有同一区域影像的部分，旁向重叠指相邻航线上具有同一区域影像的部分。

按照我国现行的国家规范要求，航拍测量中航向重叠度一般应为 60%～65%；个别最大不得大于 75%，最小不得小于 56%。当个别像对的航向重叠度虽然小于 56%，但大于 53%，且其相邻像对的航向重叠度不小于 58%，测图定向点和测绘工作边距影像边缘不小于 1.5 cm 时，可视为合格。旁向重叠度一般应为 30%～35%，个别最小不得小于 13%。航拍时，图像重叠度过小或没有重叠的部分称为航摄漏洞，必要时需要补拍（王紫军，2017）。而在农业遥感应用中，由于采集数据的对象往往相似度较大，为了防止拼接不成功，根据经验，一般设定航向重叠度及旁向重叠度为 60%～90%，无人机飞行的高度越低，需要设定的重叠度越高。

（8）坐标纠正设置

使用谷歌或者高德地图时，由于坐标点与实际地图位置存在一定的偏差，因此需要进行地图纠偏，一般的地面站软件中都有地图纠偏功能。

（9）检查数据质量

检查单张影像是否存在欠曝、过曝、云层较多等情况；检查整个测区是否存在漏拍、错拍、空洞等情况，发现后需及时进行补拍。

目前，市场上地面站软件有很多种，主要功能包括航线规划、飞行数据（主要包含飞机飞行参数及图像数据）实时预览、历史航线调用和浏览、飞行操作指令发送、地图预览等。国内主流的软件有大疆航拍无人机地面站软件系列，如大疆 DJI GS PRO 地面站软件（图 2-45）。

2.4.2 无人机平台控制

无人机平台控制包括无人机云台控制和传感器控制两部分，它们都属于无人机数据采集作业中重要的部分。传感器控制的主要方式有两种，一种是通过飞控系统发送脉冲信号直接控制，这种方式的优点是技术比较简单，直接将传感器以某种简单的方式绑定

图 2-45　DJI GS PRO 地面站软件

到无人机上，由于缺乏减振，无人机电机的高频振动极易导致拍摄的图像出现重影和模糊的情况，并且长期振动容易对传感器造成较大的损坏，因此一般通过另一种较常用的控制方式，即在无人机上加装云台装置，不但可以消除无人机振动带来的损害，而且可以随意调节传感器的角度以获取最优的影像拍摄角度，通过云台还可以实现对负载传感器的精确控制，即通过飞控系统给云台发送信号，云台接收信号后再控制传感器工作。

2.4.2.1　无人机云台控制

目前为了更好地控制无人机传感器工作，绝大部分使用的是电子云台，其包含两轴电子云台和三轴电子云台，两轴电子云台用于控制偏航和横滚，三轴电子云台增加了一个俯仰角度的控制，相比于机械云台，其控制精度高、灵活性强。云台控制系统是将单片机和各种传感器以及执行机构结合在一起而开发的专用控制系统。云台控制系统的主要功能包括以下两个方面：一是实现云台的自稳功能，也就是稳像功能；二是控制云台在空间方位的转动，另外若控制对象有可控部分，如相机的拍照和光圈的调节等，云台控制系统还可以对其进行调控。

由于无人机所挂载传感器的结构和类型一般存在较大差异，因此需要使用对应结构特征的云台，从而更好地满足传感器的挂载要求。目前，农业无人机遥感应用中挂载光学相机、红外传感器、激光雷达和合成孔径雷达等传感器的云台主要使用的是三轴电子增稳云台，国内典型代表有大疆禅思[图 2-46（a）]、如影云台[图 2-46（b）]，可以挂载多种类型设备，使用过程中只需将挂载设备的重心调整平衡即可，该云台采用了三轴可调节设计，集成了三轴陀螺仪和加速度计，能够在空间中进行转动，转动范围为航向角±360°、俯仰角+50～140°，滚转角±40°，且各个轴的控制精度高达±0.01°。禅思系列云台属于小巧型云台，主要应用在大疆精灵系列、御及悟系列无人机上，而如影系列云台，特别是如影-MX 云台可以适配多种类型传感器。

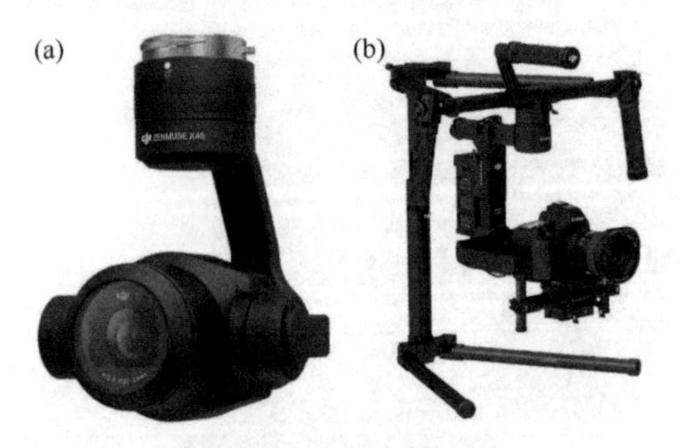

图 2-46　大疆无人机云台
（a）大疆禅思云台；（b）大疆如影云台

除上述类型的云台外，还有一种光电吊舱云台（图 2-47），该种云台是在电子云台的基础上进行了升级，实现了对传感器更好的保护，该种云台结构与监控摄像头外观结构类似，里面可同时安装多种挂载设备，但可扩展性较差，成本较高（长春通视光电技术有限公司，2023）。

图 2-47　无人机光电吊舱云台

2.4.2.2　传感器控制

无人机载传感器归结起来主要是两类：一类是图像类传感器，另一类是非图像类传感器，对于传感器的控制过程主要考虑的因素包括传感器数据获取的频率、要求的地面分辨率、地面覆盖面积大小、工作效率、成本等。不同类型传感器的控制方式存在一定的差异，主要有机械控制和电气控制两类。机械控制方式相对简单，但控制精度较差、反应时间长、控制局限性较大，一般适用于没有开放电气控制接口的第三方传感器设备。而电气控制主要是针对具有电气控制接口的传感器，该类传感器受控接口接收从无人机飞控系统发出的电信号，进而实现低时延的精准控制。例如，大疆 A3 飞控（图 2-48）除了飞机本身用来控制电调、惯性测量单元（IMU）、电源管理单元（PMU）、指示灯、串口通信等的基本接口以外，还预留了 13 号和 14 号通道为电气信号输入输出接口，通过通道扩展可实现 8 通道信号的异步输入输出，如图 2-49 所示，通过设置通道脉宽及脉冲电平保持的时间长短来控制输出信号类型，当输出信号与控制传感器某个功能的受控信号相同时，便可达到控制传感器工作的目的。

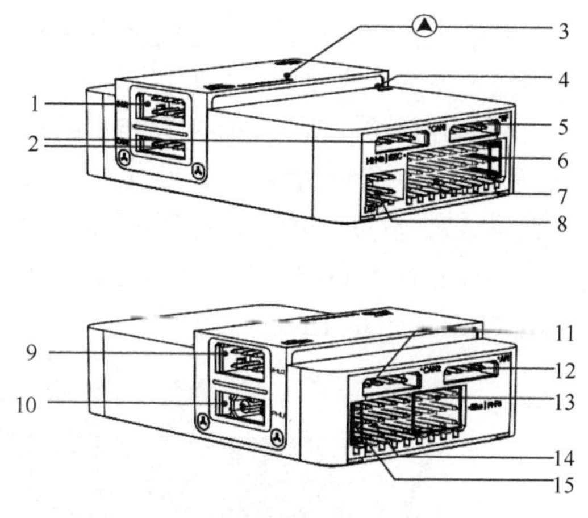

图 2-48 大疆 A3 飞控

1. IMU1（IMU 接口）；2. CAN1（CAN Bus 接口）；3. 主控器安装标记（需要按照指定位置安装，并且在 DJI Assistant 2 中进行设置）；4. FC 指示灯（指示模块当前状态和冗余系统状态）；5. RF（接收机接口）；6. iESC（DJI 智能电调通信接口）；7. M1～M8（M1～M8 电调脉宽调制接口）；8. LED（发光二极管模块接口）；9. IMU2（IMU 接口）；10. PMU[PMU 模块（9V 3A）接口]；11. CAN2（CAN Bus 接口）；12. API（串口通信接口）；13. F5～F8（多功能脉宽调制输入/输出接口）；14. F1～F4（多功能脉宽调制输出接口）；15. SBus（接收机接口）

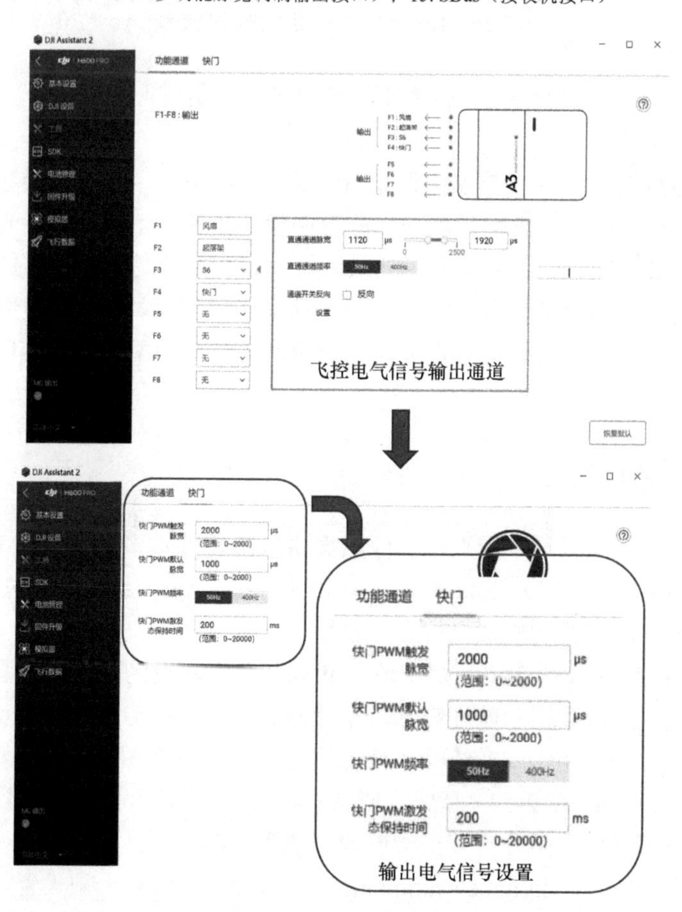

图 2-49 大疆 A3 飞控通道信号设置

除此之外，还有另一种传感器控制方式，如大疆生产的 Ronin-S 红外相机快门控制线（图 2-50），通过飞控输出开关信号给红外开关设备，红外开关产生无线红外发射信号，该信号进一步发送给相机的红外接收头，进而实现相机的拍摄动作，目前主要支持的相机型号有索尼 A9、索尼 A6400、索尼 A7R3、索尼 A7M3、索尼 A7R2、索尼 A7S2、索尼 A7M2、索尼 A7S、索尼 A7、索尼 A6500、索尼 A6300、RX100 V、尼康 Z6、尼康 Z7、佳能 EOS_R、佳能 M50、松下 GH5、松下 GH5S、松下 G9、松下 GH3、松下 GH4、富士 X_H1、富士 X_T2、富士 X_T3。

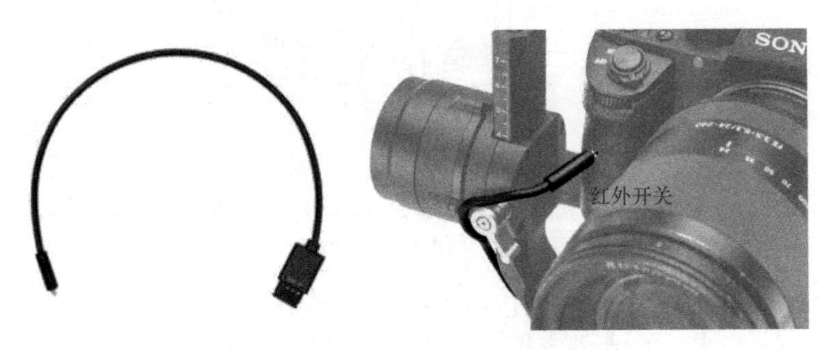

图 2-50　Ronin-S 红外相机快门控制线

2.5　无人机遥感数据处理

无人机遥感数据主要分为图像类和非图像类，一般情况下，图像类数据处理过程主要包含两部分：第一部分是图像预处理，即对图像的拼接、正射镶嵌、光谱定标和生成数字表面模型（digital surface model，DSM）等；第二部分是将拼接好的影像数据进行二次加工和分析，进而得到需要的分析结果。而非图像类数据，如激光雷达点云数据，不存在图像拼接的过程，而是不同航带间点云空间信息几何配准，配准以后再进行测量对象的空间立体结构信息提取分析。

2.5.1　无人机图像拼接

目前，国内外市场上对于无人机影像数据拼接的软件众多，主要有 Pix4Dmapper、Agisoft PhotoScan、DJI Terra、Image Composite Editor、AgriHawk-WebODM 等，其中大部分属于商业软件，需要购买授权后方可使用。

Pix4Dmapper 软件（图 2-51）是由瑞士 Pix4D 公司研发的一款集全自动、快速、专业精度为一体的无人机数据和航空影像数据处理软件，无须专业知识，无须人工干预，即可将数千张影像快速制作成专业的、精确的二维正射镶嵌图和三维模型。

Agisoft PhotoScan（图 2-52）是俄罗斯 Agisoft 软件公司开发的一款影像自动处理软件，该软件不仅可以生成高分辨率正射影像（使用控制点可达 5 cm 精度）及带精细色彩纹理的数字高程模型（digital elevation model，DEM），而且无须设置初始值，无须相机检校，可根据多视图三维重建技术，生成测量对象的三维模型。

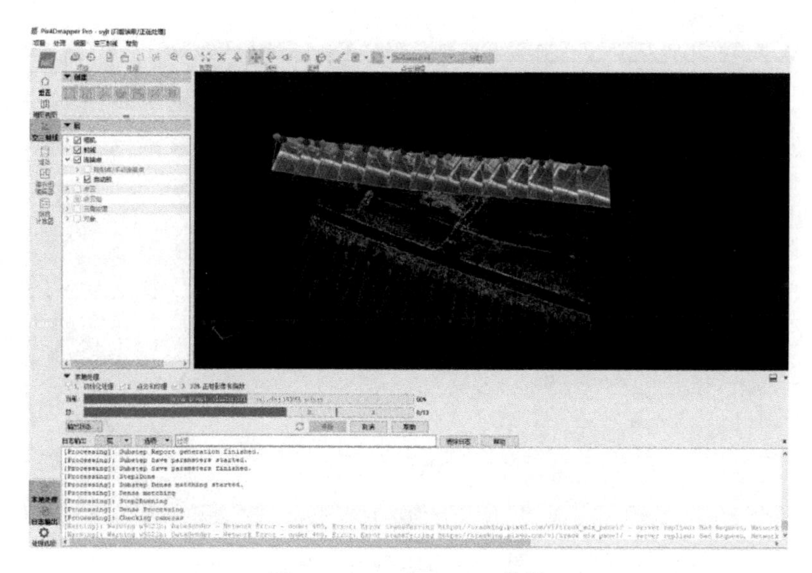

图 2-51　Pix4Dmapper 软件

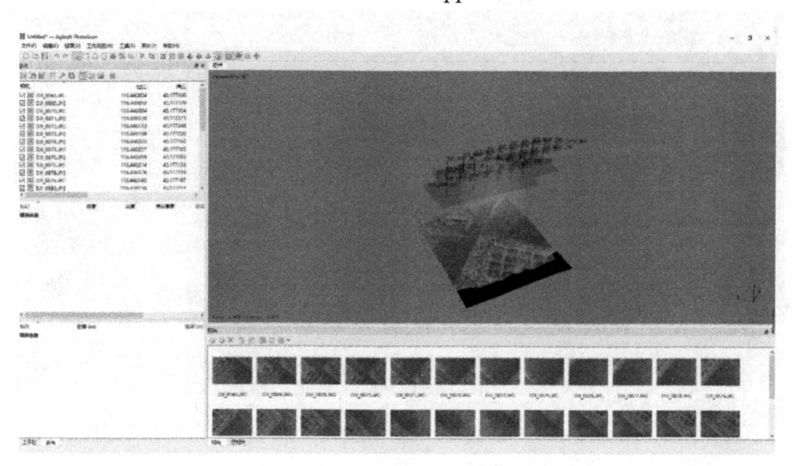

图 2-52　Agisoft PhotoScan 软件

DJI Terra（图 2-53）是 2020 年由深圳市大疆创新科技有限公司开发的一款 PC 端无人机航测软件，该软件提供自主航线规划、飞行航拍功能，并能将无人机采集的数据转为数字化二维正射影像与三维模型，一站式帮助用户全面提升航测内外业作业效率，将真实场景转化为数字资产，以满足多种行业应用需求。

Image Composite Editor（图 2-54）是微软公司开发的专门用来实现图像快速拼接的软件，该软件无须坐标信息，匹配精度较高，其最大特点是拼接速度快，但对于原始带坐标的影像经过拼接后生成的正射影像中去掉了像素点的坐标信息，而且经常会出现拼接后的图像发生几何畸变的问题。

AgriHawk-WebODM（图 2-55）是由国家农业信息化工程技术研究中心在开源软件 WebODM 基础上进行二次开发而来的在线数据处理分析软件，其优点是数据在线处理，既能够生成正射影像也能够同步生成多种植被指数图，处理速度快，精度高，对计算机硬件要求较低。

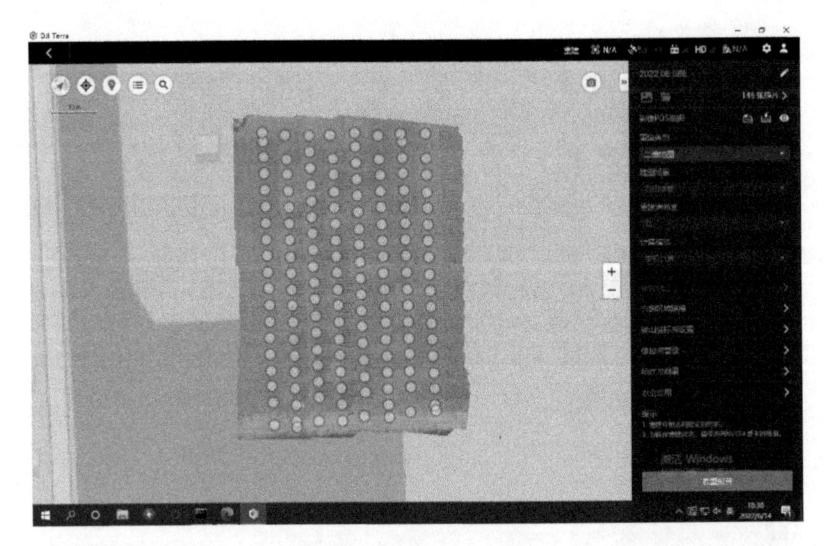

图 2-53　DJI Terra 软件

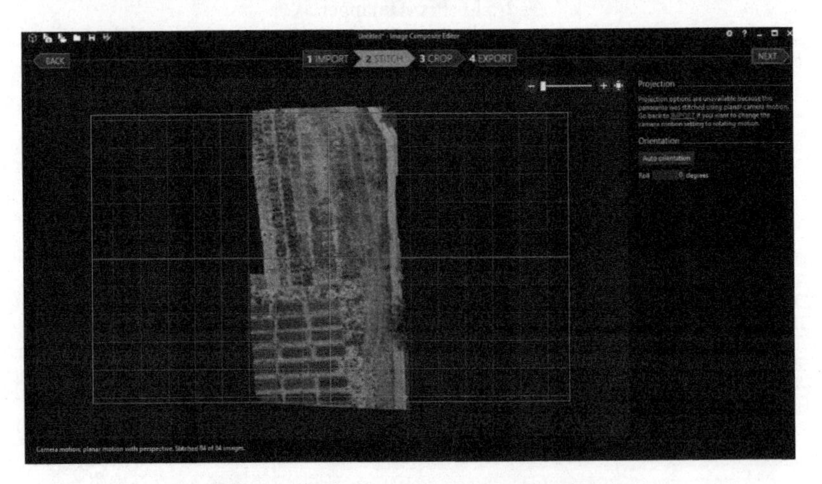

图 2-54　Image Composite Editor 软件

图 2-55　AgriHawk-WebODM 软件

2.5.2　遥感图像分析

在遥感图像处理分析过程中，可供利用的图像特征包括：光谱特征、纹理特征、空间特征、极化特征和时间特征。常用的遥感信息提取方法有两种：一种是目视解译，另一种是计算机软件解析。相比于目视解译，计算机软件解析的效率会高很多。

目视解译一般利用图像的影像特征（色调或色彩，即光谱特征）和空间特征（形状、大小、阴影、纹理、图形、位置和布局），与多种非遥感信息资料（如地形图、各种专题图）组合，运用其相关规律，进行由此及彼、由表及里、去伪存真的综合分析和逻辑推理的思维过程。早期的目视解译多数是纯人工在影像上解译，后来发展为人机交互方式，并应用一系列图像处理方法进行影像的增强，提高影像的视觉效果后在计算机上解译。

利用计算机软件进行遥感信息的自动提取必须使用数字图像，由于不同地物在同一波段、同一地物在不同波段都具有不同的光谱特征，因此可以对某种地物在各波段的光谱曲线进行分析。遥感光谱特征的分析是一项较复杂的工作，由于数据量大，不同光谱波段之间的关系复杂，人为分析起来难度较大，因此必须依靠专业的分析软件来进行内部关联信息挖掘。

目前，国内主要使用的遥感图像分析软件有以下几种。

（1）eCognition 软件

eCognition 是由德国 Definiens Imaging 公司开发的智能化影像分析软件（图 2-56），其是目前所有商用遥感软件中第一个基于目标值的遥感信息提取软件，它采用决策专家系统支持的模糊分类算法，突破了传统商业遥感软件单纯基于光谱信息进行影像分类的局限性，提出了革命性的面向对象的分类方法，大大提高了高空间分辨率数据的自动识别精度，有效地满足了科研和工程应用的需求。

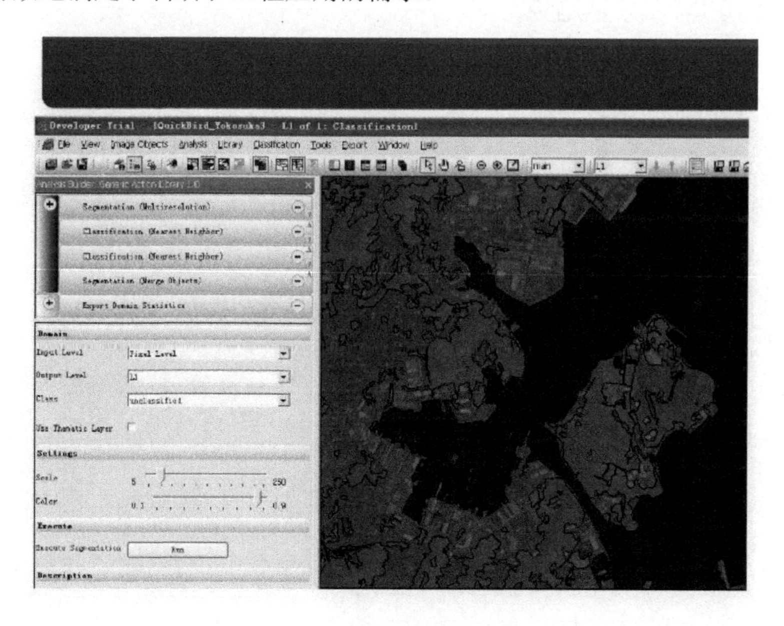

图 2-56　eCognition 软件

（2）ENVI 软件

ENVI 软件是一个完整的遥感图像处理平台（图 2-57），其数据处理技术覆盖了图像数据的输入和输出、图像定标、图像增强、纠正、正射校正、镶嵌、融合以及各种变换、信息提取、图像分类、基于知识的决策树分类、与 GIS 进行信息整合、DEM 及地形信息提取、雷达数据处理、三维立体显示分析等。

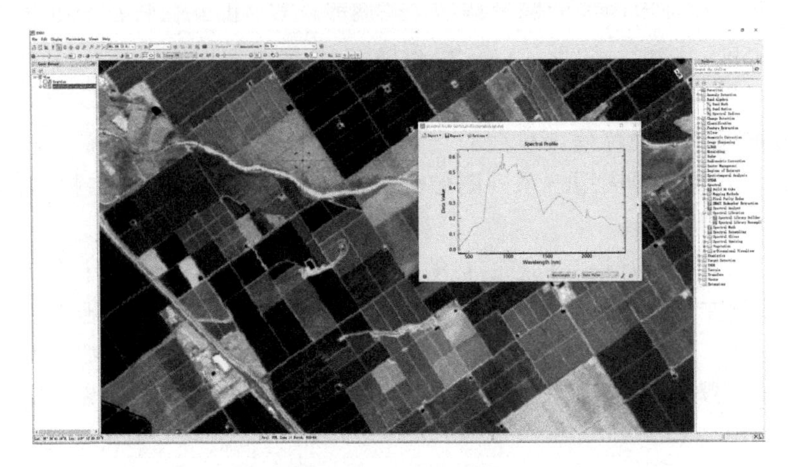

图 2-57　ENVI 软件

（3）Erdas Imagine 软件

Erdas Imagine 软件是美国 ERDAS 公司开发的遥感图像处理系统（图 2-58）。它以先进的图像处理技术，友好、灵活的用户界面和操作方式，面向广阔应用领域的产品模块，服务于不同层次用户的模型开发工具以及遥感图像处理和地理信息系统集成功能，为遥感及相关应用领域的用户提供了内容丰富而且功能强大的图像处理工具，代表了遥感图像处理系统未来的发展趋势。

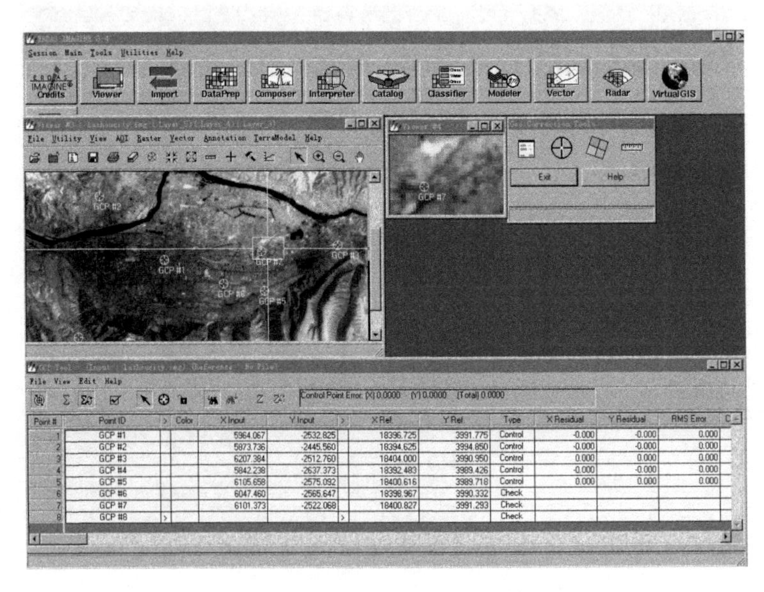

图 2-58　Erdas Imagine 软件

2.5.3　三维点云数据处理

目前，在传感器技术和国家需求的双重驱动下，激光扫描在硬件装备、点云数据处理以及应用等方面取得了巨大的进步，工业界和学术界已经开发了多种针对点云数据处理的软件。

全球范围内，3D 点云数据处理软件国外厂商主要有 Trimble、Bentley System、Leica Geosystems AG、Autodesk 和 FARO 等（王成等，2021）；国内厂商主要有中国科学院空天信息创新研究院王成研究员团队、中科北纬（北京）科技有限公司、北京数字绿土科技股份有限公司等。

1. 国外主要软件

（1）TerraSolid

TerraSolid 是全球首套商业化的机载 LiDAR 数据处理软件，由芬兰 TerraSolid 公司开发，运行于 Microstation 平台，主要包括 Terra Scan、Terra Modeler、Terra Photo、Terra Match 四大模块。其中 Terra Scan 是用于处理激光点云数据的基本模块，可以三维浏览点云数据、自定义点云类别、自动/手动分类、交互式判别三维目标等；Terra Modeler 主要用于建立、编辑表面模型，可以创建方格网图、坡向图、彩色渲染图等，支持创建剖面图、批量处理等高线、计算体积，有多种导出选项；Terra Photo 主要用于生产正射影像，可以根据高程值逐个像素校正影像、自动平滑过渡两个影像间的色差、根据地表面构建激光点三角面模型等；Terra Match 主要用于航带拼接，可以自动匹配不同航线的航带、全自动处理激光扫描表面数据的校正等。

（2）CloudCompare

CloudCompare 是一款基于通用公共许可证（GPL）开源协议的点云数据处理软件，可在 Windows、MacOS、Linux 操作系统上跨平台运行。该软件基于线性八叉树组织点云，支持构建三角网格模型，包含配准、重采样、法向量计算、标量统计、泊松构网、点云滤波等功能。由于 CloudCompare 的开源特性，并支持二次开发，因此很多人将其作为通用的点云数据处理平台，并在其基础上进行开发以满足应用需求。

（3）Smart3D

Smart3D 是一套以数字摄影测量、计算视觉、计算机图形学等技术为核心，适用于快速、全自动、倾斜摄影测量的三维实景建模软件。该软件将各类数码影像和扫描点云生成三维实景模型。建模成果可广泛地应用于基础测绘、城市规划、国土资源、军事测绘、公路、铁路、水利、电力、能源、环保、农业、林业等众多领域。

（4）PCL

点云库（PCL）是在吸收了前人点云相关研究基础上建立起来的大型跨平台开源 C++ 编程库，它实现了大量点云相关的通用算法和高效数据结构，涉及点云获取、滤波、分割、配准、检索、特征提取、识别、追踪、曲面重建、可视化等。支持多种操作系统平台，可在 Windows、Linux、Android、Mac OS、部分嵌入式实时系统上运行。PCL 库采用“BSD 伯克利软件发行版”授权方式使用，可以免费进行商业和学术应用。

2. 国内主要软件

（1）点云魔方

点云魔方（Point Cloud Magic，PCM）是由中国科学院空天信息创新研究院王成研究员团队研发的一款激光雷达点云数据处理与应用软件，2020 年 11 月该团队发布了PCM V2.0 版本。该软件从算法设计到软件构架、代码实现均为激光雷达团队独立完成，具有完全自主知识产权。PCM V2.0 采用扁平化主题风格、全新的架构与数据管理平台，功能涵盖点云基础工具、数据质量检查、点云滤波、地物分类、基础测绘、林业应用、建筑应用、输电通道三维重建与安全分析、光子点云处理等，并提供可自定义化的工作流设置，进一步提升了用户体验。支持面向多任务并行的定制化流式处理，提升了数据自动化处理效率和行业应用的业务水平；采用微内核+插件式开发设计，灵活、可靠并支持二次开发。

（2）银河点点通

银河点点通是由中科北纬（北京）科技有限公司自主研发，以“对象化点云”为研究基础的一款激光雷达点云数据处理软件，面向地理信息科学、林业、电力、交通等多领域。软件支持点云格式转换与分块，DEM、DSM 等产品生成，地面点识别、抽稀、平滑、滤波等，支持多视角显示、点云渲染、配准、重采样、颜色/法线/标量场处理、显示增强，以及单木分割和参数提取等。

（3）LiDAR360

LiDAR360 是北京数字绿土科技股份有限公司自主研发的激光雷达点云数据处理和分析软件，该软件提供点云数据处理的一站式解决方案，支持海量点云数据的可视化及编辑、航带拼接、自动/半自动分类、数字模型生成及编辑、电力线、林业分析等一系列工作，支持多元数据格式导出等。

2.6 总结与展望

尽管无人机遥感技术发展历史较长，技术也相对较成熟，但随着需求的不断增长，一些新的问题亟待解决。首先是无人机安全飞行问题，现今无人机基本实现了自主飞行，很多甚至装配了自动避障的模块，但飞行安全事故依然时有发生，特别是挂载高光谱相机、激光雷达等价值较高的设备时，对无人机的飞行安全提出了更高要求，如何进一步避免飞行安全事故的发生，在飞行控制系统安全冗余设计、稳定性，以及执行机构的稳定性等方面还有很大提升和完善的空间。其次，目前传感器和无人机之间虽然实现了部分传感器与无人机的同步集成控制，但对于大多数第三方传感器来讲，还未达到即插即用的效果，由于无人机生产厂家和传感器生产厂家不同，接口不统一，用户在实际作业过程中将多传感器与无人机集成起来较为困难，造成数据获取同步性低；并且，无人机遥感数据获取与同步解析问题依然未彻底解决，从数据获取到生成分析结果还需要诸多人工交互，导致数据分析效率不高。因此，发展软硬件一体、高性能计算及智能分析处理高度集成的无人机遥感系统，创新“所飞即所得”的无人机遥感技术将成为未来发展的趋势。

参 考 文 献

长春通视光电技术有限公司. 2023. MOES-220 光电平台. https: //www.allview-t.com/product/46.html.[2023-03-16]
段乔峰. 2004. AOTF 红外光谱检测系统的原理与仪器化. 天津: 天津大学硕士学位论文
廖小罕, 周成虎. 2016. 轻小型无人机遥感发展报告. 北京: 科学出版社
泉州中科星桥空天技术有限公司. 2022. 固定翼无人机. http: //zkxq.net/product/p4/. [2023-4-18]
汪晋宽, 罗云林, 于丁文. 2006. 自动控制系统工程设计. 北京: 北京邮电大学出版社
王成, 习晓环, 王濮. 2021. 技术科普|常用点云后处理软件介绍. https: //copyfuture.com/blogs-details/20210414152935579t. [2021-04-14]
王紫军. 2017. 小型多光谱相机无人机云台系统研究. 杨凌: 西北农林科技大学硕士学位论文
赵政, 张文凯, 金鼎坚. 2017. 航空物探遥感中心首次在青藏高原地区完成无人机遥感作业. https: //www.cgs.gov.cn/gzdt/zsdw/201711/t20171103_443100.html. [2017-11-03]
中国科学院空天信息创新研究院. 2021. 空天院微型合成孔径雷达入选“2021 年度世界十大明星雷达”. http: //www.aircas.cas.cn/dtxw/kydt/202104/t20210428_6001219.html. [2021-04-28]
Unmanned Aircraft Systems (UAS). 2005. Roadmap 2005-2030: Report of Office of the Secretary of Defense (USA). Washington DC: Department of Defense (USA)

第 3 章　无人机遥感数据处理技术

无人机遥感数据获取平台直接采集的是农作物的原始信号，需要经过复杂的数据处理，如图像拼接、几何配准、光谱辐射定标等，才能获得用于提取信息的二维图像或者三维点云数据，它是后续分析和应用的基础与前提。

本章重点围绕常用的无人机传感器，如数码相机、热红外相机、多光谱相机、高光谱相机和激光雷达相关的数据处理技术进行介绍，为从事此领域的相关研发及应用人员提供重要参考。

3.1　无人机遥感数据获取

在实际生产和研究中，根据数据获取目标和需求，选择不同的无人机遥感平台和传感器。本节以无人机遥感玉米表型获取为例，通过不同的无人机平台、不同搭载传感器选择、无人机飞行航线以及参考点如何设计，来介绍无人机实验数据的获取。

无人机平台：大疆 S1000 是一款低成本的八旋翼无人机，最大起飞重量为 10 kg，8 个旋臂可折叠，便于运输。无线电控制器用于手动控制无人机的起飞着陆和调整飞行路线。平台由 4 部分组成：无人机（大疆 S1000）、地面站（ground station，GS）、无线电控制器（FUTABA-T14SG Remote Controller，RC）和两个传感器（索尼 QX100 和 Parrot Sequoia），如图 3-1 所示。

图 3-1　大疆 S1000 无人机平台

激光雷达的载荷平台为六旋翼电动无人机，无人机型号为大疆 M600，它主要由飞行控制系统、记录内外方位角的惯性测量单元（inertial measurement unit，IMU）、全球定位系统（global positioning system，GPS）、地面控制系统、激光雷达、地面站等组成。无人机最大起飞重量 15.1 kg，续航时间 15～20 min，外形尺寸为 1668 mm × 1518 mm × 759 mm，飞行高度 30 m，飞行速度 5 m/s。无人机激光雷达系统如图 3-2（a）所示，地面控制系统如图 3-2（b）所示。

(a)激光雷达系统

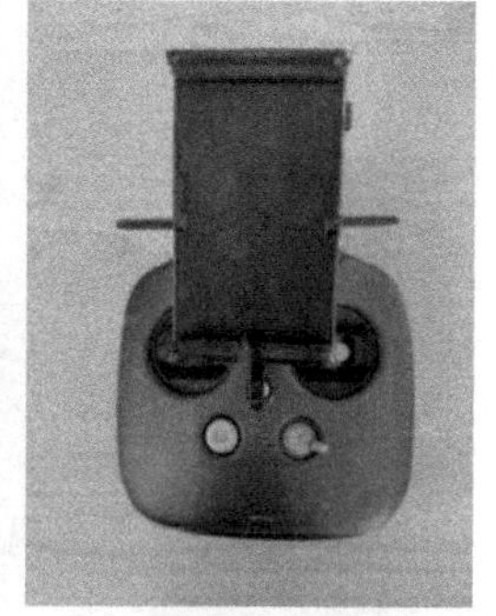
(b)地面控制系统

图 3-2　无人机激光雷达系统和地面控制系统

农业多光谱相机的载荷平台是四旋翼电动无人机，无人机型号为 DJI PHANTOM 4 PRO（深圳市大疆创新科技有限公司），它主要由飞行器、云台、视觉系统、红外感知系统、自带的 RGB 数码相机、地面控制系统、整套多光谱相机等组成。无人机总重量 1.388 kg，续航时间 20～30 min，轴距 350 mm，飞行高度 35 m，飞行速度 3 m/s。无人机多光谱相机系统如图 3-3（a）所示，地面控制系统如图 3-3（b）所示。

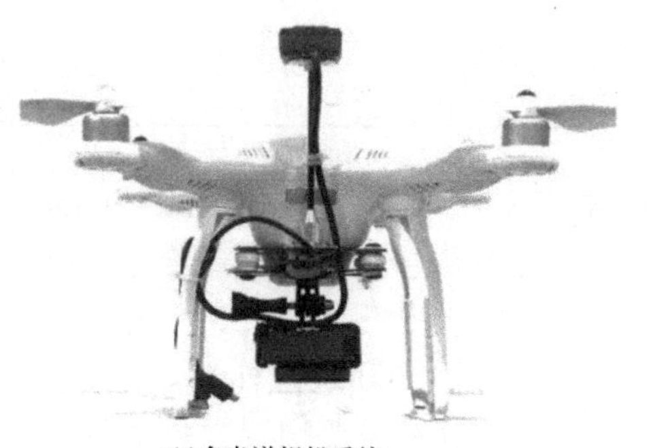
(a)多光谱相机系统

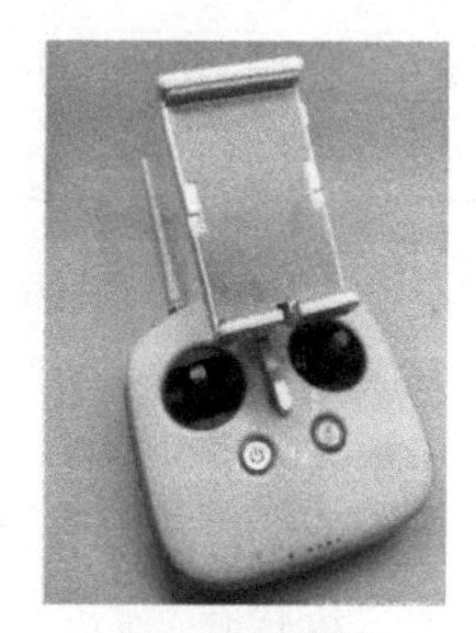
(b)地面控制系统

图 3-3　无人机多光谱相机系统和地面控制系统

传感器选择：索尼 DSC-QX100 数码传感器具有 5472×3648 像素分辨率，约重 105 g；Parrot Sequoia 多光谱相机具有 1280×960 像素分辨率，约重 107 g，能够同时拍摄绿、红、红边和近红外 4 个波段的图像。其中，红边波段的带宽为 10 nm，而绿、红和近红外波段的带宽为 40 nm。

六旋翼电动无人机所携带的激光雷达型号为 RIEGL VUX-1UAV，如图 3-4（a）所示，其主要参数如表 3-1 所示。它是一款轻便小巧的机载激光雷达，可以安装在多种小巧的飞行器上。该款扫描仪采用超高速旋转镜，通过近红外激光束和快速线扫描获取均匀分布的点云数据，实现目标物的高精度激光测量。为解算真实三维点云坐标数据，配置地面站，如南方银河 1-GNSS，如图 3-4（b）所示。

(a)激光雷达

(b)地面站

图 3-4　RIEGL VUX-1UAV 激光雷达和地面站

表 3-1　RIEGL UVX-1UAV 激光雷达的主要参数

参数类型	参数值	参数类型	参数值
型号	RIEGL UVX-1UAV	测量精度/mm	10
产地	奥地利	激光发射频率/kHz	550
大小/mm	227×180×125	扫描速度/（次/s）	200
重量/kg	3.5	视场角/（°）	330
最大测距/m	1050	角度分辨率/（°）	0.001
最小测距/m	3	激光波长	近红外

四旋翼电动无人机所携带的农业多光谱相机型号为 Parrot Sequoia 农业遥感专用 4 通道多光谱相机，由多光谱相机和光照传感器两部分组合，如图 3-5（a）所示，其主要参数如表 3-2 所示。该农业遥感多光谱相机专为农业应用而设计，其精度高、小巧便携、易操作，可获取绿光、红光、红边光和近红外光多光谱农业图像，以便定量评估植被生长状态。为了获得多光谱反射率需要配置白色辐射校准板，如图 3-5（b）所示。

多光谱传感器　光照传感器

(a)Parrot Sequoia多光谱相机　(b)白色辐射校准板

图 3-5　Parrot Sequoia 多光谱相机和白色辐射校准板

表 3-2　Parrot Sequoia 多光谱相机主要参数

参数类型	参数值	参数类型	参数值
型号	Parrot Sequoia	单波段相机分辨率	1280×960
产地	法国	单波段相机水平/垂直视角/（°）	70.6/52.6
尺寸/mm	59×41×28	光谱通道	绿/红/红外/近红外
重量/g	72	光照传感器尺寸/mm	47×39.6×18.5
可见光相机分辨率	4608×3456	光照传感器重量/g	35
可见光相机水平/垂直视角/（°）	61.9/48.5		

航线设计：由 DJI GS 设计生成 6 条航带，旁向重叠度为 75%，航向重叠度为 80%，飞行速度设定为 6 m/s。权衡数字高程模型的精度和图像采集效率之后，设置第一个观测时间点的航高为 40 m，其他 4 个观测时间点的航高均为 60 m。

参考点设计：在每次飞行前后，使用标准反射板在地面上拍摄辐射定标图像。在采集第一个观测时间点图像之前，在试验田中均匀布置地面控制点（ground control point，GCP）标志，并使用差分全球定位系统（differential global positioning system，DGPS）以毫米精度测量这些地面控制点的三维空间坐标。GCP 标志一般设计为 45 cm×45 cm 或 60 cm×60 cm 等合适大小的正方形，可使用拼接的黑白相间的聚乙烯塑料软板作为替代，利用钢钉将其中心位置固定在无遮挡的地面，以保证控制点的稳定性，确保地面平面位置不变，如图 3-6 所示。

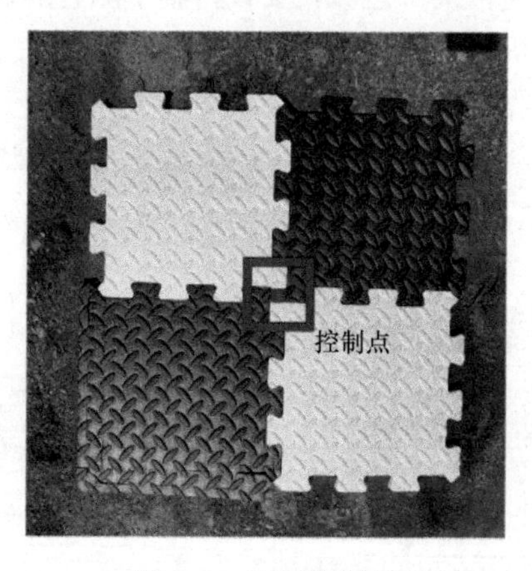

图 3-6　地面控制点

根据测区大小和形状设置地面控制点，在研究区 1 和研究区 2 分别设有 12 个和 10 个地面控制点，其分布情况如图 3-7 所示，大小为 60 cm×60 cm。利用差分全球定位系统测量地面控制点的三维坐标，其中水平测量精度为 10 mm+1 ppm①，垂直测量精度为 20 mm+1 ppm。每个地面控制点采集 30 次数据，取平均值作为该地面控制点的坐标，共获取 22 个地面控制点坐标。

① 1 ppm=1×10^{-6}。

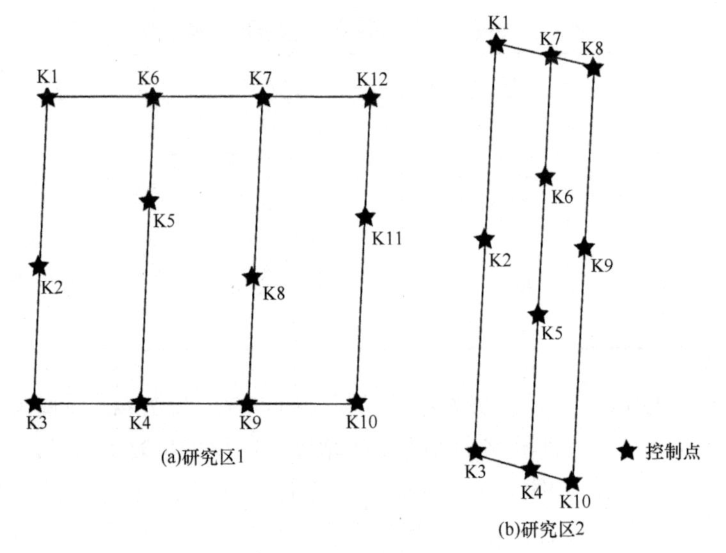

图 3-7 地面控制点分布图

3.2 无人机图像几何处理

3.2.1 常规无人机影像的几何处理

无人机遥感单次成像只覆盖局部区域，要分析整个测区的影像（图像），首先需要进行影像拼接。其次，受到无人机平台震动、GPS/IMU 传感器误差及无人机载遥感设备自身畸变等影响，无人机载遥感数据常出现位置偏移、图像几何畸变，因而需要进行几何校正。

常规的无人机影像主要包括 RGB 数码、多光谱、高光谱和热红外影像，常规无人机影像的拼接和几何处理通用方法如图 3-8 所示，典型的实际处理流程如图 3-9 所示。

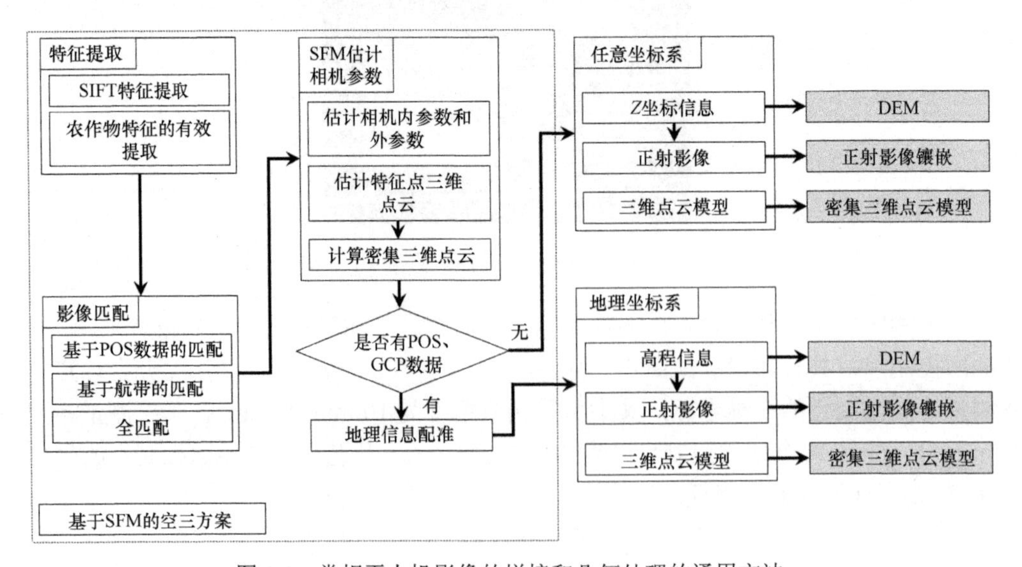

图 3-8 常规无人机影像的拼接和几何处理的通用方法

SIFT. 尺度不变特征转换（scale invariant feature transform）；SFM. 运动恢复结构（structure from motion）

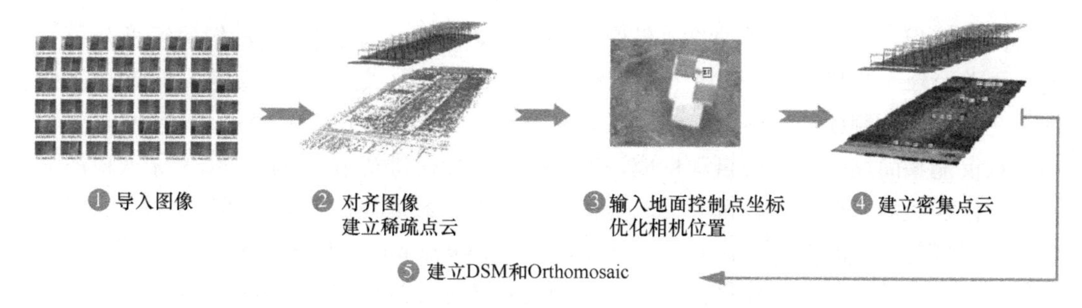

图 3-9　使用 Agisoft PhotoScan 生成 Orthomosaic 和 DSM 的处理流程

3.2.1.1　特征提取和影像匹配

无人机无序影像之间的相互匹配是进行后续几何拼接的前提。影像匹配、寻找同名点是摄影测量学的经典问题。由于无人机影像倾角大、旋转角多变等，传统的灰度相关方法误匹配多，效果不佳。基于特征尤其是尺度不变特征的匹配方法能够较好地克服这些困难，在无人机影像匹配中得到了广泛应用。

基于尺度不变特征的方法最为典型的有尺度不变特征转换（scale invariant feature transform，SIFT）算法（Lowe，2004）和加速稳健特征（speeded up robust feature，SURF）算法（Bay et al.，2008）等。SIFT 算法由 Lowe 于 2004 年正式提出，采用与高斯拉普拉斯（Laplacian of Gaussian，LoG）算子近似的高斯差分（difference of Gaussian，DoG）算子来确定特征点，计算效率比 LoG 有明显提高，并构建了 128 维的高维向量来描述特征，对影像尺度、旋转、光照、视角变化都有一定的鲁棒性。此外，Mainali 等（2013）提出了具有抗噪性的尺度不变特征检测算法（scale-invariant feature detector with error resilience，SIFER）。以非线性尺度空间理论为基础，Alcantarilla 等（2012）提出了 KAZE 算法，其比 SIFT、SURF、CenSurE 算法（Agrawal et al.，2008）具有更好的尺度和旋转不变性。

在检测出特征后，匹配过程实际上是在特征描述向量集中，依据某一相似性测度寻找描述符相似性最高的两个（或多个）特征的过程。当单幅影像特征数量多，且特征描述向量维数很高时，这一搜索过程就会非常耗时。相关学者研究了一些高维向量搜索算法，如 KD 树（Beis and Lowe，1997）、局部敏感哈希（local sensitive hash，LSH）（Indyk and Motwani，1998）等，为了提高特征匹配效率，在实际应用中可能采取“以牺牲少许准确率为代价换效率”的策略，采用近似最近邻搜索算法。此外，除了通过特征匹配，还可以通过定位测姿系统（position and orientation system，POS）数据或航带信息数据建立影像匹配关系。

3.2.1.2　空中三角测量与平差

通过空中三角测量方法，恢复相机参数（焦距、主点和透镜畸变）和估计无人机遥感成像时刻的影像外方位元素（投影中心位置和图像的 6 个外部定向参数），同时得到加密点物方坐标，是摄影测量几何处理中必不可少的环节。传统摄影测量自动空中三角测量，主要是利用 POS 辅助光束法区域网平差进行，难以适用于无人机影像处理，原因在于传统软件设计时假定的应用条件与无人机摄影测量实际情况不同：假设内部定向、径向和偏心畸变是稳定的，因此无须频繁地进行预标定；假设航带区域结构是规则的（接近正视，比例尺、重叠度、航带、姿态基本稳定）；几何畸变和辐射畸变是已知的，便于消除。尤其是，无人机上廉价轻便的导航系统提供的位置、姿态信息难以用作空中三角测量控制条件，对于直接传感器定向或集成传感器定向都没有太大价值，其定向参数仅能够简化连接点的自动生成，为连接点坐标提供初值。因此，由于无人机载荷提供的位姿数据精度低、相机畸变大等特点，无人机影像几何处理有其特殊性。

计算机视觉领域的运动恢复结构（structure from motion，SFM）算法能够利用一组有序或者无序的影像恢复相机的位姿信息和场景稀疏三维结构（张祖勋和吴媛，2015）。与传统的航空摄影测量流程相比，SFM 不需要预先的航带排列，而且通用性好、自动化程度高，其核心思想是通过特征匹配获取多视图影像之间的同名点，然后最小化特征点的重投影误差来求解相机位姿和特征点的三维坐标。SFM 一般可分为三个环节：①两两影像匹配和相对位置、姿态估计；②由相对位姿估计出全局一致坐标系下影像的位姿，并计算三维点的空间坐标；③通过光束法平差对重建结果进行优化。其中的难点在于第 2 个环节的全局一致性位姿求解，依据全局位姿求解策略的不同，目前的运动恢复结构算法大体可以分为两类：增量式重建方法（incremental reconstruction）和全局式重建方法（global reconstruction）（李劲澎，2017）。

以增量式重建方法为例，主要过程为：首先对优选的两幅图片（具有较多匹配特征点，靠近整个区域中央的两幅影像）进行第一次光束法平差（bundle adjustment，BA），初始化整个自由网，然后循环添加新的图片进行新的 BA，最后直到没有可以继续添加的合适图片，BA 结束。得到的相机估计参数和场景几何信息，即稀疏的三维点云，具体算法过程如图 3-10 所示。

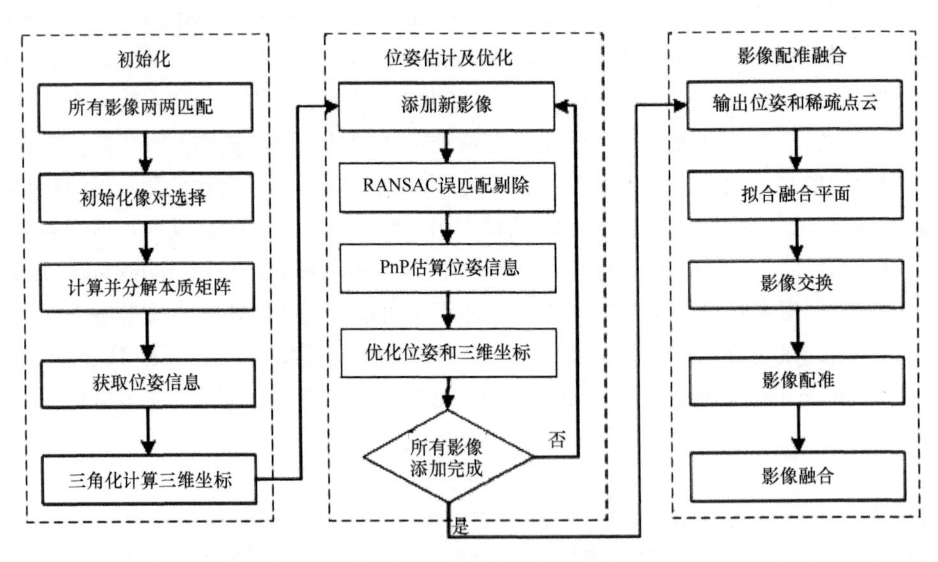

图 3-10　SFM 的计算流程

RANSAC. 随机抽样一致性算法（random sample consensus algorithm）；PnP. 透视 n 点算法（perspective-n-point algorithm）

3.2.1.3　重构密集点云

经过特征匹配、空中三角测量（或 SFM）处理后只能得到稀疏的三维点云，反映场景的大体轮廓，无法体现具体的细节，为了恢复更详细的场景结构，需要通过密集匹配得到场景的稠密点云。目前应用最广泛的当属多视角立体匹配（multi-view stereopsis，MVS）算法（Furukawa and Ponce，2009），利用 SFM 算法估计的相机姿态和稀疏三维特征点云建立密集三维点云，重构的密集三维点云包括图像坐标、方向信息和图像灰度值。其中，Furukawa 和 Ponce（2009）利用物方几何约束的多视角立体匹配方法，提出了基于面片的多视角立体匹配算法。该方法首先利用 Harris 角点检测器和 DoG 算子提取特征点，通过匹配和三角化计算，得到满足核线几何约束的空间面片，将其作为种子面片，然后利用相邻面片法向和位置连续变化的特点，由种子面片向周围扩散，最后依据灰度一致性和几何一致性进行过滤，剔除掉一致性弱的面片，经过三次“扩散和过滤”的迭代执行，得到场景的稠密点云，计算机视觉多视图三维重建系统 VisualSFM、Open MVG，摄影测量系统 IPS（Icaros Photogrammetric Suite）等都使用 PMVS 算法来生成密集点云。

另外一种在无人机领域广泛使用的方法是 Hirschmueller（2007）提出的半全局匹配（semi-global matching，SGM）方法。SGM 方法在全局优化匹配算法的基础上，使用近似的全局代价函数以提高匹配效率，采用基于互信息的等级逼近方法有效降低了影像辐射畸变的影响，算法效率比全局优化匹配算法有明显优势，可有效解决重复纹理、阴影等匹配困难问题，在摄影测量影像匹配中应用广泛，并且被集成到一些密集匹配软件中，如 SURE、Agisoft PhotoScan 软件都采用了 SGM 策略（李劲澎，2017）。

3.2.1.4　正射校正

正射校正主要分为两步：数字高程模型（digital elevation model，DEM）生成和正射校正。此外，根据是否有 GPS 信息支撑，决定是否进行地理编码：上述过程得到的三维点云为任意坐标系下相对点云分布，不具有地理坐标信息，若要使其具有真实地理坐标，需要进行地理信息注册（地理编码）。地理编码的目的是使生成的点云模型及相机相对位置参数（外参数）与实际地理坐标相互转换。这一过程涉及三个方面：平移变换、旋转变换和尺度缩放。地理编码过程分两种情况：①利用 SFM 技术得到的相机外参数与 POS 数据，可以得到一系列的对应点，从而可以解算 7 个参数；②利用地面控制点（GCP）数据，找到三维点云中 GCP 点的相应位置，与其地理坐标相对应来解算 7 个参数。

（1）DEM 生成

重建得到的三维点云是离散的，并不能完全覆盖整个测区，若要获得整个测区的地面高程数据，需要利用点云内插方法得到 DEM。其中，DEM 的模拟程度取决于地形采样点的分布、地形的空间分布特征以及模拟方法。基于格网的建模方法利用不规则分布的地形点通过数据内插方法生成格网 DEM。

建立规则格网模型，对插值数据源（空中三角测量部分结果、密集三维点云）进行内插可得到数字高程模型。目前多采用反距离权重法、移动平均法、最近邻法三种插值方法，不同插值方法的插值效果有所差别。

1）反距离权重法插值：进行邻域搜索，找到距离待插值点最近的 N 个点，将这 N 个点的高程值按一定的权值计算方式进行计算，将结果赋值给待插值点。

2）移动平均法插值：进行邻域搜索，找出在指定窗口内的点。若存在点，将点的高程按一定的权值计算方式进行计算，将结果作为高程值赋值给待插值点。若不存在点，则直接将待插值点 N 的高程赋值为默认值，默认值自行设定。

3）最近邻法插值：进行邻域搜索，找到离待插值点最近的高程已知点。然后将该已知点高程值赋值给待插值点。

（2）正射影像生成

正射校正的实质是实现图像从中心投影方式到正射投影方式的转换。无人机影像正射校正最常用的是数字微分纠正反解法。数字微分纠正是指根据相关参数与数字地面模型，利用共线方程从原始非正射投影的数字影像获取正射影像（Orthomosaic），将影像化为很多微小的区域逐一进行。数字微分纠正有两种解算方案：正解法（直接法）和反解法（间接法）。正解法是从原始影像出发，将原始影像逐个像素解算到正射影像上，由于从原始影像解算到正射影像上的像素排列不规则，生成的正射影像上可能有“空白点”或者“重复点”，所以这种方案一般不使用。反解法是从待生成的正射影像上的像素点出发，反解其在原始影像上的位置，通过内插得到该像素的灰度值。

由数字微分纠正反解法正射校正后的影像具有地理坐标信息，可分别计算每幅影像对应的 DEM 范围，对单幅影像进行正射校正后，根据地理坐标实现图像拼接，生成全景正射影像。也可以采用全景正射的方法，直接利用测区 DEM 对所有影像进行正射校正，最后生成测区正射影像。

3.2.1.5 几何精校正

由于无人机影像在获取过程中存在一些不稳定的内外界因素，拼接后的影像有可能依然存在一定的几何畸变，需要利用地面均匀分布的高精度地面控制点（GCP），对测区全景影像进行几何精校正。

3.2.1.6 质量评估

几何校正结果[如正射影像和数字表面模型（digital surface model，DSM）]的质量一般通过地面控制点的均方根误差、点云密度、空间分辨率等指标来评估。点云密度可以反映三维点云的空间分布情况。空间分辨率越小，DSM 的分辨率越高，描述的 DSM 越准确。差分全球定位系统（DGPS）提供了毫米级定位精度，因此，可认为 DGPS 测量结果是 GCP 的真实位置，即 GCP 的地面真值。GCP 总误差是地面真值与其在无人机图像位置（估计值）之间的三维距离，计算公式见（3-1）～（3-4）。综合考虑航高和实际需求允许误差，来评估 GCP 总误差是否满足要求。表 3-3 为典型的评估结果。

$$\text{Total error} = \sqrt{\frac{1}{N}\left(\sum_{i=1}^{N}\left(X_i - \hat{X}_i\right)^2 + \sum_{i=1}^{N}\left(Y_i - \hat{Y}_i\right)^2 + \sum_{i=1}^{N}\left(Z_i - \hat{Z}_i\right)^2\right)} \tag{3-1}$$

$$X\,\text{error} = \sqrt{\frac{1}{N}\left(\sum_{i=1}^{N}\left(X_i - \hat{X}_i\right)^2\right)} \tag{3-2}$$

$$Y\,\text{error} = \sqrt{\frac{1}{N}\left(\sum_{i=1}^{N}\left(Y_i - \hat{Y}_i\right)^2\right)} \tag{3-3}$$

$$Z\,\text{error} = \sqrt{\frac{1}{N}\left(\sum_{i=1}^{N}\left(Z_i - \hat{Z}_i\right)^2\right)} \tag{3-4}$$

式中，N 表示 GCP 个数；X_i、Y_i、Z_i 表示三维 GCP 坐标的真实值；$\hat{X}_i$、$\hat{Y}_i$ 和 $\hat{Z}_i$ 表示无人机遥感 GCP 三维坐标的估计值。

表 3-3　无人机遥感图像拼接的质量评价

时间点	X 方向误差/cm	Y 方向误差/cm	Z 方向误差/cm	总误差/cm	分辨率/（cm/pix）	点云密度/（点/cm^2）
1	0.94	0.98	0.48	1.45	1.44	47.9
2	1.15	1.39	0.64	1.92	2.65	14.2
3	1.28	1.46	0.73	2.08	2.71	13.7
4	5.44	2.08	2.34	6.56	2.46	16.5
5	4.90	1.56	3.29	6.10	2.23	20.2

3.2.2　无人机热红外图像的拼接

由于农业定量化监测的需求，相比于可见光 RGB 相机，多光谱和热红外相机在农业上有广泛的应用。多光谱和热红外图像的拼接与几何处理，在本质上与可见光 RGB 影像近似，但也有细微的区别。例如，由于无人机自身载重与飞行特性的限制，搭载于无人机上的多光谱相机或热红外相机采集的图像空间分辨率较低。同时，由于采集数据的对象通常是种植规划整齐的大田作物，因而得到的部分图像纹理较弱，对比度低，能够提取的用于配准的几何特征点较少，在拼接时存在误匹配问题（杨文攀等，2018；杨文攀，2019）。

分辨率低是无人机载热红外相机的普遍限制。目前主流的分辨率如 336×256 像素、640×512 像素，远低于可见光 RGB 高清相机的空间分辨率。此外，热红外遥感图像容易受到风和温度漂移的影响，成像质量较差，导致图像特征点提取不准确，或者提取的几何特征点少，造成图像的误匹配，因此在热红外遥感图像拼接时往往得不到令人信服的全景图像。

针对分辨率低、同名特征点少和误匹配多的问题，目前一般采取三种策略。①图像增强：对拍摄的单幅图像进行预处理，如增加对比度、提高锐度、增强纹理特征，以增加可用的几何特征点，进而提高匹配成功率。②高清图像替代：在低分辨率的热红外相机飞行时，同时增加一个获取相同空间视场的高清传感器，如全色/RGB 高清相机，用高清相机匹配的同名特征点替换热红外影像的，构建几何变换关系。③先验约束：上述两种方法，在拼接小尺度热红外图像时可以取得较好的效果，但对于大尺度影像拼接，质量会显著降低。Chen 和 Chuang（2016）提出了全局相似先验自然图像拼接（natural image stitching with the global similarity prior，NISw GSP）方法，其基于全局相似性先验图像拼接模型，利用无人机在飞行期间所记录的 POS 数据和相机参数，采用图像重叠区域的网格顶点代替原始的 SIFT 特征点，在后续模型的优化过程中，解决了图像匹配对的同名特征点对可能分布较集中，导致图像间变换矩阵计算误差较大的问题。崔继广（2021）根据位姿系统信息和相机参数，通过相邻图像的重叠率增加对齐约束、局部相似性约束和全局相似性约束，大大提高了全局相似性先验的局部配准能力，进而防止其收敛到局部最优解，该方法与传统的匹配对构建方法相比，每幅图像具有更多的匹配对约束。

3.2.3 无人机多光谱影像的拼接

多光谱图像拼接，除了面临分辨率低的问题，还存在不同波段间视场不一致的问题。目前无人机载的多光谱相机，根据分光策略，主要分为 4 类：单镜头光路分光式分光相机、滤光片轮式分光相机、多镜头式分光相机和 CCD 滤光阵列分光相机（曹丛峰，2017）。单镜头光路分光式分光相机，如 MS4100 多光谱相机，其体积和重量较大，较少用于微小型无人机上。其他 3 类，由于相机的内在结构和设计，成像后每个波段间都存在不同程度的空间错位与视差。例如，滤光片轮式分光相机，由相机运动导致的成像时间差，会产生不同波段的视场不一致；多镜头式分光相机，如目前较为流行的法国 Parrot Sequoia 多光谱相机、美国 Micasense 系列多光谱相机、中国大疆系列多光谱相机和长光禹辰多光谱相机等，不同波段的传感器分布在镜头的不同位置，相机自身设计的几何结构造成了不同波段间成像视场的不同；对于 CCD 滤光阵列分光相机，不同波段在探测器上分区域成像，尽管不同波段间的视场差比多镜头式分光相机小，但视场差依旧存在。所以，与可见光 RGB 相机不同，大部分无人机多光谱图像的拼接，首先要解决不同波段间的视场差问题。

无人机多光谱图像的拼接，一般包括如下步骤。①单波段裁剪：将一幅图像裁剪为 N 个单波段图像。②图像校正：对单幅图像进行几何校正，去除成像几何畸变。通常情况下，机下点的红和近红外波段的畸变比边缘图像的畸变小，不同波段图像的几何校正参数是不同的，需要分别进行畸变/几何纠正。③单波段图像拼接：将裁剪后的图像拼接为常规的单波段整幅影像，通过重叠区进行区域拼接。④谱段间配准与合成：将各谱段之间进行高精度配准，再合成整景多光谱影像。

3.2.4 无人机高光谱影像的拼接

3.2.4.1 画幅式成像高光谱影像的拼接

本节以德国 Cubert UHD185 画幅式成像高光谱相机为例，介绍无人机画幅式成像高光谱影像拼接方法（Yang et al.，2017）。UHD185 是一种画幅式（凝视型）高光谱相机，具有相对平衡的空间分辨率和光谱分辨率。该设备主要由前置望远镜物镜系统、分光棱镜、狭缝阵列、RGB 相机和光谱成像系统组成，光谱成像系统包括准直系统、色散元件、收集系统和灰度相机等若干部分。它囊括 138 个光谱波段，采样间隔为 4 nm。由于 454～950 nm 的 125 个波段使用了带通滤光片，因此在这些波段具有更高的光透过率，成像质量更好。通过 UHD185 透镜的光被分成两束，包含全部光辐射功率 20%的光进入全色照相机用来产生高分辨率全色图像，而其余的包括全部光辐射功率 80%的光进入高光谱相机生成高光谱立方体。通过将不同波段的光投影到 CCD 的不同部位来创建图像立方体。单次曝光可以创建具有 12 位动态范围的 50×50 像素的高光谱立方体和具有 1000×1000 像素分辨率的全色图像。因此，全色相机和灰度相机具有相同的目标视场但不同的空间分辨率和光谱分辨率，两者分别用于获取目标地物的纹理和光谱信息。UHD185 及其光谱成像系统结构图如图 3-11 所示。

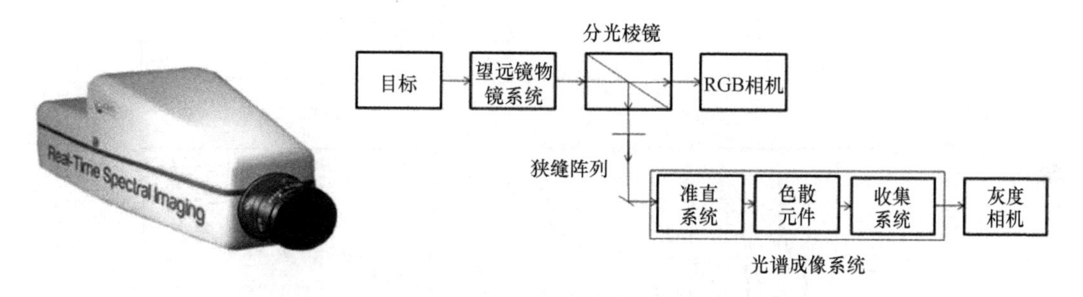

图 3-11　德国 Cubert UHD185 及其光谱成像系统结构图

此外，为了进一步提高无人机高光谱影像几何拼接精度，采用高清数码优化 POS 的方案。在无人机数据采集时，DSC-QX100 数码相机和 UHD185 同步搭载到云台上。数码相机的拍摄操作可以由飞控系统进行控制，使得每次拍摄数码图像的同时同步记录该时刻无人机的飞行姿态。数码相机仅在规划的航带内拍摄，在无人机起飞、航带切换时则不采集数据。UHD185 的一个缺点是缺少兼容的硬件接口使外部其他设备可以控制光谱仪的拍摄。因此，无人机在空中进行拍摄时，拍摄操作和 POS 的记录是独立的，两者不会同步记录，它们之间在记录时间和频率上都会产生一定的差异。为了获得高光谱图像的 POS 信息，就需要解决 POS 信息记录和影像拍摄不对应产生的差异问题，使每一幅高光谱 POS 图像都能对应一个 POS。为了达到这一目的，采取以下操作。首先，删除冗余无用的高光谱图像；其次，以航带为单位，对 POS 信息中经度、纬度、高度、倾斜角、滚动角和偏航角的值的变化轨迹进行拟合，并应用拟合的模型计算高光谱图像每个航带的 POS（图 3-12）。POS 的插值使用 IDL 编程开发平台编写程序计算。编写的程序能够根据筛选后影像的编号自动判断影像的航带，并根据无人机 POS 文件的航偏角区分航带，将影像和 POS 的航带一一对应，最后对每一个航带的影像进行插值，得到每一幅影像的 POS。

作为示例，利用 Agisoft PhotoScan 来生成高光谱数字正射影像图（digital orthophoto map，DOM）。为了执行连续图像匹配算法并获得足够的特征点，Agisoft PhotoScan 需要每个输入图像本身估计的锐度超过 0.5。然而，由 Agisoft PhotoScan 估计的高光谱立方体图像的锐度值约为 0，因此使用高光谱立方体并不能成功地执行特征点提取和匹配

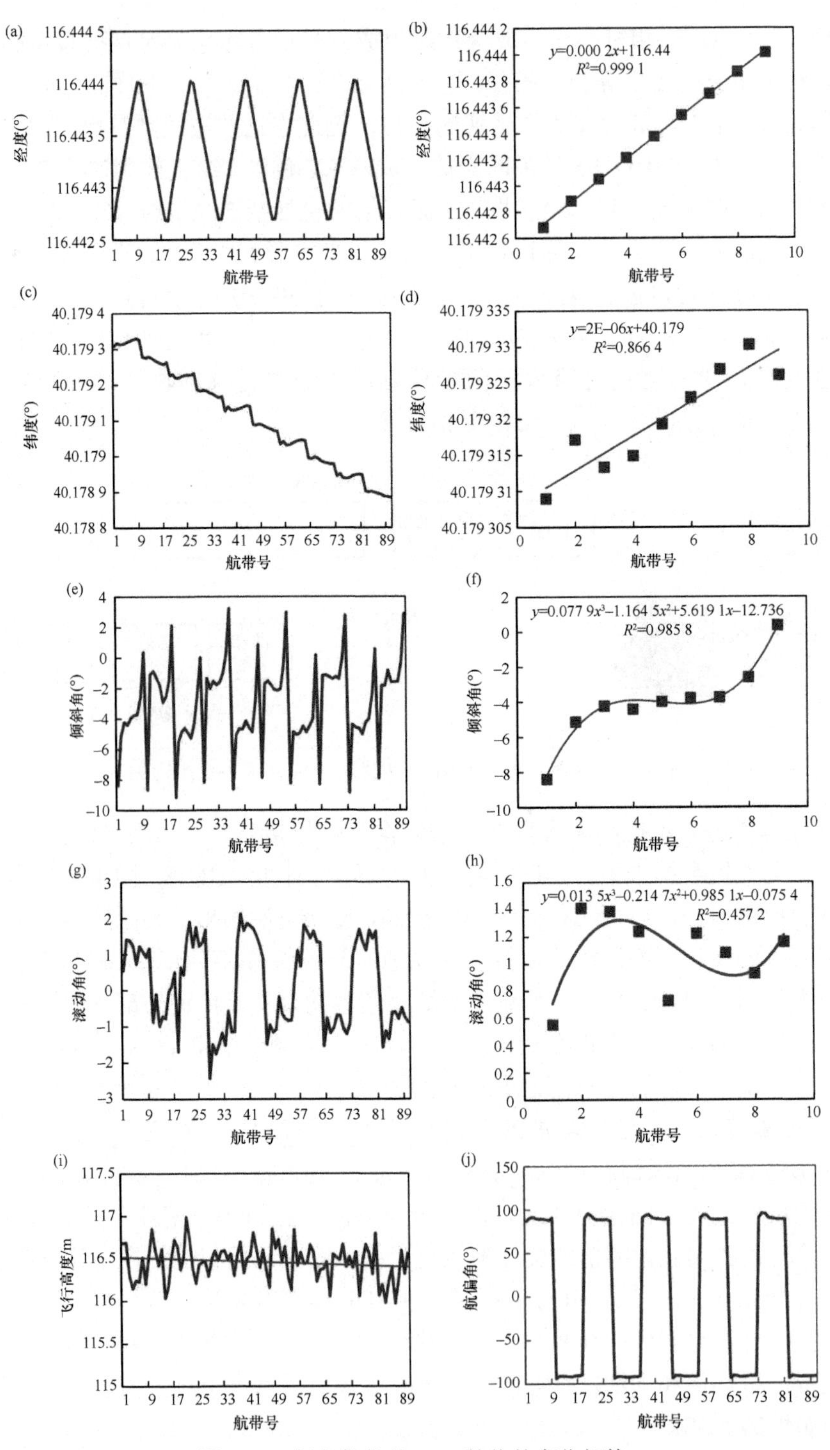

图 3-12 每条航带的 POS 数值的变化规律

(a) 各个航带的经度变化趋势；(b) 第一条航带经度值的线性拟合；(c) 各个航带的纬度变化趋势；(d) 第一条航带纬度值的线性拟合；(e) 各航带的倾斜角变化趋势；(f) 第一条航带倾斜角的多项式拟合；(g) 各航带滚动角变化趋势；(h) 第一条航带滚动角的多项式拟合；(i) 各航带无人机飞行高度变化轨迹；(j) 各航带无人机飞行航偏角变化趋势

处理流程。不过，鉴于全色图像的清晰度高，纹理清晰，图像锐度均超过 0.5，达到 0.55，可以将其作为构建 3D 模型的输入图像。因此，首先采用全色图像构建 3D 格网模型，并导出 DEM，然后使用高光谱立方体替换高光谱全色图像，构建纹理并导出高光谱 DOM。无人机高光谱图像生成 DOM 的详细过程如图 3-13 所示。图 3-14 为生成的高光谱 DOM 立方体，对研究区外边缘进行了裁剪，DOM 中没有空洞和明显的几何畸变，影像拼接的结果较好。采用 POS 插值获得的高光谱 DOM 与数码相机拍摄的图像产生的 DOM，相对水平差小于 0.05 m，反映了插值方法的可靠性，且借助于具有较高空间分辨率的全色图像生成的 3D 格网模型，低空间分辨率的高光谱立方体可以被有效地拼接在一起。

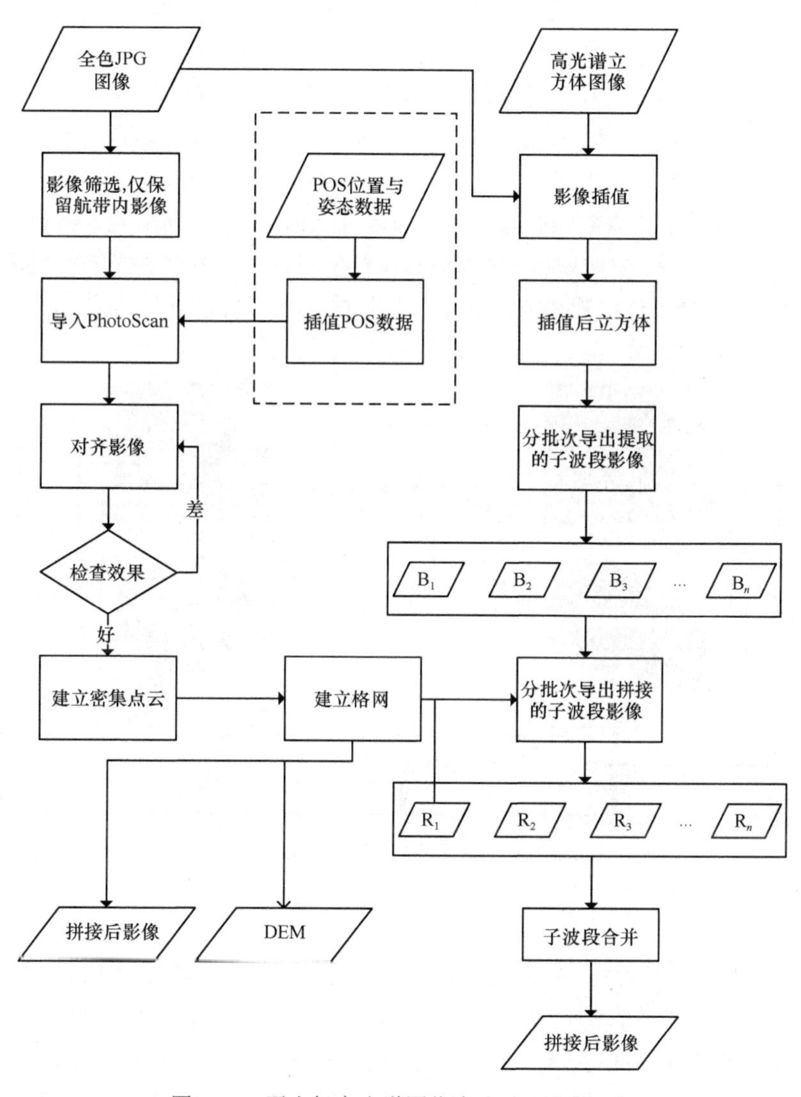

图 3-13 无人机高光谱图像生成 DOM 流程图

3.2.4.2 线阵成像高光谱影像的拼接

以自主研发的 Offner 型线阵高光谱相机为例，由于微小型无人机自身载荷较小，

图 3-14　高光谱 DOM 立方体（彩图请扫封底二维码）

无法搭载常规大型、高精度的定位测姿系统（position and orientation system，POS），而满足无人机载荷要求的 POS 的位姿测量精度达不到无人机载成像高光谱影像几何校正的需求，因而本小节提出了一种基于高清数码相机辅助的无人机载成像高光谱数据几何校正方法。该方法集成面阵数码相机（多光谱）、低精度 POS 及高光谱相机（图 3-15），在无人机飞行过程中同时采集高清数码影像及线阵成像高光谱影像，并利用无人机自身导航定位系统（GNSS/INS）记录数码成像时刻的数码相机位姿状态，根据高光谱相机成像频率，利用 POS 同步采集光谱仪位置和姿态数据，其数据采集示意如图 3-15 和图 3-16 所示。

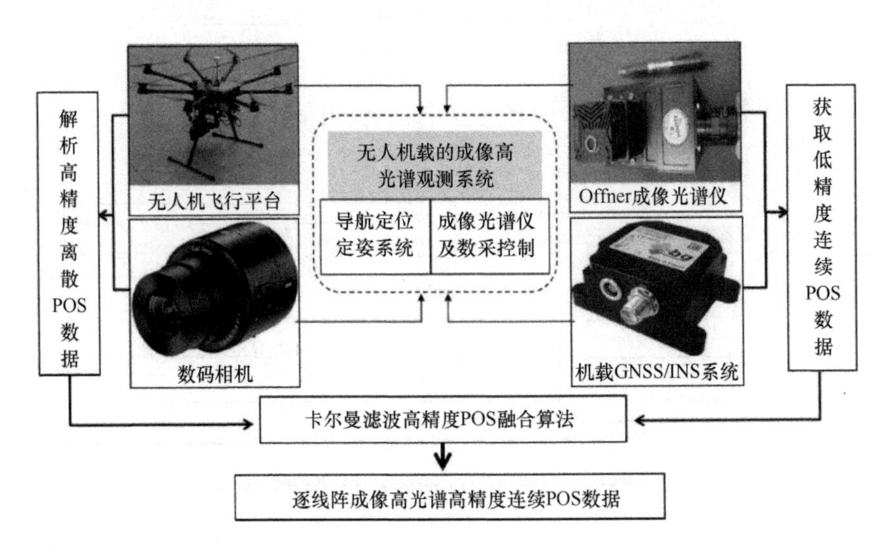

图 3-15　高光谱系统示意图

利用数码图像、无人机 GNSS/INS 数据，采用空中三角测量和区域网平差处理，解算高精度数码图像摄影中心外方位元素以及测区地面高程。将连续观测的光谱仪位置和姿态信息进行时间序列分析并构建状态方程，结合解析的高精度数码图像外方位元素，并经过卡尔曼滤波方法进行数据融合，解算高光谱连续高精度的逐扫描线姿态与位置信息。结合测区地面高程及高精度成像高光谱逐线阵位姿信息建立共线方程（图 3-17），实现无人机载成像高光谱数据的几何校正，水平校正精度优于 1 个像元（图 3-18）。

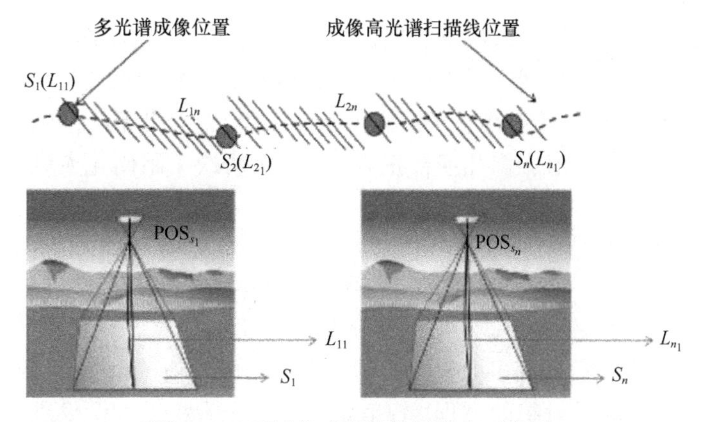

图 3-16　不同传感器的位置姿态示意图

S_n 表示不同的成像时刻，L_n 表示不同扫描线位置

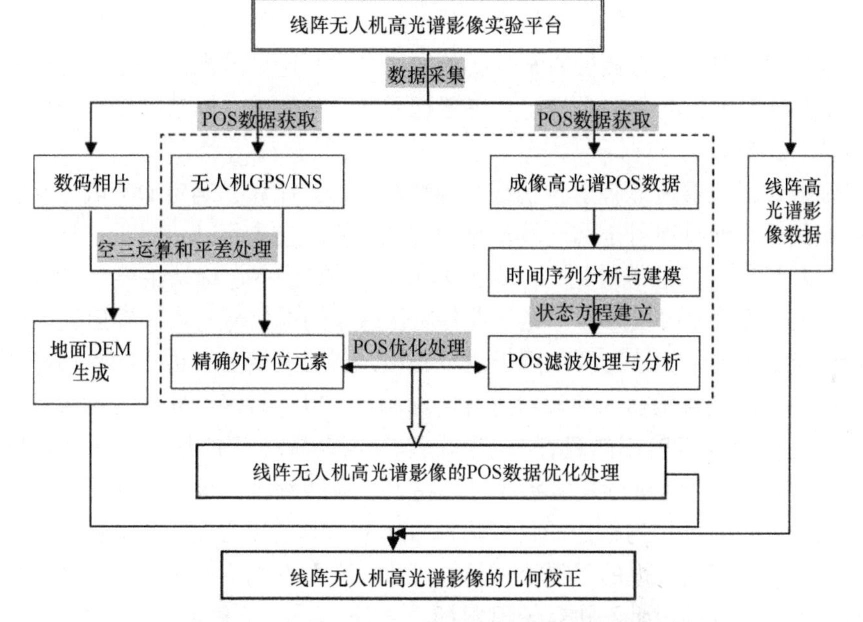

图 3-17　线阵无人机高光谱影像几何校正流程图

图 3-18　几何校正前后无人机高光谱影像（彩图请扫封底二维码）

因此，该方法利用面阵成像数码影像优势，采用空中三角测量和平差处理，获得数码图像对应的高精度定位数据，并将其用于与线阵高光谱相机同步的 POS 数据优化，达到了与大型 POS 传感器直接测量一致的精度，破解了无人机无法搭载大型高精度 POS 传感器及无人机成像高光谱影像几何校正难题，初步解决了阻碍无人机成像高光谱实际应用的瓶颈问题。

3.3 无人机光谱辐射处理

光谱辐射定标是将无人机相机获取的图像像元亮度数值（digital number，DN）转换成具有实际物理意义的反射率的过程。辐射定标是对无人机光谱图像进行定量化分析应用的基础和前提。广义的辐射定标包括绝对辐射定标和相对辐射定标。

由于探测器视场角、曝光时间、传感器黑电平、消光效应和镜头渐晕效应等一系列因素的影响，传感器输出的辐射信号会产生一定的畸变。如渐晕效应，是指图像出现中间亮、边缘暗的情况，光谱相机通常需要外加滤光片，这导致光谱图像中的渐晕现象更加严重。相对辐射定标的目的是校正传感器探元参数的影响，以消除传感器探元间的差异（周启航，2021）。

绝对辐射定标主要通过辐射传输或数理统计方法，计算并确定 DN 值与反射率之间的定量转换关系。绝对辐射定标比较常见的方法有实验室定标法、星上定标法（又称飞行定标法）和场地定标法等（周启航，2021）。其中实验室定标法主要是在传感器进行光谱测量之前，通过使用积分球等光学设备对传感器的电信号与实际辐射亮度间的转换关系进行标定。星上定标法主要应用于卫星领域，利用卫星上具备的一系列光学设备对太阳光入射辐射以及传感器入瞳辐射进行实际测量，以进行进一步的反射率计算。场地定标法是以地面已知反射率的目标为基准，以辐射传输方程或统计方法建立反射率与 DN 值之间的关系，从而进行反射率计算。在卫星遥感领域，场地定标的主要参考目标是地表大面积且反射率均匀稳定的目标物，国际上一般使用大面积均匀的沙漠、水面等作为定标场，如我国在敦煌的卫星校正场。目前，无人机低空遥感研究最多的是采用场地替代定标方法和经验线性法进行辐射定标。

3.3.1 无人机多光谱图像辐射校正

3.3.1.1 辐射畸变校正

在进行辐射定标计算反射率之前，对由探测器视场角、曝光时间、传感器黑电平等一系列因素引起的辐射畸变进行校正。本小节以 MicaSense 公司的 RedEdge 相机为例介绍辐射畸变校正原理。为补偿传感器黑电平、传感器灵敏度、传感器增益和曝光设置以及镜头渐晕效应，利用 MicaSense 给出的 RedEdge 校正公式进行辐射校正，具体公式如下（周启航，2021）：

$$L(x,y)=V(x,y)\times\frac{a_1}{g}\times\frac{p(x,y)-p_{\mathrm{BL}}}{t_e+a_2y-a_3t_ey} \tag{3-5}$$

式中，x、y 分别表示像素在影像上的列数、行数；L 为辐射校正后的光谱辐射亮度；p 为该像素的亮度；p_{BL} 为快门关闭时的背景亮度，取值根据灰度采样深度进行了归一化处理，将其减去可以消除传感器的黑电平效应，对于标准 16 bit 影像，背景亮度为 4096；g 为厂商给定的传感器增益，可从影像的 xmp 元数据中读取，数值定为相机感光度（light sensibility ordinance，ISO）值的 1%，用于补偿传感器增益；a_1 为传感器的光谱感应系数；a_2、a_3 为电子帘幕快门的敏感性改正系数和行周期改正系数；t_e 为相机的曝光时间。式中分母存在曝光时间的行周期改正，这个行周期改正的原因是 RedEdge 传感器使用了全局快门，这种结构使得互补性金属氧化物半导体（complementary metal-oxide-semiconductor，CMOS）传感器阵列同时开始并结束曝光，但曝光过程收集的光电信号是逐行依次读取并存储为影像文件的，而传感器的存储节点并非理想的存储器，会受到金属氧化物半导体场效应晶体管（metal-oxide-semiconductor field-effect transistor，MOSFET）漏电和寄生光（parasitic light）的影响，使得实际存储的影像偏离原始状态，从而引起辐射畸变，a_2、a_3 就是其改正系数。V（x，y）是渐晕畸变的改正函数，具体公式如下：

$$r=\sqrt{\left(x-c_x\right)^2+\left(x-c_y\right)^2} \tag{3-6}$$

$$k=1+k_0\times r+k_1\times r^2+k_2\times r^3+k_3\times r^4+k_4\times r^5+k_5\times r^6 \tag{3-7}$$

$$V\left(x,y\right)=\frac{I\left(x,y\right)}{k} \tag{3-8}$$

式中，c_x、c_y 分别表示影像的中心像元行数、列数；r 表示距离影像中心的距离；k_0～k_5 表示渐晕效应的多项式拟合系数；I（x，y）表示原始像元的亮度；V（x，y）表示改正后的像元亮度。需要说明并注意的是，渐晕效应的校正根据不同的成因，有不同的校正方法（李艺健，2019）。出现渐晕现象的根本原因是进入相机成像平面的光线强度随着视场角的增大而逐渐减弱。

3.3.1.2　辐射一致性校正

辐射一致性校正的目的是消除同一批遥感数据之间的明暗不均匀现象。无人机低空遥感中，无人机通常飞行在云层下方，太阳光照会受到云层遮挡导致环境照度发生变化。即使在晴朗无云的天气条件下，太阳光照度依旧会随着时间而发生改变。环境照度变化在遥感图像上呈现为视觉上的明暗不一现象。场地替代定标法适合处理单幅图像或飞行过程中光照条件不变的情况。但一个架次的无人机遥感图像通常包含几十幅甚至上百幅图像，由于靶标大小与数量的限制，不可能保证每一幅遥感图像均能采集到靶标信息，因此要求每幅图像在采集时的辐射条件均相同，否则辐射定标结果将不准确。然而实际飞行过程中光照变化明显，几乎不可能存在理想的辐射定标条件，因此对遥感图像进行辐射一致性校正对后续遥感定量化研究有重要意义。同时图像特征匹配和图像融合过程中，图像间的照度不均匀现象也会影响其结果，辐射一致性校正可以提高遥感图像的拼接精度。

目前辐射一致性校正主要依靠额外加装天空光测量传感器来解决。例如，大疆精灵 4 多光谱无人机，其自带的太阳辐射传感器可以记录拍摄时的太阳入射辐射亮度值，从而可以利用辐射校正且归一化后的 DN 值计算反射率。为进一步适应更加复杂的场景，杨贵军等（2015）在利用伪标准地物辐射纠正法进行辐射定标的基础上，利用尺度不变特征转换（scale invariant feature transform，SIFT）算法匹配相邻影像同名点，基于相邻影像重叠区域同名点应具有相同灰度值的理论关系，统计实际相邻影像重叠区域同名点灰度值的差异规律，建立了校正模型，并对待校正影像的灰度值进行了补偿。设具有重叠区域的影像为 M、N，其中 M 为基准影像，N 为待校正影像，$x_{i1}, x_{i2}, \cdots, x_{in}$ 为待校正影像 N 同名点 i 波段的灰度值，$y_{i1}, y_{i2}, \cdots, y_{in}$ 为基准影像 M 相应同名点 i 波段的灰度值。n 为影像 M、N 同名点的个数。建立样本回归方程：

$$\hat{y}_{it} = \hat{a}_i x_{it} + \hat{b}_i \tag{3-9}$$

式中，x 为待校正影像灰度值；$\hat{y}$ 为基准影像灰度值；$\hat{a}$ 和 $\hat{b}$ 为回归系数；i 为影像波段序列，i=1,2,⋯,n；t 为参与统计的样本数，t=1,2,⋯,n。

根据匹配的同名点的灰度值估计回归模型参数，并计算决定系数（R^2）：

$$\hat{a}_i = \frac{n\sum x_{it} y_{it} - \sum x_{it} \sum y_{it}}{n\sum x_{it}^2 - (\sum x_{it})^2} \tag{3-10}$$

$$\hat{b}_i = y_i - \hat{a}_i \overline{x}_{it} \tag{3-11}$$

$$R_i^2 = \frac{\sum(\hat{y}_{it} - \overline{y}_i)^2}{\sum(y_{it} - \overline{y}_i)^2} \tag{3-12}$$

在上述校正模型中，当基准影像的整体亮度大于待校正影像时，整个波段影像使用一个线性模型很容易使待校正影像的灰度极值超出传感器的动态范围。按灰度值大小分段建立校正模型，则能减弱线性模型引起灰度极值溢出问题的影响。将图 3-19 待校正影像各个波段的灰度值分为 0～50、51～100、101～150、151～200、201～255 五个区间，进行分段校正及整体校正。由图 3-20 可以看出，在统计样本范围内，校正后同名点 DN 更加接近基准影像；与整体校正相比，分段校正后影像与基准影像模型的拟合优度有所提高，均方根误差降低。校正后的影像将作为基准影像校正其他与之相邻的影像，依次传递，进而使所有影像相同地物点的辐射信息趋于一致。应用结果表明，应用模型校正后的相邻影像辐射一致性得到了明显改善，相邻影像经校正后同名点 DN 值决定系统 R^2 达到 0.9748。

3.3.1.3 辐射定标

目前，无人机低空遥感辐射定标研究采用最多的是场地定标法。场地替代定标法，即灰阶靶标定标法，这类方法需要在影像拍摄位置设置反射率渐变标靶，以此为基础计算反射率。辐射定标灰阶靶标由基板及涂抹在基板上的白色底漆层与涂抹在白色底漆层上的漫反射面漆层构成，基板一般是帆布或复合木板，典型尺寸为 0.6 m×0.6 m×1.2 cm，数量为 4 块或 6 块，分别涂上浅灰色、灰色、深灰色、黑色（反射率分别为 5%、15%、30%、55%）等的漫反射面漆层。场地替代定标法由于使用不同反射率梯度的灰阶靶标，可以在同等光照条件下获取多个辐亮度等级的多光谱图像，因此该方法可减小单一辐亮度等级定标造成的误差，提高室外校正的精度（殷文鑫，2018；周启航，2021）。

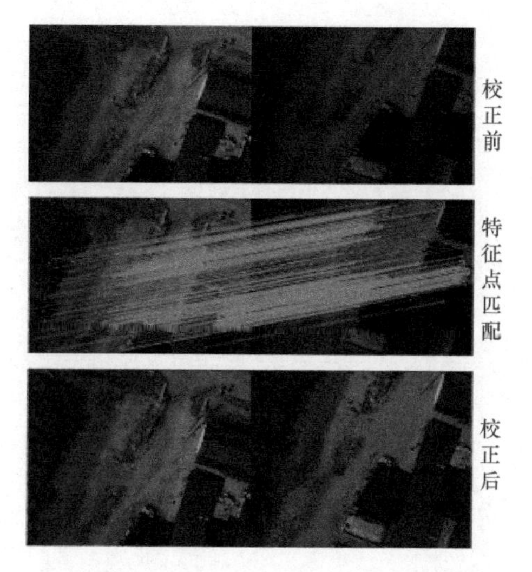

图 3-19　无人机载遥感影像辐射一致性校正（彩图请扫封底二维码）

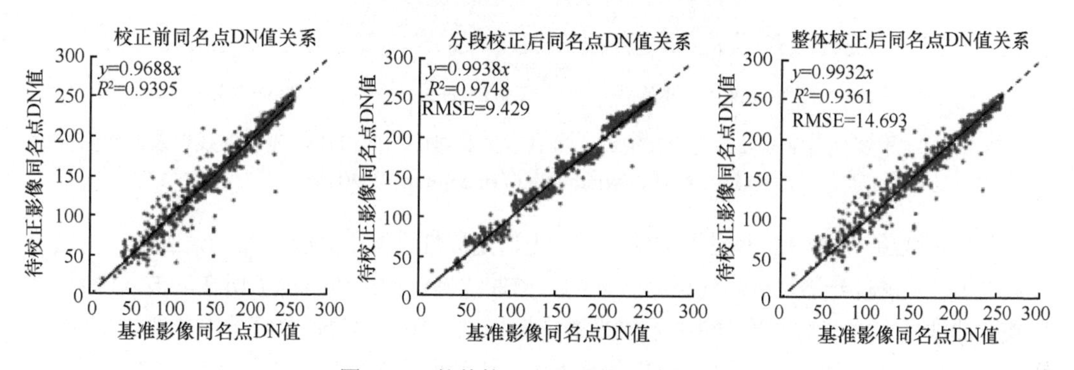

图 3-20　整体校正和分段校正结果对比

3.3.2　无人机高光谱图像辐射校正

充分考虑高光谱影像受到仪器及大气影响造成的辐射畸变，在对高光谱相机存在的光谱波长偏移、像素辐射响应变异以及辐射线性响应度进行定量评价的基础上，需要分别在高光谱数据获取前后开展传感器标定及辐射畸变校正，最大限度消除环境及传感器自身带来的辐射噪声影响。

3.3.2.1　谱段偏移校正

谱段偏移校正的核心是确定高光谱图像每个波段波长位置。以德国 Cubert UHD185 高光谱相机为例，虽然光谱定标在仪器出厂前已经开展过，然而 UHD185 的波长可能随时间和使用环境而变化，如发生谱段偏移，需要进行重新校准。

针对光谱仪定标波长随时间变化会发生偏移的问题，利用在某些特定波长位置具有高能量辐射的HG-1汞氩光谱定标灯对高光谱图像重新进行光谱定标，消除光谱波长的畸变。借助具有标准光谱辐射亮度的光学积分球，对图像光谱线性度、图像暗电流随时间的变化等进行评价（图 3-21），将评价结果作为后续选择合适辐射定标方法的重要参考。

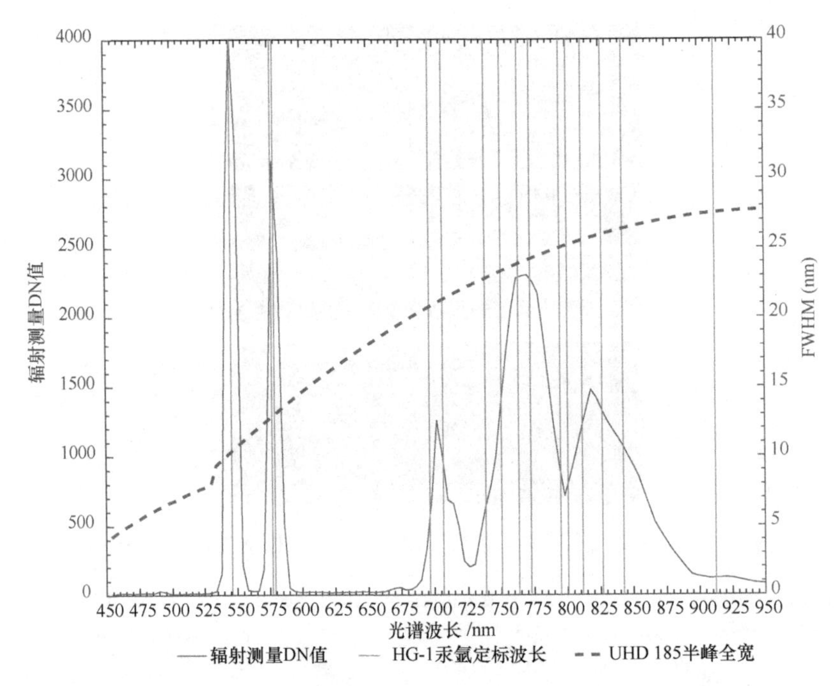

图 3-21 HG-1 汞氩光谱定标灯的光谱发射线（垂直线）和对应的 UHD185 光谱曲线以及制造商提供的半峰全宽（full width at half maximum，FWHM）

首先需要将 UHD185 暴露于 HG-1 汞氩光谱定标灯光源下并收集高光谱立方体，通过收集的 HG-1 汞氩光谱定标灯光谱立方体的光谱曲线确定曲线所有峰值所在的波段序号。然后找到曲线所有峰值对应的 HG-1 汞氩光谱定标灯光谱线，确定每个峰值的光谱波长大小。最后，构建光源光谱线波长和高光谱立方体相应峰值所在波段序号之间的线性或多项式函数[式（3-13）]，以波段序号为自变量，利用该线性函数计算每个波段的波长。

$$\lambda_i = \lambda_0 + \alpha_i,\ i = 1, 2, \cdots \tag{3-13}$$

式中，i 是每个波段的序列号，λ_i 是波段 i 的波长，λ_0 是第一个波段的波长，α 是系数。实验室测试的样本数一般大于 2，λ_i 和 α 采用最小二乘法计算得到。

3.3.2.2 辐射畸变校正

由于仪器噪声、暗电流、渐晕效应等传感器相关因素的影响，高光谱立方体图像会存在一定的辐射畸变。渐晕效应是指远离图像中心的像素强度逐渐衰减，是摄影中的常见伪像，是光线与光轴成斜角的透视缩短和光被光圈或透镜边缘阻挡的结果。

为消除辐射响应变异效应，采用相同波段在不同照明强度下捕获的两个图像的比值，计算比值前应该首先减去暗电流的影响。公式如下：

$$R_{i,j,\lambda} = \frac{\mathrm{DN}_{i,j,\lambda} - \mathrm{DC}_{i,j,\lambda}}{\mathrm{DN}_{i,j,\lambda}^{c} - \mathrm{DC}_{i,j,\lambda}} \tag{3-14}$$

式中，$\mathrm{DN}_{i,j,\lambda}$、$\mathrm{DN}_{i,j,\lambda}^{c}$ 和 $\mathrm{DC}_{i,j,\lambda}$ 分别表示高光谱立方体的图像 λ 波段 DN 值、选作参考的高光谱立方体以及暗电流值，i、j、λ 分别表示像素行号、列号和波长。

为评估辐射畸变校正的效果，采用辐射响应线性度和辐射响应变异程度来评估校正的效果。辐射响应线性度是高光谱相机的基本性能之一，辐射响应线性度越高，辐射响应越稳定。高的辐射响应线性度是高光谱相机具有鲁棒定标结果的基础。

辐射响应线性度通过影像 DN 值和积分球测量的入射光谱辐射强度之间的线性关系进行计算，计算公式如下：

$$\hat{Y} = \text{gain} \times \text{DN}_i + \text{offset}_i \left(i=1,2,3,\cdots,125\right) \tag{3-15}$$

$$L_i = \sum_i^n \left(Y_i - \widehat{Y_i}\right) \Big/ \left(\left(\sum_i^n Y_i\right)^2 - \sum_i^n \left(Y_i\right)^2 / n\right) \left(i=1,2,\cdots,125\right) \tag{3-16}$$

式中，DN_i 为高光谱立方体第 i 个波段的平均 DN 值；gain 和 offset_i 为线性模型的系数，即增益和偏移；$\hat{Y}$ 和 Y 分别为利用式（3-15）估测的光谱辐射亮度和光谱仪记录的光谱辐射亮度；n 为采样样本的个数；L 为辐射响应线性度。

其中式（3-15）将影像每个梯度的 DN 值作为自变量，光谱仪记录的光谱辐射强度为因变量，应用最小二乘法线性模型对实验测量的 18 组影像 DN 值和光谱辐射强度值进行拟合，得到每个波段的增益值和偏移值。UHD185 的辐射响应线性度测试及其结果如图 3-22 所示，辐射响应线性度值均超过 0.998，这是 UHD185 良好的辐射定标结果的基础。

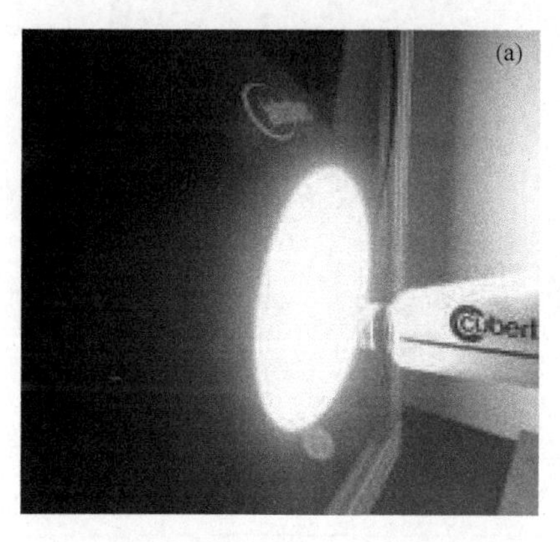

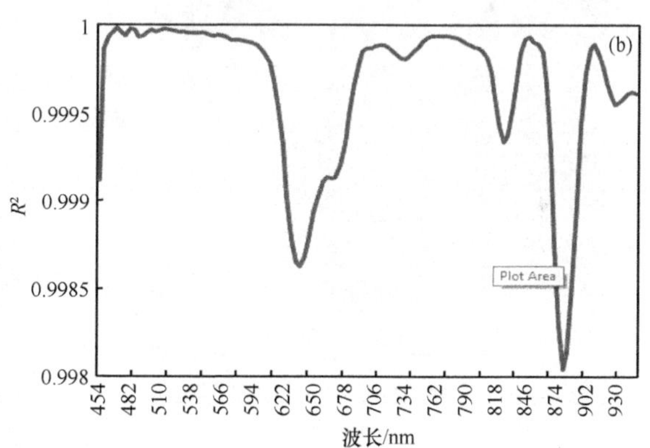

图 3-22　UHD185 辐射响应线性度测试（a）及其结果（b）

Plot Area 是辐射响应区域

采用空间均质性照射光源定量评价图像每个波段的辐射响应变异程度，计算公式如下：

$$I_\lambda = v_\lambda / m_\lambda \tag{3-17}$$

式中，I_λ 表示辐射响应变异程度；v_λ 和 m_λ 分别表示 λ 波长处的波段的方差值和平均 DN 值。

应用该辐射响应变异性校正方法后，如图 3-23 和图 3-24 可以看到，影像的质量得到明显提高，原始图像 I1 和 I2 的辐射响应变异系数较大，校正后不同波段中像元的辐射响应变异系数显著下降，所有波段的辐射测量变异系数均接近 0，经过辐射响应变异性校正后的高光谱立方体没有了明显的渐晕效应和图像条带，表明提出的方法在校正辐射响应变异上是有效的。

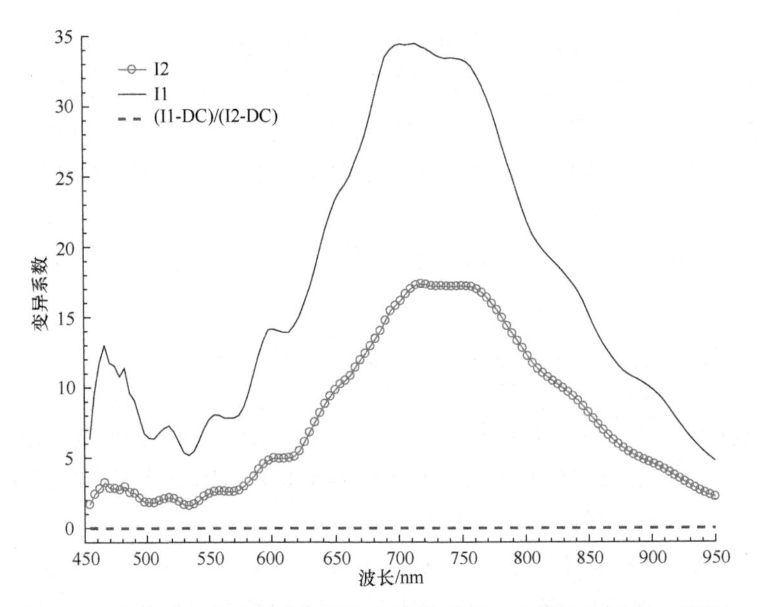

图 3-23　高光谱立方体光谱辐射响应变异系数（彩图请扫封底二维码）

I1 和 I2 为校正前，（I1-DC）/（I2-DC）为校正后

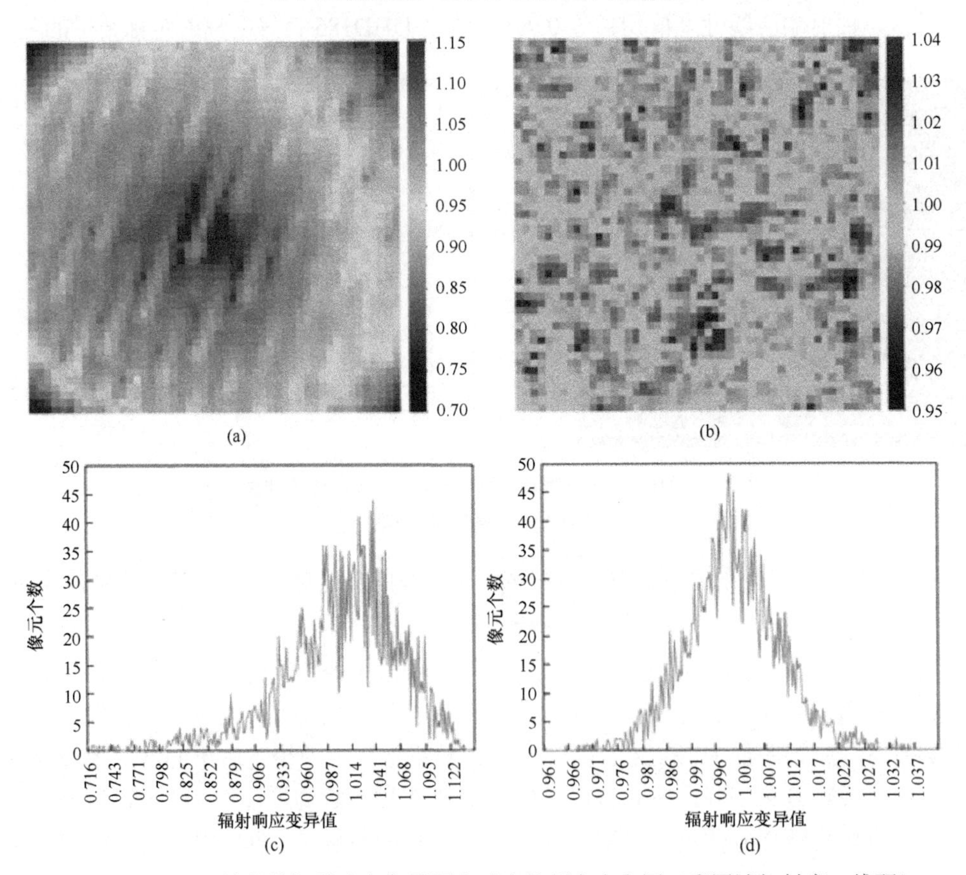

图 3-24　550 nm 波段的辐射响应变异图和对应的频率直方图（彩图请扫封底二维码）

（a）和（c）为校正前，（b）和（d）为校正后

3.3.2.3　辐射定标

本部分比较了两种主要的室外辐射定标方法：单目标定标法、多目标定标法。单目标定标法利用高光谱影像相对于在地面上拍摄的白色参考板的相对反射率乘以白色参考板的绝对反射率，求得每个波段的绝对反射率。由于白色参考板的高光谱立方体在地表面获取，而研究区高光谱影像在无人机上获取，两者数据获取的高度不同，该方法不能有效消除传感器和大气的影响。因此，本研究设计了一种多目标定标法，该方法结合了影像辐射变异性校正算法，对由传感器和大气因素引起的辐射畸变有一定的抑制作用，能显著改善近红外光谱区域反射率下降的问题。

$$\text{单目标定标法：}\ \mathrm{Ref}_{i,j,\lambda}=\mathrm{MR}_{i,j,\lambda}\times \mathrm{Ref}_{\mathrm{panel}}$$

$$\text{多目标定标法：}\ \mathrm{Ref}_{i,j,\lambda}=\mathrm{MR}_{i,j,\lambda}/\mathrm{mean}\,(\mathrm{MR}_{\lambda}^{w})\times \mathrm{Ref}_{w}$$

式中，$\mathrm{Ref}_{i,j,\lambda}$ 是辐射定标后的结果；$\mathrm{Ref}_{\mathrm{panel}}$ 是测量参考板反射率；$\mathrm{MR}_{i,j,\lambda}$ 是校正像元辐射响应变异性后的图像；$\mathrm{mean}\,(\mathrm{MR}_{\lambda}^{w})$ 是影像中定标参考对象像素的平均值，在这里参考对象选择的是地面铺设的白布；Ref_{w} 是参考对象的反射率，用 ASD 便携式地物光谱仪测得。

图 3-25 显示了两种不同定标方法得到的结果。多目标定标法表现优异，特别是对于近红外波段，和 ASD 便携式地物光谱仪实测的地物反射率的差异较小。单目标定标法得出的地物反射率在 722～950 nm 的近红外区域内明显低于 ASD 便携式地物光谱仪测量的地物反射率，并且在 882 nm 之后曲线快速下降，不符合地物实际的反射率变化趋势。两种定标方法的结果在可见光光谱区域的差别相对较小，而在近红外区域出现较明显的差别，具体原因可能是 UHD-185 成像光谱仪 CCD 在近红外区域的量子效率偏低。比较多目标定标法的定标结果和 ASD 便携式地物光谱仪实测的光谱曲线，定量验证定标结果。对于绿布，ASD 便携式地物光谱仪测得的光谱曲线在 760 nm 附近可以看出细小的氧气吸收特征，而辐射定标之后图像的氧气吸收特征不明显。在 910～950 nm 的光谱区间内，两者差异小于 5%，而在 500～950 nm 光谱区间，两者差异小于 4%。对于芹菜，在 458～910 nm 的光谱区间差异小于 3%，在 910～950 nm 光谱区间内二者差异小于 4%。

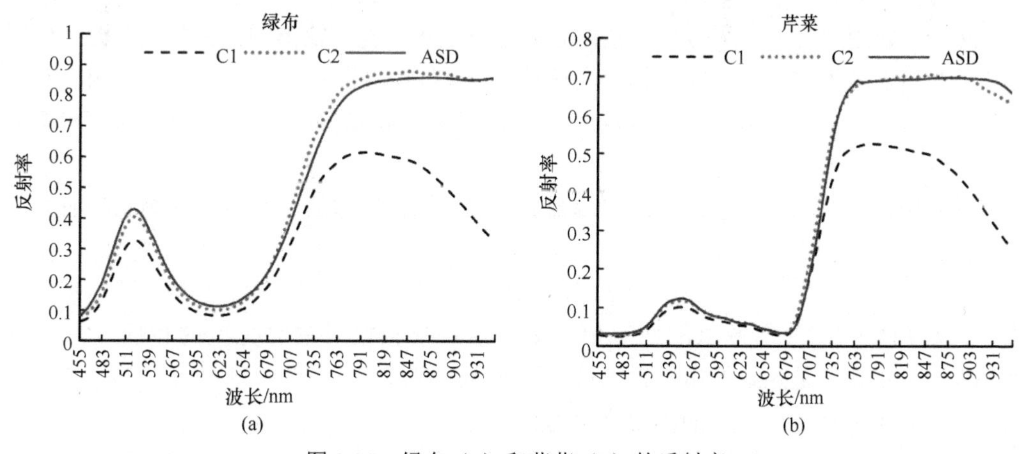

图 3-25　绿布（a）和芹菜（b）的反射率

C1 表示由单目标定标法定标的结果，C2 表示由多目标定标法定标的结果，ASD 表示由 ASD 便携式地物光谱仪实测反射率

因此，多目标定标法通过在无人机载高光谱影像获取前及获取后进行多次辐射畸变定标，解决了高光谱图像像素辐射响应变异以及近红外波段定标不准确的问题。在 450～950 nm 光谱区间定标精度优于 5%，其中在 450～910 nm 光谱区间定标精度优于 3%，相比于常用的定标方法精度有显著提高。

3.4 无人机热红外辐射处理

利用热红外相机获取地物的热辐射或温度图像时，由于热红外相机自身精度的限制以及环境作用会产生系统误差和偶然误差，需要对热红外影像进行辐射定标，减小测量误差。热红外相机获取的是目标物的热红外辐射强度（表现为图像的亮度灰度值）。热红外辐射定标是将热红外影像的目标物亮度灰度值转换为绝对的辐射亮度。

热红外焦平面阵列的非均匀性问题是制约热红外成像技术发展的根本原因（马代健，2018）。非均匀性问题导致热红外成像系统采集的红外热影像总是带有固定的图案噪声，使系统的辐射分辨率降低，直接影响焦平面的成像性能，严重时图案噪声可能淹没整个红外热影像，影响可视性。目前，非均匀性校正技术的研究主要分为两类：基于温度定标的校正和基于场景的自适应校正。温度定标方案需要参考黑体热辐射源，操作起来比较麻烦，但实际应用中效果最好。基于场景自适应的方案需要场景的移动，实际应用中很难完全满足这个要求，目前仍然处于实验室的研究阶段。

为定量分析热红外成像的非均匀性，需要采用相应的评价标准。国家标准中将热红外焦平面阵列的非均匀性定义为各个探测单元响应值的均方根误差在所有单元响应值均值中所占的比例，具体数值用百分比表示，其计算公式为

$$U = \frac{1}{\overline{S}} \sqrt{\frac{1}{M \times N} \sum_{i=1}^{M} \sum_{j=1}^{N} \left[S_{i,j}(\varphi) - \overline{S} \right]^2} \tag{3-18}$$

式中，$S_{i,j}(\varphi)$ 表示第 i 行第 j 列各探测单元在相同辐照度 φ 下的响应值；M、N 分别表示热红外焦平面阵列所有探测单元组成的二维阵列的总行数和总列数；$\overline{S}$ 表示整个热红外焦平面阵列在相同辐照度下的所有探测单元响应的平均值。

热红外辐射定标一般采取的策略是，采用已知辐射亮度输出的黑体热辐射源，使用热红外相机获取不同温度下它的辐射亮度值，建立辐射源的辐射亮度与热红外相机对应条件下获取的亮度灰度值之间的定量关系，并利用得到的定量关系将热红外影像灰度值转换为辐射亮度。

在利用热红外相机获取地表地物辐射亮度时，地物影像的灰度值与地物的辐射亮度呈线性关系，它们之间的关系满足：

$$B(T)=\alpha L(T)+B_{\text{dark}} \tag{3-19}$$

式中，$B(T)$是热红外影像上的灰度值；α 是热红外相机对辐射亮度的相应度，单位为 $W/(m^2 \cdot sr)$；$L(T)$是热红外相机物镜接收到的辐射亮度，单位为 $W/(m^2 \cdot sr)$；B_{dark} 是由于仪器自身暗电流增加而产生的固定误差值。

研究使用 BR-M400 迷你型黑体热辐射源（温度 10～400℃，发射率大于 97%）

对热红外相机进行辐射定标（图 3-26）。为求得 α 和 B_{dark} 的值，飞行前进行黑体的辐射定标，定标过程为：为最大限度地减小大气和其他外界因素产生的辐射影响，研究过程中使黑体与热红外相机最大限度地靠近，使黑体完全覆盖住热红外相机的物镜。获取黑体在不同温度（20℃、25℃、30℃、35℃、40℃、45℃、50℃）下的热红外影像灰度值，计算对应温度下的黑体辐射亮度，根据式（3-19）将对应的灰度值和辐射亮度最小二乘拟合（图 3-27），得到 α=346 和 B_{dark}=5422，因此灰度值与辐射亮度的线性关系为

$$B(T)=346\times L(T)+5422 \tag{3-20}$$

在热红外相机获取热红外影像后，利用式（3-20）对热红外影像进行辐射定标。

图 3-26　BR-M400 迷你型黑体热辐射源及定标工作图

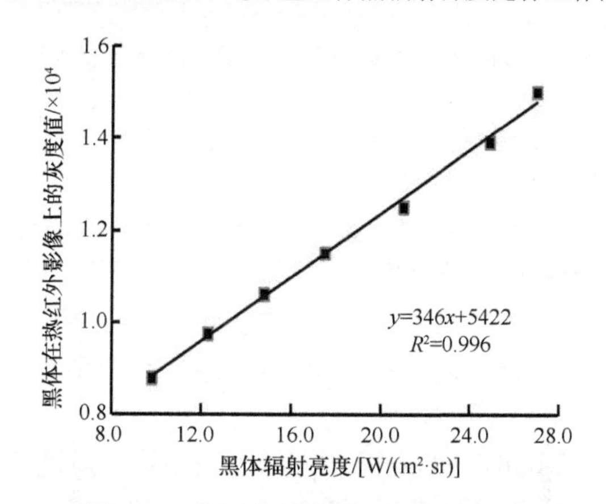

图 3-27　热红外相机辐射亮度定标结果

3.5　无人机激光雷达点云处理

本节以获取的玉米试验区数据为例，详述无人机激光雷达点云的处理过程。所使用的无人机为六旋翼无人机大疆 M600，搭载的激光雷达为 RIEGL VUX-1UAV，它们的技术参数在 3.1 节中进行了介绍，此处不再赘述。无人机激光雷达点云的处理主要包括数据解算、点云去噪、点云滤波以及点云配准。

3.5.1　无人机激光雷达数据解算

为获取真实的玉米点云，需要对激光雷达获取的原始数据进行预处理，首先需

要对原始数据进行轨迹解算和原始激光雷达数据处理，流程如图 3-28 所示。首先采用差分解算及 GPS 杠臂反算方法，结合 GPS 基站数据和 POS RAW 数据解算无人机精准轨迹数据；然后利用 RiPROCESS 软件（版本 1.7.2）对原始激光雷达数据进行处理，包括波形解算、点云与轨迹数据匹配以及三维点云数据可视化，最后导出 LAS 格式的点云数据。

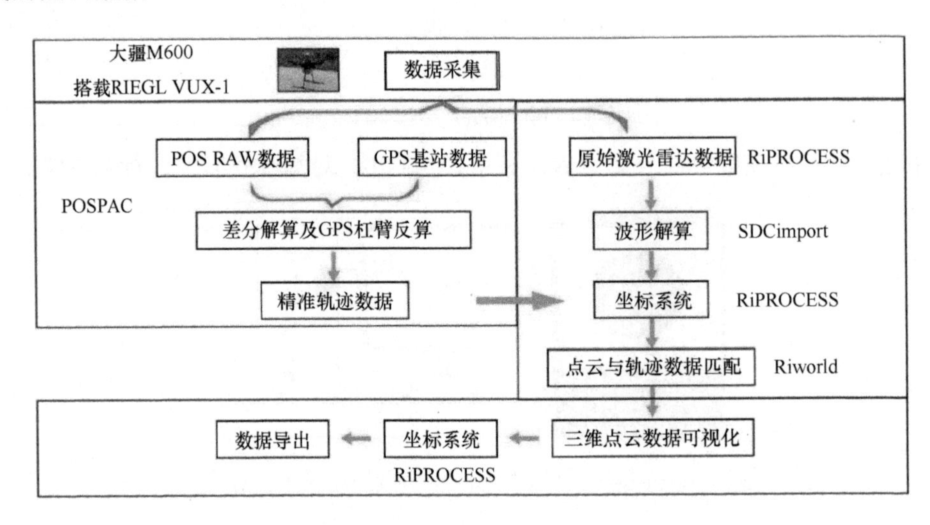

图 3-28 无人机原始数据轨迹解算与原始激光数据处理流程

3.5.2 无人机激光雷达点云去噪

在获取点云数据时，由于设备、天气情况和周围环境以及数据拼接配准等过程的影响，不可避免地会出现噪声点。点云数据中往往存在一些离所需对象较远的点云，如电线、车辆等，这些点云被称为“离群点”。在数据预处理过程中，点云滤波精度对后续处理影响较大（王洪蜀，2015；刘鲁霞，2014）。针对“离群点”常用的点云滤波算法包括以下几种。

1）统计离群值移除（statistical outlier removal，SOR）。通过确定标准差乘数阈值和使用估算平均距离的点数这两个参数达到移除离群值的目的。

2）基于空间分布的去噪算法。基本原理为对每个点进行 K 邻域统计分析，计算该点到它的 K 个邻近点的平均距离。假设所得结果服从高斯分布，高斯分布的形状取决于平均值和标准差，将平均距离在给定阈值范围之外的点作为离群点并去除（周华伟，2011）。

3）基于聚类的去噪算法。对于给定的点云数据集，首先对点云数据集进行最小二乘平面拟合，然后通过点到平面的距离的平方确定一个局部似然函数，通过对每个点的局部似然函数加权获取整体的似然函数。得到整体的似然函数之后，通过迭代方法将每个采样点移到最可能落在某个采样表面的位置，一定条件后，停止迭代（Schall et al., 2005）。

4）基于体素法的点云去噪。基于体素法，将点云划分成合适的体素大小，分别计算每个体素的中间点的坐标，然后统计玉米所有点云距离每个体素中心的距离，距离最小的点云划分到这个体素中，完成点云归类；然后统计每个体素内的点云个数，根据玉米点云的实际情况分析，若体素内的点云个数小于某个值，则认为该体素内的点云均为噪点，删除该体素，完成点云滤波。

3.5.3　无人机激光雷达点云滤波

在点云处理中的点云滤波是指地面点云滤波，即从原始点云数据中分离地面点和非地面点（王成等，2022）。在过去的几十年中，已经提出了许多地面滤波算法，这些算法通常基于一定的先验知识和规则条件，主要分为基于坡度的方法、基于数学形态学的方法和基于表面的方法（Zhang et al.，2016）。

基于坡度的滤波算法假设地形坡度在某个领域范围内是渐近变化的，而非地面，如树木、建筑物等，与地面之间的坡度变化突然且巨大。基于这种假设，Vosselman（2000）通过比较相邻点云之间的高度变化，开发了一种基于计算相邻点斜率的滤波算法。后来的研究人员虽然在此基础上进行了进一步的算法优化与扩展，如自适应滤波（Susaki，2012；Sithole and Vosselman，2001）等，但随地形变得陡峭，滤波精度会相应降低（Liu，2008）。

基于数学形态学的方法是一种自下而上、从局部扩展到全局的点云滤波方法（罗伊萍等，2011），主要思想是采用开运算对点云进行处理，使用渐近的滤波窗口，逐渐对地面点和地物点进行分离，因此窗口尺寸的选择至关重要（Sithole and Vosselman，2005）。一般而言，小窗口用于过滤地面小物体，大窗口用于地形细节平滑。基于这种思想，Zhang 等（2003）提出了一种渐近形态滤波器，通过逐渐增大滤波器的窗口和使用高程差阈值来进行地面点滤波。然而，地形坡度变化在该滤波器中被定义为常值，使用该方法面临的巨大挑战是在窗口大小变化时如何保持地形特征不变，因此，后来的基于数学形态学的滤波算法多是在 Zhang 等的基础上进行改进（Chen et al.，2007；Li，2013；Li et al.，2014；Mongus et al.，2014；Pingel et al.，2013）。基于数学形态学的方法准确性较好，但需要研究区域额外的先验知识来定义合适的窗口大小（Mongus and Žalik，2012）。

基于表面的方法是从原始点云中通过迭代的方式选择地面测量值来逐渐逼近地表，该方法的核心是创建一个近似于裸地的表面。Kraus 和 Pfeifer（1998）通过加权线性最小二乘插值算法从森林区域的 LiDAR 点云中识别地面点，并在城市区域得到扩展（Pfeifer et al.，1999）。Axelsson（2000）提出了一种自适应不规则三角网络（triangulated irregular network，TIN）滤波算法，该算法从所选种子点中逐渐增密生成 TIN。在该算法中，有两个重要步骤：一是选择种子点并构建初始 TIN，二是 TIN 的迭代致密化。为解决该算法在地形陡峭地区表现不佳的问题，Zhang 和 Lin（2013）在两个步骤之间嵌入平滑约束分割来进行改进。此外，Zhang 等（2016）通过模拟“布料”下降到倒置点云的物理过程来过滤地面点，称为布料滤波（cloth simulation filter，CSF）算法，由于该算法需要设置的参数少、场景适用性广等优点，在 CloudCompare 等点云处理软件中得到广泛应用。

3.5.4 无人机激光雷达点云配准

由于多架次无人机点云无法实现完全重合，故需要对点云数据进行配准，以方便后期对点云数据统一进行处理。点云配准通常通过应用一个估计得到的表示平移和旋转的4×4刚体变换矩阵来使一个点云数据集精确地与另一个点云数据集进行配准（Zhang and Lin，2013）。常见的点云配准算法有：穷举配准、KD树最近邻查询、在有序点云的图像空间中查找和在无序点云数据的索引空间中查找。配准算法从精度上分两类：一类是初始的变换矩阵的粗略估计；另一类是像迭代最近点（iterative closest point，ICP）算法一样的精确的变换矩阵估计。初始的变换矩阵的粗略估计配准方法工作量较大，计算复杂度较高，因为在合并的步骤需要查看所有可能的对应关系。故常用ICP算法，由程序随机生成的一个点云作为源点云，并将其沿 X 轴平移后作为目标点云，然后利用ICP估计源到目标的刚体变换矩阵，完成点云配准（郭浩等，2019）。

参考文献

曹丛峰. 2017. 基于滤光片阵列分光的无人机载多光谱相机系统研究. 北京: 中国科学院大学(中国科学院遥感与数字地球研究所)硕士学位论文

崔继广. 2021. 基于重叠度先验的无人机农田热红外遥感图像拼接方法研究. 杨凌: 西北农林科技大学硕士学位论文

郭浩, 苏伟, 朱德海. 2019. 点云库PCL从入门到精通. 北京: 机械工业出版社

李劲澎. 2017. 基于全局式运动恢复结构的无人机影像位姿估计关键技术研究. 郑州: 解放军信息工程大学博士学位论文

李艺健. 2019. 无人机低空遥感多光谱图像预处理与拼接技术研究. 杭州: 浙江大学硕士学位论文

刘鲁霞. 2014. 机载和地基激光雷达森林垂直结构参数提取研究. 北京: 中国林业科学研究院硕士学位论文

罗伊萍, 姜挺, 王鑫, 等. 2011. 基于数学形态学的LiDAR数据滤波新方法. 测绘通报, (3): 15-19

马代健. 2018. 无人机热红外图像采集系统开发与应用. 杨凌: 西北农林科技大学硕士学位论文

万鹏. 2015. 农业遥感无人机影像质量评价与几何辐射处理. 焦作: 河南理工大学硕士学位论文.

王成, 习晓环, 杨学博, 等. 2022. 激光雷达遥感导论. 北京: 高等教育出版社

王洪蜀. 2015. 基于地基激光雷达数据的单木与阔叶林叶面积密度反演. 成都: 电子科技大学硕士学位论文

杨贵军, 万鹏, 于海洋, 等. 2015. 无人机多光谱影像辐射一致性自动校正. 农业工程学报, 31(9): 147-153

杨文攀. 2019. 无人机热红外影像玉米冠层温度提取及温度影响因素分析. 焦作: 河南理工大学硕士学位论文

杨文攀, 李长春, 杨浩, 等. 2018. 基于无人机热红外与数码影像的玉米冠层温度监测. 农业工程学报, 34(17): 68-75, 301

殷文鑫. 2018. 基于多旋翼无人机的多光谱成像遥感系统开发及应用. 杭州: 浙江大学硕士学位论文

张祖勋, 吴媛. 2015. 摄影测量的信息化与智能化. 测绘地理信息, 40(4): 1-5

周华伟. 2011. 地面三维激光扫描点云数据处理与模型构建. 昆明: 昆明理工大学硕士学位论文

周启航. 2021. 低空无人机光谱影像大气校正与辐射定标关键技术研究. 武汉: 武汉大学硕士学位论文

Agrawal M, Konolige K, Blas MR. 2008. CenSurE: center surround extremas for realtime feature detection and matching// European Conference on Computer Vision. Berlin, Heidelberg: Springer: 102-115

Alcantarilla PF, Bartoli A, Davison AJ. 2012. KAZE features// European Conference on Computer Vision. Berlin, Heidelberg: Springer: 214-227

Axelsson P. 2000. DEM generation from laser scanner data using adaptive TIN models. International Archives of Photogrammetry Remote Sensing, 33: 110-117

Bay H, Ess A, Tuytelaars T, et al. 2008. Speeded-up robust features (SURF). Computer Vision and Image Understanding, 110(3): 346-359

Beis JS, Lowe DG. 1997. Shape indexing using approximate nearest-neighbour search in high-dimensional spaces// Proceedings of IEEE computer society conference on computer vision and pattern recognition. IEEE: 1000-1006

Chen Q, Gong P, Baldocchi D, et al. 2007. Filtering airborne laser scanning data with morphological methods. Photogrammetric Engineering & Remote Sensing, 73(2): 175-185

Chen YS, Chuang YY. 2016. Natural image stitching with the global similarity prior// European Conference on Computer Vision. Berlin, Heidelberg: Springer: 186-201

Furukawa Y, Ponce J. 2009. Accurate, dense, and robust multiview stereopsis. IEEE Transactions on Pattern Analysis and Machine Intelligence, 32(8): 1362-1376

Hirschmuller H. 2007. Stereo processing by semiglobal matching and mutual information. IEEE Transactions on Pattern Analysis and Machine Intelligence, 30(2): 328-341

Indyk P, Motwani R. 1998. Approximate nearest neighbors: towards removing the curse of dimensionality. Proceedings of the thirtieth annual ACM symposium on Theory of Computing: 604-613

Kraus K, Pfeifer N. 1998. Determination of terrain models in wooded areas with airborne laser scanner data. ISPRS Journal of Photogrammetry and Remote Sensing, 53(4): 193-203

Li Y. 2013. Filtering airborne lidar data by an improved morphological method based on multi-gradient analysis. The International Archives of the Photogrammetry, Remote Sensing and Spatial Information Sciences, 40: 191-194

Li Y, Yong B, Wu H, et al. 2014. An improved top-hat filter with sloped brim for extracting ground points from airborne lidar point clouds. Remote Sensing, 6(12): 12885-12908

Liu X. 2008. Airborne LiDAR for DEM generation: some critical issues. Progress in Physical Geography: Earth and Environment, 32(1): 31-49

Lowe DG. 2004. Distinctive image features from scale-invariant keypoints. International Journal of Computer Vision, 60(2): 91-110

Mainali P, Lafruit G, Yang Q, et al. 2013. SIFER: scale-invariant feature detector with error resilience. International Journal of Computer Vision, 104(2): 172-197

Mongus D, Lukač N, Žalik B. 2014. Ground and building extraction from LiDAR data based on differential morphological profiles and locally fitted surfaces. ISPRS Journal of Photogrammetry and Remote Sensing, 93: 145-156

Mongus D, Žalik B. 2012. Parameter-free ground filtering of LiDAR data for automatic DTM generation. ISPRS Journal of Photogrammetry and Remote Sensing, 67: 1-12

Pfeifer N, Reiter T, Briese C, et al. 1999. Interpolation of high quality ground models from laser scanner data in forested areas. International Archives of Photogrammetry Remote Sensing, 32: 31-36

Pingel TJ, Clarke KC, McBride WA. 2013. An improved simple morphological filter for the terrain classification of airborne LIDAR data. ISPRS Journal of Photogrammetry and Remote Sensing, 77: 21-30

Schall O, Belyaev A, Seidel HP. 2005. Robust filtering of noisy scattered point data// Proceedings Eurographics/IEEE VGTC Symposium Point-Based Graphics, 2005. IEEE: 71-144

Sithole G, Vosselman G. 2001. Filtering of laser altimetry data using a slope adaptive filter. International Archives of Photogrammetry, Remote Sensing Spatial Information Sciences, 34: 203-210

Sithole G, Vosselman G. 2005. Filtering of airborne laser scanner data based on segmented point clouds. International Archives of Photogrammetry, Remote Sensing Spatial Information Sciences, 36: W19

Susaki J. 2012. Adaptive slope filtering of airborne LiDAR data in urban areas for digital terrain model (DTM) generation. Remote Sensing, 4(6): 1804-1819

Vosselman G. 2000. Slope based filtering of laser altimetry data. International Archives of Photogrammetry Remote Sensing, 33: 935-942

Yang G, Li C, Wang Y, et al. 2017. The DOM generation and precise radiometric calibration of a UAV-mounted miniature snapshot hyperspectral imager. Remote Sensing, 9(7): 642

Zhang J, Lin X. 2013. Filtering airborne LiDAR data by embedding smoothness-constrained segmentation in progressive TIN densification. ISPRS Journal of Photogrammetry and Remote Sensing, 81: 44-59

Zhang K, Chen SC, Whitman D, et al. 2003. A progressive morphological filter for removing nonground measurements from airborne LIDAR data. IEEE Transactions on Geoscience and Remote Sensing, 41(4): 872-882

Zhang W, Qi J, Wan P, et al. 2016. An easy-to-use airborne LiDAR data filtering method based on cloth simulation. Remote Sensing, 8(6): 501

第 4 章　大田作物无人机遥感技术

近年来，随着无人机载的数码相机、多光谱相机、高光谱相机、热红外相机和激光雷达等传感器的小型化趋势，加之无人机遥感数据处理算法及计算机技术的快速进步，无人机遥感监测技术在大田作物生长信息监测领域已经得到了广泛应用，有效弥补了卫星遥感监测在精细尺度时空监测能力方面的不足。当前在大田作物场景中，无人机主要搭载多光谱相机、高光谱相机、数码相机等传感器，因此，利用上述传感器建立叶面积指数（LAI）、生物量及氮含量等关键生长参数的解析方法成为研究热点，相关研究对提升无人机遥感在大田作物感知中的定量化水平、促进农业无人机遥感落地、支撑智慧农业发展均具有参考意义。

4.1　大田作物无人机遥感监测的基本流程

大田作物无人机遥感监测基本流程包括：飞行规划和参数设置、无人机遥感数据采集、无人机遥感常用植被指数、作物生长参数反演、精度评价等。

4.1.1　飞行规划和参数设置

无人机起飞自动航拍前，需根据研究目的及研究对象特征而对无人机的飞行高度、飞行速度、飞行轨迹、连续拍摄时间间隔、影像航向及旁向重叠度等参数进行设定（孙刚等，2018）。无人机航拍轨迹宜与农作物的种植方向保持一致，这样可减少农作物航拍影像的几何畸变对数据处理结果的影响。无人机飞行高度直接决定了影像的空间分辨率，即飞行高度越高，空间分辨率越低，根据不同任务需求，飞行高度一般设置为 30～120 m。飞行速度是影响无人机遥感影像质量的重要原因，速度过快易造成数据重叠度低及地物影像失焦模糊，飞行速度通常设置为 15～30 km/h。影像的航向重叠度和旁向重叠度会影响影像拼接质量，即重叠度越高拼接效果越好，但高重叠度会造成影像数据量大、拼接费时等问题，高重叠度同时也会造成航拍时间的增加，通常航向重叠度不低于 60%，旁向重叠度不低于 30%。连续拍摄时间间隔也会影响影像获取的数量，连续拍摄时间间隔越短，航拍区域内获取的影像越密集，影像拼接效果越好，但数据内存也就越大，拼接时间越长，连续拍摄时间间隔通常为 1～3 s。飞行高度、飞行速度、重叠度和连续拍摄时间间隔这几个参数是相互关联的，通常设置了飞行高度和重叠度，无人机飞控软件就可以自动计算出适宜的飞行速度和连续拍摄时间间隔。

4.1.2　无人机遥感数据采集

无人机遥感数据采集系统由无人机飞行平台和传感器组成，常见的无人机飞行平台有固定翼、多旋翼和垂直起降固定翼等几种模式，在大田无人机遥感监测中，可根据任务区面积大小选择无人机平台，多旋翼无人机可以定点垂直起降，无须专用的起飞场地或设备，操作简便，单架次飞行时间约 20 min，飞行面积 10～15 hm^2；固定翼无人机一般需要滑行或弹射起降，单架次飞行时间一般为 2 h 左右，飞行面积可达 150 hm^2。垂直起降固定翼无人机综合了多旋翼无人机和固定翼无人机的优点，可以实现定点垂直起降和较长时间飞行。

常用的无人机传感器有数码相机、多光谱相机、高光谱相机、激光雷达和热红外相机等，本试验所采用的传感器主要有数码相机、多光谱相机和高光谱相机。数码相机选用索尼 Cyber-shot DSC-QX100 高清数码相机，其参数为：①尺寸 62.5 mm×62.5 mm×55.5 mm，179 g；②2090 万像素 CMOS 传感器；③焦距 10 mm（定焦拍摄）。多光谱相机选用 Parrot Sequoia 农业遥感专用的 4 通道多光谱相机，其由光照传感器和多光谱相机组成，它能获取 1 个 1600 万像素的 RGB 影像和 4 个 120 万像素的单波段影像。高光谱相机选用 Cubert UHD-185 高光谱相机，其净重 0.47 kg、尺寸 195 mm×67 mm×60 mm，易于在无人机平台上搭载，可运用整景影像同时曝光成像技术，在短积分时间内捕获到 450～950 nm 内 4 nm 间隔的 125 个波段图谱信息，同时维持画面分辨率与光谱分辨率的合理平衡，输出一景可见光-近红外波段范围高光谱图像，这种独特的成像技术有效地降低了无人机飞行时气流引起的飞行平台震动以及无人机遥感平台低稳定性的干扰（这种干扰易导致遥感器成像过程中输出图像出现严重几何畸变，增加后期数据处理的难度），同时其获取到的由两个空间维和一个光谱维组成的高光谱立方体影像也为获取连续时相、高空间分辨率和高光谱分辨率的大田信息提供了可能。关于无人机数据预处理的方法不再赘述，具体可参考第 3 章。

4.1.3 常用植被指数

对于无人机载常用的数码相机、多光谱相机等，常用的植被指数见表 4-1 和表 4-2。高光谱相机与多光谱相机原理相似，但可获取更为丰富的光谱信息而构建更多的植被指数，如光化学反射指数（PRI）、调节型叶绿素吸收比率指数（MCARI）、转换叶绿素吸收指数（TCARI）、改进叶绿素吸收指数/土壤调节植被指数（MCARI/OSAVI）、转换叶绿素吸收指数/土壤调节植被指数（TCARI/OSAVI）、改进归一化蓝色指数（mDNblue）、角度不敏感植被指数（AIVI）等。此外，依据由热红外相机获取的冠层温度数据也可构建作物水分胁迫指数（CWSI）及气孔导度指数（Ig）等（刘忠等，2018）。

表 4-1 常用的可见光波段植被指数

植被指数	计算公式	来源
红波段 DN 值 R	—	—
绿波段 DN 值 G	—	—
蓝波段 DN 值 B	—	—
归一化红波段 DN 值 r	$r=R/(R+G+B)$	—
归一化绿波段 DN 值 g	$g=G/(R+G+B)$	—

续表

图像指数	计算公式	来源
归一化蓝波段 DN 值 b	$b=B/(R+G+B)$	—
红蓝比值指数 r/b	—	何彩莲等，2016
红绿比值指数 r/g	—	何彩莲等，2016
绿蓝比值指数 g/b	—	何彩莲等，2016
绿红比值指数 g/r	—	何彩莲等，2016
红蓝差值指数 $r–b$	—	何彩莲等，2016
红蓝和值指数 $r+b$	—	何彩莲等，2016
绿蓝差值指数 $g–b$	—	何彩莲等，2016
可见光差异植被指数 VDVI	$\text{VDVI}=(g-b-r)/(g+b+r)$	郭鹏，2017
超绿植被指数 EXG	$\text{EXG}=2g-b-r$	Woebbecke et al.，1995
绿红植被指数 GRVI	$\text{GRVI}=(g-r)/(g+r)$	Tucker，1979
修正绿红植被指数 MGRVI	$\text{MGRVI}=(g^2-R^2)/(g^2+R^2)$	Bendig et al.，201
RGB 植被指数 RGBVI	$\text{RGBVI}=(g^2-br)/(g^2+br)$	Bendig et al.，2015
超红植被指数 EXR	$\text{EXR}=1.4r-g$	Woebbecke et al.，1995
归一化植被指数 NVI	$\text{NVI}=(r-g)/(r+g+0.01)$	Gitelson et al.，2002
可见光大气阻抗植被指数 VARI	$\text{VARI}=(g-r)/(g+r-b)$	Meyer and Neto，2008
超绿超红差分指数 EXGR	$\text{EXGR}=3g-2.4r-b$	Som-ard et al.，2018
RGB 沃贝克指数 RGBWI	$\text{RGBWI}=(g-b)/(r-g)$	Kataoka et al.，2003
植被颜色指数 CIVE	$\text{CIVE}=0.441r-0.881g+0.385b+18.787\,45$	Louhaichi et al.，2001
绿叶植被指数 GLA	$\text{GLA}=(2G-B-R)/(2G+B+R)$	Fieuzal et al.，2017

表 4-2　常用的多光谱波段植被指数

植被指数	计算公式	来源
归一化差分植被指数 NDVI	$\text{NDVI}=\dfrac{R_{\text{NIR}}-R_{\text{RED}}}{R_{\text{NIR}}+R_{\text{RED}}}$	Tucker，1979
比值植被指数 RVI	$\text{RVI}=\dfrac{R_{\text{NIR}}}{R_{\text{RED}}}$	Daughtry et al.，2000
差异植被指数 DVI	$\text{DVI}=R_{\text{NIR}}-R_{\text{RED}}$	Broge and Leblanc，2001
三角植被指数 TVI	$\text{TVI}=0.5\times[120\times(R_{\text{NIR}}-R_{\text{G}})-200\times(R_{\text{RED}}-R_{\text{G}})]$	Navarro et al.，2017
绿色归一化差分植被指数 GNDVI	$\text{GNDVI}=\dfrac{R_{\text{NIR}}-R_{\text{G}}}{R_{\text{NIR}}+R_{\text{G}}}$	Roujean and Breon，1995
重归一化差分植被指数 RDVI	$\text{RDVI}=\dfrac{R_{\text{NIR}}-R_{\text{RED}}}{\sqrt{R_{\text{NIR}}+R_{\text{RED}}}}$	Gracia-Romero et al.，2017
增强型植被指数 EVI	$\text{EVI}=2.5\times\dfrac{R_{\text{NIR}}-R_{\text{RED}}}{R_{\text{NIR}}+6.0\times R_{\text{RED}}-7.5\times R_{\text{BLUE}}+1}$	Huete，1988
土壤调节植被指数 SAVI	$\text{SAVI}=\dfrac{1.5\times(R_{\text{NIR}}-R_{\text{RED}})}{(R_{\text{NIR}}+R_{\text{RED}}+0.5)}$	Rondeaux et al.，1996
优化土壤调节植被指数 OSAVI	$\text{OSAVI}=\dfrac{1.16\times(R_{\text{NIR}}-R_{\text{RED}})}{R_{\text{NIR}}+R_{\text{RED}}+0.16}$	Gong et al.，2003

续表

植被指数	计算公式	来源
改进非线性植被指数 MNLI	$MNLI=\frac{1.5\times R_{NIR}^2-1.5\times R_G}{R_{NIR}^2+R_G+0.5}$	Qi et al.，1994
改进土壤调节植被指数 MSAVI	$MSAVI=\left(2R_{NIR}+1-\sqrt{(2R_{NIR}+1)^2-8\times(R_{NIR}-R_{RED})}\right)/2$	Chen，1996
改进简单比值植被指数 MSR	$MSR=\frac{\frac{R_{NIR}}{R_{RED}}-1}{\sqrt{\frac{R_{NIR}}{R_{RED}}+1}}$	Sims and Gamon，2002
非线性植被指数 NLI	$NLI=\frac{R_{NIR}^2-R_{RED}}{R_{NIR}^2+R_{RED}}$	Chen and Cihlar，1996

注：R_{BLUE}、R_G、R_{RED}和R_{NIR}分别为蓝、绿、红和近红外波段反射率

4.1.4 作物生长参数反演

大田作物生长参数无人机遥感反演模型分为以下 4 类（刘忠等，2018）。

（1）经验统计回归法与机器学习法

经验统计回归法是将与待反演的作物生长参数具有较强相关性的代用指标（如DSM、植被指数、冠层水分参数等，由无人机遥感所提取）和对应区域的地面实测数据作回归分析而构建经验统计模型。经验统计回归法的局限性在于：对作物长势生理学方面的解释明显存在不足，统计模型缺乏明确的物理意义，且需要大量地面实测数据参与反演以保证精度。但该方法的技术门槛低、反演参数少、方法简单有效，因而成为当前研究最常用的手段。

机器学习法可通过建立输入变量（如不同的植被指数，通常由高光谱数据、多光谱数据或激光雷达数据提取）与输出变量（待反演的作物生长参数）之间的关系，而拟合一个灵活、非线性、更高精度的模型。机器学习的回归算法能进一步提高反演精度，但缺乏确切的回归关系，且计算效率受限。

无人机航拍高度、作物不同生育期及不同植被指数、作物冠层结构、作物不同品种等是影响作物生长参数反演精度的主要因素。

（2）形态特征与光谱特征识别法

无人机航拍高度低，可见光影像空间分辨率能达厘米级。通过提取影像中图斑的纹理、起伏、颜色信息可反演得到形态方面的生长参数。形态特征识别法的关键在于对无人机影像的分析处理，如影像的分割尺度、分类阈值的设定、不同模式识别方法等因素都会对作物形态结构信息的提取产生重要影响。

光谱特征识别法多应用于高光谱影像数据。因其光谱分辨率高且连续，特定波长的光谱反射率对某些生理生化参数变化响应敏感而用于反演相应作物长势状况。高光谱影像纯像元的提取以及不同生育期作物植被指数的差异，是光谱特征识别法的关键所在。

（3）辐射传输模型法

作物生长参数反演最常用的辐射传输模型为 PROSAIL 模型，该模型由 PROSPECT 和 SAIL 模型组合而成。利用 PROSPECT 模拟叶片光学特性及 SAIL 模拟冠层反射率的辐射传输模型，即输入叶片生化参数和结构参数得到冠层反射率数据，在此基础上可进一步反演诸多作物生长参数。然而辐射传输模型输入参数（叶面积指数、叶倾角、土壤反射率、太阳天顶角、观测天顶角等）较多，参数的选取是影响反演精度的关键所在，且构建普适模型难度大，不同情景下该模型难以直接移植使用造成其推广应用受限。

（4）多角度遥感

多角度遥感是利用太阳光不同入射角和观测角的二向反射特性而对地物几何形态、空间分布及光谱反射特性进行更精确的提取，且可有效地解决植被指数过饱和问题。然而提供多角度观测数据的卫星影像（如 MISR、CHRIS、POLDER）较少，且卫星传感器的机动性远不如无人机强，因此多角度航拍是无人机遥感较传统卫星遥感的重要优势所在。

由于大部分卫星遥感影像的空间分辨率难以达到亚米级，且数据获取受卫星重访周期的限制，而无人机遥感则可弥补上述局限性。因此，卫星-无人机影像结合法也是当前作物生长参数反演的亮点所在。在缺乏高分辨率卫星影像的情况下，可使用相近时相的无人机遥感数据代替，以满足小空间尺度的作物生长参数反演。

4.1.5　精度评价

通常采用决定系数（coefficient of determination，R^2）、均方根误差（root mean square error，RMSE）、标准均方根误差（normalized root mean square error，nRMSE）、相对误差（relative error，RE）等指标评价和检验模型的精度（表 4-3）。R^2 越大说明模型的精度越高，拟合效果越好。用 RMSE 来量化模型的精度，RMSE 越小说明模型的精度越高。nRMSE 不大于 10%时，估算值和实测值的一致性为极好；nRMSE 为 10%～20%时，估算值和实测值的一致性为好；nRMSE 为 20%～30%时，估算值和实测值的一致性为中等；nRMSE 大于 30%时，估算值和实测值的一致性较差。

表 4-3　冬小麦 LAI 估算模型精度评价指标

评价指标	公式	备注
决定系数（R^2）	$R^2=1-\dfrac{\sum_{i=1}^{n}(x_i-y_i)^2}{\sum_{i=1}^{n}(x_i-\overline{y})^2}$	x_i、$\overline{x}$、y_i、$\overline{y}$ 分别为实测值、实测值均值、估算值、估算值均值；n 为测量次数
均方根误差（RMSE）	$\mathrm{RMSE}=\sqrt{\dfrac{\sum_{i=1}^{n}(x_i-y_i)^2}{n}}$	
标准均方根误差（nRMSE）	$\mathrm{nRMSE}=\dfrac{\mathrm{RMSE}}{\overline{x}}\times 100\%$	
相对误差（RE）	$\dfrac{\left\lvert\sum_{i=1}^{n}y_i-\sum_{i=1}^{n}x_i\right\rvert}{\sum_{i=1}^{n}x_i}\times 100\%$	

4.2 田间试验观测

4.2.1 小麦试验设计

小麦试验于 2015 年 3～5 月在北京市昌平区小汤山国家精准农业研究示范基地开展，主要处理为氮肥梯度试验。北京市昌平区小汤山国家精准农业研究示范基地（40°10′34″N，116°26′39″E）位于北京市北部，海拔 36 m，气候类型属典型的暖温带半湿润大陆性季风气候。前茬作物为玉米，冬小麦品种为‘中麦 175’和‘京 9843’。试验田共设 48 个小区，每个小区面积 48 m^2（6 m×8 m），种植行间距 15 cm。每 16 个小区为一组，每组均按 0 kg/hm^2、13 kg/hm^2、26 kg/hm^2、39 kg/hm^2（分别对应 N1、N2、N3、N4）进行施氮处理，氮肥为尿素，分基肥和拔节期追肥各 1/2 施入，共 3 次重复（图 4-1）。

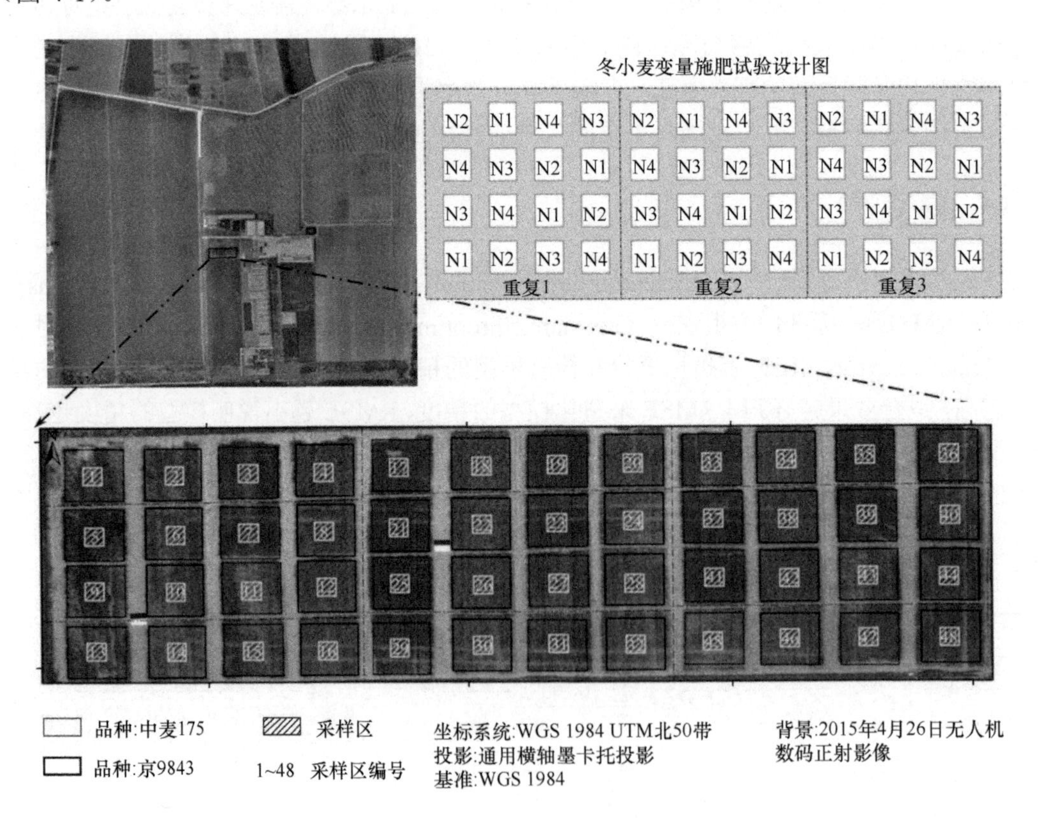

图 4-1 冬小麦试验设计图（彩图请扫封底二维码）

数据采集时间为孕穗期（4 月 26 日）、开花期（5 月 13 日）和灌浆期（5 月 22 日），地面样本数据采集主要包括株高、叶面积指数、生物量和叶片氮含量。无人机数据采集包括数码相机、多光谱相机和高光谱相机。

4.2.2　玉米试验设计

玉米试验于 2017 年 7～10 月在北京市昌平区小汤山国家精准农业研究示范基地进行。试验共包括 48 个小区，其中北边品种试验（P）小区 24 个，南边氮处理（N）小区 24 个；每块小区面积为 10 m×6 m，小区间有 1 m 的隔离带。品种试验小区选取 8 个品种，每个品种重复 3 次，氮肥（尿素）处理为常规氮处理（N2）：28 kg/hm^2。氮处理试验小区，氮肥（尿素）施用量为：不施氮处理（N0），即 0 kg/hm^2；1/2 常规氮处理（N1），即 14 kg/hm^2；常规氮处理（N2），即 28 kg/hm^2；1.5 倍常规氮处理（N3），即 42 kg/hm^2，每种处理重复 6 次。试验地前茬作物为冬小麦，土壤类型为潮土，氮肥分两次施用，分别在种植前（基施）和喇叭口期（追施）进行；磷肥（二胺）在种植前基施，因为研究区降水主要集中在夏季，所以水分处理为雨养。

4.2.3　大豆试验设计

地面及无人机数据采集分别于 2016 年 8 月 29 日和 9 月 19 日在山东省济宁市嘉祥县开展。试验区位于山东省西南部，地处鲁中南山地与黄淮海平原交接地带，以平原地形为主，地理范围为 116°22′10″E～116°22′20″E，35°25′50″E～35°26′10″N。

采用八旋翼电动无人机遥感平台同步搭载佳能 PowerShot G16 和 ADC-Lite 多光谱相机，其主要参数见表 4-4，对 0.06 km^2 的研究区进行连续飞行监测，飞行高度为 50 m，分别获取当地大豆在结荚期和鼓粒期的遥感数据，包括研究区数码图像和多光谱图像。在地面铺设 2 m×1 m 的黑白定标布，当搭载在无人机上的 ADC-Lite 多光谱相机飞过定标布时，使用 ASD FieldSpec FR Pro 2500 光谱辐射仪随机测量 10 次定标布，测量前后均进行参考板校正。ASD FieldSpec FR Pro 2500 光谱辐射仪的光谱采集范围是 350～2500 nm，在 350～1000 nm 波长内的光谱分辨率为 3 nm，采样间隔为 1.4 nm；在 1000～2500 nm 波长内的光谱分辨率为 10 nm，采样间隔为 2 nm。取 10 次光谱采集的平均值作为定标布的反射率。

表 4-4　搭载在无人机上的数码相机和多光谱相机的主要参数

数码相机		多光谱相机	
参数	参数值	参数	参数值
型号	佳能 PowerShot G16	型号	ADC-Lite
传感器尺寸/mm	7.530 × 5.647	CMOS 像素数	2048 × 1536
焦距长度/mm	6	波长/nm	520～920
照片像素数	4000 × 3000	波段敏感性	绿、红、近红外近似于 TM 2、3、4 波段
瞬时视场角	64°13′00″	透镜尺寸	焦距 8.5 mm；4.5～10 mm 变焦
地面分辨率/m	0.016（飞行高度 50 m）	地面分辨率/m	0.018（飞行高度 50 m）

4.2.4 马铃薯试验设计

试验于2019年3～7月在北京市昌平区小汤山国家精准农业研究示范基地的马铃薯试验田开展。该区域位于小汤山镇（40°10′34″N，116°26′39″E）东部，平均海拔约为36 m，气候类型为暖温带半湿润大陆性季风气候，年均降水量约为 640 mm，年均温度约为10℃，年均无霜期180天。

试验田东西总长40 m，南北总长45 m（不包括保护行），试验区共设密度试验区、氮素试验区和钾肥试验区（图4-2），采用完全随机试验设计，密度试验区和氮素试验区均设2个试验品种，分别为‘中薯5’和‘中薯3’，均为早熟品种，钾肥试验区设1个试验品种，为‘中薯3’。

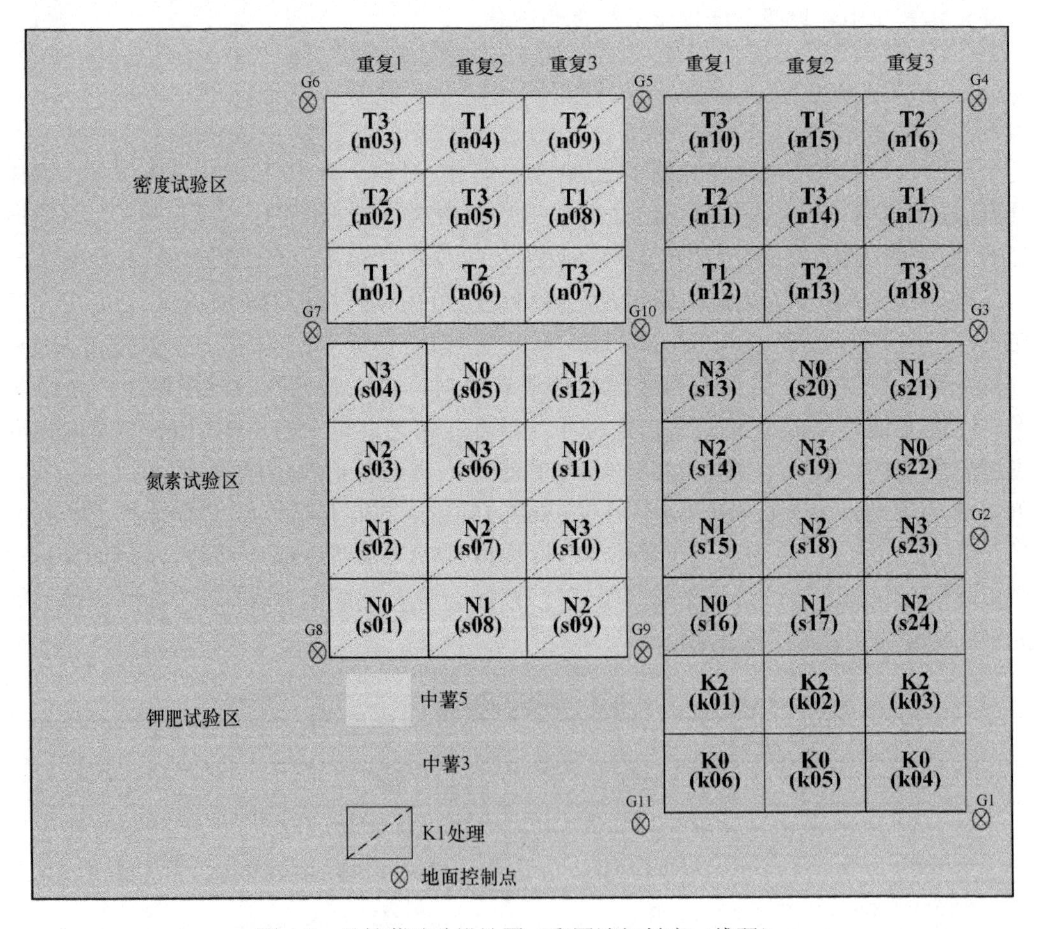

图4-2 马铃薯试验设计图（彩图请扫封底二维码）

T1、T2和T3代表不同种植密度梯度的处理；N0、N1、N2 和N3代表不同施氮肥梯度的处理；K0、K1、K2代表不同施钾肥梯度的处理，其中密度试验区和氮素试验区中的所有处理均同时施用了K1处理；n01～n18、s01～s24和k01～k06分别代表密度试验区、氮素试验区和钾肥试验区的小区编号；‘中薯5’和‘中薯3’均为本研究试验所使用的马铃薯品种；G1～G11代表地面控制点

密度试验设置为3个水平：60 000株/hm^2（T1）、72 000株/hm^2（T2）和84 000株/hm^2

（T3），处理 6 个，每个处理重复 3 次，共 18 个试验小区。

氮素试验设置为 4 个水平：0 kg/hm^2 尿素（N0）、244.65 kg/hm^2 尿素（N1）、489.15 kg/hm^2 尿素（N2，正常处理，15 kg 纯氮）和 733.5 kg/hm^2 尿素（N3），处理 8 个，每个处理重复 3 次，共 24 个试验小区。

钾肥试验设置为 3 个水平：0 kg/hm^2 钾肥（K0）、970.5 kg/hm^2 钾肥（K1）和 1941 kg/hm^2 钾肥（K2），处理 2 个，每个处理重复 3 次，共 6 个试验小区。另外，密度试验区和氮素试验区中的所有处理均同时施用了 K1 处理。

小区总计 48 个，小区面积为 6.5 m×5 m。为了更好地获取试验田的数字表面模型（digital surface model，DSM），本试验在试验小区周围均匀布控 11 个地面控制点（ground control point，GCP）（G1～G11，由 0.3 m×0.3 m 的木板和埋于地下的木桩组成，其上有黑白标志的塑料板，目的是准确确定木板的中心位置），并用差分全球定位系统（differential global positioning system，DGPS）测定其三维空间位置。

地面数据采集时，获取了各小区马铃薯实测地上生物量和株高数据。马铃薯株高的测定方法为每个小区中选取能够代表长势水平的 4 棵植株，用直尺测量从茎基到叶顶端的距离，取其均值高度代表为该小区的实测株高。地上生物量通过收获法获取，选取能够代表小区长势水平的 3 棵植株样本，进行取样并迅速带回实验室将其茎叶分离，随后用流水洗净，105℃杀青，80℃烘干 48 h 以上，直到质量恒定再进行称量。将植株茎和叶的干重求和得到样本干重，最终通过群体密度和样本干重，得到每个小区的马铃薯生物量。

选择晴朗、无风无云的天气分别于 2019 年 4 月 20 日（裸土期）、2019 年 5 月 28 日（块茎形成期）、2019 年 6 月 10 日（块茎增长期）和 2019 年 6 月 20 日（淀粉积累期）进行无人机多光谱遥感数据采集。各时期起飞地点固定，飞行航线基本保持一致，操作时间为 12:00，飞行高度为 30 m，航向重叠度为 80%，旁向重叠度为 85%。获取影像数据前，首先采集传感器自带的光谱反射率校正板数据，其用于多光谱影像像元亮度值的标定。试验采用八旋翼电动无人机搭载 Parrot Sequoia 农业遥感专用的 4 通道多光谱相机，其由光照传感器和多光谱相机组成，它能获取 1 个 1600 万像素的 RGB 影像和 4 个 120 万像素的单波段影像。

4.3　叶面积指数无人机遥感

叶面积指数（leaf area index，LAI）为单位土地面积上植株叶片的叶面积总和（浦瑞良和宫鹏，2000），是冬小麦重要农学参数之一，与植物蒸腾作用、光合有效辐射密切相关，是表示植被利用光能状况和冠层结构的一个综合指标。在田间试验中，叶面积指数是反映植物群体生长状况的一个重要指标，经常作为评价作物长势和预测产量的依据。

4.3.1　基于无人机数码影像的叶面积指数反演

基于无人机数码影像的冬小麦 LAI 反演技术流程如图 4-3 所示。

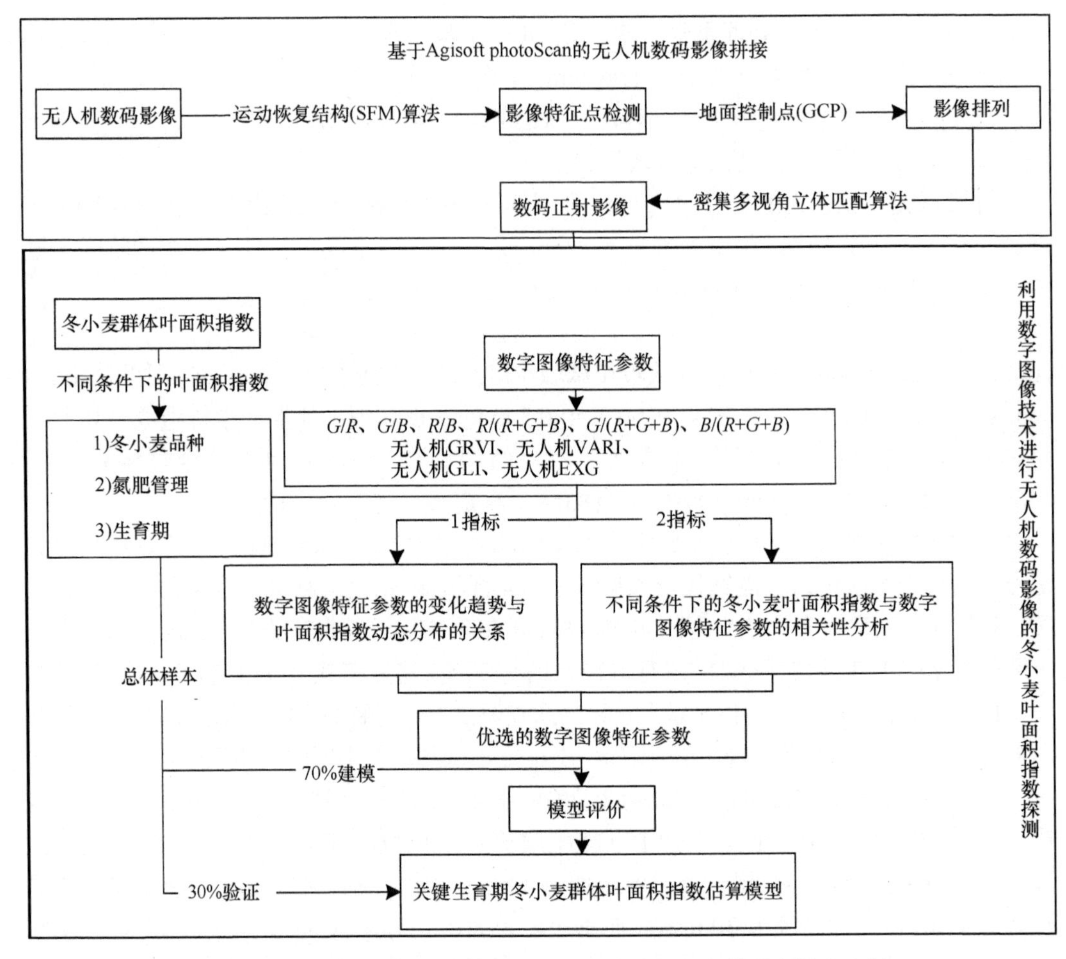

图 4-3 基于无人机数码影像图像的冬小麦叶面积指数反演技术流程

1）冬小麦群体冠层的特征参数计算，得到数字图像特征参数 G/R、G/B、R/B、$R/(R+G+B)$、$G/(R+G+B)$、$B/(R+G+B)$、GRVI、VARI、GLI、EXG。

2）LAI 与数字图像特征参数的关联性分析，即从冬小麦品种、氮肥管理以及生育期 3 个因素上分别探讨数字图像特征参数的变化趋势与叶面积指数动态分布的关系，进而分析不同条件下冬小麦叶面积指数与数字图像特征参数的相关性，并综合上述两个结论得到能够描述 3 个生育期整体 LAI 分布情况的数字图像特征参数。

3）选择总体样本的 70%建模，并对估算模型进行客观评价；利用未参与建模的 30%样本验证 LAI 估算模型的精度。在模型精度评价中引入常用的决定系数（R^2）和均方根误差（RMSE）作为评判预测值与实测值拟合性指标，主要反演结果如下。

（1）不同氮营养水平下的冬小麦 LAI 动态变化

不同氮营养水平下冬小麦 LAI 随生育时期的动态变化如图 4-4 所示。可以看出，随着施氮量的增加，冬小麦 LAI 在不同品种及生育期表现不同。就‘中麦 175’的 LAI（LAI_{ZM175}）而言，整体上，3 个生育期随着施氮量的增加而增加（N3 灌浆期除外），特别是当施氮量达到最大时（N4），LAI_{ZM175} 高于其他氮营养水平；‘京 9843’的 LAI

（LAI_{J9843}）动态变化不同于‘中麦 175’，整体上，当施氮量由 N1 变化至 N3，3 个生育期 LAI_{J9843} 逐次增大（N1 灌浆期除外），而当施氮量达到最大的 N4 时，LAI 并未随施氮量的提高而增大，4 种施氮水平下，LAI_{J9843} N3 处理高于其他氮营养水平。对冬小麦 3 个生育期 LAI 进行统计分析（表 4-5），并结合图 4-4 对品种间 LAI 做比较，相同氮水平下，LAI_{ZM175} 与 LAI_{J9843} 的差异在 N1 和 N4 水平下达极显著水平（$P<0.01$）；在 N3 水平下差异达显著水平（$P<0.05$）；在 N2 水平下差异不显著（$P>0.05$）。LAI_{ZM175} 和 LAI_{J9843} 分别在 0.352～8.808 和 0.420～6.631 内变化，且 LAI_{ZM175} 变化程度（CV_{ZM175}=58.18%）大于 LAI_{J9843}（CV_{J9843}=52.03%）。追肥后至孕穗期，N1 水平下，LAI_{J9843} 普遍高于 LAI_{ZM175}；N2、N3 水平下，两种冬小麦 LAI 均随施氮量的提升而增加，说明氮肥的使用极大地改善了土壤肥力，促进了冬小麦生长；N4 水平下，因两个品种对 N4 肥力的反应差异，LAI_{ZM175} 普遍高于 LAI_{J9843}。

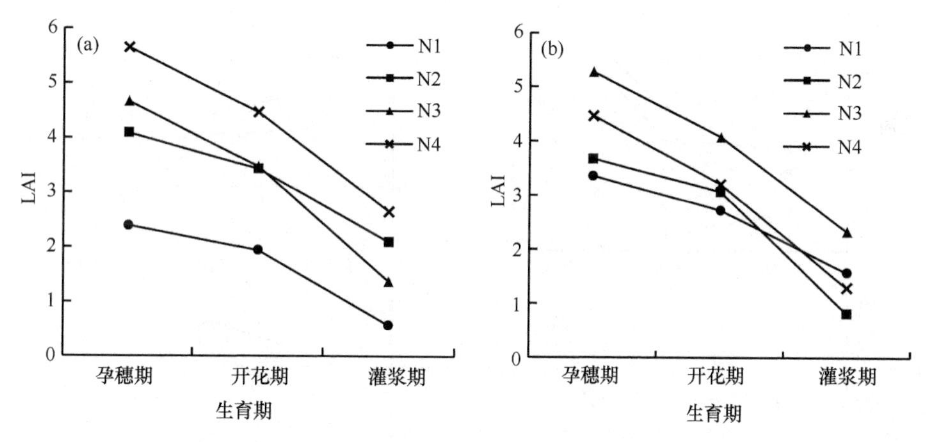

图 4-4　不同氮营养水平下不同生育期冬小麦‘中麦 175’（a）和‘京 9843’（b）叶面积指数（LAI）变化

表 4-5　不同氮营养水平下冬小麦叶面积指数（LAI）统计分析

氮处理	中麦 175					京 9843					P
	最小值	最大值	平均值	标准差	CV/%	最小值	最大值	平均值	标准差	CV/%	
N1	0.352	4.525	1.633	1.168	71.53	0.523	5.359	2.547	1.170	45.93	0.004**
N2	1.350	5.886	3.203	1.269	39.63	0.420	6.631	2.515	1.769	70.33	0.063
N3	0.635	8.072	3.167	1.938	61.20	1.310	6.332	3.891	1.421	36.53	0.015*
N4	2.132	8.808	4.253	1.686	39.64	0.612	5.572	2.984	1.499	50.23	<0.001**

*表示在 0.05 水平差异显著；**表示在 0.01 水平差异极显著

（2）LAI 与数字图像特征参数的关联性分析

对数字图像特征参数在不同氮水平下随生育时期的变化分析发现，10 种数字图像特征参数中 $R/(R+G+B)$ 和 VARI 随生育时期的变化有下述规律（图 4-5）。N3 水平下，‘京 9843’ LAI 高于其他氮水平，但‘京 9843’的 $R/(R+G+B)$ 却低于其他氮水平；N4 水平下，‘中麦 175’的 LAI 高于其他氮水平，但其 $R/(R+G+B)$ 却低于其他氮水平。与 $R/(R+G+B)$ 的变化趋势不同，‘京 9843’的 VARI 在 N3 水平下高于其他氮水平；N4 水平下‘中麦

175’的 VARI 也高于其他氮水平。说明冬小麦的氮营养水平不仅对 LAI 有一定影响，也对某些植被冠层数字图像特征参数有影响。由不同条件（品种、氮营养水平以及生育期）下的数字图像特征参数与 LAI 的相关性分析可知：$R/(R+G+B)$、G/R、GRVI、VARI 与 LAI 之间具有极显著相关性（表 4-6），即只考虑品种差异时，4 个数字图像特征参数与 LAI_{ZM175} 的相关性（R^2=0.713～0.750，P<0.01）优于 LAI_{J9843}（R^2=0.595～0.673，P<0.01）；只考虑氮营养差异时，4 个数字图像特征参数与 N2 的 LAI 相关性最高（R^2=0.768～0.795，P<0.01），与 N3 的 LAI 相关性最低（R^2=0.585～0.641，P<0.01）；只考虑生育期差异时，4 个数字图像特征参数与灌浆期 LAI 的相关性（R^2=0.652～0.686，P<0.01）高于孕穗期（R^2=0.540～0.592，P<0.01）和开花期（R^2=0.482～0.589，P<0.01）。

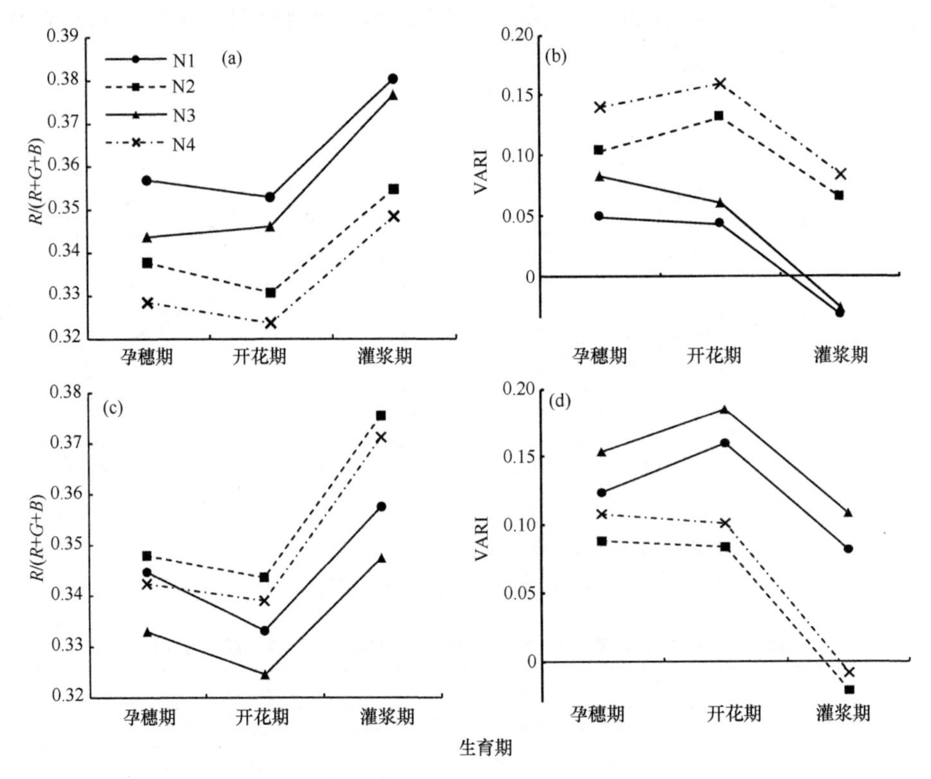

图 4-5 不同氮营养下不同生育期冬小麦‘中麦 175’（a，b）和‘京 9843’（c，d）的 $R/(R+G+B)$和 VARI 变化

表 4-6 不同条件下优选的冬小麦数字图像特征参数与 LAI 的相关性

植被指数	I		II				III		
	中麦 175	京 9843	N1	N2	N3	N4	孕穗期	开花期	灌浆期
$R/(R+G+B)$	0.750**	0.673**	0.706**	0.795**	0.641**	0.729**	0.592**	0.589**	0.686**
G/R	0.713**	0.595**	0.713**	0.768**	0.585**	0.689**	0.540**	0.487**	0.654**
GRVI	0.713**	0.595**	0.713**	0.768**	0.585**	0.690**	0.540**	0.482**	0.652**
VARI	0.713**	0.602**	0.710**	0.770**	0.587**	0.687**	0.544**	0.502**	0.653**

注：I 表示只考虑品种差异，II 表示只考虑氮营养差异，III表示只考虑生育期差异

**表示在 0.01 水平极显著相关

同时，4 种数字图像特征参数中，$R/(R+G+B)$和 VARI 与 LAI 的相关性较高：只考虑品种差异时，$R/(R+G+B)$的 R^2 最高为 0.750，VARI 的 R^2 最高为 0.713，$P<0.01$；只考虑氮营养差异时，$R/(R+G+B)$的 R^2 最高为 0.795，VARI 的 R^2 最高为 0.770，$P<0.01$；只考虑生育期差异时，$R/(R+G+B)$的 R^2 最高为 0.686，VARI 的 R^2 最高为 0.653，$P<0.01$。

（3）LAI 估算模型的构建与评价

10 种数字图像特征参数中 $R/(R+G+B)$和 VARI 不仅随 LAI 的动态变化发生规律性变化，而且与 LAI 有较高的相关性；研究分别选择 $R/(R+G+B)$和 VARI 来反演 3 个关键生育期的冬小麦 LAI。从 142 个样本（孕穗期样本内有 2 个 LAI 值 8.07 和 8.81，偏离群体水平，所以不考虑）中随机选择 70%作为建模样本，30%作为验证样本。通过对比 $R/(R+G+B)$和 VARI 各自构建的线性模型、指数模型、幂模型以及对数回归模型精度，发现指数模型最适宜估算 LAI：$R/(R+G+B)$指数模型的 R^2 为 0.69（$P<0.01$）；VARI 指数模型的 R^2 为 0.63（$P<0.01$）。虽然 $R/(R+G+B)$指数模型的建模精度略高于 VARI 指数模型，但参与建模的 $R/(R+G+B)$动态范围在 0.318～0.395，其变异系数为 0.05，说明建模的 $R/(R+G+B)$离散度非常低，这必然导致所构建的指数模型出现一个自变量 $R/(R+G+B)$对应多个因变量（LAI）[图 4-6（a）]，说明估测 LAI 的不确定性太大，模型鲁棒性不足。相比之下，参与建模的 VARI 动态范围为 0.097～0.176，其变异系数为 0.95，说明建模的 VARI 离散程度较大，这就在一定程度上降低了 VARI 指数模型估测 LAI 的不确定性，增强了模型的鲁棒性[图 4-6（b）]。综合上述分析结果，研究选择 VARI 指数模型（$\mathrm{LAI}=1.3381\times e^{8.5575\times \mathrm{VARI}}$）作为 3 个关键生育期 LAI 估算模型，并利用 30%验证样本对该模型进行精度检验（图 4-7），结果表明 LAI 实测值与 LAI 预测值拟合度较高（R^2=0.71，RMSE=0.8，$P<0.01$）。

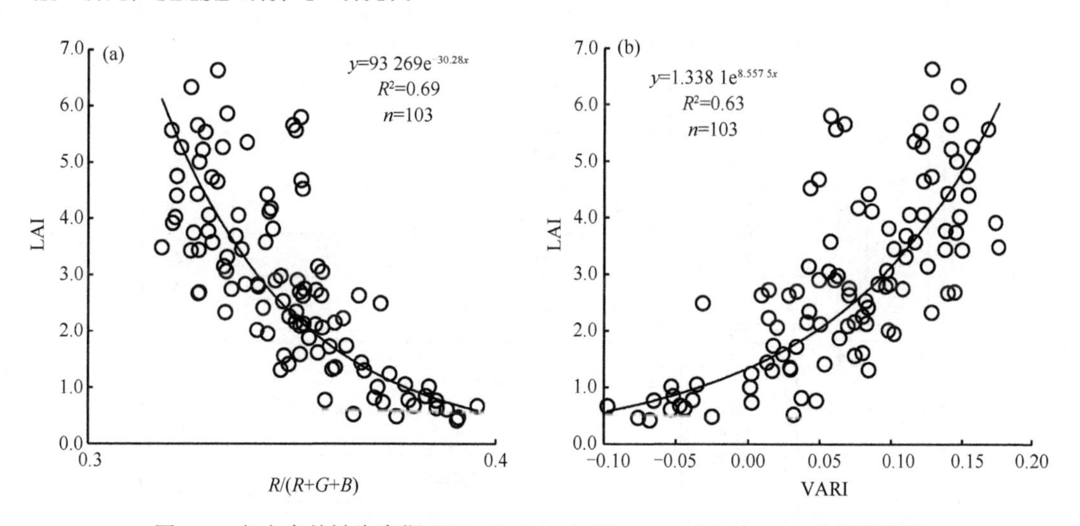

图 4-6　冬小麦关键生育期 $R/(R+G+B)$（a）和 VARI（b）与 LAI 的指数模型

4.3.2　基于无人机多光谱影像的叶面积指数反演

基于无人机多光谱影像的大豆 LAI 反演流程如图 4-8 所示。

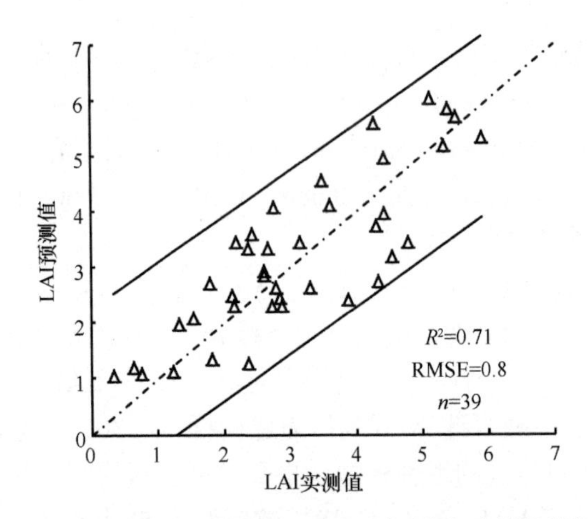

图 4-7　冬小麦叶面积指数（LAI）预测值与实测值的比较

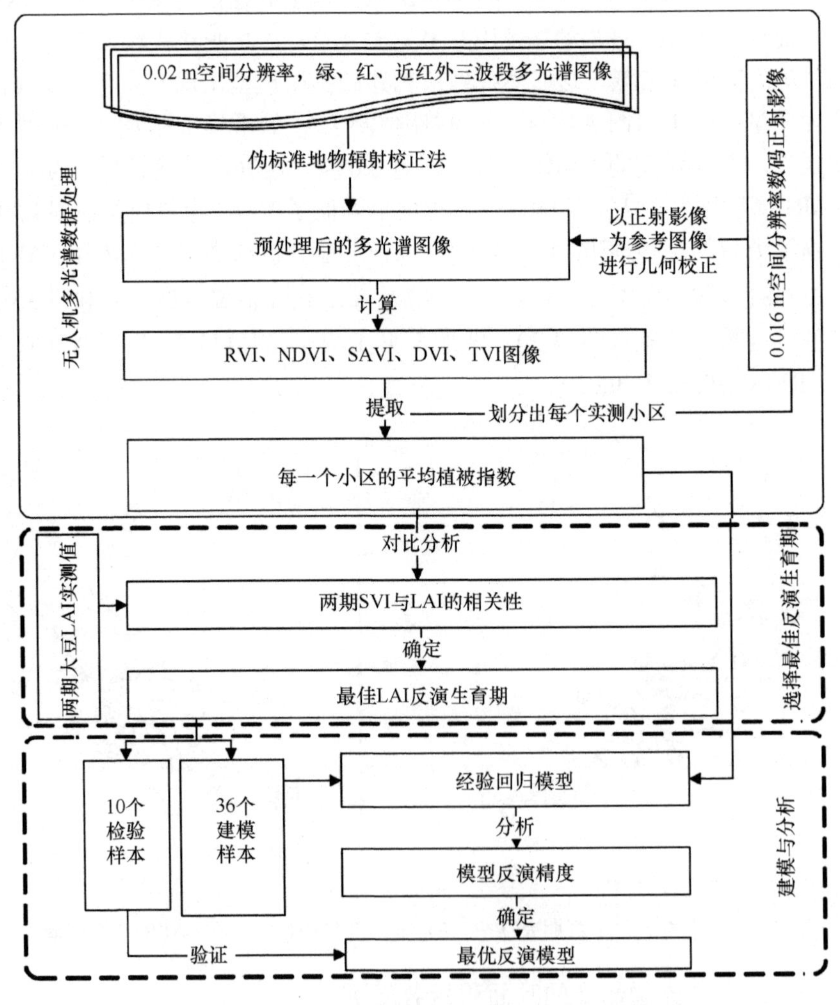

图 4-8　大豆叶面积指数（LAI）反演流程图

（1）植被指数的选取

考虑到遥感影像的可见光波段（特别是红波段）和近红外波段的反射率组合与作物的 LAI 具有较好的相关性，选择 RVI、NDVI、SAVI、DVI、TVI 五种利用宽波段反射率反演 LAI 效果较好的植被指数构建模型。

（2）构建大豆 LAI 反演模型

图 4-9 是结荚期与鼓粒期大豆 LAI 实测值对比，图中结荚期的大豆 LAI 保持动态平稳（4～6），均值较高；鼓粒期的大豆 LAI 较之有所下滑，但波动性明显，根据农学先验知识，鼓粒期大豆叶片、茎、叶柄所占比率大幅下降，而荚所占比率大幅上升，导致 2 个时期大豆 LAI 差异明显。李鑫川等（2012）研究指出，各植被指数在不同土壤背景下与 LAI 的相关性差异明显；鼓粒期大豆叶片的叶绿素含量日渐降低，相应的红波段反射率逐渐增大，近红外反射率则慢慢下降，各植被指数和 LAI 高度相关，所以选择鼓粒期反演大豆 LAI。利用 SPSS Statistics 软件对鼓粒期的 46 个大豆 LAI 实测值进行随机抽样，选出 36 个作为建模样本，10 个作为检验样本。针对每种植被指数分别使用线性模型、对数模型、幂模型、指数模型等进行拟合，从中筛选出与大豆 LAI 高度相关且精度相对较高的回归模型，结果如表 4-7 所示，表 4-7 显示了 5 种类型植被指数在不同回归模型下对大豆 LAI 的最佳预测能力。整体上，基于无人机多光谱影像构建的单变量模型其单变量植被指数与 LAI 都显著正相关；在 0.01 水平下，模型的决定系数 R^2 在 0.79 以上，表明单变量植被指数与 LAI 拟合效果较好，其中由 NDVI 构建的线性模型具有最大值 R^2，为 0.829；RMSE 都在 0.33 以下，说明模型对 LAI 有较好的解释能力，而 NDVI 构建的线性模型的 RMSE 最小，为 0.301。在线性模型、对数模型、幂模型、指数模型 4 种回归模型中，线性模型、对数模型对大豆 LAI 的解释能力比幂模型和指数模型强。整个单变量回归模型中，由 NDVI 构建的线性模型建模精度最高，R^2=0.829，RMSE=0.301。在多变量回归模型中，以 RVI、NDVI、DVI 和 TVI 组成的模型 R^2=0.856、RMSE=0.277。经验回归模型预测精度的高低与建模样本数量关系密切，在填图前使用未参与建模的 10 个样本数据对 NDVI 构建的线性回归模型和 RVI、NDVI、DVI、TVI 构建的多元回归模型进行精度验证，综合评价两种模型对大豆 LAI 的预测能力。分析发现：虽然多变量模型的建模精度优于 NDVI 线性模型，但其对大豆 LAI 的预测能力比 NDVI 线性模型低，出现这种情况的原因是 5 种植被指数与大豆 LAI 都高度相关（R^2>0.79），且受野外实测样本数目较少的限制，在以 RVI、NDVI、DVI、TVI 为自变量，大豆 LAI 为因变量的多元回归模型中，出现自变量数据对因变量数据的过度拟合现象（Li et al.，2013），导致在 RVI、NDVI、DVI、TVI 组成多元回归模型时发生过度拟合，引起模型的建模精度高，但预测效果不理想；NDVI 是 5 种植被指数中反演大豆 LAI 的最佳植被指数，其构建的线性模型预测大豆 LAI 的效果最理想，估测精度 EA=85.4%；大豆 LAI 预测值与实测值拟合程度最高，R^2=0.634（图 4-10）。

（3）LAI 反演模型评价

利用 NDVI 线性模型 LAI=4.704×NDVI+0.03 对研究区鼓粒期的大豆 LAI 进行填图（图 4-11）。图中出现个别小区的大豆 LAI 在 1 以下，原因是当地正值干旱，大豆生育后期缺水，一些大豆出现早熟、叶片脱落。将鼓粒期大豆 LAI 分布情况与鼓粒期正射影像对照可知，填图结果基本反映了研究区鼓粒期大豆的真实情况，能够作为精确评估大豆长势和估算大豆产量的依据。因此，利用无人机同步搭载多光谱相机构成的农情监测系统获取大田作物光谱信息对研究 LAI 具有实用价值。

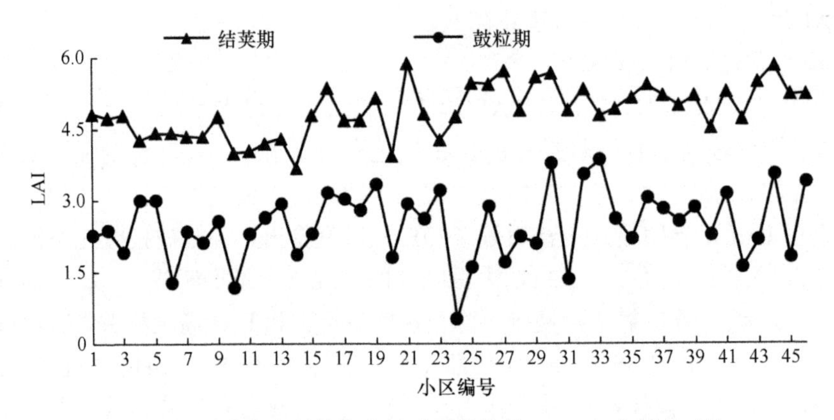

图 4-9　结荚期与鼓粒期大豆叶面积指数（LAI）实测值对比

表 4-7　大豆叶面积指数（LAI）与各类型植被指数构建的最佳反演模型及模型精度检验（n=36）

植被指数	模型	表达式	决定系数（R^2）	均方根误差（RMSE）
RVI	对数	LAI=1.504×ln（RVI）+0.503	0.814**	0.314
NDVI	线性	LAI=4.704×NDVI+0.03	0.829**	0.301
SAVI	线性	LAI=5.135×SAVI+0.243	0.823**	0.307
DVI	线性	LAI=6.042×DVI+0.52	0.797**	0.328
TVI	线性	LAI=0.074×TVI+0.602	0.806**	0.321
RVI、NDVI、DVI、TVI	多元线性	LAI=0.227×RVI + 1.309×NDVI + 53.87×DVI + 0.668×TVI + 1.457	0.856**	0.277

**表示 P<0.01

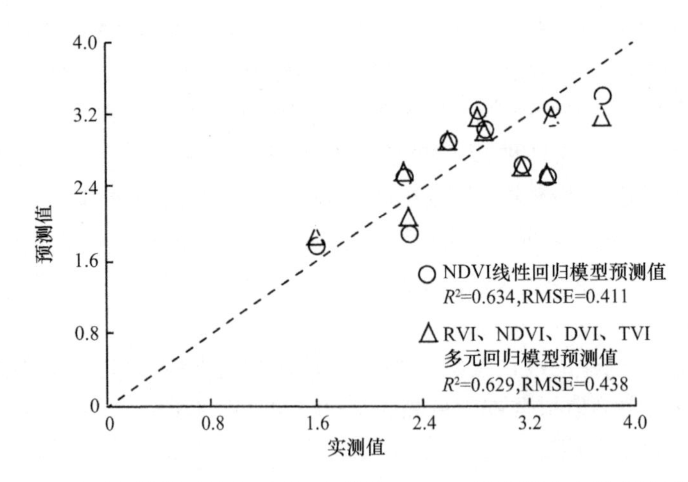

图 4-10　两种反演模型下的大豆叶面积指数（LAI）预测值与实测值的精度比较

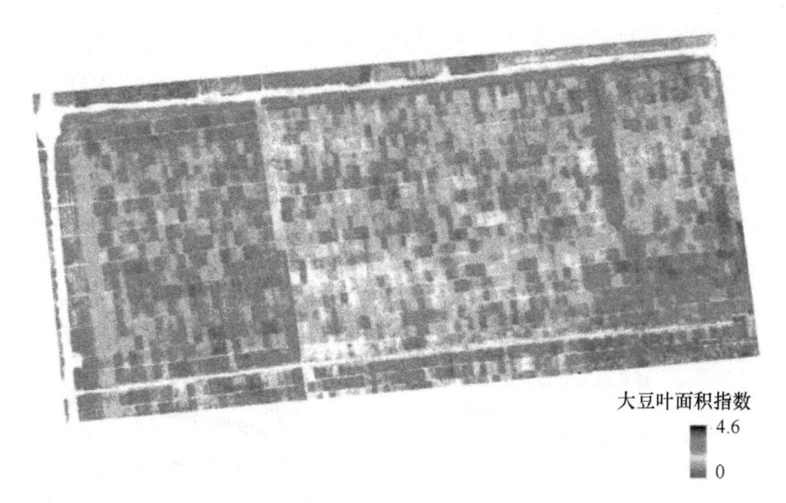

图 4-11　基于 NDVI 线性模型遥感反演研究区内鼓粒期大豆叶面积指数（LAI）（彩图请扫封底二维码）

4.3.3　基于无人机高光谱影像的作物叶面积指数反演

高光谱影像具有丰富的光谱信息，可以提供作物的精细光谱特征，构建更加丰富的植被指数，其一阶微分特征光谱也常用于作物生长参数的精确反演。

（1）无人机 UHD185 高光谱数据评价

UHD185 影像是由原始高光谱影像与全色影像融合得到的，在利用无人机 UHD185 高光谱数据估算冬小麦叶面积指数前，评价其光谱质量是必要的。考虑到 ASD 光谱辐射仪在农业遥感中广泛使用，其光谱信息往往作为作物长势及病虫害监测的重要依据（Krishna et al.，2014；Filella and Penuelas，1994；Burkart et al.，2015），因此以 ASD 光谱数据为标准，从 3 个角度依次对比 ASD 与 UHD185 光谱反射率。

第一，将 ASD 采集的冬小麦冠层高光谱数据重采样成 UHD185 波段，并计算每个生育期重采样后的平均光谱反射率，对比重采样的 ASD 和 UHD185 的生育期平均光谱反射率。如图 4-12 所示，整体上，两种冬小麦冠层光谱信息在可见光-红边区域的变化趋势高度一致：UHD185 光谱曲线在 550 nm 附近出现“绿峰”特征，与 ASD 光谱曲线相符，且因灌浆期冬小麦冠层叶片发黄萎缩，叶面积指数较小，传感器视场内土壤背景所占比例较高，而土壤的光谱反射率在可见光范围直线上升，导致 2 种光谱反射率在不同生育期“绿峰”特征处的大小均表现为：灌浆期>孕穗期>开花期；UHD185 光谱反射率曲线在 680 nm 附近出现“红谷”特征，同样受土壤背景干扰，3 个生育期中灌浆期在“红谷”处的反射率最高，与 ASD 光谱反射率曲线相符。在 680～750 nm 红边区域，ASD 和 UHD185 的光谱反射率曲线几乎吻合，并且因开花期冬小麦生长极其旺盛，生物量大，色素含量高，ASD 和 UHD185 开花期光谱曲线的红边均出现“红移”现象。在 750～950 nm，ASD 和 UHD185 的 3 个生育期光谱反射率孕穗期最高，开花期和灌浆期光谱反射率接近。在 770～830 nm，UHD185 光谱曲线呈现近红外高反射平台，但 UHD185 的近红外反射率明显低于 ASD；且在 830 nm 以后，UHD185 光谱反射率逐渐降低，光谱曲线呈下降趋势，而 ASD 光谱曲线波动性小，究其原因可能在于 2 种数据的太阳-目标-传感器的几何位置差异造成二向反射分布函数（bidirectional reflectance distribution function，BRDF）影响，而有研究证明 BRDF 对无人机高光谱数据影响显著（Clevers and Gitelson，2013）；另外，UHD185 传感器的通道响应函数也可能造成这种差异，因 Cubert 公司并未公开 UHD185 的通道响应函数，故对此方面不做详细讨论。

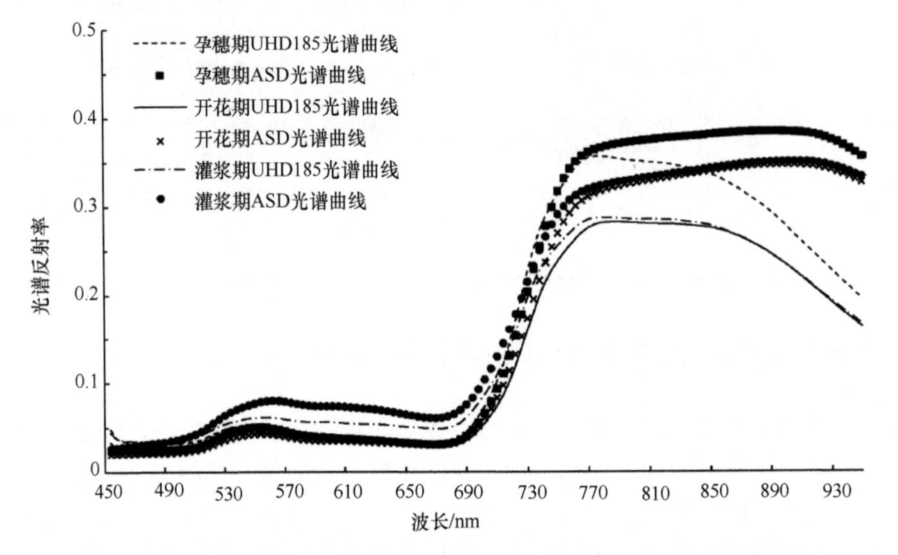

图 4-12 不同生育期 UHD185 光谱曲线与重采样的 ASD 光谱曲线对比

UHD185 光谱曲线由 Cubert UHD185 Firefly 成像光谱仪测得，ASD 光谱曲线由 ASD FieldSpec FR Pro 2500 光谱辐射仪测得

第二，研究对比分析了 UHD185 和重采样的 ASD 在 458～830 nm 冬小麦冠层光谱反射率的相关性，如图 4-13 所示，结果显示两者高度相关，R^2 均在 0.99 以上。

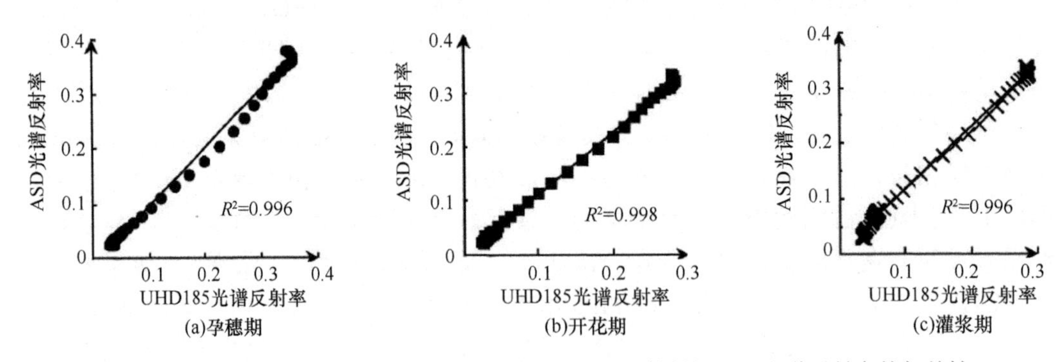

图 4-13 孕穗期、开花期和灌浆期的 UHD185 和重采样的 ASD 光谱反射率的相关性

第三，研究选择试验小区冬小麦冠层和黑色定标布为对象，从 UHD185 影像中提取两目标物的光谱反射率，将其与重采样的 ASD 光谱反射率进行比较，如图 4-14 所示，发现 UHD185 和重采样的 ASD 在 458～830 nm 的冬小麦冠层光谱反射率几乎一致，偏差小于 1%；两种传感器测量黑色定标布的光谱反射率在 458～738 nm 均低于 0.05，偏差小于 2%；在 742～830 nm 均低于 0.1，偏差小于 1%。

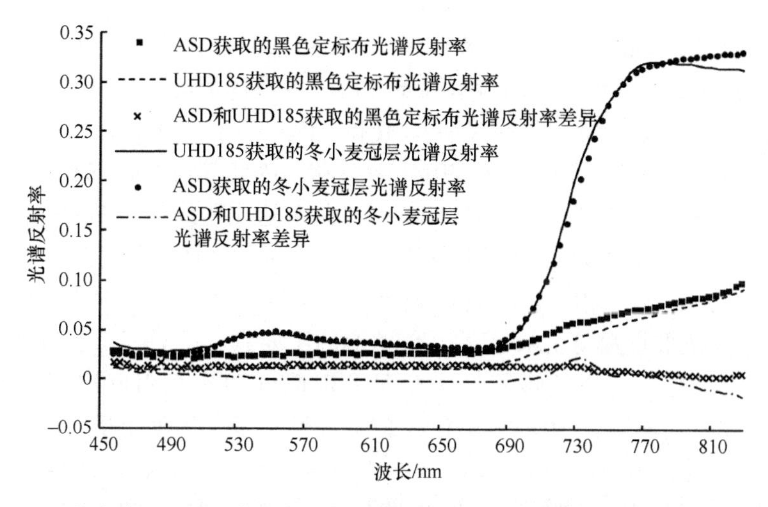

图 4-14　冬小麦冠层和黑色定标布的 UHD185 和重采样的 ASD 光谱反射率比较

综合上述分析，458～830 nm（第 3～96 波段）的 UHD185 光谱数据可靠，可使用其探测冬小麦 LAI。

（2）基于无人机 UHD185 遥感数据的冬小麦 LAI 估算

3 个生育期的红边参数和植被指数与 LAI 的相关系数（correlation coefficient，*r*）见表 4-8。整体上，红边参数与 LAI 的相关性较植被指数低：红边位置与 LAI 的相关性仅能达到 0.415；红边面积和红边振幅/最小振幅与 LAI 的相关性相对较高，*r* 在 0.68 上下；与 Filella 和 Penuelas（1994）的研究结论一致，在红边参数中，红边振幅与 LAI 相关性最高，*r* 为 0.741。植被指数与 LAI 的相关性都可达到 0.67 以上：OSAVI 表现出与 LAI 较好的相关性，特别是在冬小麦冠层密度低时，土壤调节系数（如 OSAVI 计算公

表 4-8　红边参数和植被指数与 LAI 的相关系数

红边参数和植被指数	与 LAI 的相关系数
红边位置 REP	0.415
红边振幅 RDr	0.741
红边面积 SDr	0.694
红边振幅/最小振幅 RDr/Dr_{min}	0.673
归一化差分植被指数 NDVI	0.729
优化土壤调节植被指数 OSAVI	0.759
三角植被指数 TVI	0.677
改进土壤调节植被指数 MSAVI	0.770
改进三角植被指数 MTVI	0.724
调节型叶绿素吸收比率指数 MCARI	0.774
归一化差分光谱指数 NDSI（494，610）	−0.847
比值型植被指数 RSI（494，610）	0.851

注：最后两个指数后面括号内的数据为波长（nm）

式中的 0.16）能较好地改善土壤背景影响；MSAVI 的自调节因子（自调节因子包含在 MSAVI 计算公式中）取代了土壤调节因子，进一步降低了提取的小区平均光谱反射率中土壤像元的光学性状（特别是灌浆期），使得 MSAVI 与 LAI 的相关性高于 OSAVI；在高冠层密度下，TVI 对叶绿素含量的敏感性较强，因此其与 LAI 的相关性低；在冬小麦叶片色素含量高（开花期）时，MTVI1 对叶片和冠层组织结构的敏感性强，提高了其与 LAI 的相关性；而 MCARI2 对叶绿素含量的敏感性降低了其对 LAI 的敏感性。

红边参数与 LAI 的相关性一直以来都是一个复杂的问题，本研究中红边参数与 LAI 的相关性较植被指数与 LAI 相关性低的原因主要有：首先，红边是叶绿素对红光、近红外辐射吸收能力的特征描写，大量研究证明红边参数对叶绿素含量高度敏感（Badhwar，1980），所以红边参数与 LAI 的相关性在很大程度上受到叶片色素含量的干扰（特别是开花期），而研究选择的 NDVI、OSAVI、MSAVI、MTVI1、MCARI2 以及 TVI 六种植被指数中，有些可以降低叶绿素含量对植被指数与 LAI 的敏感性影响（如 MTVI1、MCARI2），有些可限制土壤背景反射率的干扰（如 OSAVI、MSAVI）；其次，红边参数是基于高光谱分辨率计算出来的特征参数，其值的大小在一定程度上与光谱分辨率的大小关系密切，因此，根据不同光谱分辨率计算的红边参数差别很大，而上述 6 种植被指数却是基于固定波段反射率计算出来的，其中有些波段（如 802 nm）对叶片和冠层结构敏感，有些波段（如 550 nm）能很好地表现叶绿素引起的绿光反射，所以根据 UHD185 光谱反射率计算的红边参数与 LAI 的相关性低于植被指数与 LAI 的相关性。

分析红边参数和植被指数与 LAI 的相关性，并利用两种验证方法依次检验两者对 LAI 的估测精度（表 4-9）。

表 4-9　基于红边参数、植被指数估算 LAI 的精度比较

红边参数和植被指数		独立验证（*n*=40）		交叉验证（*n*=142）	
		R^2	RMSE	R^2	RMSE
红边参数	红边振幅 RDr	0.606	0.95	0.550	1.03
	红边面积 SDr	0.556	1.01	0.480	1.11
	红边位置 REP	0.107	1.43	0.180	1.39
	红边振幅/最小振幅 Dr/Dr_{min}	0.402	1.16	0.430	1.16
植被指数	NDVI	0.490	1.09	0.540	1.05
	OSAVI	0.570	1.01	0.580	0.99
	MSAVI	0.615	0.95	0.595	0.98
	MCARI2	0.606	0.96	0.602	0.97
	MTVI1	0.582	0.99	0.530	1.06
	TVI	0.537	1.03	0.460	1.13

利用独立验证（*n*=40）和交叉验证（*n*=142）检验各个红边参数构建的 LAI 反演模型的精度，两种验证方法具有一致的结果：红边位置对 LAI 的估测精度最低（独立验证：R^2=0.107，RMSE=1.43；交叉验证：R^2=0.180，RMSE=1.39），红边振幅/最小振幅对 LAI 的预测能力（独立验证：R^2=0.402，RMSE=1.16；交叉验证：R^2=0.430，RMSE=1.16）

略高于红边位置，但低于红边面积（独立验证：R^2=0.556，RMSE=1.01；交叉验证：R^2=0.480，RMSE=1.11），红边振幅对 LAI 的估测精度最高（独立验证：R^2=0.606，RMSE=0.95；交叉验证：R^2=0.550，RMSE=1.03）。无论是相关性分析还是两种验证结果均表明：4 个红边参数中，红边振幅与 LAI 关系最密切，其构建的模型对 LAI 解释能力最高。然而，整体上红边参数对 LAI 的估测效果并不理想。

植被指数 NDVI、OSAVI、TVI、MSAVI、MTVI1、MCARI2 与 LAI 的相关性以及对反演模型的验证结果表明：在这 6 种植被指数中，TVI 构建的模型对 LAI 的解释能力最低；MTVI1 对 LAI 的预测能力略高于 TVI；NDVI、OSAVI、MSAVI 和 MCARI2 四种植被指数与 LAI 的相关性依次增高。其原因在于：TVI 对冠层叶绿素高度敏感，特别是在冠层密度大时（LAI>4），其对冠层叶绿素的敏感性更高，所以 TVI 与 LAI 的相关性多受叶绿素影响，导致其估测 LAI 精度最低（r=0.688；独立验证：R^2=0.537，RMSE=1.03；交叉验证：R^2=0.460，RMSE=1.13）；MTVI1 含有对叶片和冠层结构敏感的 800 nm 光谱反射率，该反射率可在一定程度上增强在冬小麦叶绿素高含量时（开花期）MTVI1 对 LAI 的敏感性（r=0.735；独立验证：R^2=0.582，RMSE=0.99；交叉验证：R^2=0.530，RMSE=1.06）；NDVI 在过去近 40 年的 LAI 遥感估测中被广泛使用，当 LAI<3 时，NDVI 往往表现出与 LAI 较好的相关性，而当 LAI>3 时，红光反射率与 LAI 的相关性出现渐进，近红外反射率与 LAI 的相关性则继续升高，受比值的非线性拉伸构建形式影响，红光部分虽然得到增强，但近红外部分受到抑制，造成 NDVI 对孕穗期和开花期两个高冠层密度下的 LAI 产生饱和效应，其对 LAI 的预测精度不理想（r=0.744；独立验证：R^2=0.490，RMSE=1.09；交叉验证：R^2=0.540，RMSE=1.05）；OSAVI 对 LAI 的估测精度（r=0.772；独立验证：R^2=0.570，RMSE=1.01；交叉验证：R^2=0.580，RMSE=0.99）优于 NDVI 得益于其土壤调节系数（OSAVI 计算公式中的 0.16）能较好地调节红光对土壤背景的敏感性；MSAVI 的自调节因子（自调节因子包含在 MSAVI 计算公式中）取代了土壤调节因子，进一步降低了提取的小区平均光谱反射率中土壤像元的光学性状干扰（特别是灌浆期），使得 MSAVI 对 LAI 的估测能力（r=0.778；独立验证：R^2=0.615，RMSE=0.95；交叉验证：R^2=0.595，RMSE=0.98）略高于 OSAVI；MCARI2 对叶绿素含量的敏感性降低了，对 LAI 的变化保持了高度敏感性，其估算模型预测 LAI 的精度是 6 种植被指数中最高的（r=0.782；独立验证：R^2=0.606，RMSE=0.96；交叉验证：R^2=0.602，RMSE=0.97；独立验证精度略低于 MSAVI，可能是随机误差；全样本参与的相关性分析和交叉验证结果均说明 MCARI2 对 LAI 的估测能力优于 MSAVI）。同时，上述研究结果也说明在利用植被指数估测 LAI 时，对叶绿素含量敏感的植被指数（如 TVI）应避免使用；当 LAI>3 时，不适宜使用易出现饱和效应的植被指数（如 NDVI），而应选取对土壤光谱有抑制作用（如 OSAVI、MSAVI）和对叶绿素含量低敏感（如 MCARI2）的植被指数。

分析 458～830 nm 内任意两个光谱波段以矩阵联立形式计算得到的归一化差分光谱指数（NDSI）和比值型植被指数（RSI）对 LAI 的敏感性，如图 4-15 所示。研究表明，494 nm 和 610 nm 波段组合的植被指数对 LAI 敏感性较好：NDSI（494，610）与 LAI 高度负相关，RSI（494，610）与 LAI 高度正相关。从波段位置来看，优选出的 2

个波段距离 550 nm“绿峰”位置较远（494 nm 和 550 nm 之间有 13 个波段，550 nm 和 610 nm 之间有 14 个波段），其构建的 NDSI（494，610）和 RSI（494，610）与 LAI 的相关性受叶绿素含量影响不明显；并且归一化和比值的计算方式可增强冬小麦与土壤背景之间的辐射差异，同时减弱与太阳高度角、传感器观测角、地形和大气条件有关的辐照度条件变化等的影响；Haboudane 等（2004）曾指出基于近红外反射率和红光反射率构建的植被指数在描述大范围 LAI 动态变化时，由比值的非线性转化引起红波段对叶绿素的强吸收容易达到饱和，导致效果不理想，所以基于 494 nm 和 610 nm 波段反射率构建的植被指数（NDSI 和 RSI）与 LAI 的相关性较红边参数和其他植被指数有大幅提高。

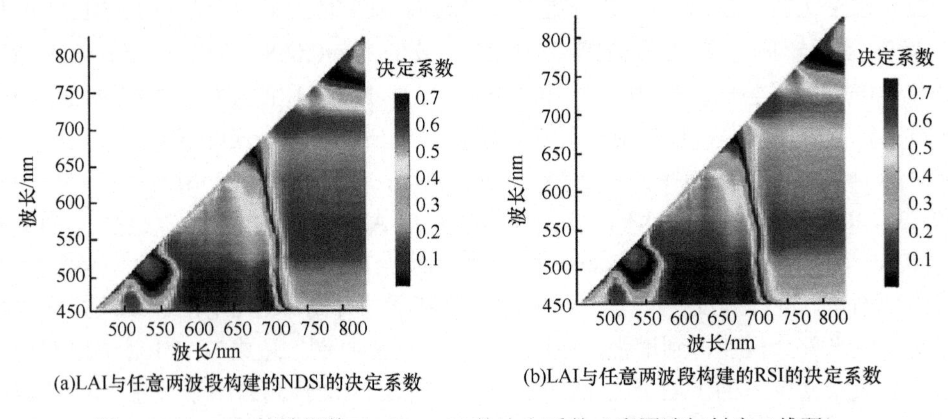

图 4-15　LAI 与植被指数 NDSI、RSI 的决定系数（彩图请扫封底二维码）

通过分析红边参数、植被指数与 LAI 的相关性，选择相关性最高的 RSI 作为描述 3 个生育期 LAI 动态变化的敏感因子，利用 70%总体样本建模、30%总体样本评价模型精度（图 4-16）。研究表明基于 lg(RSI)构建的线性模型 lg(LAI)=1.168+5.405×lg(RSI)能够对 lg(LAI)进行较好的预测，lg(LAI)预测值和 lg(LAI)实测值具有较好的

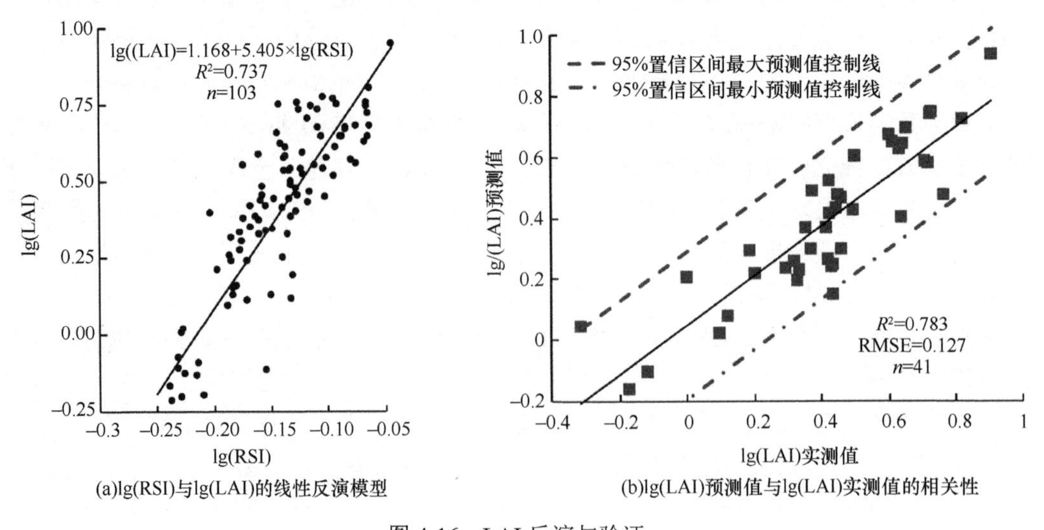

图 4-16　LAI 反演与验证

拟合性（决定系数 R^2=0.783，均方根误差 RMSE=0.127，参与建模的样本个数 n=41，P<0.001）。将 LAI 估算模型应用于开花期无人机高光谱影像，得到研究区冬小麦开花期 LAI 分布情况（图 4-17）。

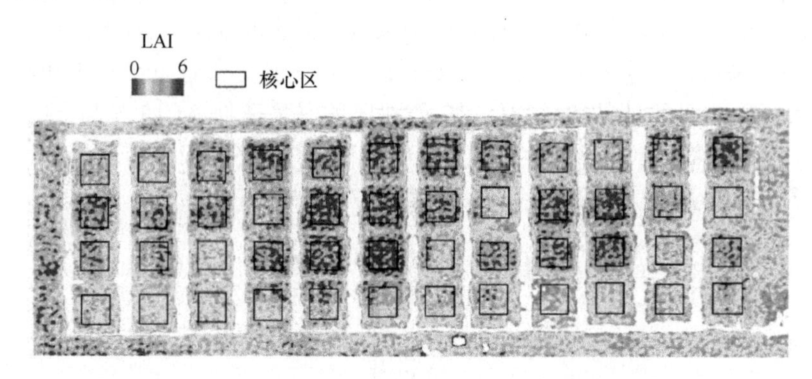

图 4-17　研究区冬小麦开花期遥感反演 LAI（彩图请扫封底二维码）

利用无人机高光谱遥感信息和地面数据，从无人机高光谱遥感精细光谱特征信息角度详细探讨了基于无人机高光谱遥感估测冬小麦LAI的价值，结果表明458～830 nm（第 3～96 波段）的无人机 UHD185 高光谱数据具有较好的光谱质量，适宜探测冬小麦 LAI；4 种红边参数和 8 种植被指数中基于 494 nm 和 610 nm 光谱反射率计算的比值型植被指数 RSI（494，610）与 LAI 的相关性最高，lg(LAI)预测值与实测值总体上表现较为一致。

（3）基于偏最小二乘回归（PLSR）与红边参数或植被指数结合的 LAI 反演

上述分析结果显示基于红边参数或植被指数的 LAI 估测精度较低，无法为大田管理提供可靠信息，一方面在于红边参数与 LAI 的相关性涉及叶绿素对可见光的吸收以及叶片细胞结构和冠层结构对近红外的反射等多重因素，是一个复杂的问题；另一方面在于窄波段植被指数对 LAI 的敏感性在很大程度上受到波段宽度和波段位置影响，因此选择合适位置的波段组建出对外界环境（土壤背景）和作物生化组分（色素）不响应，对作物叶片细胞结构和冠层结构敏感的植被指数，是提高植被指数与 LAI 相关性的重点，而这项工作相当困难。在这种情况下，引入合理的算法，使之与红边参数以及植被指数结合则成为提高 LAI 估测精度、强化估算模型鲁棒性的关键，因此考虑采用 PLSR 与红边位置（REP）或植被指数（VI）结合的改进方法估算 LAI。图 4-18 中的两种验证结果均表明：PLSR+REP 的 LAI 估测精度（独立验证：R^2=0.757，RMSE=0.732；交叉验证：R^2=0.755，RMSE=0.762）比单个红边参数大幅提高：独立验证，R^2 提高了 0.151～0.650，RMSE 降低了 0.218～0.698；交叉验证，R^2 提高了 0.205～0.575，RMSE 降低了 0.268～0.628；PLSR+VI 的 LAI 估测精度（独立验证：R^2=0.709，RMSE=0.800；交叉验证：R^2=0.694，RMSE=0.853）比单个植被指数大幅提高：独立验证，R^2 提高了 0.094～0.219，RMSE 降低了 0.150～0.290；交叉验证，R^2 提高了 0.092～0.234，RMSE 降低了 0.119～0.277。尽管仍然无法避免个别 LAI 预测值偏离最优预测区间，以及灌浆期个别 LAI 实测值过低（LAI<0.7），造成预测值出现负值，但绝大多数 LAI 预测值能够较好地与 LAI 实测值拟合，证明 PLSR 算法通过约简高光谱维数，

利用各个参数与 LAI 的线性相关性，有效地提高了红边参数以及植被指数对 LAI 的敏感性，使其能更很好地描述 LAI，因此基于 PLSR 与红边参数或植被指数结合的改进方法能够估算出比红边参数或植被指数线性模型精度更高的 LAI。另外，对比图 4-18 中的两种验证方法发现，虽然交叉验证的结果较独立验证低，但两者的偏差并不大：对 PLSR+REP 来说，交叉验证的 R^2 和 RMSE 分别比独立验证低 0.002 和高 0.03；对 PLSR+VI 来说，交叉验证的 R^2 和 RMSE 分别比独立验证低 0.015 和高 0.053。考虑到参与交叉验证的样本个数远大于独立验证，并且交叉验证过程可有效地避免随机抽样引起的偶然误差，所以交叉验证估测精度要优于独立验证。

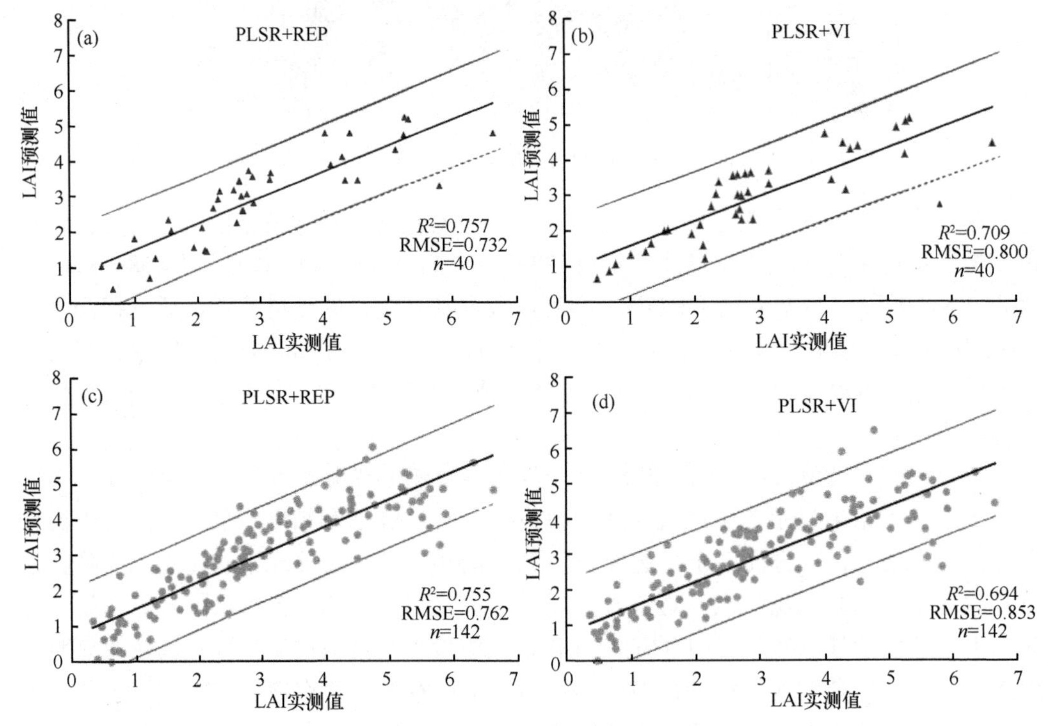

图 4-18 基于 PLSR+REP 和 PLSR+VI 的 LAI 估测精度对比（彩图请扫封底二维码）

（a）和（b）是独立验证；（c）和（d）是交叉验证。中间的黑线是模型的拟合线，两边的红色线是在拟合线的基础上加上 1 倍标准差的线

通过对比 PLSR+REP 和 PLSR+VI 的 LAI 估测精度发现：PLSR+REP 比 PLSR+VI 更适宜估测 LAI：独立验证，PLSR+REP 的 R^2 和 RMSE 分别比 PLSR+VI 提高 0.048 和降低 0.068；交叉验证，PLSR+REP 的 R^2 和 RMSE 分别比 PLSR+VI 提高 0.061 和降低 0.091。

4.4 生物量无人机遥感

生物量是指某一时间单位面积或体积栖息地内所含一个或一个以上生物种，或所含一个生物群落中所有生物种的总个数或总干重（包括生物体内所存食物的重量）。这里主要指单位面积内地上部干物质的总量。

4.4.1　基于无人机数码影像的生物量估算

参考表 4-1 选取相关指数进行冬小麦生物量估算。采用逐步回归（stepwise regression，SWR）、偏最小二乘回归（partial least square regression，PLSR）、随机森林（random forest，RF）三种方法构建出冬小麦生物量的估算模型，使用 SWR 构建生物量估算模型时，模型会经过一次次添加自变量，直到挑选出最优估算模型。为了权衡估算模型复杂度和拟合数据优良性，引用赤池信息量准则（Akaike information criterion，AIC），AIC 不仅要提高模型拟合度（极大似然），而且引入了惩罚项，使模型参数尽可能少，有助于降低过拟合的可能性。同时也引用贝叶斯信息准则（Bayesian information criterion，BIC），BIC 的惩罚项比 AIC 的大，考虑了样本数量，样本数量过多时，可有效防止模型精度过高造成模型复杂度过高。使用 PLSR 在构建生物量估算模型时，采用了数据降维技术，并且可以消除多个变量的共线性问题，将多个自变量减少到较少的几个不相关的潜变量。使用 RF 构建生物量估算模型时，RF 基于自助（bootstrap）抽样方法，从原始样本中有放回抽取多个样本，对每个 bootstrap 样本使用决策树建模，然后组合多棵决策树进行预测，最后以投票的方式来决定最后的预测结果。

（1）提取冬小麦株高

通过无人机在试验田上飞行，分别获取了冬小麦拔节期、挑旗期和开花期这 3 个主要生育期的数码高分辨率影像，分别生成 3 个主要生育期的 DEM 和 DOM，通过克里金法插值得到冠层表面模型（CSM），再根据栅格计算提取出试验田冬小麦的平均株高。提取的株高其实表现的是冬小麦冠层信息，所得的结果与实测的株高有不同程度的偏差。无人机获取 3 个主要生育期的数码影像，48 个试验小区，3 个生育期共提取得到 144 个冬小麦平均株高数据，将提取得到的冬小麦株高与实测的冬小麦株高进行对比分析，结果如图 4-19 所示。由图 4-19 可知，基于 CSM 的克里金法插值提取冬小麦株高 H_{CSM}

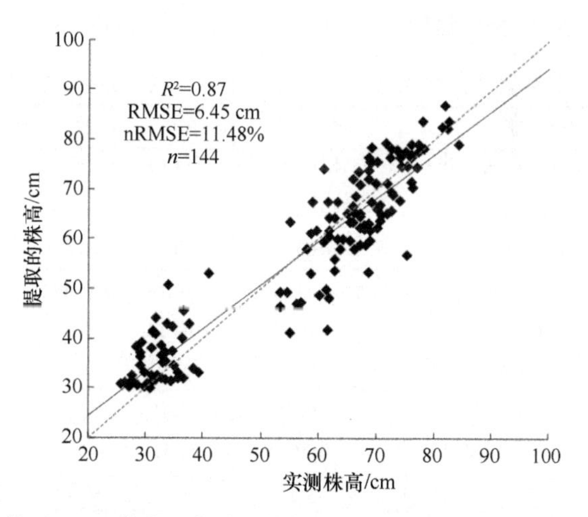

图 4-19　基于 CSM 的克里金法插值提取的冬小麦株高和实测株高的对比

实线是实测值与模型预测值的实际拟合线，虚线是实测值与模型预测值的理想拟合线（即 1∶1 线）

和实测株高 H，R^2 达到了 0.87，nRMSE 为 11.48%，说明提取到的 H_{CSM} 精度较高，数据较好，对冬小麦预估精度高。因此，下文采用基于 CSM 的克里金法插值对冬小麦株高进行具体分析。

（2）冬小麦生物量估算

根据冬小麦拔节期、挑旗期、开花期和多生育期 4 个时期的数码影像图像指数与生物量的相关性筛选，将挑选的数码影像图像指数、H、H_{CSM} 一起组成新的数据集，将组成的新数据集和实测的小麦生物量进行相关性筛选，分别得到拔节期、挑旗期、开花期和多生育期的生物量与数码影像图像指数、H、H_{CSM} 的相关性分析结果。取 SWR、PLSR 和 RF 共 3 种建模方法进行单生育期和多生育期生物量估算模型对比分析，以 SWR 为例。以重复一、二数据为建模集，重复三数据为验证集，得到 3 个单生育期和多生育期建模集数据分别是 32、32、32、96，验证集数据分别是 16、16、16、48。将选取的 13 个极显著相关的数码影像图像指数、H、H_{CSM} 与生物量进行逐步回归分析，构建冬小麦单生育期的生物量估算模型，挑选出评价指标 AIC 和 BIC 值最小时的最优模型，结果如表 4-10 所示。从表 4-10 可以看出，对于拔节期生物量估算模型，加入 H 和 H_{CSM} 不能提高模型的精度，但加入 H_{CSM}（R^2=0.5247，nRMSE=19.39%）的效果比加入 H（R^2=0.5167，nRMSE=19.56%）要好。对于挑旗期生物量估算模型，加入 H 和 H_{CSM} 明显提高了模型的精度，加入 H_{CSM}（R^2=0.6654，nRMSE=16.70%）的效果优于加入 H（R^2=0.6572，nRMSE=16.98%）。对于开花期生物量估算模型，加入 H 和 H_{CSM} 也明显提高了模型的精度，加入 H_{CSM}（R^2=0.6721，nRMSE=14.09%）的效果优于加入 H（R^2=0.6622，nRMSE=14.30%）。通过拔节期、挑旗期、开花期的逐步回归分析结果可知，随着小麦生育期的推移，开花期所构建的生物量估算模型效果要优于其他时期。而多生育期生物量估算模型，其 nRMSE 为 26.25%，相比于单生育期里的开花期逐步回归结果，多生育期的 nRMSE 偏大，但多生育期的 R^2 为 0.7212，远大于开花期。综合考虑模型的通用性以及评价指标，多生育期的逐步回归模型精度优于单生育期。加入 H 的 R^2、RMSE、nRMSE 与加入 H_{CSM} 的逐步回归模型，分别相差 0.025、0.0073 kg/m²、1.41%，根据模

表 4-10　数码影像图像指数、H、H_{CSM} 与生物量的逐步回归分析结果

生育期	数码影像图像指数	AIC	BIC	R^2	RMSE/（kg/m²）	nRMSE/%
拔节期	$r+b$、G、r、R、B、VARI	−163.71	−143.19	0.5374	0.0500	19.13
	H、B、r、GLA、G、R	−160.31	−138.33	0.5167	0.0511	19.56
	H_{CSM}、G、GLA、r、R、B	−160.84	−138.86	0.5247	0.0507	19.39
挑旗期	EXGR、b、R、VARI	−124.71	−104.19	0.6066	0.0920	18.11
	H、R、b、EXGR、VARI	−126.82	−104.84	0.6572	0.0863	16.98
	H_{CSM}、R、b、EXGR、VARI	−127.89	−105.91	0.6654	0.0848	16.70
开花期	CIVE、（$r-b$）/（$r+b$）、R、r/b	−108.89	−87.61	0.6324	0.1178	14.91
	H、R、（$r-b$）/（$r+b$）、CIVE、r/b	−109.59	−88.37	0.6622	0.1129	14.30
	H_{CSM}、R、（$r-b$）/（$r+b$）、CIVE、r/b	−110.54	−88.56	0.6721	0.1113	14.09
多生育期	MGRVI、$g-b$、r/b、g/b	−353.32	−317.42	0.7212	0.1372	26.25
	MGRVI、$g-b$、H、r/b、g/b	−380.42	−341.95	0.7941	0.1179	22.56
	MGRVI、$g-b$、H_{CSM}、r/b、g/b	−392.81	−354.34	0.8191	0.1106	21.15

型评价指标，相比而言，加入 H_{CSM} 时效果更好。对逐步回归分析结果进行验证，如图 4-20～图 4-22 所示。通过分析可知，拔节期、挑旗期、开花期的验证与逐步回归分析的 R^2 都相差 0.2 以内，RMSE 和 nRMSE 也分别保持在 0.02 kg/m^2、2%以内，表明模型具有很好的稳定性和较高的精度，拟合效果较好。

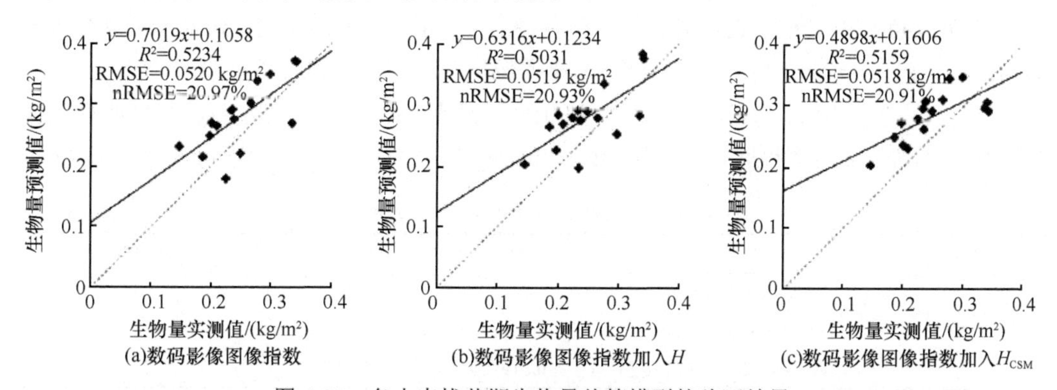

图 4-20　冬小麦拔节期生物量估算模型的验证结果

实线是实测值与模型预测值的实际拟合线，虚线是实测值与模型预测值的理想拟合线（即 1∶1 线）

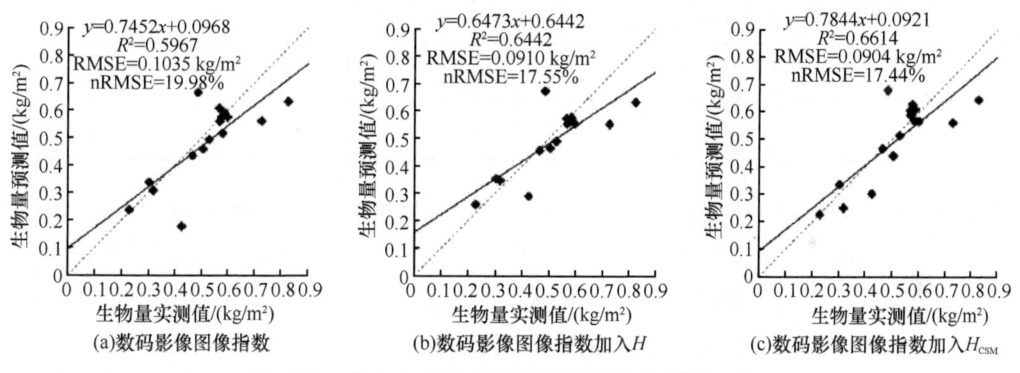

图 4-21　冬小麦挑旗期生物量估算模型的验证结果

实线是实测值与模型预测值的实际拟合线，虚线是实测值与模型预测值的理想拟合线（即 1∶1 线）

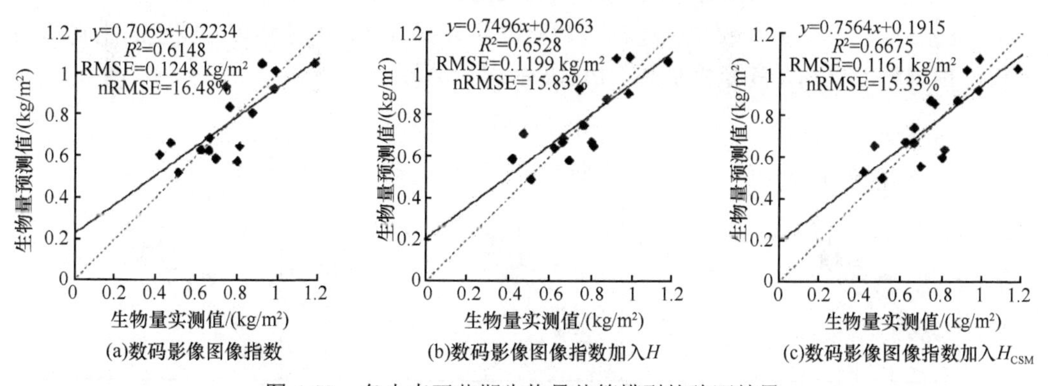

图 4-22　冬小麦开花期生物量估算模型的验证结果

实线是实测值与模型预测值的实际拟合线，虚线是实测值与模型预测值的理想拟合线（即 1∶1 线）

（3）多生育期模型的对比分析

由图 4-20～图 4-22 可知，多生育期生物量估算模型优于单生育期，下面利用 PLSR

和 RF 进行多生育期不同生物量估算模型的探讨，从中选取效果较好的建模方法，结果如表 4-11 所示。由表 4-11 可知，PLSR 和 RF 中以数码影像图像指数为自变量，R^2、RMSE 和 nRMSE 分别是 0.6774 和 0.6571、0.1476 kg/m^2 和 0.1527 kg/m^2、28.24%和 29.71%，而将 H 与数码影像图像指数共同作为自变量建模时，两者的 R^2、RMSE 和 nRMSE 分别达到了 0.7490 和 0.7261、0.1302 kg/m^2 和 0.1357 kg/m^2、24.91%和 26.39%，精度有明显提高。对于 PLSR 模型，将 H_{CSM} 与数码影像图像指数共同作为自变量建模时，R^2、RMSE、nRMSE 分别为 0.7850、0.1205 kg/m^2 和 23.05%。对于 RF 模型，将 H_{CSM} 与数码影像图像指数共同作为自变量建模时，R^2、RMSE、nRMSE 分别为 0.7737、0.1233 kg/m^2 与 23.99%。

表 4-11 多生育期不同模型对比分析结果

模型	参数	R^2	RMSE/（kg/m^2）	nRMSE/%
SWR	数码影像图像指数	0.7212	0.1372	26.25
	数码影像图像指数加入 H	0.7941	0.1179	22.56
	数码影像图像指数加入 H_{CSM}	0.8191	0.1106	21.15
PLSR	数码影像图像指数	0.6774	0.1476	28.24
	数码影像图像指数加入 H	0.7490	0.1302	24.91
	数码影像图像指数加入 H_{CSM}	0.7850	0.1205	23.05
RF	数码影像图像指数	0.6571	0.1527	29.71
	数码影像图像指数加入 H	0.7261	0.1357	26.39
	数码影像图像指数加入 H_{CSM}	0.7737	0.1233	23.99

各模型验证结果如图 4-23～图 4-25 所示，对于验证集，基于 SWR 构建的 3 种模型 R^2 分别是 0.7196、0.7507 和 0.7909，模型的稳定性较高，效果较好，其中利用提取株高 H_{CSM} 为因子的模型效果最好、预测精度最高。基于 PLSR 构建的 3 种模型表现效果和 SWR 模型相似，验证模型的效果也较好，R^2 分别达到 0.6765、0.7078、0.7814，同样是利用提取株高 H_{CSM} 为因子的模型预测效果最好。基于 RF 建立的 3 种生物量估算模型，验证效果一般，但模型比较稳定，R^2 分别为 0.6399、0.6742、0.7499，预测效果不如 SWR 和 PLSR 模型。综合 3 种模型的建模集和验证集分析可知，基于 SWR 构建的生物量估算模型预测精度更高，稳定性更强，PLSR 次之。

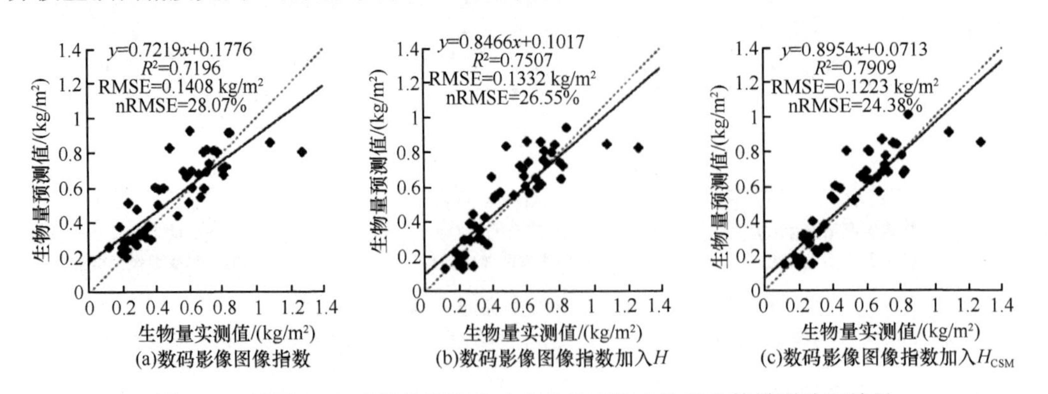

(a)数码影像图像指数　(b)数码影像图像指数加入H　(c)数码影像图像指数加入H_{CSM}

图 4-23 基于 SWR 方法构建的冬小麦多生育期生物量估算模型验证结果

实线是实测值与模型预测值的实际拟合线，虚线是实测值与模型预测值的理想拟合线（即 1∶1 线）

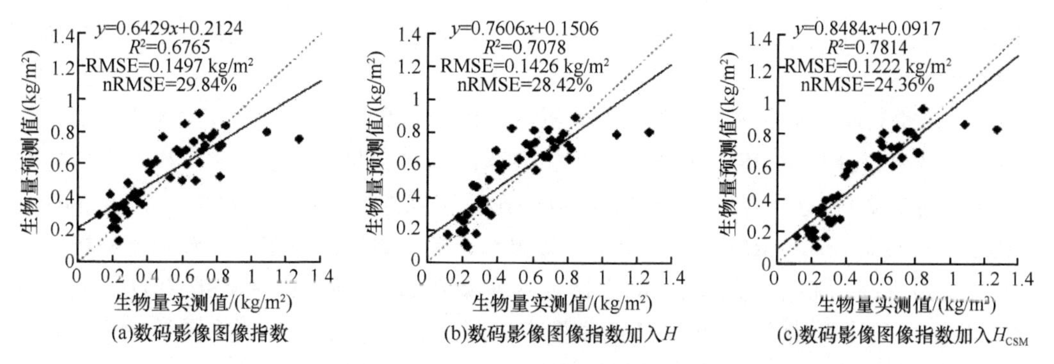

图 4-24　基于 PLSR 方法构建的冬小麦多生育期生物量估算模型验证结果

实线是实测值与模型预测值的实际拟合线，虚线是实测值与模型预测值的理想拟合线（即 1∶1 线）

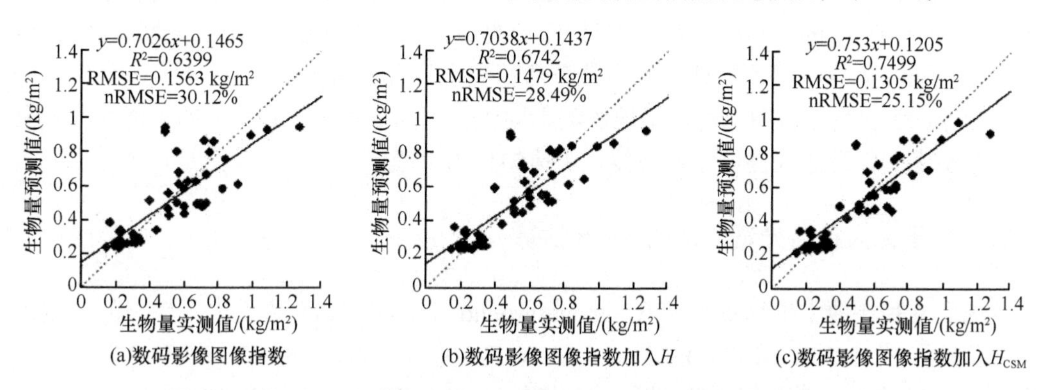

图 4-25　基于 RF 方法构建的冬小麦多生育期生物量估算模型验证结果

实线是实测值与模型预测值的实际拟合线，虚线是实测值与模型预测值的理想拟合线（即 1∶1 线）

（4）SWR 模型的生物量空间分布

采用加入 H_{CSM} 的最优模型 SWR 估算冬小麦 3 个主要生育期的生物量，制作出冬小麦 3 个生育期的生物量空间分布图（图 4-26）。可以看出，在拔节期，冬小麦刚刚开始生长，其生物量比较小，为 0.4～0.5 kg/m^2。挑旗期，冬小麦到了快速生长时期，试验中部小区生物量较高，为 0.5～1.3 kg/m^2，西边和东边小区生物量较低，为 0.4～0.5 kg/m^2。开花期，冬小麦生长迅猛，生物量也较前两个时期增大，和前两个生育期生物量分布情况不同，这与冬小麦的生长特性有关，且各个小区生长情况和相对差异在分布图上能够明显辨别，各小区生物量普遍达 0.5 kg/m^2 以上。

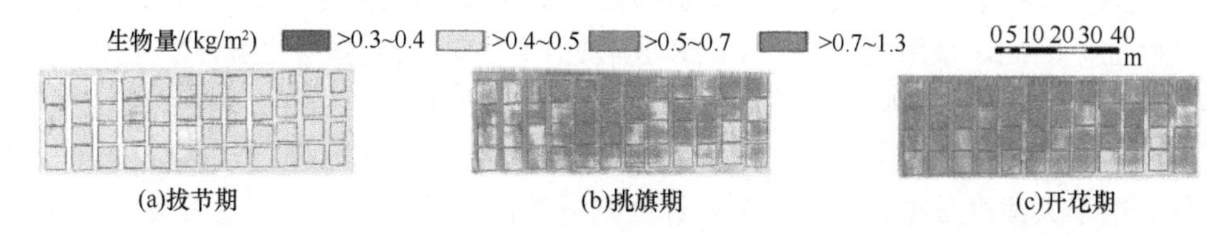

图 4-26　冬小麦不同生育期的生物量空间分布（彩图请扫封底二维码）

从以上分析可以得出以下结果。

1）基于无人机高清数码影像得到了冬小麦的冠层表面模型，提取出冬小麦的株高并与实测株高进行对比分析，两者具有高度拟合性（R^2=0.87，RMSE= 6.45 cm，nRMSE=

11.48%），说明用作物冠层表面模型提取冬小麦株高的方法可行，对田间冬小麦株高估算的精度很高。

2）对多生育期的生物量估算模型分析，得出仅用数码影像图像指数构建生物量估算模型（R^2=0.7212，RMSE=0.1372 kg/m^2，nRMSE=26.25%）与融合实测株高 H、提取株高 H_{CSM} 构建生物量估算模型相比，数码影像图像指数融合 H 模型（R^2=0.7941，RMSE=0.1179 kg/m^2，nRMSE= 22.56%）效果优于仅用数码影像图像指数构建的模型，精度有明显提高，融合 H_{CSM} 构建的生物量估算模型（R^2=0.8191，RMSE=0.1106 kg/m^2，nRMSE=21.15%）效果优于加入 H 的模型。加入 H、H_{CSM} 和数码影像图像指数共同建立生物量估算模型，可大幅提高模型的精度。

3）选取了 SWR、PLSR、RF 这 3 种建模方法构建生物量估算模型，通过建模的结果分析，加入 H_{CSM} 的 SWR 生物量估算模型效果最好，R^2、RMSE、nRMSE 分别为 0.8191、0.1106 kg/m^2、21.15%，所构建出的生物量估算模型具有较高精度和稳定性。3 个生育期数码影像、生物量分布图能够较好地监测不同生育期的冬小麦生物量分布，可以为未来田间冬小麦的信息获取提供一种高效、快捷的技术手段。

4.4.2 基于无人机多光谱影像的 AGB 估算

选取 9 种在地上生物量（AGB，above-ground biomass）估算方面表现较好的多波段组合植被指数（RVI、MSR、GNDVI、NLI、SAVI、RDVI、OSAVI、DVI、NDVI）和提取的 4 个单波段植被指数[绿波段植被指数（GREVI）、红波段植被指数（REDVI）、红边波段植被指数（REGVI）、近红外波段植被指数（NIRVI）]用于构建马铃薯 AGB 估算模型。

利用二维离散小波变换的影像分解技术通过包含低通和高通的滤波器组对无人机多光谱影像做两次滤波，分别得到水平方向（HL）、垂直方向（LH）和对角线方向（LL）3 种高频信息及 1 种低频信息，其中高频信息反映的是影像的大致概貌和轮廓，与影像的真实信息接近。由于红边是植被反射率从红光波段到近红外波段快速升高变化的区域，是区分植被和地物的最显著标志，经常被用来估算作物的理化参数。因此，提取各生育期红边波段的 3 种高频信息[水平方向红边高频信息（REGHL）、垂直方向红边高频信息（REGLH）和对角线方向红边高频信息（REGLL）]用于模型构建。

构建 AGB 估算模型时，若输入变量存在严重的共线性问题，则会降低模型的稳定性和准确性。因此，采用两种方法[PLSR 和岭回归（RR）]估算马铃薯各生育期 AGB。PLSR 将多元线性回归、典型相关分析和主成分分析结合为一体，可以提供一种多对多的线性回归建模方法，能够消除自变量之间的相关性，用较少数据来估测因变量。RR 是一种专用于共线性数据分析的有偏估计回归方法，实质上是一种改良的最小二乘法，通过放弃最小二乘法的无偏性，以损失部分信息、降低精度为代价获得回归系数，是更符合实际、更可靠的回归方法。

（1）植被指数、高频信息和作物株高 H_{DSM} 与 AGB 的相关性

将 13 种植被指数、红边波段的 3 种高频信息和基于无人机多光谱遥感技术提取的

H_{DSM}分别与马铃薯各生育期的 AGB 进行相关性分析，结果见表 4-12。可见各生育期提取的模型参数与 AGB 的相关性均达到 0.01 显著水平。整体上，各模型参数与 AGB 的相关性由高到低依次为多波段组合植被指数、高频信息、单波段植被指数和 H_{DSM}。块茎形成期与 AGB 相关性最高的模型参数为 RVI，相关系数为 0.750，块茎增长期和淀粉积累期与 AGB 相关性最高的模型参数均为 GNDVI，相关系数分别为 0.762 和 0.759。

表 4-12　植被指数、高频信息和 H_{DSM} 与马铃薯 AGB 的相关系数

模型参数	块茎形成期	块茎增长期	淀粉积累期
GREVI	0.686	0.659	0.672
REDVI	0.421	0.621	0.494
REGVI	0.703	0.721	0.727
NIRVI	0.684	0.731	0.724
RVI	0.750	0.727	0.744
MSR	0.739	0.741	0.746
GNDVI	0.718	0.762	0.759
NLI	0.716	0.748	0.747
SAVI	0.712	0.748	0.747
RDVI	0.712	0.749	0.747
OSAVI	0.711	0.747	0.747
DVI	0.710	0.750	0.746
NDVI	0.711	0.745	0.747
REGHL	0.709	0.711	0.700
REGLH	0.695	0.734	0.678
REGLL	0.721	0.744	0.732
H_{DSM}	0.606	0.682	0.564

（2）基于植被指数估算 AGB

为了评估原始 4 个单波段植被指数（SSVI）和 9 个多波段组合植被指数（MVI）估算 AGB 的能力，分别使用 PLSR 和 RR 方法构建各生育期 AGB 估算模型，其结果见表 4-13。由表 4-13 可知，各生育期使用两种方法基于 SSVI 和 MVI 构建的模型效果均从块茎形成期到淀粉积累期先变好后变差。使用同种方法以 MVI 构建的模型精度更高、稳

表 4-13　基于植被指数使用 PLSR 和 RR 估算马铃薯 AGB

生育期	模型参数	PLSR				RR			
		建模		验证		建模		验证	
		R^2	nRMSE/%	R^2	nRMSE/%	R^2	nRMSE/%	R^2	nRMSE/%
块茎形成期	SSVI	0.48	20.12	0.59	19.21	0.46	21.61	0.55	20.14
	MVI	0.61	18.34	0.64	17.37	0.59	19.58	0.62	18.83
块茎增长期	SSVI	0.58	18.26	0.61	17.18	0.53	19.58	0.58	18.78
	MVI	0.65	17.48	0.68	16.71	0.62	18.42	0.65	17.75
淀粉积累期	SSVI	0.46	23.68	0.54	22.84	0.42	24.09	0.49	23.87
	MVI	0.59	21.45	0.62	20.96	0.56	23.34	0.60	22.85

定性更强，其中均在块茎增长期达到最佳估算效果（PLSR：建模 R^2=0.65，nRMSE=17.48%；验证 R^2=0.68，nRMSE=16.71%。RR：建模 R^2=0.62，nRMSE=18.42%；验证 R^2=0.65，nRMSE=17.75%）。另外，从 3 个生育期的估算模型精度和稳定性来看，使用 PLSR 方法估算 AGB 的效果要优于 RR 方法。

（3）基于植被指数结合 HFI 或 H_{DSM} 估算 AGB

为了探究融合新的模型因子[高频信息（HFI）或 H_{DSM}]对 AGB 估算结果的影响，将各生育期提取的 13 种植被指数（vegetation index，VI）分别结合红边波段的 3 种高频信息和 H_{DSM} 使用 PLSR 和 RR 方法建立各生育期的 AGB 估算模型，其结果见表 4-14。可以看出，各生育期基于植被指数结合 HFI 或 H_{DSM} 利用两种方法估算 AGB 的效果同表 4-13 的结果保持一致，也从块茎形成期到淀粉积累期先变好后变差。相较于仅以植被指数构建的 AGB 估算模型（表 4-13），结合 HFI 或 H_{DSM} 明显提高了估算模型的拟合度和稳定性，其中植被指数融合红边波段的高频信息效果较优，两种方法均在块茎增长期达到最好的估算效果（PLSR：建模 R^2=0.72，nRMSE=15.44%；验证 R^2=0.74，nRMSE=15.33%。RR：建模 R^2=0.67，nRMSE=16.34%；验证 R^2=0.70，nRMSE=15.62%）。通过分析各生育期的建模和验证结果，发现使用 PLSR 方法基于植被指数结合 HFI 或 H_{DSM} 估算 AGB 的效果也优于 RR 方法。

表 4-14　基于植被指数（VI）结合 HFI 或 H_{DSM} 使用 PLSR 和 RR 估算马铃薯 AGB

生育期	模型参数	PLSR				RR			
		建模		验证		建模		验证	
		R^2	nRMSE/%	R^2	nRMSE/%	R^2	nRMSE/%	R^2	nRMSE/%
块茎形成期	VI+H_{DSM}	0.65	17.42	0.67	16.16	0.60	18.86	0.65	17.19
	VI+HFI	0.68	16.56	0.70	15.46	0.62	17.61	0.68	16.74
块茎增长期	VI+H_{DSM}	0.68	16.07	0.71	15.84	0.65	17.58	0.69	16.95
	VI+HFI	0.72	15.44	0.74	15.33	0.67	16.34	0.70	15.62
淀粉积累期	VI+H_{DSM}	0.62	20.34	0.64	19.53	0.58	21.03	0.63	20.72
	VI+HFI	0.63	19.36	0.66	18.85	0.61	20.17	0.65	19.98

（4）基于植被指数结合 HFI 和 H_{DSM} 估算 AGB

将植被指数结合 HFI 和 H_{DSM} 作为模型输入参数，同样使用 PLSR 和 RR 方法构建各生育期 AGB 估算模型，其结果见表 4-15。可以看出，整个生育期基于 VI+H_{DSM}+HFI 使用两种方法估算 AGB 效果变化趋势（先变好后变差）与表 4-13 和表 4-14 结果一致，其中基于融合所有特征为变量得到的估算结果最出色（表 4-15）。两种方法也均在块茎增长期达到最佳估测精度（PLSR：建模 R^2 = 0.73，nRMSE = 15.22%；验证 R^2 = 0.75，nRMSE = 14.62%。RR：建模 R^2 = 0.69，nRMSE = 15.56%；验证 R^2 = 0.71，nRMSE = 15.47%）。相比于单独植被指数构建的 AGB 估算模型（表 4-13），各生育期基于融合所有特征的 PLSR-AGB 模型（表 4-15）的 R^2 分别提高了 7.69%和 2.94%、7.35%和 1.38%、4.83%和 3.17%，RR-AGB 模型的 R^2 分别提高了 10%和 6.45%、6.15%和 2.99%、10.34%和 4.9%。分析表 4-15 建模和验证结果可知，马铃薯 3 个生育期使用 PLSR 方法基于融合特征估算 AGB 效果也同样优于 RR 方法。

表 4-15　基于植被指数结合 HFI 和 H_{DSM} 使用 PLSR 和 RR 估算马铃薯 AGB

生育期	模型参数	PLSR				RR			
		建模		验证		建模		验证	
		R^2	nRMSE/%	R^2	nRMSE/%	R^2	nRMSE/%	R^2	nRMSE/%
块茎形成期	VI+H_{DSM}+HFI	0.70	16.46	0.71	15.08	0.66	16.98	0.68	16.33
块茎增长期	VI+H_{DSM}+HFI	0.73	15.22	0.75	14.62	0.69	15.56	0.71	15.47
淀粉积累期	VI+H_{DSM}+HFI	0.65	18.83	0.68	17.62	0.64	19.17	0.67	18.26

由以上分析过程可以看出，通过马铃薯 3 个生育期的无人机多光谱影像，结合 GCP 生成了试验田的 DSM，提取了各生育期株高 H_{DSM}，实测株高和 H_{DSM} 拟合的 R^2 为 0.87，证实了基于 DSM 提取的 H_{DSM} 效果较优。

将 4 个单波段的植被指数、9 个多波段组合的植被指数、红边波段的 3 种高频信息和 H_{DSM} 分别与 AGB 进行相关性分析，结果表明各生育期的模型参数与 AGB 的相关性均达到 0.01 显著水平，这说明提取的各类参数都能够反映作物的长势情况。前期主要表现为马铃薯生殖器官发育，茎节和叶片不断地生长，当进入块茎增长期，马铃薯植株地上各部位的鲜重达到峰值，植被覆盖度为整个生育期的最优时期，此阶段提取的冠层光谱反射率能够真实反映作物 AGB 的变化情况。而生长后期地上的同化物需要向地下块茎转移，基部叶片自下而上逐渐衰老变黄，马铃薯长势变差，植被覆盖度也明显降低，此时提取的光谱信息并不是马铃薯植株冠层真实的反射率，使得上述 3 种光谱参数与 AGB 的相关性降低。

以 SSVI（x_1）、MVI（x_2）、VI 结合 H_{DSM}（x_3）、VI 结合 HFI（x_4），以及 VI 结合 H_{DSM} 和 HFI（x_5）为模型输入变量，使用 PLSR 和 RR 方法估算马铃薯各生育期的 AGB。结果发现，基于 5 种变量使用同样的方法构建的模型效果变化趋势，均从块茎形成期到淀粉积累期先变好后变差，这与模型参数和 AGB 的相关性变化趋势相一致。各生育期以不同变量使用同样的方法估算 AGB 的精度由高到低依次为 $x_5>x_4>x_3>x_2>x_1$，主要是因为融合结构信息（HFI 和 H_{DSM}）解决了生育期效应引起的植被指数饱和性问题，提高了模型预测能力。相较于单波段植被指数（x_1）估算模型，基于多波段组合植被指数（x_2）构建的模型精度和稳定性都较优，主要是因为通过多波段组合的植被指数能够去除或者降低背景土壤对马铃薯冠层光谱信息的影响，增强了植被指数对 AGB 的敏感性，以此提高了 AGB 估测精度。当采用多波段组合的植被指数估算 AGB 时，大多通过绿、红和近红外波段的反射率经过波段运算得到宽波段参数，忽略了红光波段与近红外区域的红边参数，红边是植被特有的光谱特征，在整个生育期内对作物参数敏感性较高，因此红边位置对于研究 AGB 的动态变化非常重要。然而，仅仅通过植被指数估算作物不同生育期的 AGB，随着生育期的推进，植被指数会出现饱和的现象，这会造成估算 AGB 不准确。因此，将提取红边波段的 3 种高频信息（HFI）和作物株高（H_{DSM}）一起融入植被指数中形成新的模型因子来估算各生育期的 AGB，结果表明结合作物光谱信息和结构信息构建的模型精度最高、稳定性最强，表明融入作物结构信息能够解决植被指数造成的低估问题。

为了减弱模型参数之间的自相关性，使用 PLSR 和 RR 方法构建各生育期 AGB 估算模型，探究了这两种方法估算 AGB 的效果。结果表明每种变量以 PLSR 方法构建的模型 R^2 较大，nRMSE 较小，说明此方法估算效果要优于 RR 方法。

4.4.3 基于无人机高光谱影像“图-谱”融合的生物量估算

4.4.3.1 高光谱影像数据处理与分析

（1）植被指数与纹理特征选择

选取 10 个与生物量相关度较高的植被指数[归一化差分植被指数（NDVI）、差异植被指数（DVI）、比值植被指数（RVI）、土壤调节植被指数（SAVI）、优化土壤调节植被指数（OSAVI）、重归一化差分植被指数（RDVI）、绿色归一化差分植被指数（GNDVI）、增强型植被指数（EVI）、改进土壤调节植被指数（MSAVI）、改进三角植被指数（MTVI）]对冬小麦生物量进行估算。

通过原始波段反射率与生物量的相关性分析，筛选出 3 个与生物量相关性较大的波段，并将其作为纹理特征分析波段。灰度共生矩阵法是 1973 年由 Haralick 提出的目前应用最广的纹理特征提取方法之一，其具有旋转不变性和多尺度特性，且计算复杂度小。利用灰度共生矩阵法对所筛选的 3 个波段进行 0°、45°、90°、135° 4 个方向的 8 个纹理特征的提取（表 4-16），对不同方向的纹理特征进行平均，得到各波段的 8 个纹理特征。然后对于各波段的纹理特征影像分别进行感兴趣区域划定，提取出所划区域的纹理值，并将该值作为这个小区的纹理特征值。

表 4-16 主要纹理特征及其计算公式

纹理特征	公式
均值	$\text{mean}=\sum_{i,j=0}^{N-1} iP_{i,j}$
方差	$\text{var}=\sum_{i,j=0}^{N-1} iP_{i,j}(i-\text{mean})^2$
同质性	$\text{hom}=\sum_{i,j=0}^{N-1} i\frac{P_{i,j}}{1+(i-j)^2}$
对比度	$\text{con}=\sum_{i,j=0}^{N-1} iP_{i,j}(i-j)^2$
差异性	$\text{dis}=\sum_{i,j=0}^{N-1} iP_{i,j}\lvert i-j\rvert$
熵	$\text{ent}=\sum_{i,j=0}^{N-1} iP_{i,j}(-\ln P_{i,j})$
二阶矩	$\text{sm}=\sum_{i,j=0}^{N-1} iP_{i,j}{}^2$
相关性	$\text{corr}=\sum_{i,j=0}^{N-1} iP_{i,j}\left[\frac{(i-\text{mean})(j-\text{mean})}{\sqrt{\text{var}_i\times\text{var}_j}}\right]$

注：公式中 $P_{i,j}=\frac{V_{i,j}}{\sum_{i,j=0}^{N-1}V_{i,j}}$，式中 $V_{i,j}$ 表示第 i 行第 j 列的像元亮度值，N 表示纹理分析时的窗口大小

（2）纹理特征与生物量的相关性分析

利用皮尔逊相关分析法分析纹理特征与冬小麦生物量之间的相关性，筛选出与生物量相关性较大的纹理特征构建生物量估算模型。采用多元逐步回归法，基于所筛选的纹理特征构建生物量估算模型。

（3）饱和性分析及“图-谱”融合指标

植被指数在植被覆盖度较大时易过早饱和，尝试将与生物量相关的纹理特征加入植被指数当中，考虑各纹理特征随着 LAI 增大的变化情况不同，采用将植被指数与纹理特征相乘或相除两种形式，构建“图-谱”融合指标（表 4-17），并通过饱和点位置的变化来探究“图-谱”融合指标的抗饱和能力。

表 4-17　“图-谱”融合指标

“图-谱”融合指标类型	“图-谱”融合指标
植被指数/纹理特征	VI/ent658
	VI/dis658
	VI/con658
	VI/mean658
	VI/dis514
	VI/con514
	VI/var514
	VI/mean514
植被指数×纹理特征	VI×sm658
	VI×hom658
	VI×hom514
	VI×con802
	VI×mean802
	VI×dis802

注：表中 ent658 代表波段 658 nm 的纹理特征 ent；其他指标代表的含义类似。VI 分别代表植被指数 RVI、MTVI2、MSAVI、EVI、DVI、SAVI、RDVI、OSAVI、NDVI、GNDVI，将它们分别与纹理特征相乘或相除，构成“图-谱”融合指标。例如，表中 VI/ent658 分别代表“图-谱”融合指标 RVI/ent658、MTVI2/ent658、MSAVI/ent658、EVI/ent658、DVI/ent658、SAVI/ent658、RDVI/ent658、OSAVI/ent658、NDVI/ent658、GNDVI/ent658，其他指标代表的含义类似

（4）模型构建及数据分析

选取挑旗期两个重复试验的数据进行模型构建（样本量 n=32），选取该生育期的另一个重复试验数据进行模型验证（n=16）。最后根据建模精度（以 R^2 作为评判标准）和验证精度（以 RMSE 作为评判标准）来评判模型的拟合效果。一般来说，R^2 越高，RMSE 越低，建模与验证精度越高，依此选出最佳生物量模型。

4.4.3.2　生物量估算结果与分析

1. 基于植被指数的生物量估算

对选取的 10 个植被指数和生物量的相关性进行分析（表 4-18）。可以得到，植被指数与生物量之间的相关性均达到极显著水平（P<0.01），其中与生物量相关性最大的是

GNDVI，相关系数为 0.776，最小是 DVI，相关系数为 0.547；相关性由大到小依次为：GNDVI、NDVI、RVI、OSAVI、MTVI2、MSAVI、RDVI、SAVI、EVI、DVI。

表 4-18 植被指数和生物量的相关性分析

植被指数	相关系数（r）
RVI	0.737**
MTVI2	0.683**
MSAVI	0.653**
EVI	0.607**
DVI	0.547**
SAVI	0.645**
RDVI	0.647**
OSAVI	0.709**
NDVI	0.762**
GNDVI	0.776**

**表示相关性在 0.01 水平达到极显著

采用多元逐步回归法，基于 10 个植被指数建立生物量估算模型（图 4-27），同时基于植被指数的模型得到冬小麦生物量的分布（图 4-28）。可以看出，生物量估算模型精度为 R^2=0.69，RMSE=874.25 kg/hm²，拟合效果较好，表明利用植被指数估算冬小麦生物量是可行的。同时发现，在生物量大于 7000 kg/hm² 时，部分预测值略低于实测值，可能是植被初期生长过程中，随着叶片逐渐增大，出现了轻微的饱和现象。不施氮处理（N1）和 0.5 倍常规施氮处理（N2）的冬小麦生物量较小，多分布在 5100 kg/hm² 以下，部分小区的冬小麦生物量分布在 5100～6300 kg/hm²，分布范围较大；而常规施氮处理（N3）和 1.5 倍常规施氮处理（N4）的冬小麦生物量相对较大，多分布在 5100～7500 kg/hm²。雨养处理（W1）下，冬小麦生物量分布在 5100 kg/hm² 以下；在正常水（W2）及 2 倍正常水（W3）处理下，冬小麦的生物量较大，多集中在 5100～7500 kg/hm²；但是 W2 与 W3 处理之间的生物量差异并不很明显。能够看出，冬小麦生物量随着施氮水

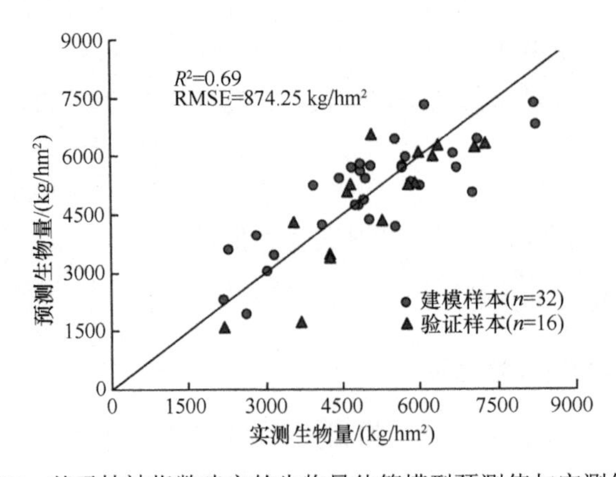

图 4-27 基于植被指数建立的生物量估算模型预测值与实测值对比

图 4-28　基于植被指数的冬小麦生物量反演结果（彩图请扫封底二维码）

平的提高，以及水分处理水平的提升，整体呈逐步增加的趋势，但是生物量的分布范围较大，具备的规律性较差，可能是利用植被指数进行生物量反演的过程中受到了饱和现象的影响，因此，仅利用光谱特征进行生物量反演并不能十分准确地反映出实际生物量的分布情况，存在一定的局限性。

2. 基于纹理特征的生物量估算

（1）纹理特征波段筛选

原始波段光谱反射率与生物量的相关性如图 4-29 所示，由图 4-29 看出，454～726 nm 波段光谱反射率与生物量呈负相关关系，727～882 nm 波段二者呈正相关关系，其中分别在 514 nm（$r=-0.697$）、658 nm（$r=-0.775$）处形成两个波谷，在 802 nm（$r=0.565$）波段处形成高反射平台，因此最终选择与生物量相关性较大的 3 个波段，绿波段（514 nm）、红波段（658 nm）以及近红外波段（802 nm）作为纹理特征分析波段。

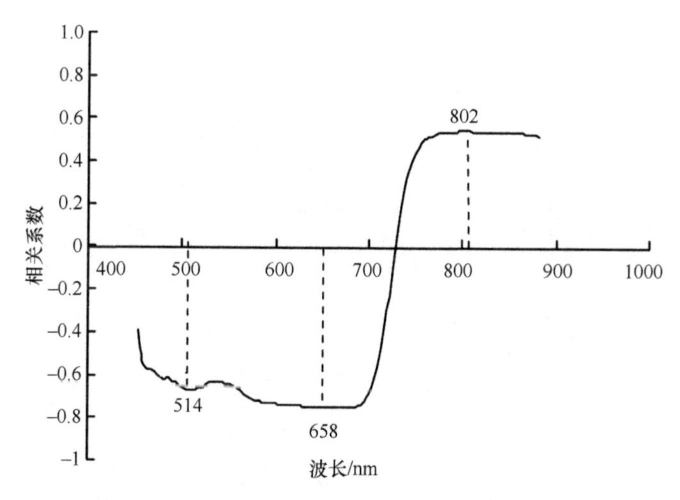

图 4-29　原始波段光谱反射率与生物量的相关性

（2）基于纹理特征的生物量估算模型

经过对比不同窗口的纹理特征后发现，所采用的高光谱影像在 3×3 窗口下的分辨率最适合进行纹理特征分析，因此，选取 3×3 窗口下与生物量相关性较好的纹理特征，即 mean514（514 nm 波段处的 mean 特征）、var514、hom514、con514、dis514、mean658、ent658、sm658、hom658、con658、dis658、mean802、con802、dis802 作为生物量的估测指标，这些纹理特征对于冬小麦生物量的估算有积极意义。采用多元逐步回归法，考虑前文所筛选的全部纹理特征（mean514、var514、hom514、con514、dis514、mean658、ent658、sm658、hom658、con658、dis658、mean802、con802、dis802），构建生物量估算模型（图 4-30），同时基于纹理特征的模型得到冬小麦生物量的分布（图 4-31）。可以看出，生物量估算模型精度为 R^2=0.71，RMSE=828.87 kg/hm^2，与基于植被指数构建的生物量估算模型（R^2=0.69，RMSE=874.25 kg/hm^2）相比，模型精度 R^2 有所提高，均方根误差减小，拟合效果较好，可能原因是基于纹理特征构建的模型中含有丰富的纹理信息，在一定程度上弥补了光谱信息的不足，缓解了光谱特征（即植被指数）反演时存在的饱和以及“同物异谱，同谱异物”现象，从而提高了模型的拟合精度。不施氮处理（N1）和 0.5 倍常规施氮处理（N2）的冬小麦生物量较小，多分布在 3900～6300 kg/hm^2，部分小区的冬小麦生物量分布在 3900 kg/hm^2 以下；而常规施氮处理（N3）和 1.5 倍常规施氮处理（N4）的冬小麦生物量相对较大，多分布在 5100～7500 kg/hm^2。雨养处理（W1）下，冬小麦生物量分布在 5100 kg/hm^2 以下；在正常水（W2）及 2 倍正常水（W3）处理下，冬小麦的生物量较大，多集中在 5100～7500 kg/hm^2，相比之下，W3 处理比 W2 处理下的生物量更大，冬小麦长势更好一些。整体上，不同处理之间的生物量差异及规律能够较好地呈现出来，相比基于植被指数的冬小麦生物量反演结果要更加具有规律性，更加贴近实际情况。因此，基于纹理特征构建的生物量估算模型的拟合效果较好，能较准确地反演冬小麦生物量，具有一定的应用价值。

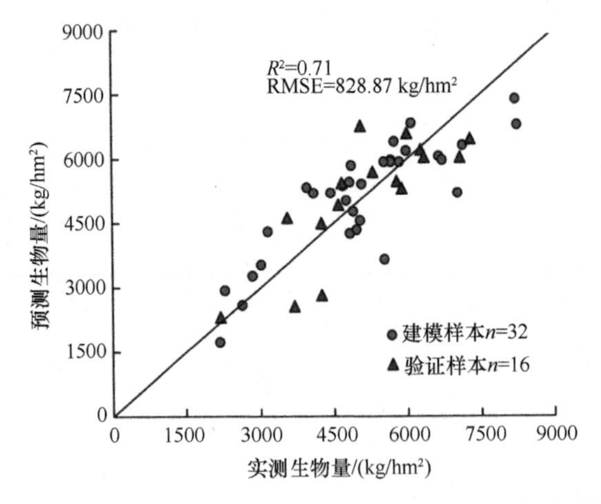

图 4-30　基于纹理特征构建的生物量估算模型预测值与实测值对比

3. 基于“图-谱”融合指标的生物量估算

在利用植被指数估测生物量时，发现当生物量超过一定阈值时，出现部分预测值低于实测值的现象。主要原因可能是随着植被生长，叶片逐渐增大，植被覆盖度逐渐增加，

图 4-31　基于纹理特征的冬小麦生物量反演结果（彩图请扫封底二维码）

使得植被指数对于生物量的变化不再敏感，造成了光谱的饱和现象。因此，可通过分析光谱指标随 LAI 增大的变化情况来分析各光谱指标的饱和性。不同植被指数随 LAI 的变化情况如图 4-32～图 4-35 所示。对 14 种“图-谱”融合指标都进行了饱和性探究，本节仅列出了部分“图-谱”融合指标（VI、VI×sm658、VI×con802、VI×mean802）随着 LAI 的变化情况，但是分析时仍对其他的“图-谱”融合指标饱和性进行分析，最终的结果分析包括所有的“图-谱”融合指标。

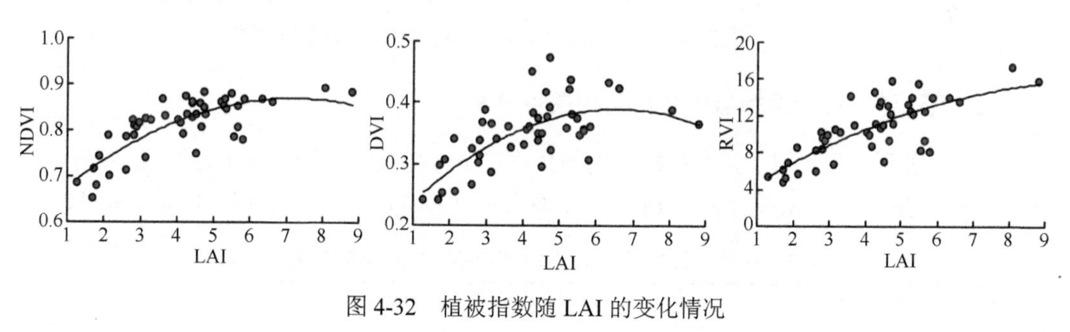

图 4-32　植被指数随 LAI 的变化情况

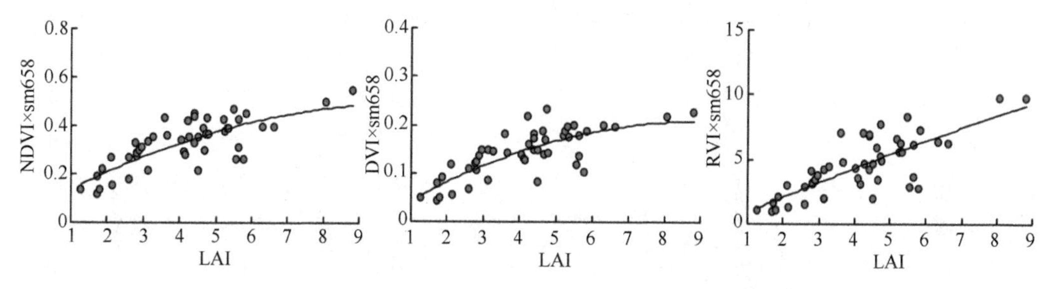

图 4-33　“图-谱”融合指标 VI×sm658 随 LAI 的变化情况

对比植被指数与“图-谱”融合指标的饱和点位置可以发现，大部分植被指数在 LAI=5 的时候出现饱和现象；“图-谱”融合指标 VI×sm658、VI/ent658、VI/dis658、VI/con658、VI/dis514、VI/con514、VI/var514、VI×con802、VI×dis802 随 LAI 增大几乎呈线性递增趋势，或是先逐步增大后趋于稳定，均在 LAI>5 后出现饱和现象，延后了饱和点位置，其抗饱和能力有所提高；但是“图-谱”融合指标 VI/mean514、VI×hom514、VI/mean658、VI×hom658、VI×mean802 随着 LAI 的增大，先逐步增大后略微下降，LAI 在 5 以内或大约等于 5 时出现了饱和点，其饱和现象并没有得到改善。

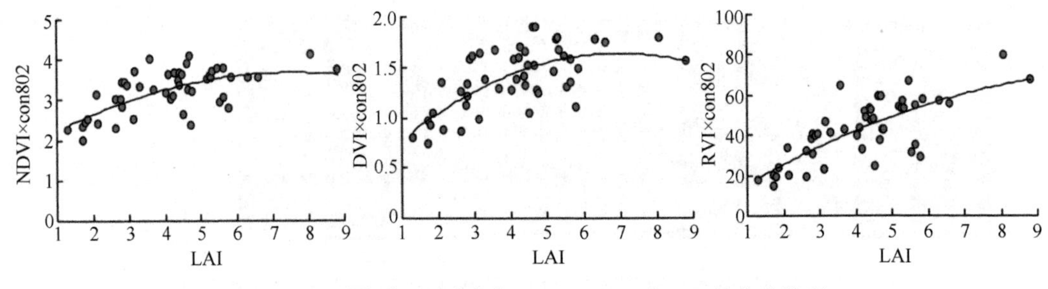

图 4-34 “图-谱”融合指标 VI×con802 随 LAI 的变化情况

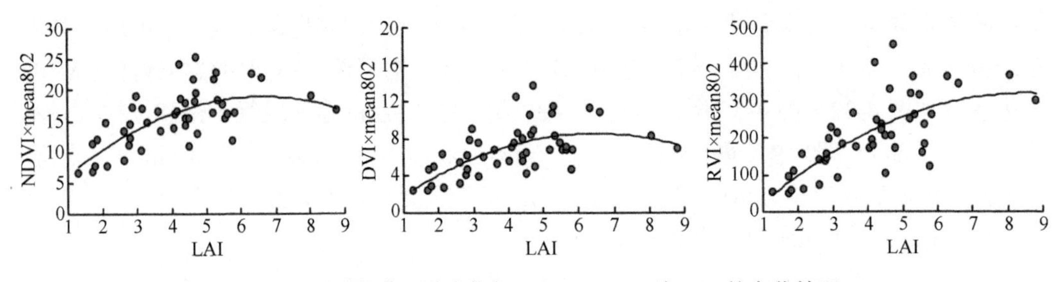

图 4-35 “图-谱”融合指标 VI×mean802 随 LAI 的变化情况

4. “图-谱”融合指标与生物量的相关性分析

将植被指数、“图-谱”融合指标分别与生物量进行相关性分析（表 4-19）。结果表明，所有指标与生物量的相关性都达到了极显著水平（$P<0.01$），与生物量相关性相对较大

表 4-19 植被指数和“图-谱”融合指标与生物量的相关性分析

“图-谱”融合指标	RVI	MTVI2	MSAVI	EVI	DVI	SAVI	RDVI	OSAVI	NDVI	GNDVI
VI	0.758^{**}	0.729^{**}	0.706^{**}	0.671^{**}	0.622^{**}	0.699^{**}	0.701^{**}	0.745^{**}	0.775^{**}	0.782^{**}
VI×sm658	0.759^{**}	0.772^{**}	0.770^{**}	0.763^{**}	0.742^{**}	0.774^{**}	0.774^{**}	0.783^{**}	0.781^{**}	0.782^{**}
VI/ent658	0.747^{**}	0.776^{**}	0.777^{**}	0.777^{**}	0.766^{**}	0.780^{**}	0.779^{**}	0.779^{**}	0.771^{**}	0.769^{**}
VI×hom658	0.759^{**}	0.747^{**}	0.734^{**}	0.712^{**}	0.673^{**}	0.736^{**}	0.738^{**}	0.765^{**}	0.778^{**}	0.781^{**}
VI/dis658	0.746^{**}	0.774^{**}	0.775^{**}	0.774^{**}	0.764^{**}	0.778^{**}	0.777^{**}	0.777^{**}	0.771^{**}	0.769^{**}
VI/con658	0.745^{**}	0.772^{**}	0.774^{**}	0.772^{**}	0.763^{**}	0.776^{**}	0.775^{**}	0.776^{**}	0.770^{**}	0.769^{**}
VI/mean658	0.628^{**}	0.656^{**}	0.657^{**}	0.660^{**}	0.664^{**}	0.654^{**}	0.653^{**}	0.647^{**}	0.640^{**}	0.637^{**}
VI/dis514	0.744^{**}	0.774^{**}	0.774^{**}	0.774^{**}	0.765^{**}	0.771^{**}	0.769^{**}	0.760^{**}	0.739^{**}	0.729^{**}
VI×hom514	0.760^{**}	0.759^{**}	0.750^{**}	0.732^{**}	0.694^{**}	0.753^{**}	0.754^{**}	0.774^{**}	0.773^{**}	0.769^{**}
VI/con514	0.734^{**}	0.764^{**}	0.764^{**}	0.765^{**}	0.762^{**}	0.759^{**}	0.757^{**}	0.747^{**}	0.727^{**}	0.719^{**}
VI/var514	0.728^{**}	0.756^{**}	0.756^{**}	0.757^{**}	0.755^{**}	0.749^{**}	0.747^{**}	0.737^{**}	0.719^{**}	0.711^{**}
VI×con802	0.815^{**}	0.801^{**}	0.791^{**}	0.775^{**}	0.757^{**}	0.783^{**}	0.785^{**}	0.789^{**}	0.784^{**}	0.776^{**}
VI/mean514	0.658^{**}	0.681^{**}	0.679^{**}	0.682^{**}	0.694^{**}	0.665^{**}	0.662^{**}	0.646^{**}	0.625^{**}	0.617^{**}
VI×mean802	0.677^{**}	0.604^{**}	0.585^{**}	0.567^{**}	0.543^{**}	0.580^{**}	0.581^{**}	0.601^{**}	0.624^{**}	0.615^{**}
VI×dis802	0.814^{**}	0.814^{**}	0.802^{**}	0.786^{**}	0.769^{**}	0.785^{**}	0.786^{**}	0.773^{**}	0.737^{**}	0.704^{**}

**表示相关性在 0.01 水平达到极显著

的两种“图-谱”融合指标为 VI×con802 和 VI×dis802，其中，相关性最大的“图谱”融合指标是 RVI×con802（r=0.815）。对比植被指数和生物量之间的相关性，VI×sm658、VI/ent658、VI×hom658、VI/dis658、VI/con658、VI/dis514、VI×hom514、VI/con514、VI/var514、VI×con802、VI×dis802 中大部分指标与生物量的相关性都有所提高；而 VI/mean658、VI/mean514、VI×mean802 中大多指标的相关性没有提高，反而有所下降。因此，最终筛选抗饱和能力强，且与生物量相关性相对较大的“图-谱”融合指标作为生物量的估测指标，即 VI×sm658、VI/ent658、VI/dis658、VI/con658、VI/dis514、VI/con514、VI/var514、VI×con802、VI×dis802。

5. 基于“图-谱”融合指标的生物量估算模型

采用多元逐步回归法，基于所筛选的“图-谱”融合指标构建生物量估算模型（图 4-36），同时基于“图谱”融合指标构建的模型得到冬小麦生物量的分布（图 4-37）。可以看出，生物量估算模型精度为 R^2=0.81，RMSE=826.02 kg/hm^2，与基于纹理特征构建的生物量估算模型（R^2=0.71，RMSE=828.87 kg/hm^2）和基于植被指数构建的生物量估算模型（R^2=0.69，RMSE=874.25 kg/hm^2）相比，基于“图-谱”融合指标构建的生物量估算模型精度 R^2 明显提高，均方根误差较小，拟合效果最好。不施氮处理（N1）和 0.5 倍常规施氮处理（N2）的冬小麦生物量较小，多分布在 2000～5900 kg/hm^2；而常规施氮处理（N3）和 1.5 倍常规施氮处理（N4）的冬小麦生物量相对较大，多分布在 4600～7200 kg/hm^2。雨养处理（W1）下，冬小麦生物量分布在 5900 kg/hm^2 以下；在正常水（W2）

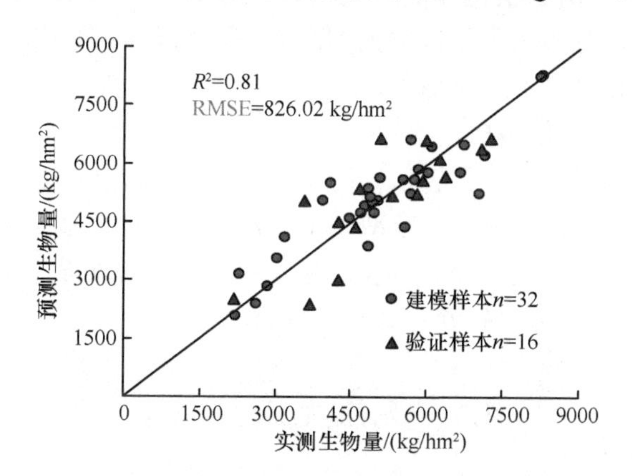

图 4-36　基于“图-谱”融合指标构建的生物量估算模型预测值与实测值对比

图 4-37　基于“图-谱”融合指标的冬小麦生物量反演结果（彩图请扫封底二维码）

及 2 倍正常水（W3）处理下，冬小麦的生物量较大，多集中在 4600～7200 kg/hm^2。不同水氮处理间的冬小麦生物量分布存在明显的阶梯性，而每个处理水平内的冬小麦生物量分布较集中，能够很好地表征冬小麦生物量。

结果表明，融合光谱信息与纹理信息的“图-谱”融合指标，综合考虑了纹理特征及光谱特征对生物量的贡献性。敏感的植被指数对于不同生物量下的光谱特征有很好的表征，而丰富的纹理信息减弱了光谱特征存在的饱和问题，抗饱和能力得到明显改善，因此，其生物量估算模型精度提高，相比于基于单一纹理特征、单一光谱特征构建的生物量估算模型，基于纹理特征与光谱特征共同反演冬小麦生物量的效果最好。

基于无人机高光谱影像，对光谱信息和纹理信息估测冬小麦生物量的能力及其饱和性进行了分析，主要获得以下结论。

相比于植被指数，“图-谱”融合指标 VI×sm658、VI/ent658、VI/dis658、VI/con658、VI/dis514、VI/con514、VI/var514、VI×con802、VI×dis802 延后了 LAI 的饱和点位置，其抗饱和能力明显提高，而“图-谱”融合指标 VI/mean658、VI/mean514、VI×mean802、VI×hom658、VI×hom514 的抗饱和性并没有得到提升。

对比植被指数与生物量的相关性（除 NDVI、GNDVI 外）发现，“图-谱”融合指标 VI×sm658、VI/ent658、VI×hom658、VI/dis658、VI/con658、VI/dis514、VI×hom514、VI/con514、VI/var514、VI×con802、VI×dis802 中大部分指标与生物量的相关性都明显提高，而 VI/mean658、VI/mean514、VI×mean802 与生物量的相关性没有提高，反而有所下降。

与植被指数相比，所有抗饱和能力提高的“图-谱”融合指标，其与生物量的相关性也明显增强；抗饱和性没有得到改善的“图-谱”融合指标（除 VI×hom658、VI×hom514 外），其与生物量的相关性并没有增大，反而有所减小。同时，各指标与生物量的相关性大小和抗饱和能力的高低是成正比的。

相比于单一光谱特征、纹理特征，将纹理特征与光谱特征相结合的“图-谱”融合指标估算小麦生物量的能力最强，模型精度（R^2 =0.81）明显高于基于植被指数（R^2 =0.69）、纹理特征（R^2 =0.71）构建的生物量估算模型，表明基于光谱信息与纹理信息共同反演冬小麦生物量的效果较好，具有一定的优势。

4.5 氮素无人机遥感

氮素是植物细胞内蛋白质、遗传材料以及叶绿素和其他关键有机分子的基本组成元素，所有生物体都需要氮素来维持生理活性，通常采用氮营养指数（nitrogen nutrition index，NNI）来描述作物冠层氮营养盈亏程度。

4.5.1 基于无人机数码影像的冬小麦氮营养指数估算

1. 氮营养指数反演方法

（1）氮营养指数定义

氮营养指数（nitrogen nutrition index，NNI）描述为作物实测植株氮浓度与临界氮浓

度的比值（Justes et al.，1994），计算公式为

$$NNI = N/N_{ct}$$

式中，N 为实测植株氮浓度，单位为 g/100g；N_{ct} 为临界氮浓度，单位为 g/100g。根据 Lemaire 等（2008）的定义：临界氮浓度（N_{ct}）为作物地上部生物量达到最佳生长速度所需要的最低氮浓度，计算公式为

$$N_{ct} = a \times DM^{-b}$$

式中，a 为植株地上部生物量为 1 t/hm^2 时的临界氮浓度，取值为 5.35；b 为决定临界氮浓度稀释曲线斜率的参数，取值为 0.442；DM 为地上部生物量，单位为 t/hm^2。

（2）图像指数的选取

利用无人机数码影像可见光波段构建的图像指数可以较好地反映作物的氮营养状况。通过获得的 DOM 高清正射影像，利用 ENVI 软件获取每个试验小区图像的红波段 DN 值（R）平均值、绿波段 DN 值（G）平均值和蓝波段 DN 值（B）平均值。根据图像 R、G、B 平均值计算 3 个归一化特征参数，分别为归一化红波段 DN 值（r）、归一化绿波段 DN 值（g）和归一化蓝波段 DN 值（b），其公式分别为 $r=R/(R+G+B)$、$g=G/(R+G+B)$和 $b=B/(R+G+B)$。根据 3 个归一化特征参数 r、g 和 b，在前人研究的基础上，选取了能反映作物氮营养状况的 16 个多波段图像指数（表 4-20）：红蓝比值指数（r/b）、绿蓝比值指数（g/b）、红蓝差值指数（$r-b$）、红蓝和值指数（$r+b$）、绿蓝差值指数（$g-b$）、红蓝植被指数[（$r-b$）/（$r+b$）]、三波段植被指数[（$r-g-b$）/（$r+g$）]、超绿植被指数（EXG）、RGB 沃贝克指数（RGBWI）、绿红植被指数（GRVI）、修正绿红植被指数（MGRVI）、RGB 植被指数（RGBVI）、超红植被指数（EXR）、归一化植被指数（NVI）、可见光大气阻抗植被指数（VARI）和超绿超红差分指数（EXGR）。

（3）影像纹理特征的提取

纹理特征是图像灰度等级的变化，不仅可以表示图像的均匀、细致、粗糙等现象，而且可以揭示图像中地物与其周围环境的关系，是遥感影像的重要特征。研究表明，影像纹理特征在作物长势监测中取得了较好的试验结果。利用 ENVI 中的灰度共生矩阵（gray level cooccurrence matrix，GLCM）对可见光波段进行 0°、45°、90°、135° 4 个方向 8 个纹理特征的提取，对不同方向的纹理特征进行平均，得到各波段的 8 个纹理特征。每个波段的 8 个纹理特征值分别为：均值（mean）、方差（variance，var）、同质性（homogeneity，hom）、对比度（contrast，con）、差异性（dissimilarity，dis）、熵（entropy，ent）、二阶矩（second moment，sm）和相关性（correlation，cor）。其中，mean_R、var_R、hom_R、con_R、dis_R、ent_R、sm_R、cor_R 表示红波段对应的纹理特征；mean_G、var_G、hom_G、con_G、dis_G、ent_G、sm_G、cor_G 表示绿波段对应的纹理特征；mean_B、var_B、hom_B、con_B、dis_B、ent_B、sm_B、cor_B 表示蓝波段对应的纹理特征。

（4）灰色关联分析

灰色关联分析（grey relational analysis，GRA）作为一种灰色系统分析方法，适用

于研究因变量受到多个因素不同强弱关系影响的情况。分析方法包括以下步骤：首先，将氮营养指数视为参考序列，图像指数视为比较序列；其次，对参考序列和比较序列进行无量纲化处理；最后，计算灰色关联度。

（5）多重共线性分析

对于图像指数之间存在的多重共线性，采用方差膨胀因子（variance inflation factor，VIF）进行衡量。当图像指数之间的方差膨胀因子值较大时，会使回归模型出现较大估算误差。其计算公式如下：

$$\mathrm{VIF}=\frac{1}{1-R_i^2}$$

式中，R_i^2 表示第 i 个图像指数与其他图像指数之间的决定系数。通常情况下当 VIF<10 时可以视为图像指数之间不存在多重共线性；当 10≤VIF≤20 时，说明图像指数之间存在一定的多重共线性；当 VIF>20 时，说明图像指数之间存在严重的多重共线性。

2. 图像指数与氮营养指数的相关性

表 4-20 为图像指数与冬小麦氮营养指数相关性的分析结果。从表中可以看出，除了 *g*/*b*、*g*–*b* 和 RGBWI 图像指数外，其他图像指数与氮营养指数的相关性均达到极显著水平（*P*<0.01），与冬小麦氮营养指数相关系数的绝对值在 0.036～0.794。对于 3 个归一化特征参数，与冬小麦氮营养指数相关系数绝对值最大的是 *b*，其相关系数为 0.773。对于其他图像指数，与氮营养指数相关系数绝对值最大的是红蓝植被指数（*r*–*b*）/（*r*+*b*），相关系数绝对值为 0.794，与氮营养指数相关性最差的是 RGB 沃贝克指数（RGBWI），其相关系数仅为 0.036。为了更好地与冬小麦影像纹理特征融合，选择与氮营养指数相关性较好的图像指数（*r*–*b*）/（*r*+*b*）、*r*/*b*、*r*–*b*、*b*、（*r*–*g*–*b*）/（*r*+*g*）、*r*+*b*、*r*、VARI、EXR、NVI、GRVI 与影像纹理特征进行融合。

表 4-20 图像指数与氮营养指数的相关性

图像指数	相关系数	图像指数	相关系数
r	−0.689**	EXG	0.371**
g	0.371**	GRVI	0.582**
b	0.773**	MGRVI	0.581**
r/*b*	−0.789**	RGBVI	0.336**
g/*b*	−0.279	EXR	−0.596**
r–*b*	−0.782**	NVI	−0.582**
r+*b*	0.689**	VARI	0.604**
g–*b*	−0.136	EXGR	0.486**
（*r*–*b*）/（*r*+*b*）	−0.794**	RGBWI	0.036
（*r*–*g*–*b*）/（*r*+*g*）	−0.723**		

**表示相关性在 0.01 水平达到极显著

3. 纹理特征与氮营养指数的相关性

表 4-21 为纹理特征与冬小麦氮营养指数相关性的分析结果。从表中可以看出，除了对比度和均值与氮营养指数的相关性达到显著水平（$P<0.05$）外，其他纹理特征与氮营养指数的相关性都达到了极显著水平（$P<0.01$）。在红波段和绿波段，8 个纹理特征与氮营养指数相关系数绝对值的大小顺序都相同，为 cor_R > var_R > dis_R > hom_R > sm_R > ent_R > con_R > mean_R 和 cor_G > var_G > dis_G > hom_G > sm_G > ent_G > con_G > mean_G；在蓝波段，8 个纹理特征与氮营养指数相关系数绝对值的大小顺序为 cor_B > var_B > dis_B > hom_B > ent_B > sm_B > mean_B > con_B，仅红波段和绿波段与蓝波段纹理特征的熵和二阶矩有很小的变动，其他顺序基本保持不变。根据纹理特征与氮营养指数相关性的优劣，筛选出 var_R、cor_R、var_G、dis_G、cor_G、var_B、cor_B 与图像指数进行融合。

表 4-21　纹理特征与氮营养指数的相关性

纹理特征	相关系数		
	红波段	绿波段	蓝波段
均值	−0.163*	−0.112*	−0.026*
方差	0.337**	0.343**	0.345**
同质性	−0.279**	−0.287**	−0.286**
对比度	−0.020*	−0.014*	−0.008*
差异性	0.306**	0.315**	0.317**
熵	0.264**	0.285**	0.273**
二阶矩	−0.264**	−0.286**	−0.272**
相关性	−0.568**	−0.627**	−0.608**

*表示相关性在 0.05 水平达到显著，**表示相关性在 0.01 水平达到极显著

4. “图-谱”融合指标与氮营养指数的相关性

将图像指数与纹理特征进行相乘或相除，构建既有光谱信息又有纹理特征的“图-谱”融合指标，探究“图-谱”融合指标反演氮营养指数的能力。将“图-谱”融合指标与氮营养指数进行相关性分析，根据相关性的优劣筛选出 14 个“图-谱”融合指标（表 4-22）。从表中可以看出，“图-谱”融合指标与氮营养指数的相关性均达到极显著水平（$P<0.01$），其相关系数的绝对值在 0.5～0.9。其中相关性最好的“图-谱”融合指标是 cor_R×[（$r-b$）/（$r+b$）]，其相关系数的绝对值为 0.819，相关性最差的“图-谱”融合指标是 var_B/EXR，其相关系数为 0.537。

表 4-22　“图-谱”融合指标与氮营养指数的相关性

编号	“图-谱”融合指标	相关系数
V1	var_R×VARI	0.563**
V2	var_R/EXR	0.540**
V3	cor_R×[（$r-b$）/（$r+b$）]	−0.819**
V4	cor_R/（$r-b$）	0.720**

续表

编号	"图-谱"融合指标	相关系数
V5	var_G×VARI	0.576**
V6	var_G/EXR	0.555**
V7	dis_G×（*r*–*b*）	−0.726**
V8	dis_G/EXR	0.630**
V9	cor_G×[（*r*–*b*）/（*r*+*b*）]	−0.816**
V10	cor_G/[（*r*–*g*–*b*）/（*r*+*g*）]	0.751**
V11	var_B×VARI	0.560**
V12	var_B/EXR	0.537**
V13	cor_B×[（*r*–*b*）/（*r*+*b*）]	−0.814**
V14	cor_B/（*r*–*b*）	0.721**

**表示相关性在 0.01 水平达到极显著

5. 氮营养指数估算模型变量选择

为进一步提高模型精度，对 14 种"图-谱"融合指标进行灰色关联分析，探究"图-谱"融合指标与氮营养指数的贴近程度，结果如表 4-23 所示。可以看出，"图-谱"融合指标中灰色关联度的大小顺序为 cor_B/（*r*–*b*）>cor_R/（*r*–*b*）>dis_G/（1.4*r*–*g*）>cor_G/[（*r*–*g*–*b*）/（*r*+*g*）]>var_G/（1.4*r*–*g*）>var_R/（1.4*r*–*g*）>var_B/（1.4*r*–*g*）>dis_G×（*r*–*b*）>var_G×[（*g*–*r*）/（*g*+*r*–*b*）]>var_B×[（*g*–*r*）/（*g*+*r*–*b*）]>var_R×[（*g*–*r*）/（*g*+*r*–*b*）]>cor_R×[（*r*–*b*）/（*r*+*b*）]>cor_B×[（*r*–*b*）/（*r*+*b*）]>cor_G×[（*r*–*b*）/（*r*+*b*）]，关联度最高的"图-谱"融合指标是 cor_B/（*r*–*b*），其值为 0.865。为防止偏最小二乘回归模型的入选参量之间的高相关，采用方差膨胀因子（VIF）对选取的"图-谱"融合指标进行多重共线性分析，结果如图 4-38 所示。可以看出，当 0<VIF<10 时，"图-谱"融合指标间不存在多重共线性，如 var_R/（1.4*r*–*g*）与 cor_R×[（*r*–*b*）/（*r*+*b*）]、cor_R/（*r*–*b*）与 var_R/（1.4*r*–*g*）、cor_R/（*r*–*b*）与 cor_R×[（*r*–*b*）/（*r*+*b*）]；当 10≤VIF≤20 时，"图-谱"融合指标间存在一定的多重共线性，如 dis_G/（1.4*r*–*g*）与 var_G×[（*g*–*r*）/（*g*+*r*–*b*）]、cor_G/[（*r*–*g*–*b*）/（*r*+*g*）]与 cor_B×[（*r*–*b*）/（*r*+*b*）]；当 VIF>20 时，"图-谱"融合指标间存在严重的多重共线性，如 var_R/（1.4*r*–*g*）与 var_R×[（*g*–*r*）/（*g*+*r*–*b*）]、var_G×[（*g*–*r*）/（*g*+*r*–*b*）]与 var_R×[（*g*–*r*）/（*g*+*r*–*b*）]、var_G/（1.4*r*–*g*）与 var_R×[（*g*–*r*）/（*g*+*r*–*b*）]。结合表 4-23 和图 4-38，选取 cor_B/（*r*–*b*）、dis_G/（1.4*r*–*g*）、cor_G/[（*r*–*g*–*b*）/（*r*+*g*）]、var_G/（1.4*r*–*g*）和 dis_G×（*r*–*b*）作为多元变量构建偏最小二乘回归估算模型。

6. 氮营养指数反演建模与验证

（1）基于图像指数的氮营养指数反演

采用偏最小二乘回归算法，基于 5 个图像指数建立的氮营养指数（NNI）回归模型如下。

$$\mathrm{NNI}=2.3123-14.3241x_1-57.8467x_2-27.5910x_3-28.0916x_4+23.3468x_5$$

式中，x_1 表示修正绿红植被指数（MGRVI）；x_2 表示超红植被指数（EXR）；x_3 表示归一化植被指数（NVI）；x_4 表示可见光大气阻抗植被指数（VARI）；x_5 表示归一化蓝波段 DN 值（*b*）。

表 4-23　融合指标与氮营养指数的相关性

编号	融合指标	灰色关联度	排序
V1	var_R×VARI	0.720	11
V2	var_R/EXR	0.762	6
V3	cor_R×[（*r*–*b*）/（*r*+*b*）]	0.716	12
V4	cor_R/（*r*–*b*）	0.863	2
V5	var_G×VARI	0.721	9
V6	var_G/EXR	0.767	5
V7	dis_G×（*r*–*b*）	0.730	8
V8	dis_G/EXR	0.820	3
V9	cor_G×[（*r*–*b*）/（*r*+*b*）]	0.714	14
V10	cor_G/[（*r*–*g*–*b*）/（*r*+*g*）]	0.811	4
V11	var_B×VARI	0.721	10
V12	var_B/EXR	0.760	7
V13	cor_B×[（*r*–*b*）/（*r*+*b*）]	0.714	13
V14	cor_B/（*r*–*b*）	0.865	1

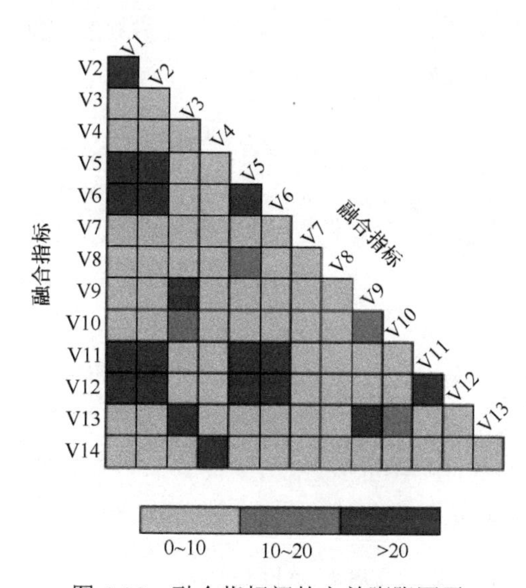

图 4-38　融合指标间的方差膨胀因子

冬小麦氮营养指数的反演结果如图 4-39 所示。从图 4-39（a）可以看出，冬小麦图像指数反演氮营养指数建模结果的决定系数为 0.5938，均方根误差为 0.1041。实测值与预测值分布在 1∶1 线附近，建模效果较好。验证结果的均方根误差为 0.2270[图 4-39(b)]。实测值与预测值大多分布在 1∶1 线之下，一部分预测值被严重低估，实测值与预测值之间存在较大误差。结果表明用图像指数反演氮营养指数虽然建模效果较好，但验证效果不佳。

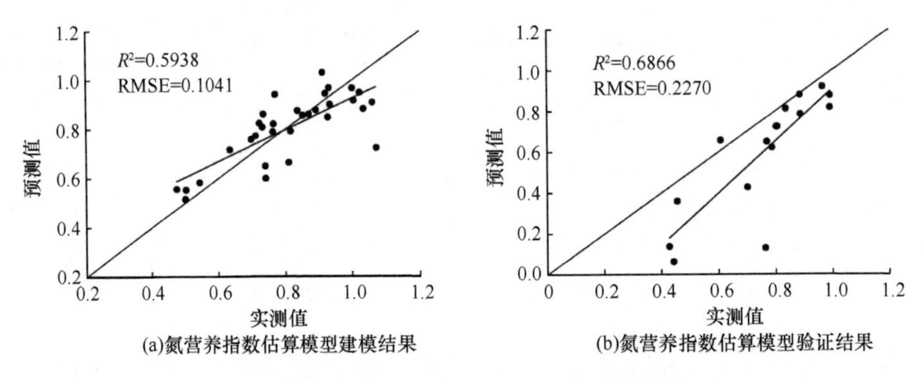

图 4-39　基于图像指数的氮营养指数建模与验证

（2）基于纹理特征的氮营养指数反演

采用偏最小二乘回归算法，基于 5 个纹理特征建立的氮营养指数（NNI）回归模型如下。

$$\mathrm{NNI} = 3.3363+0.0040y_1-2.7896y_2+0.0041y_3+0.0138y_4-2.5161y_5$$

式中，y_1 表示 var_R；y_2 表示 cor_R；y_3 表示 var_G；y_4 表示 dis_G；y_5 表示 cor_B。

冬小麦氮营养指数的反演结果如图 4-40 所示。可以看出，冬小麦纹理特征反演氮营养指数建模结果的决定系数为 0.5845，均方根误差为 0.1050[图 4-40（a）]，实测值与预测值分布在 1∶1 线附近，建模效果较好。验证结果的均方根误差为 0.1153[图 4-40（b）]，实测值与预测值同样分布在 1∶1 线附近，实测值与预测值之间的误差较小，验证效果较用图像指数反演氮营养指数好。

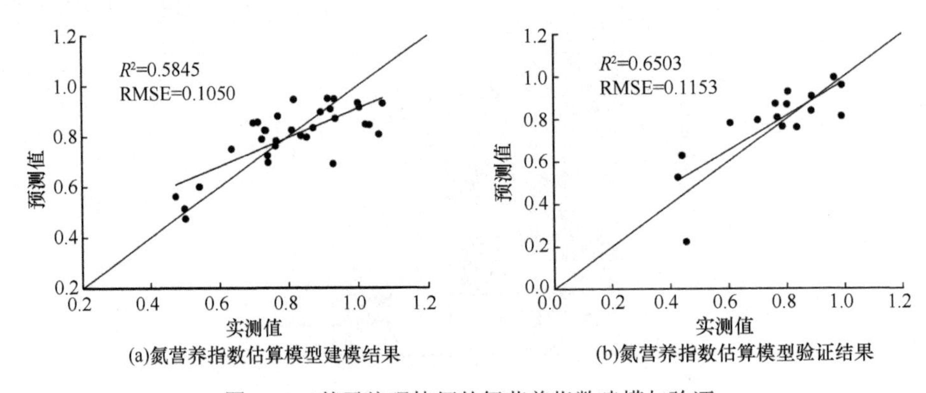

图 4-40　基于纹理特征的氮营养指数建模与验证

（3）基于“图-谱”融合指标的氮营养指数反演

采用偏最小二乘回归算法，基于 5 个“图-谱”融合指标建立的氮营养指数（NNI）回归模型如下。

$$\mathrm{NNI} = 2.1171+0.0019\mathrm{V14}-1.1745\mathrm{V8}-0.0126\mathrm{V10}+0.9319\mathrm{V6}+0.0071\mathrm{V7}$$

式中，V14 表示 cor_B/（$r-b$）；V8 表示 dis_G/（$1.4r-g$）；V10 表示 cor_G/[（$r-g-b$）/（$r+g$）]；V6 表示 var_G/（$1.4r-g$）；V7 表示 dis_G×（$r-b$）。

冬小麦氮营养指数的反演结果如图 4-41 所示。可以看出，“图-谱”融合指标反演氮营养指数建模结果的决定系数为 0.6443，均方根误差为 0.0970[图 4-41（a）]，实测值与预测值分布在 1∶1 线附近，建模效果较好。验证结果的均方根误差为 0.1140[图 4-41（b）]，实测值与预测值同样分布在 1∶1 线附近，实测值与预测值之间的误差较小。研究发现，相比于单一图像指数、单一纹理特征，基于“图-谱”融合指标 cor_B/（*r*–*b*）、dis_G/（1.4*r*–*g*）、cor_G/[（*r*–*g*–*b*）/（*r*+*g*）]、var_G/（1.4*r*–*g*）和 dis_G×（*r*–*b*）所构建的氮营养指数模型精度明显提高，这是因为氮营养指数模型中既含有丰富的纹理信息，又含有一定的光谱信息，该模型综合考虑了纹理特征及光谱信息对氮营养指数的贡献，相比于基于图像指数、纹理特征构建的氮营养指数模型，融合图像指数与纹理特征共同反演氮营养指数的效果更好。

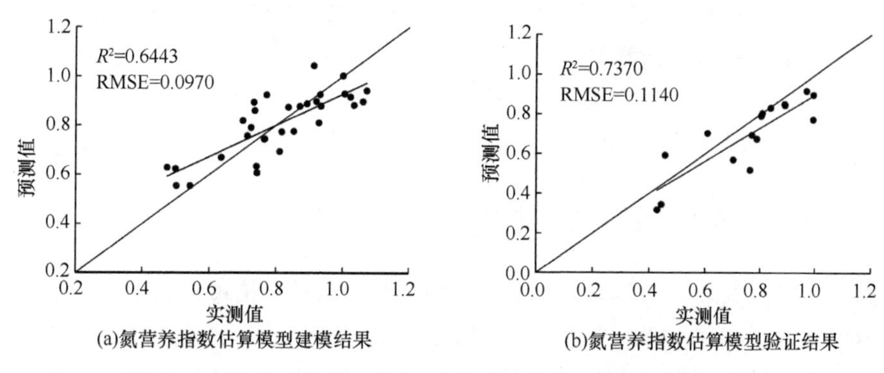

图 4-41　基于“图-谱”融合指标的氮营养指数建模与验证结果

氮营养指数（NNI）可以直观地反映植株体内氮营养状况，若 NNI>1，则表明植株体内氮含量过高；若 NNI=1，则表明植株体内氮含量达到最佳；若 NNI<1，表明植株体内氮含量供应不足（Naud et al.，2008）。利用图像指数预测冬小麦氮营养指数，其变化范围为 0.06～1.03，在相同施氮水平下预测的氮营养指数最小值远远小于实测的氮营养指数最小值，预测的氮营养指数最大值较接近实测最大值，但依然偏小；利用影像纹理特征预测冬小麦氮营养指数，其变化范围为 0.23～1.00，在相同施氮水平下预测的氮营养指数最小值仍小于实测的氮营养指数最小值，但效果好一点，预测的氮营养指数最大值依然小于实测的氮营养指数最大值；利用“图-谱”融合指标预测冬小麦氮营养指数，其变化范围为 0.32～1.04，在相同施氮水平下比实测的氮营养指数最大值和最小值都偏小，但都接近实测值。Liu 等（2020）基于无人机高光谱影像，预测的北京地区开花期冬小麦氮营养指数为 0.51～1.30，预测值与实测值的 RMSE 为 0.074。王仁红等（2014）利用地面非成像光谱仪获取高光谱数据，利用已有植被指数构建北京地区冬小麦氮营养指数估算模型，其预测的氮营养指数为 0.3～1.3，预测值与实测值的 RMSE 为 0.138～2.859。相比于无人机高光谱相机和地面非成像高光谱相机，数码相机只提供红、绿、蓝三个波段的光谱信息，用图像指数或纹理特征反演氮营养指数的效果远远不如前面所述。将图像指数与纹理特征融合后，氮营养指数反演模型的估测效果有了很大的提高，其效果与用高光谱数据估测的效果接近。此外，前人在“图-谱”信息综合反演作物参数时，多是利用多光谱影像或高光谱影像，而利用数码影像的比较少见。

现有研究多是直接选取对氮营养指数敏感的光谱特征和纹理特征，基于多元回归模型反演氮营养指数。从数码影像 DN 值、纹理特征以及两者融合入手，利用数码影像形成的图像指数与纹理特征采用相乘或相除的方式融合形成“图-谱”融合指标，探讨

“图-谱”融合指标估算氮营养指数的能力。研究发现，相比于图像指数和影像纹理特征，基于“图-谱”融合指标所构建的氮营养指数模型精度明显提高，主要是因为“图-谱”融合指标同时考虑了数码影像光谱信息与纹理特征对氮营养指数的贡献。

1）整合灰色关联度-方差膨胀因子，筛选出与氮营养指数灰色关联度较好、指标与指标间多重共线性较小的 5 个“图-谱”融合指标，分别为 cor_B/（$r-b$）、dis_G/（$1.4r-g$）、cor_G/[（$r-g-b$）/（$r+g$）]、var_G/（$1.4r-g$）和 dis_G×（$r-b$）。

2）相比于单一图像指数、纹理特征，融合图像指数与纹理特征构建的“图-谱”融合指标反演冬小麦氮营养指数模型估测精度较高（R^2=0.6443），高于分别基于图像指数（R^2=0.5938）和纹理特征（R^2=0.5845）构建的氮营养指数模型。研究表明采用纹理特征和图像光谱信息相融合的方式进行建模，可以显著提高氮营养状况的估测精度。

4.5.2 基于无人机多光谱影像的玉米叶片氮含量遥感估测

根据前人研究选取了与氮素相关的 11 个植被指数[差异植被指数（DVI）、绿色归一化差分植被指数（GNDVI）、改进非线性植被指数（MNLI）、二次改进土壤调节植被指数（MSAVI2）、改进简单比值植被指数（MSR）、归一化差分植被指数（NDVI）、非线性植被指数（NLI）、优化土壤调节植被指数（OSAVI）、重归一化差分植被指数（RDVI）、比值植被指数（RVI）、土壤调节植被指数（SAVI）]和 4 个波段反射率（绿、红、红边和近红外波段反射率值 R_{GRE}、R_{RED}、R_{REG} 和 R_{NIR}），共计 15 个光谱变量对玉米叶片氮含量（LNC）进行估算。

1. 数据分析与建模

采用逐步回归分析建立最优回归模型来估测玉米 LNC。

$$Y_k = b_0 + b_1 X_1 + b_2 X_2 + \cdots + b_k X_k$$

式中，Y 为目标变量（因变量）；X 为多光谱影像变量（自变量）；b_0 为常数项；k 为潜在变量个数。

首先，将选取的多光谱影像变量和实测 LNC 进行相关性分析，得到其相关关系。其次，选取相关性较高的光谱变量利用逐步回归分析方法，随机选取 70%样本数据（32 个）作为估算数据集，构建玉米 LNC 估算模型，利用剩余 30%样本数据（16 个）作为验证数据集，进行模型估测能力的检验。使用的是后向逐步回归分析方法，因为研究共使用了 15 个光谱变量，所以初始模型建立时一共包括 15 个变量，然后每建立一个模型就会删除一个变量，在每一步中，变量都会被重新评价，对模型没有贡献的变量会被删除，预测变量会经过多次的运算操作，直至筛选出最优参数、建立最优反演模型。最后，将所构建的 LNC 反演模型应用于玉米 LNC 估测研究。

2. 基于无人机多光谱数据的玉米叶片氮含量估算分析

（1）光谱变量与 LNC 相关性分析

利用不同试验处理下的玉米喇叭口期、抽雄-吐丝期和灌浆期 3 个主要生育期提取的无人机多光谱影像所构建的光谱变量与实测 LNC 数据进行相关性分析，3 个生育期样本各 48 个。

基于无人机多光谱影像数据，选取长势均一的区域数据来构建 LNC 估算模型，每个生育期各 48 个小区，利用经过辐射定标之后的多光谱影像提取这些小区绿、红、红边和近红外 4 个波段的平均反射率 R_{GRE}、R_{RED}、R_{REG} 和 R_{NIR}，构建光谱变量，与相对应的实测小区 LNC 数据组成构建模型的样本数据集。每个生育期随机选取 70% 的样本数据构建估算模型数据集（32 个样本），与对应的 LNC 进行相关性分析，如图 4-42 所示。

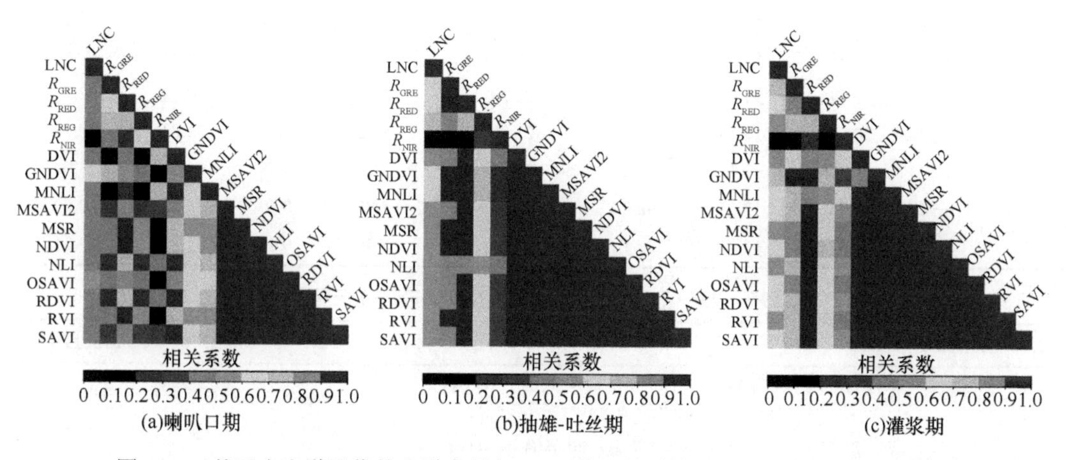

图 4-42　基于多光谱影像的光谱变量与 LNC 的相关系数（彩图请扫封底二维码）

分别利用在玉米喇叭口期、抽雄-吐丝期和灌浆期共 3 个关键生育期的光谱变量与 LNC 进行相关性分析。从图 4-42 可以看出，在喇叭口期，GNDVI 和 LNC 相关系数最高；在抽雄-吐丝期，R_{REG} 和 LNC 相关系数最高；在灌浆期，R_{GRE}、GNDVI 和 LNC 相关系数最高；在三个生育期中，R_{NIR} 与 LNC 相关系数都最低。

（2）玉米 LNC 最佳估算模型

在上述分析的基础上，按照光谱变量与 LNC 相关系数的大小排序，将排序的 15 个光谱变量依次减少光谱变量的个数作为输入因子进行后向逐步回归分析，建立 LNC 估算模型，并计算模型的调整决定系数 R^2。综合考虑逐步回归分析模型的评价指标和简单实用性，将模型建立的 R^2 和变量个数进行综合分析，如表 4-24 所示。可以发现，在喇叭口期选择 5 个光谱变量，所建模型 R^2_{adj} 最高，说明在喇叭口期选择相关性前 5 的光谱变量作为自变量时，所建模型效果最好；同理抽雄-吐丝期、灌浆期分别选择 6 个、5 个光谱变量建模的 R^2 最高，所建模型效果最好。在不同生育期应选用不同数量的光谱变量建立模型进行玉米 LNC 估测。

3 个生育期所建模型见表 4-25，其中喇叭口期包括 5 个光谱变量，构建的逐步回归模型的 R^2、RMSE 和 nRMSE 分别为 0.63、27.63%、11.62%，经验证数据（30%的验证数据集，16 个样本）验证的 R^2、RMSE 和 nRMSE 分别为 0.70、11.28%、4.57%（图 4-43）；抽雄-吐丝期包括 6 个光谱变量，构建的逐步回归模型的 R^2、RMSE 和 nRMSE 分别为 0.64、20.50%、7.80%，经验证数据验证的 R^2、RMSE 和 nRMSE 分别为 0.67、9.67%、

3.50%；灌浆期包括 5 个光谱变量，构建的逐步回归模型的 R^2、RMSE 和 nRMSE 分别为 0.56、31.12%、12.71%，经验证数据验证的 R^2、RMSE 和 nRMSE 分别为 0.61、15.37%、5.95%。以上表明模型具有较高的精度和稳定性。

表 4-24　光谱变量与 LNC 逐步回归分析结果

自变量个数	喇叭口期			抽雄-吐丝期			灌浆期		
	R^2	RMSE/%	nRMSE/%	R^2	RMSE/%	nRMSE/%	R^2	RMSE/%	nRMSE/%
15	0.42	23.16	9.81	0.39	19.13	7.33	0.29	28.16	11.88
8	0.55	24.52	10.31	0.51	20.45	7.59	0.43	29.83	12.56
7	0.56	24.87	10.47	0.53	20.49	7.76	0.46	29.89	12.59
6	0.57	24.91	10.48	0.55	20.50	7.80	0.48	29.93	12.69
5	0.59	27.63	11.62	0.54	21.28	8.11	0.50	31.12	12.71
4	0.50	28.21	11.83	0.53	21.29	8.12	0.48	31.23	12.74
3	0.49	28.89	12.15	0.52	21.36	8.14	0.48	31.91	13.02
2	0.50	32.46	13.65	0.50	23.31	8.88	0.49	32.08	13.09
1	0.51	32.47	13.66	0.51	24.35	8.96	0.48	32.37	13.21

表 4-25　不同生育时期 LNC 逐步回归分析结果

生育期	回归方程	R^2	RMSE/%	nRMSE/%
喇叭口期	$y=-118.6137\times\text{GNDVI}-22.3681\times R_{\text{GRE}}-56.1503\times\text{OSAVI}-252.0123\times R_{\text{REG}}+242.9769\times\text{SAVI}+54.7204$	0.63	27.63	11.62
抽雄-吐丝期	$y=-85.4539\times R_{\text{REG}}+156.0867\times R_{\text{GRE}}-20.0504\times\text{GNDVI}-30.5872\times\text{MNLI}-47.8014\times R_{\text{RED}}+83.1494\times\text{NDVI}-25.128$	0.64	20.50	7.80
灌浆期	$y=84.5298\times R_{\text{GRE}}-108.8536\times\text{GNDVI}+51.7349\times R_{\text{RED}}+84.9524\times\text{NDVI}+39.76\times\text{OSAVI}+7.3378$	0.56	31.12	12.71

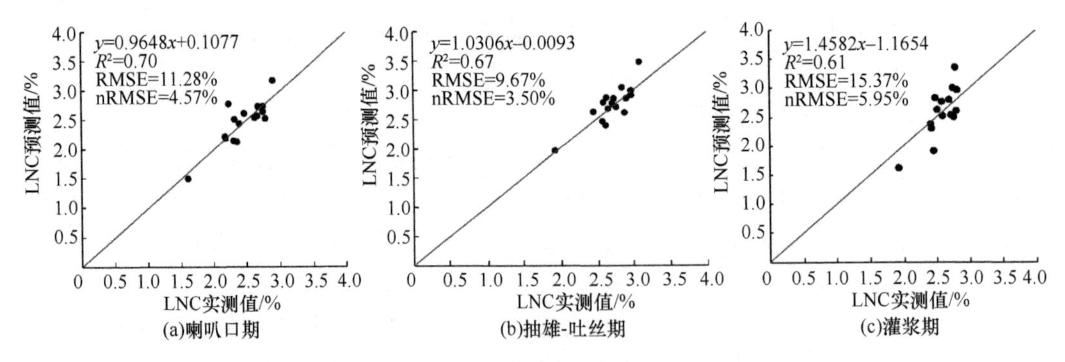

图 4-43　LNC 估算模型预测值与实测值的关系验证结果

通过利用敏感光谱变量构建玉米 LNC 估算模型的分析结果，选用上述 3 个模型，制作试验田玉米 LNC 的空间分布图，如图 4-44 所示。可以看到，在北边不同品种处理条件下的 24 个小区，由于氮处理条件相同，所以在 3 个生育期小区内玉米生长趋势都比较稳定，LNC 主要分布在 2.09%～3.25%，这与实际情况相符，只有极个别小区长势较为旺盛，对应的 LNC 也偏大，可能是不同品种之间生长存在一定的差异。南边 24 个小区有 N0、N1、N2、N3 共计 4 个不同氮处理水平，由于

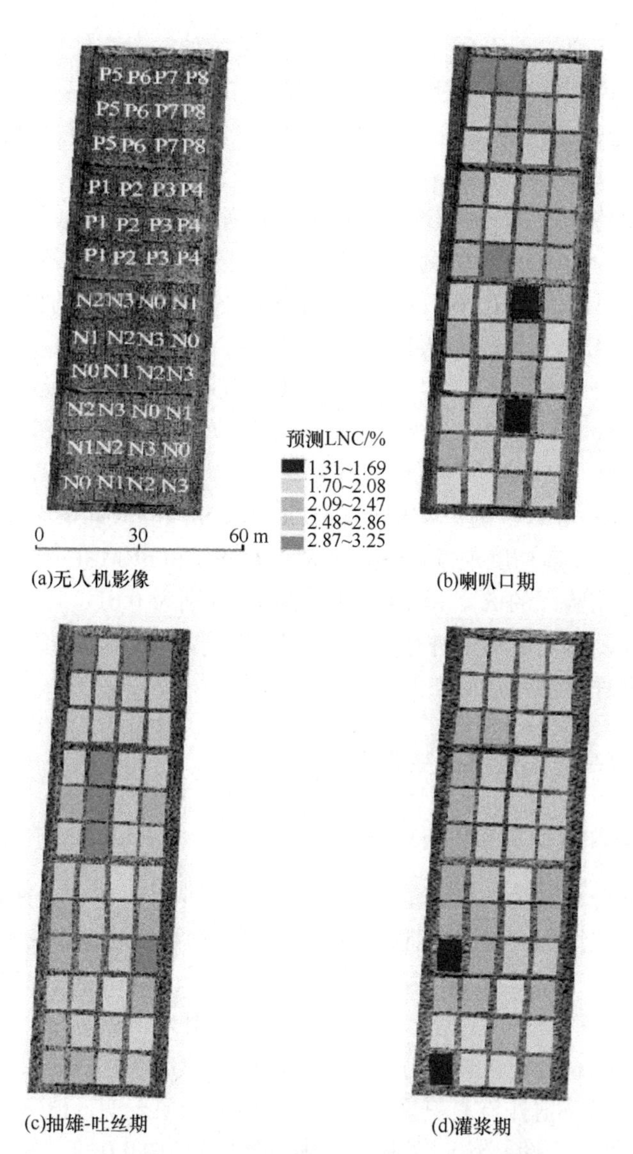

图 4-44　基于无人机影像的玉米 LNC 空间分布图（彩图请扫封底二维码）

P1～P8 为不同品种试验小区，每个品种重复 3 次，品种试验共计 24 个小区；N0～N3 为不同氮处理小区，重复 6 次，氮素试验共计 24 个小区

小区之间氮处理条件不同，所以不同小区玉米生长存在差异，不施氮处理（N0）的玉米 LNC 较低，主要分布在 1.31%～2.08%；1/2 常规氮处理（N1）的玉米比较稳定，LNC 主要分布在 2.09%～2.47%；而常规氮处理（N2）和 1.5 倍常规氮处理（N3）的 LNC 相对较高，主要分布在 2.09%～2.86%，在图 4-44 中也可以明显区分出不同氮处理条件下的小区。可以看出，随着施氮量的增加，玉米 LNC 在整体上也呈现出不断增高的趋势，具有一定的规律性，说明利用无人机多光谱影像进行地块尺度上的玉米 LNC 估算研究是可行的。

玉米 LNC 的差异与叶绿素含量有很强的相关性，在一定程度上叶绿素含量越高，

LNC 也相应越高，反之亦然。所以通常对叶绿素敏感的波段和植被指数对 LNC 的监测也比较敏感，本次研究发现绿波段反射率和绿波段的组合植被指数 GNDVI 在所有生育期对氮素都比较敏感，说明绿波段和绿波段的组合植被指数可以很好地进行玉米生理参数的反演。

基于无人机多光谱影像，利用逐步回归分析在关键生育期筛选最优光谱变量进行建模，实现了对玉米 LNC 的有效估测。经过逐步回归分析，筛选出各生育期 LNC 模型最优光谱变量：喇叭口期为 GNDVI、R_{GRE}、OSAVI、R_{REG}、SAVI；抽雄-吐丝期为 R_{REG}、R_{GRE}、GNDVI、MNLI、R_{RED}、NDVI；灌浆期为 R_{GRE}、GNDVI、R_{RED}、NDVI、OSAVI。逐步回归模型反演结果显示：抽雄-吐丝期 LNC 反演精度最高，模型的 R^2、RMSE 和 nRMSE 分别为 0.64、20.50%、7.80%，经验证数据验证的 R^2、RMSE 和 nRMSE 分别为 0.67、9.67%、3.50%；喇叭口期 LNC 反演精度次之，模型的 R^2、RMSE 和 nRMSE 分别为 0.63、27.63%、11.62%，经验证数据验证的 R^2、RMSE 和 nRMSE 分别为 0.70、11.28%、4.57%；灌浆期 LNC 反演精度最低，模型的 R^2、RMSE 和 nRMSE 分别为 0.56、31.12%、12.71%，经验证数据验证的 R^2、RMSE 和 nRMSE 分别为 0.61、15.37%、5.95%。运用逐步回归分析选取敏感光谱变量进行建模可以较好地实现玉米 LNC 估测，可为田间玉米科学施肥决策管理提供有效的帮助。

4.5.3 基于无人机高光谱影像的氮素反演

1. 植株氮含量和植株氮累积量反演

利用植被指数分别对植株氮含量及植株氮累积量进行反演，反演结果见表 4-26 及表 4-27。验证方法采用留一交叉验证法。在挑旗期，植株氮含量及植株氮累积量与植被指数的相关性都达到了显著水平。植株氮含量建模的 R^2、RMSE 和 RE 分别为 0.57、0.23% 和 0.62%，植株氮累积量建模的 R^2、RMSE 和 RE 分别为 0.65、2.91 g/m^2 和 2.48%，建模精度较为理想，拟合效果极佳。为进一步验证模型的可靠性，采用留一交叉验证法对挑旗期的植株氮含量及植株氮累积量进行验证。研究结果表明，植株氮含量及植株氮累积量与植被指数的相关性都达到了极显著相关水平（$P<0.01$），植株氮含量的 R^2、RMSE 和 RE 分别为 0.55、0.23%和 0.06%，植株氮累积量的 R^2、RMSE 和 RE 分别为 0.62、2.66 g/m^2 和–0.04%，拟合效果较好（图 4-45）。在开花期，植株氮含量及植株氮累积量与植被指数的相关性都达到了极显著相关水平（$P<0.01$），但植株氮含量与植被指数的相关性要差些。植株氮含量的 R^2、RMSE 和 RE 分别为 0.38、0.19%和 0.00%，植株氮累积量的 R^2、RMSE 和 RE 分别为 0.72、2.43 g/m^2 和 1.60%，植株氮含量建模效果一般，植株氮累积量建模效果较理想，拟合效果都极佳。为进一步验证模型的可靠性，采用留一交叉验证法对开花期的植株氮含量及植株氮累积量进行验证。研究结果表明，植株氮含量及植株氮累积量分别达到了极显著相关水平（$P<0.01$），植株氮含量的 R^2、RMSE 和 RE 分别为 0.38、0.19%和–0.02%，植株氮累积量的 R^2、RMSE 和 RE 分别为 0.70、2.44 g/m^2 和 0.05%，拟合效果较好（图 4-46）。

表 4-26　挑旗期植株氮含量和植株氮累积量的估算与验证

指标	建模（n=48）			交叉验证		
	R^2	RMSE	RE/%	R^2	RMSE	RE/%
植株氮含量	0.57	0.23%	0.62	0.55	0.23%	0.06
植株氮累积量	0.65	2.91 g/m^2	2.48	0.62	2.66 g/m^2	–0.04

表 4-27　开花期植株氮含量和植株氮累积量的估算与验证

指标	建模（n=48）			交叉验证		
	R^2	RMSE	RE/%	R^2	RMSE	RE/%
植株氮含量	0.38	0.19%	0.00	0.38	0.19%	–0.02
植株氮累积量	0.72	2.43 g/m^2	1.60	0.70	2.44 g/m^2	0.05

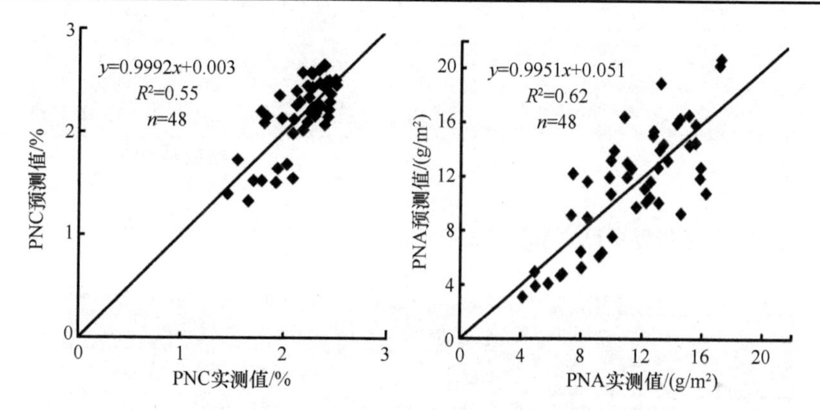

图 4-45　挑旗期植株氮含量（PNC）和植株氮累积量（PNA）预测值与实测值的验证

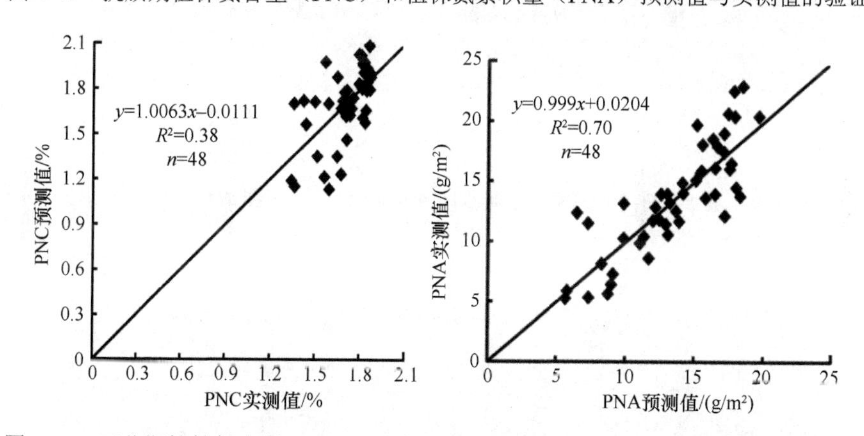

图 4-46　开花期植株氮含量（PNC）和植株氮累积量（PNA）预测值与实测值的验证

为了验证植株氮含量及植株氮累积量的建模效果，通过无人机成像光谱监测技术，分别获取了挑旗期和开花期冬小麦不同氮处理试验区高光谱影像，利用挑旗期和开花期的估算模型对小麦植株氮含量及植株氮累积量进行填图（图 4-47～图 4-50），得到了

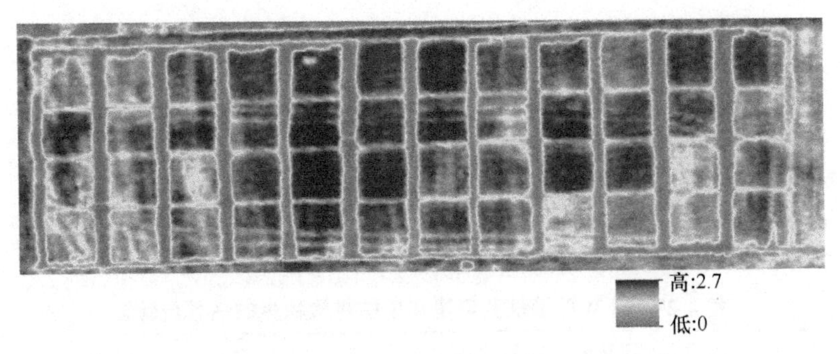

图 4-47　基于 705 nm 归一化差分指数（ND705）反演挑旗期植株氮含量（%）（彩图请扫封底二维码）

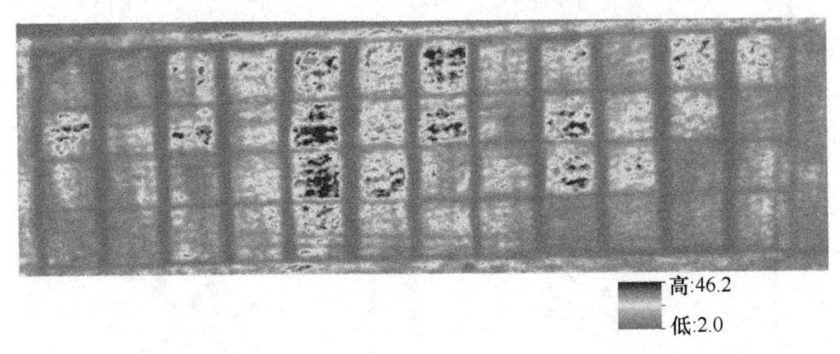

图 4-48　基于福格尔曼指数 b（VOGb）反演挑旗期植株氮累积量（g/m^2）（彩图请扫封底二维码）

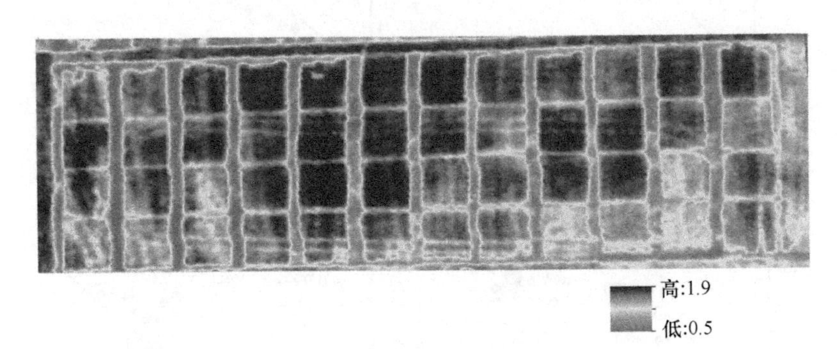

图 4-49　基于 ND705 反演开花期植株氮含量（%）（彩图请扫封底二维码）

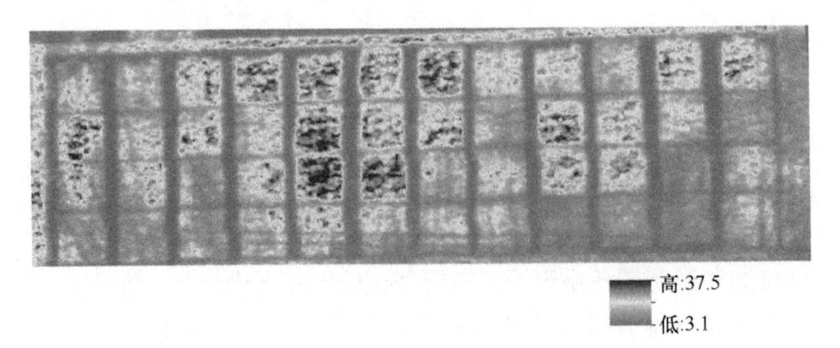

图 4-50　基于 VOGb 反演开花期植株氮累积量（g/m^2）（彩图请扫封底二维码）

不同氮处理下无人机影像作物氮监测图。结果与小区试验方案基本相符，不同氮处理间差异明显，反映了作物氮营养信息。从挑旗期到开花期，随着生育期的推进，植株氮含量明显下降，植株氮累积量随着生物量的增加而呈增加趋势。研究发现植株氮累积量比植株氮含量能更清晰地显示作物氮信息。因此，利用无人机搭载高光谱相机反演植株氮累积量可以实时获取作物氮营养状况，以便实时施肥。

2. NNI 反演

无人机高光谱影像提取 NNI 与实测 NNI 具有较好的对应关系，相关关系达到了显著水平（$P<0.01$）。从表 4-28 及表 4-29 可以看出，挑旗期、开花期的 NNI 预测值与实测值的相关关系达到了显著水平，挑旗期的 R^2、RMSE 和 RE 分别为 0.66、0.14 和 1.27%，开花期的 R^2、RMSE 和 RE 分别为 0.69、0.12 和 0.44%，预测值和实测值具有较高的一致性，拟合效果极佳。为进一步验证模型的可靠性，利用交叉生育期的方法对模型的可靠性进行检验。用开花期的 NNI 数据验证挑旗期的 NNI 模型，二者相关性达到了极显著水平（$P<0.01$），其 R^2 为 0.67，RMSE 和 RE 分别为 0.17 和 8.21%，拟合效果较好。用挑旗期的 NNI 数据验证开花期的 NNI 模型，二者相关性也达到了极显著水平（$P<0.01$），其 R^2 为 0.69，RMSE 和 RE 分别为 0.15 和–8.90%，拟合效果同样较好。从图 4-51 可以看出，预测的挑旗期的 NNI 分布在 $y=x$ 这条对称轴的两侧，预测效果较佳。从图 4-52 可以看出，预测的开花期的 NNI 偏大，其值都在 $y=x$ 这条对称轴之上，研究结果表明该模型不受物候的影响，可以很好地监测作物氮营养信息。

表 4-28　挑旗期 NNI 的估算与验证

指标	建模（挑旗期，n=48）			验证（开花期，n=48）		
	R^2	RMSE	RE	R^2	RMSE	RE
NNI	0.66	0.14	1.27%	0.67	0.17	8.21%

表 4-29　开花期 NNI 的估算与验证

指标	建模（开花期，n=48）			验证（挑旗期，n=48）		
	R^2	RMSE	RE	R^2	RMSE	RE
NNI	0.69	0.12	0.44%	0.69	0.15	–8.90%

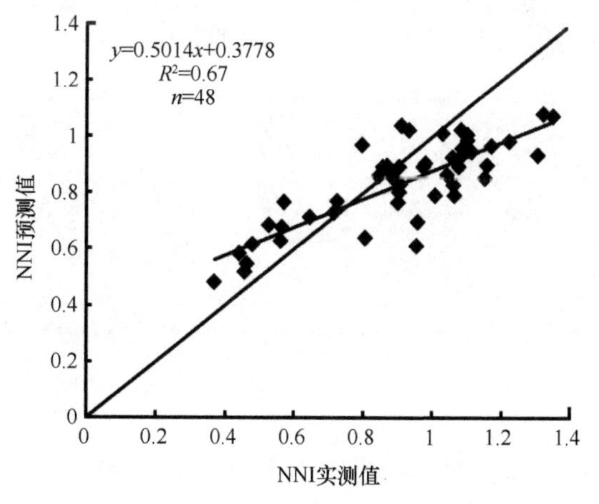

图 4-51　挑旗期 NNI 预测值与实测值的验证

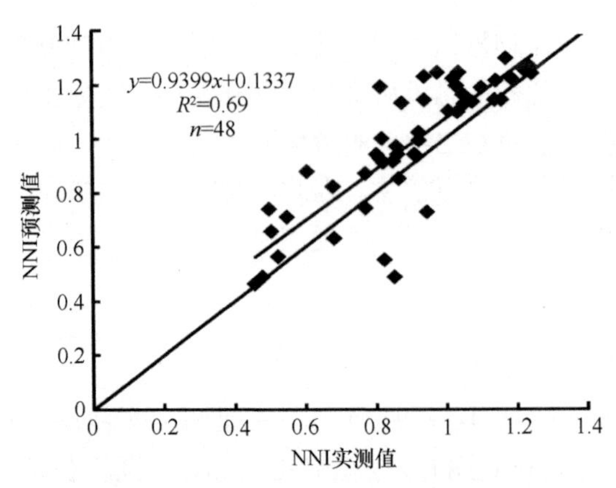

图 4-52　开花期 NNI 预测值与实测值的验证

考虑到实际应用，将 NNI 分成三部分：当 NNI<0.95 时，表明施氮量不足，当 0.95≤NNI≤1.05 时，表明施氮量最佳，当 NNI>1.05 时，表明施氮量过多。颜色是从绿色（低 NNI 值）到红色（高 NNI 值），中心范围是最佳 NNI 值。图 4-53、图 4-54 分别为基于"遥感信息-农学参数-NNI"估算的挑旗期和开花期 NNI。结果与小区试验方案基本相符，N3 处理属于正常施氮处理，对应图上 NNI=1 的位置，N1 和 N2 属于缺氮处理，对应图上浅绿色位置，即 NNI<1 的小区，N4 属于过氮处理，对应图上红色位置，即 NNI>1 的位置，有些 NNI 存在被高估或低估现象，但整体能反映作物氮营养信息。

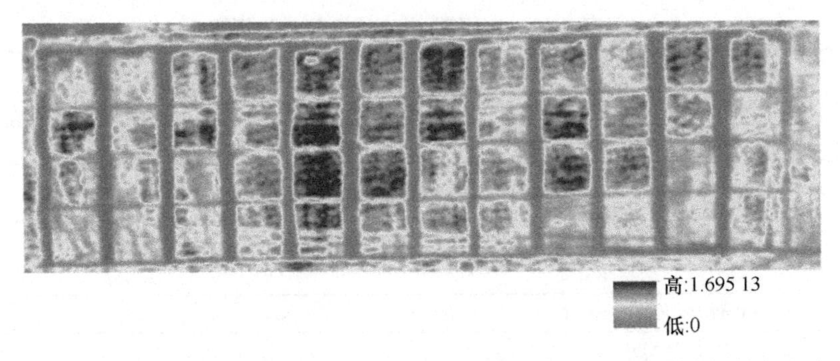

图 4-53　基于"遥感信息-农学参数-NNI"估算的挑旗期 NNI（彩图请扫封底二维码）

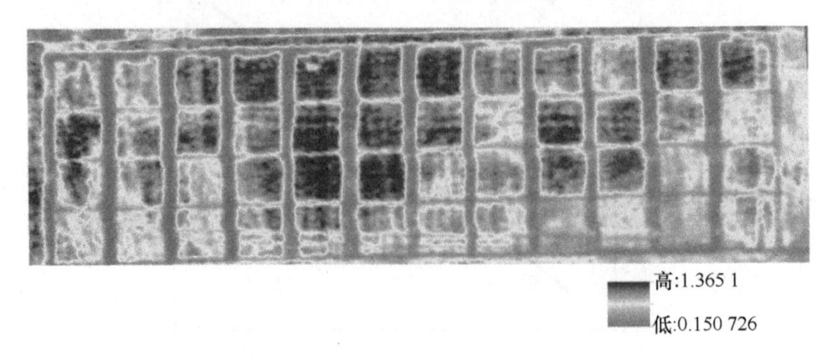

图 4-54　基于"遥感信息-农学参数-NNI"估算的开花期 NNI（彩图请扫封底二维码）

4.6　总结与展望

无人机开展大田作物遥感监测，具有机动灵活、分辨率高的优点，适合开展需要较高精度的作物生长参数监测与诊断。无人机可以搭载多种传感器（数码相机、多光谱相机、高光谱相机、热红外相机、LiDAR 等），结合遥感定量分析模型、机器学习、深度学习等方法，可以实现作物株高、叶面积指数、生物量等冠层结构参数的反演，也可以开展叶绿素含量、氮含量等作物生理参数的反演，证明无人机遥感是空天地遥感中不可或缺的手段，能够满足中小范围农场尺度的作物参数精细探测、灾害调查和精准决策需求，能够有效支撑无人化智慧农场的信息高效感知，具有广阔的发展前景。

无人机遥感技术已经成为大田作物生长信息获取的重要手段，数码影像数据和多光谱影像数据获得了较多的应用，但受限于仪器成本高、数据融合难度大以及反演模型精度不高，高光谱、LiDAR 和热红外数据的应用深度和广度还有待提高。因此，在未来的大田作物无人机遥感研究应用中，需要综合考虑无人机数码和多光谱遥感成本低、处理效率高的优势，并进一步与地面观测和高分卫星遥感结合，实现空天地一体化，建成农情立体监测系统，为大田作物遥感提供样本真实数据和精准解析模型。

参 考 文 献

郭鹏. 2017. 基于低空机载传感器技术的农田作物长势关键参数提取方法研究. 北京: 中国地质大学(北京)博士学位论文

何彩莲, 郑顺林, 万年鑫, 等. 2016. 马铃薯光谱及数字图像特征参数对氮素水平的响应及其应用. 光谱学与光谱分析, 36(9): 2930-2936

李鑫川, 徐新刚, 鲍艳松, 等. 2012. 基于分段方式选择敏感植被指数的冬小麦叶面积指数遥感反演. 中国农业科学, 45(17): 3486-3496

刘忠, 万炜, 黄晋宇, 等. 2018. 基于无人机遥感的农作物长势关键参数反演研究进展. 农业工程学报, 34(24): 60-71

浦瑞良, 宫鹏. 2000. 高光谱遥感及其应用. 北京: 高等教育出版社: 129, 144

孙刚, 黄文江, 陈鹏飞, 等. 2018. 轻小型无人机多光谱遥感技术应用进展. 农业机械学报, 49(3): 1-17

王仁红, 宋晓宇, 李振海, 等. 2014. 基于高光谱的冬小麦氮素营养指数估测. 农业工程学报, 30(19): 191-198

Badhwar GD. 1980. Crop emergence date determination from spectral data. Photogrammetric Engineering and Remote Sensing, 46(3): 369-377

Bendig J, Yu K, Aasen H, et al. 2015. Combining UAV-based plant height from crop surface models, visible, and near infrared vegetation indices for biomass monitoring in barley. International Journal of Applied Earth Observation and Geoinformation, 39: 79-87

Broge NH, Leblanc E. 2001. Comparing prediction power and stability of broadband and hyperspectral vegetation indices for estimation of green leaf area index and canopy chlorophyll density. Remote Sensing of Environment, 76(2): 156-172

Burkart A, Aasen H, Alonso L, et al. 2015. Angular dependency of hyperspectral measurements over wheat characterized by a novel UAV based goniometer. Remote Sensing, 7(1): 725-746

Chen J. 1996. Evaluation of vegetation indices and a modified simple ratio for boreal applications. Canadian Journal of Remote Sensing, 22(3): 229-242

Chen J, Cihlar J. 1996. Retrieving leaf area index of boreal conifer forests using Landsat TM images. Remote

Sensing of Environment, 55(2): 153-162
Clevers JGPW, Gitelson AA. 2013. Remote estimation of crop and grass chlorophyll and nitrogen content using red-edge bands on Sentinel-2 and -3. International Journal of Applied Earth Observation and Geoinformation, 23: 344-351
Daughtry CST, Walthall CL, Kim MS, et al. 2000. Estimating corn leaf chlorophyll concentration from leaf and canopy reflectance. Remote Sensing of Environment, 74(2): 229-239
Fieuzal R, Marais Sicre C, Baup F. 2017. Estimation of corn yield using multi-temporal optical and radar satellite data and artificial neural networks. International Journal of Applied Earth Observation and Geoinformation, 57: 14-23
Filella I, Penuelas J. 1994. The red edge position and shape as indicators of plant chlorophyll content, biomass and hydric status. International Journal of Remote Sensing, 15(7): 1459-1470
Gitelson AA, Kaufman YJ, Stark R, et al. 2002. Novel algorithms for remote estimation of vegetation fraction. Remote Sensing of Environment, 80(1): 76-87
Gong P, Pu R, Biging GS, et al. 2003. Estimation of forest leaf area index using vegetation indices derived from Hyperion hyperspectral data. IEEE Transactions on Geoscience and Remote Sensing, 41(6): 1355-1362
Gracia-Romero A, Kefauver SC, Vergara-Diaz O, et al. 2017. Comparative performance of ground vs. aerially assessed RGB and multispectral indices for Early-Growth evaluation of maize performance under phosphorus fertilization. Frontiers in Plant Science, 8(2004), doi: 10.3389/fpls.2017.02004
Haboudane D, Miller JR, Pattey E, et al. 2004. Hyperspectral vegetation indices and novel algorithms for predicting green LAI of crop canopies: Modeling and validation in the context of precision agriculture. Remote Sensing of Environment, 90(3): 337-352
Huete AR. 1988. A soil-adjusted vegetation index (SAVI). Remote Sensing of Environment, 25(3): 295-309
Justes E, Mary B, Meynard JM, et al. 1994. Determination of a critical nitrogen dilution curve for winter wheat crops. Annals of Botany, 74(4): 397-407
Kataoka T, Kaneko T, Okamoto H, et al. 2003. Crop growth estimation system using machine vision. Proceedings 2003 IEEE/ASME International Conference on Advanced Intelligent Mechatronics (AIM 2003), 1072: b1079-b1083
Krishna G, Sahoo RN, Pargal S, et al. 2014. Assessing wheat yellow rust disease through hyperspectral remote sensing. The ISPRS International Archives of the Photogrammetry, Remote Sensing and Spatial Information Sciences, XL-8: 1413-1416
Lemaire G, Jeuffroy MH, Gastal F. 2008. Diagnosis tool for plant and crop N status in vegetative stage: Theory and practices for crop N management. European Journal of Agronomy, 28(4): 614-624
Li X, Long H, Wang H. 2013. Vegetation cover estimation based on in-suit hyperspectral data: A case study for meadow steppe vegetation in Inner Mongolia, China. International Journal of Agriculture and Biology, 15(2): 285-290
Liu H, Zhu H, Li Z, et al. 2020. Quantitative analysis and hyperspectral remote sensing of the nitrogen nutrition index in winter wheat. International Journal of Remote Sensing, 41(3): 858-881
Louhaichi M, Borman MM, Johnson DE. 2001. Spatially located platform and aerial photography for documentation of grazing impacts on wheat. Geocarto International, 16(1): 65-70
Meyer GE, Neto JC. 2008. Verification of color vegetation indices for automated crop imaging applications. Computers and Electronics in Agriculture, 63(2): 282-293
Naud C, Makowski D, Jeuffroy MH. 2008. Is it useful to combine measurements taken during the growing season with a dynamic model to predict the nitrogen status of winter wheat? European Journal of Agronomy, 28(3): 291-300
Navarro G, Caballero I, Silva G, et al. 2017. Evaluation of forest fire on Madeira Island using Sentinel-2A MSI imagery. International Journal of Applied Earth Observation and Geoinformation, 58: 97-106
Qi J, Chehbouni A, Huete AR, et al. 1994. A modified soil adjusted vegetation index. Remote Sensing of Environment, 48(2): 119-126
Rondeaux G, Steven M, Baret F. 1996. Optimization of soil-adjusted vegetation indices. Remote Sensing of

Environment, 55(2): 95-107

Roujean JL, Breon FM. 1995. Estimating PAR absorbed by vegetation from bidirectional reflectance measurements. Remote Sensing of Environment, 51(3): 375-384

Sims DA, Gamon JA. 2002. Relationships between leaf pigment content and spectral reflectance across a wide range of species, leaf structures and developmental stages. Remote Sensing of Environment, 81(2): 337-354

Som-ard J, Hossain MD, Ninsawat S, et al. 2018. Pre-harvest sugarcane yield estimation using UAV-based RGB images and ground observation. Sugar Tech, 20(6): 645-657

Tucker CJ. 1979. Red and photographic infrared linear combinations for monitoring vegetation. Remote Sensing of Environment, 8(2): 127-150

Woebbecke DM, Meyer GE, Bargen KV, et al. 1995. Color indices for weed identification under various soil, residue, and lighting conditions. Transactions of the ASAE, 38(1): 259-269

第 5 章　无人机遥感作物表型获取

作物表型是指基因和环境因素决定或影响的作物生长发育过程中物理、生理、生化特征和性状，准确和快速地获取植物体或细胞在各种不同环境条件下的表型信息，可为推动作物科学的发展，保障我国粮食安全、生态安全和农业可持续发展提供理论和技术支撑。无人机遥感高通量表型平台凭借机动灵活、适合复杂农田环境、可及时获取数据、作业效率高和成本低等优势，逐渐成为获取田间作物表型信息的重要手段，可以解决传统作物育种地面人工调查效率低、时效性差及标准不统一等问题，对推动作物科学的研究具有重要意义。本章重点围绕无人机遥感在作物表型中涉及的试验设计，基于数码影像及光谱图像的株高、生物量表型获取方法，基于 LiDAR 的单株和群体结构表型解析及基于热红外的作物冠层温度节律等进行了分析讨论，并对未来无人机遥感作物表型获取发展给出了建议和展望，可为从事此领域的相关研发及应用人员提供重要参考。

5.1　基于无人机图像解析作物株高

株高是一个重要的农艺性状，也是育种目标性状之一。株高不仅会影响玉米种植密度、群体的抗倒伏能力和光合效率，还会影响玉米籽粒的机械化收获。研究表明株高与生物量和产量有较高的相关性，因此可用于估算产量和生物量。

5.1.1　试验设计及数据获取

试验田位于北京市昌平区小汤山国家精准农业研究示范基地（40°10′34″N，116°26′39″E），为了限制环境因素的影响，保证在均一的环境条件下鉴定和筛选表型性状，采用了单因素试验设计（育种材料是唯一的试验因素）和整体一致栽培管理措施。如图 5-1 所示，该试验田长约 210 m，宽约 27 m，地势相对平缓，土壤成分均一。

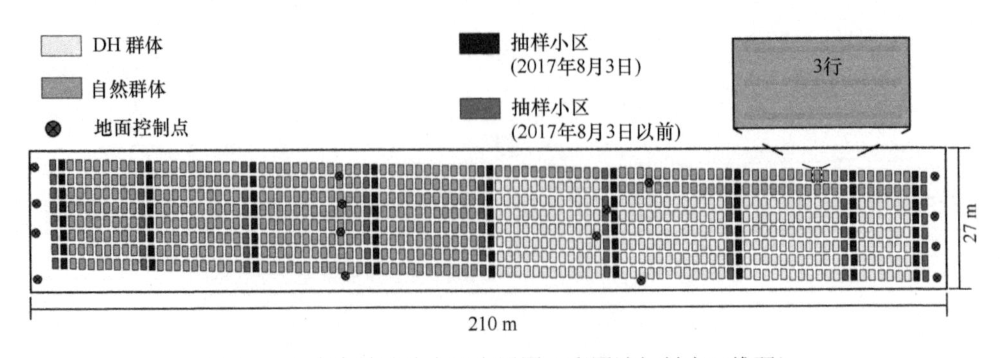

图 5-1　玉米育种试验小区布置图（彩图请扫封底二维码）

每个育种小区长约 2.4 m，宽约 2 m，种植 3 行，株距为 25 cm，行距为 60 cm。种植的玉米育种材料有 800 份，可分为自然群体（natural population）和二倍体群体（doubled-haploid population，DH 群体），其中自然群体又依据不同的遗传背景可分为热带/亚热带（tropical/subtropical，TST）、温带（temperate，TEM）和混合（mixed）三个子群体（sub-population）或者组。2017 年 5 月 15 日使用播种机将这些育种材料以 6 株/m^2 的密度播种在 800 个小区中。

利用自主改装的无人机表型平台获取田间表型数据。该平台由 4 部分组成：无人机（大疆 S1000）、地面站（GS）、无线电控制器（RC）和两个传感器（索尼 QX100 和 Parrot Sequoia）。大疆 S1000 是一款低成本的八旋翼无人机，最大起飞重量为 10 kg，8 个旋臂可折叠，便于运输。无线电控制器用于手动控制无人机的起飞着陆和调整飞行路线。由 DJI GS 设计生成 6 条航带，旁向重叠度为 75%，航向重叠度为 80%，飞行速度设定为 6 m/s。索尼 QX100 数码传感器具有 5472×3648 像素分辨率，约重 105 g；Parrot Sequoia 多光谱相机具有 1280×960 像素分辨率，约重 107 g，能够同时拍摄绿、红、红边和近红外 4 个波段的图像。其中，红边波段的带宽为 10 nm，而绿、红和近红外波段的带宽为 40 nm。另有 Sunshine 传感器配合 Parrot Sequoia 传感器一起使用，并面向天空固定在无人机顶部，它能够根据光照情况自动校准图像，减小由图像采集期间环境光变化引起的误差。

第一次观测时间航高设置为 40 m（表 5-1），其他 4 个观测时间点的航高均设置为 60 m。在每次飞行前后，使用标准反射板在地面上拍摄辐射定标图像。在采集第一个观测时间点图像之前，在试验田中均匀布置 16 个地面控制点（GCP）标志，并使用南方测绘差分全球定位系统（DGPS）以毫米（mm）精度测量这些地面控制点的三维空间坐标。GCP 标志设计为 45 cm×45 cm、黑白相间的木质方格板，并覆盖透明防水薄膜，然后将其固定在距地面高约 50 cm 的木桩上。

表 5-1　无人机遥感图像采集时间点安排

时间点	日期（年-月-日）	播种后天数（DAS）	航高/m	生长阶段
1	2017-06-08	24	40	V4（苗期）
2	2017-06-29	45	60	V10（小喇叭口期）
3	2017-07-11	57	60	V14（大喇叭口期）
4	2017-07-28	74	60	VT（抽雄期）
5	2017-08-04	81	60	R1（吐丝期）

利用无人机遥感表型平台搭载数码相机和多光谱相机协同获取玉米从营养生长阶段到生殖生长阶段 5 个观测时间点的表型数据（图 5-2）。使用 Ritchie 等（1993）提出的叶领法（leaf collar method）来判断玉米所处的生长阶段，由于育种材料的基因型有差异，在小区尺度上玉米生长发育呈现异质性，因此，最终依据“半数以上的大多数”原则（Charrad et al.，2014）来确定大群体育种材料当前的生长阶段。

设计了 72 个育种小区作为地上鲜生物量、株高测量和叶色识别的采样小区。在采

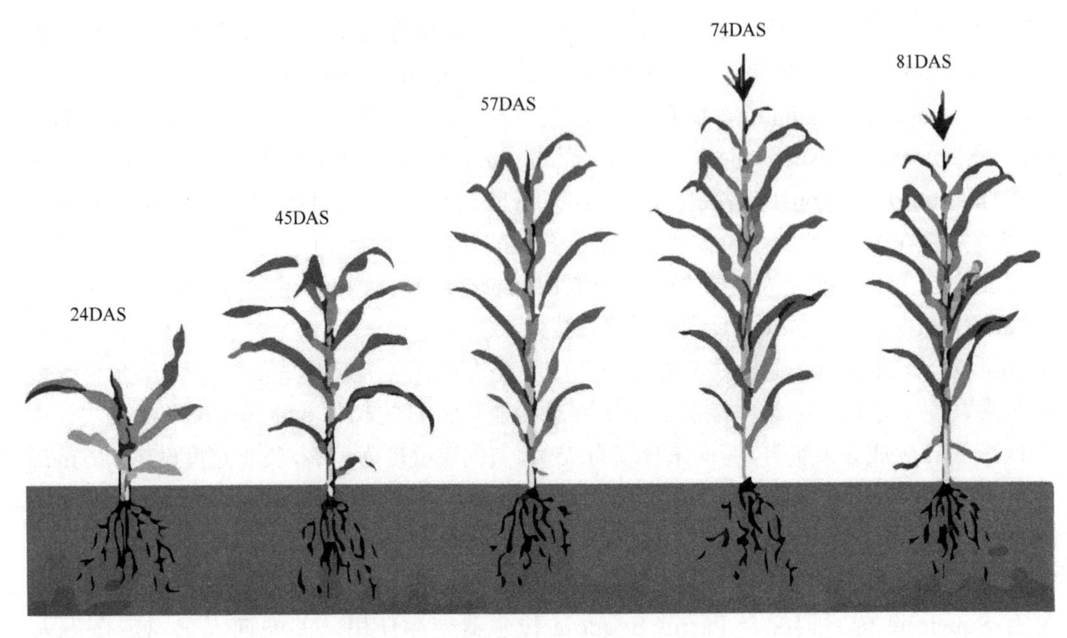

图 5-2 玉米表型田间 5 个观测时间点
DAS 表示播种后天数

样小区中间位置随机选取 3 株玉米，使用塔尺测量株高并收获鲜生物量，然后将样本密封在塑料袋中，并在同一天称重、记录，通过统计采样小区的实际株数，将重量换算成千克每平方米（kg/m^2）。2017 年 6 月 30 日，通过目视判断并记录采样小区的玉米叶片颜色。2017 年 7 月 1～10 日，由于多次出现强风和降雨天气，一些育种小区里的玉米发生了倒伏。结合遥感图像，对 800 个育种小区进行了实地调查，按照根倒、茎折和茎倒三种类型记录倒伏严重程度。表 5-2 列出了田间调查和取样的时间安排。

表 5-2 田间调查和取样的时间安排

株高测量	地上鲜生物量测量	倒伏情况调查	叶色识别
2017-06-29（45）	2017-06-29（45）	—	2017-06-30（46）
2017-07-11（57）	2017-07-11（57）	2017-07-12（58）	—
2017-07-29（75）	—	—	—
2017-08-03（80）	—	—	—

注：括号内数字表示播种后天数

5.1.2 作物群体株高解析

1. 无人机遥感数据处理

（1）数码图像数据处理

使用 Agisoft PhotoScan 软件（1.3 版本）对无人机航拍的 5 个数码图像集分别

进行图像拼接和三维点云重建。首先，导入无人机记录的 POS 数据以提高图像拼接质量，通常 POS 数据不能直接使用，需要按照 Agisoft PhotoScan 软件所需格式对其进行编辑。其次，检查原始图像的质量，将畸变图像和非航线内图像删除，但需要保证航线连续，中间不能出现空洞。完成上述预处理工作之后，将数码图像导入 Agisoft PhotoScan 软件中通过特征点匹配对齐图像，生成稀疏点云。再次，加载地面控制点（GCP）校正相机的位置和姿态以进行精确地理配准。最后，建立密集点云生成二维正射镶嵌图（Orthomosaic）和三维数字表面模型（DSM）。图 5-3 总结了使用 Agisoft PhotoScan 生成 Orthomosaic 和 DSM 的处理流程。基于上述步骤，建立 5 个 Orthomosaic 图像集和 5 个 DSM 模型集（图 5-4）。DSM 将用于提取株高等玉米冠层结构信息，Orthomosaic 将用于制作感兴趣区域和提取玉米叶色性状。

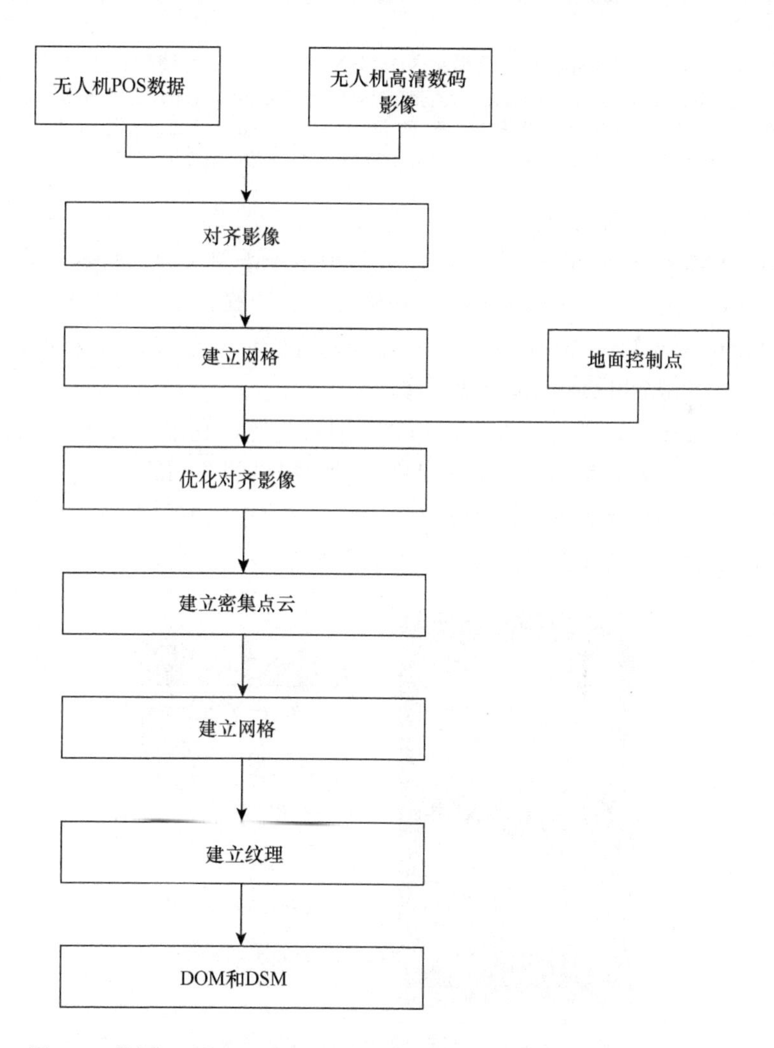

图 5-3　使用 Agisoft PhotoScan 生成 Orthomosaic 和 DSM 的处理流程

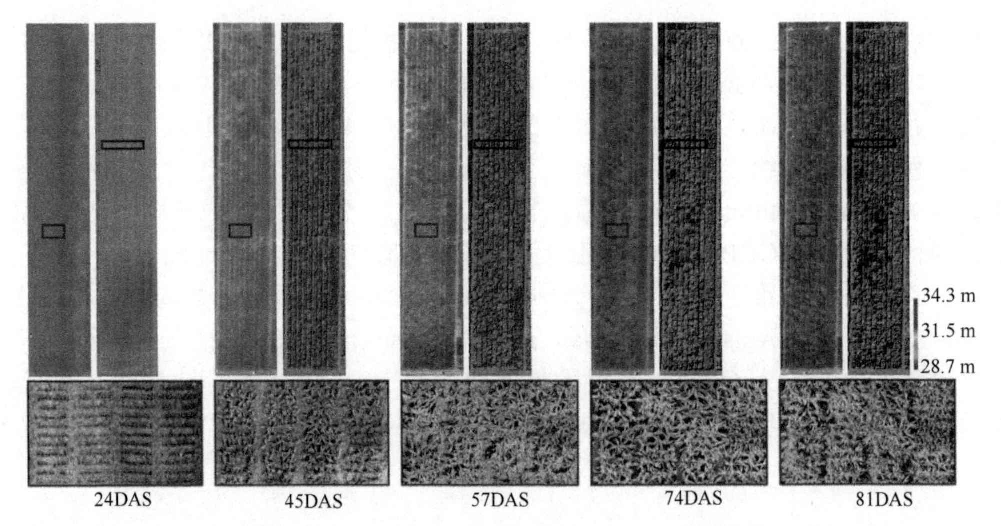

图 5-4　5 个 Orthomosaic 图像集和 5 个 DSM 模型集（彩图请扫封底二维码）

上排 5 列，每列左侧为 Orthomosaic，右侧为 DSM；下排图像为局部显示的 Orthomosaic，对应上图的红框区域。图例中的数字代表高程值；红色矩形是对应的 Orthomosaic 局部放大视图，显示了在小区尺度玉米生长的差异，例如，某些育种小区在 57DAS 发生了倒伏，在 74DAS 抽雄开花

（2）多光谱图像数据处理

使用 Pix4d Mapper Pro 软件（4.0 版本）处理多光谱图像构成的多光谱航拍图像集。Pix4d Mapper Pro 在多光谱图像辐射校正和植被指数计算方面具有优势，并提供了一些与 Agisoft PhotoScan 软件类似的处理步骤，如对齐照片、导入 GCP 和地理参考、构建密集点云、生成 DSM 和 Orthomosaic 图像。

在进行辐射校正时，首先，通过农作物反射的光照，利用 Parrot Sequoia 多光谱相机捕捉辐照度；然后，借助 Micasense 标准反射板提供的已知波段反射值和无人机起飞前后拍摄的辐射定标图像，Pix4d Mapper Pro 解读这些辐照度值并测量反射率（图 5-5）；最后，使用植被指数计算器生成 NDVI（或其他植被指数）图。

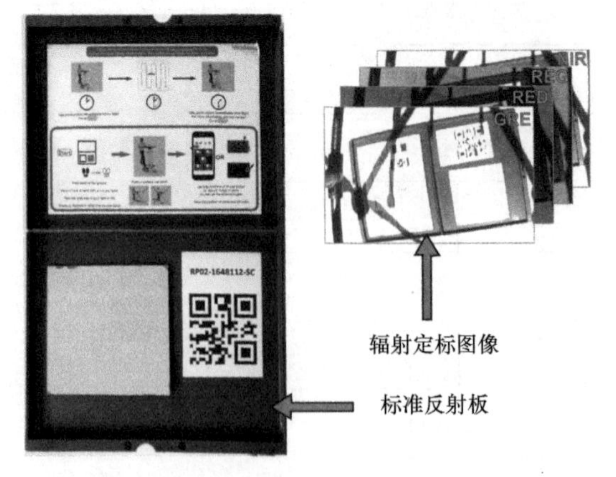

图 5-5　Micasense 标准反射板及其在 4 个波段上的图像

GRE. 绿波段；RED. 红波段；REG. 红边波段；NIR. 近红外波段

2. 育种小区株高提取

Bendig 等（2013）首先提出了冠层表面模型（crop surface model，CSM）这一概念，现已广泛用于各种作物高度信息的提取，如大麦（Bendig et al.，2015）、玉米（Han et al.，2018）、甘蔗（De Souza et al.，2017）和小麦（Holman et al.，2016）等。从 DSM 中减去 DEM 即可得到 CSM。如前节所述，在 Agisoft PhotoScan 软件中，利用数码图像建立三维点云后可直接生成 DSM，所以计算 CSM 时难点就在于如何建立 DEM。之前的一些研究多是从未被作物覆盖的 DSM 区域中提取裸土点的高程值，然后使用克里金空间插值或反距离加权插值建立 DEM（Yue et al.，2017；Han et al.，2019）。当使用这种方法构建 DEM 时，为了确保 DEM 的精度，通常需要借助人眼拾取大量的裸土点，因而具有一定的主观性，且作业的自动化程度低，耗时费力。

借助 Agisoft PhotoScan 软件，我们设计了一种基于点云分类策略构建 DEM 的替代方法。大体思路是将早期（2017 年 6 月 8 日）作物覆盖较少的密集点云通过程序自动分成地面点云和非地面点云两类，然后只利用地面点云构建 DEM。采用 Agisoft PhotoScan 软件的自适应不规则三角网迭代算法分离地面点云，主要有三个步骤（Serifoglu et al.，2018）。①将密集点云分解成一定大小的单元格（cell size），并检测每个单元格的最低点。②建立三角网以获得近似的地面模型。③向地面点中添加新点，但是新点需要满足两个条件：一是限制其与地面模型的距离小于给定的最大距离（maximum distance），二是保持地面模型与连接该新点的线之间的角度小于给定的最大角度（maximum angle）。重复这三个步骤直到检查所有点。调整这些参数（单元格大小、最大距离和最大角度），直到获得可接受的点云分类结果，排除非地面点后留下的空白可以用最近邻点插值填充。最终构建 DEM 使用的参数如下：单元格=20 cm、最大角度=1.5°、最大距离=3 cm。基于点云分类策略构建 DEM 的技术流程如图 5-6 所示，主要有 4 个步骤：①通过数码图像建立三维点云；②将三维点云分成地面点云和非地面点云两类；③只使用地面点云建立 DEM；④使用插值方法填充去除非地面点云后留下的空白区域。

按照观测时间点，依次将 DSM 模型集减去 DEM，得到 5 个 CSM 模型。下面结合图 5-6，介绍如何使用 ArcMap（10.2 版本）和 ENVI（4.5 版本）软件提取 CSM 中的作物高度信息，以获取株高生长动态时间序列数据。通过栅格计算可知 CSM 是一个栅格图像，混合着土壤背景和植物高度信息，此时若直接使用平均值来计算小区尺度上作物高度可能会导致低估，特别是在作物覆盖度较低的育种小区，这个结论已经在多篇文献中报道过（Holman et al.，2016；Matese et al.，2017；Watanabe et al.，2017）。

为了解决这一问题，我们提出了一种考虑小区尺度上冠层空间结构的株高估算方法。首先，采用基于植被指数[归一化的绿红差异指数 NGRDI（Tucker，1979）]的图像分割方法去除土壤背景噪声影响，数码图像的空间分辨率远高于多光谱图像，因此选择在数码图像的红、绿波段计算 NGRDI。然后，择优使用直方图双峰法（杨文攀等，2018）

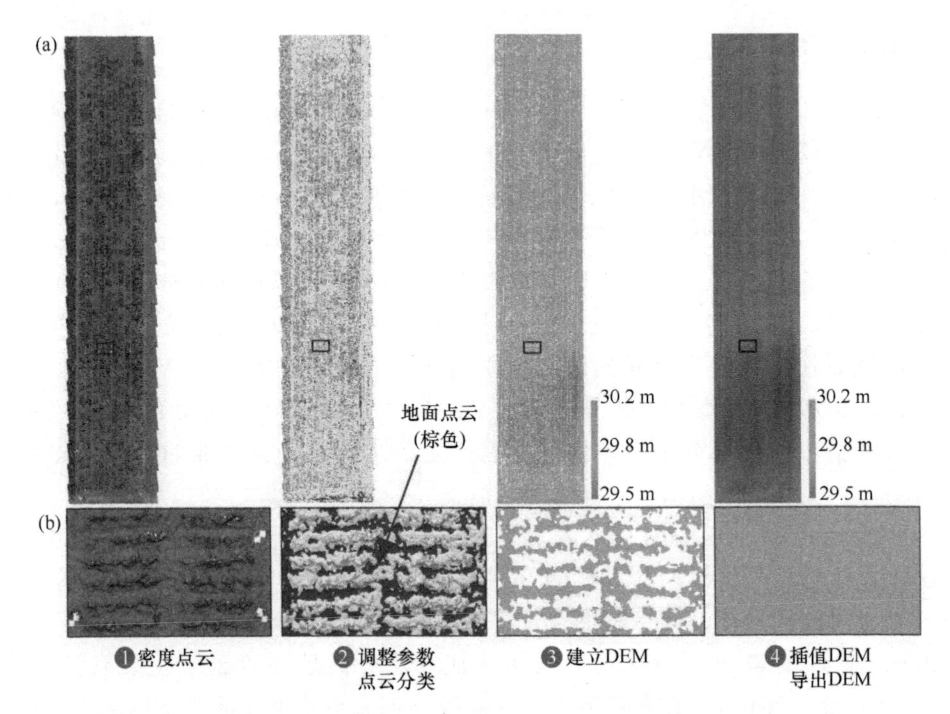

图 5-6　基于点云分类策略建立 DEM 的技术流程（彩图请扫封底二维码）

（a）点云全局图；（b）红框内点云的局部放大图。图例中的数字代表高程值

或者最大类间方差法（Otsu，1979），并确定两种方法的参数阈值，将 NGRDI 图像进行二值化处理并分离出植被区域和非植被区域，并将包含植被的区域转换为感兴趣区域提取 CSM 中仅被植被覆盖的像元值来构建一个新的 CSM。去除土壤背景噪声后的 CSM 中还会包括一些低位叶片成像产生的像元值，接下来的策略就是设法过滤掉这些像元值。首先，使用核邻域最大值法对 CSM 中的像元进行抽稀，过滤掉邻域内像元值（高度信息）较低的像元，在这个过程中，可以选择使用重采样法来调整计算中涉及的像元数量，抽稀后的像元仍然保有三维坐标，因而具有三维空间分布特征；然后，对这些像元进行克里金空间插值，生成小区尺度上作物高度曲面，曲面中的最高点即为小区尺度上玉米株高的表征值（图 5-7）。

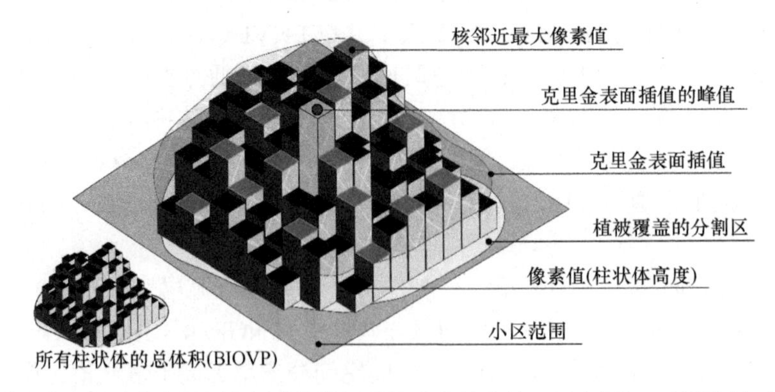

图 5-7　一种考虑小区尺度上冠层空间结构特征的株高估算方法（示意图）（彩图请扫封底二维码）

为了验证株高估算方法的准确性，将从无人机图像中提取的株高（PH_{uav}）与用塔尺测量的株高（PH_{grd}）进行了比较，图 5-8（a）表明估测株高和实测株高具有较强的一致性，表明所建立的无人机遥感株高解析方法精度高（R^2=0.95，RMSE=14.1 cm）。在第四个观测时间点（74DAS）和第五个观测时间点（81DAS）中，使用无人机遥感图像的提取株高低于实测株高，这可能是因为在玉米抽雄之后，人工测量时，使用塔尺测量到雄穗顶部，而在 60 m 的航高拍摄照片中，重建具有复杂细小分支的雄穗点云是非常困难的。与同时使用 4 个观测时间点的回归统计数据不同，对于单个观测时间点，实测株高

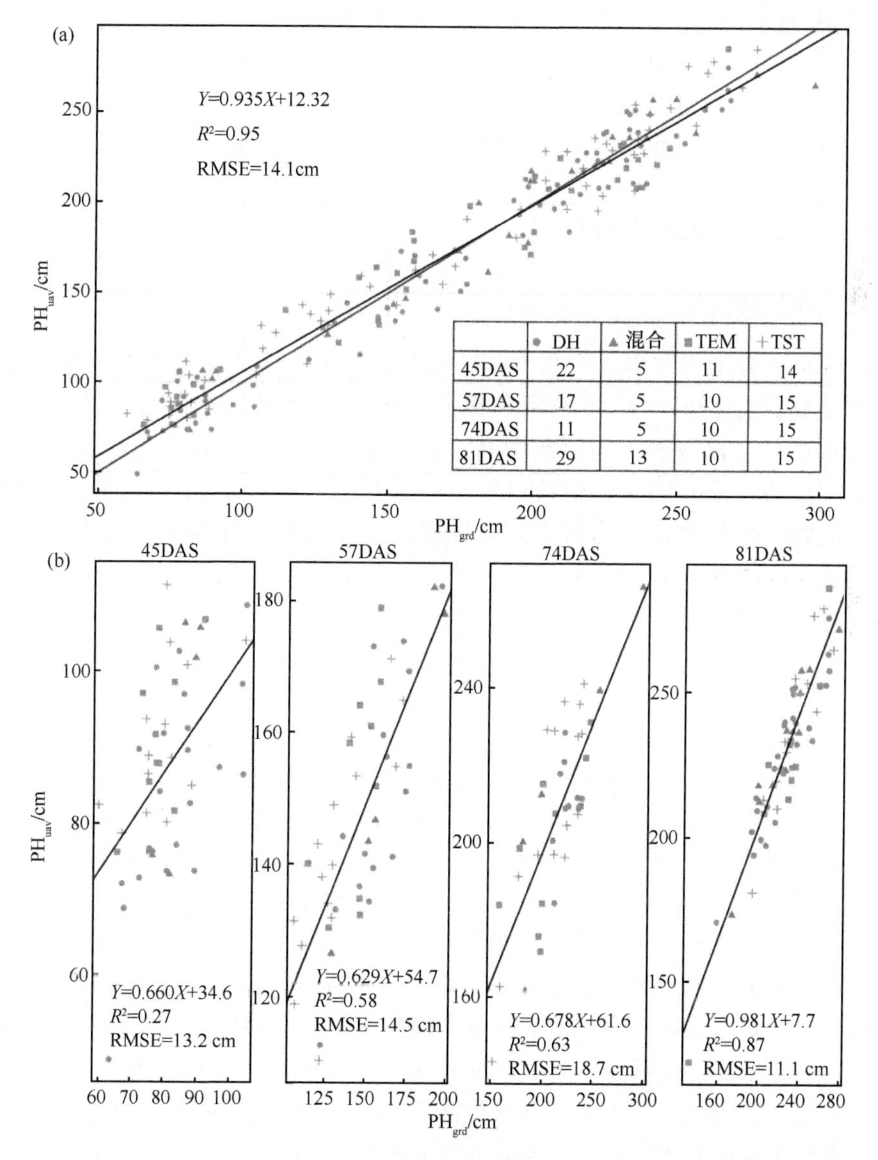

图 5-8　对比从无人机遥感图像中提取的玉米株高（PH_{uav}）与用塔尺测量的株高（PH_{grd}）
（彩图请扫封底二维码）

（a）全生育期无人机遥感提取玉米株高与实际人工测量株高对比验证，红色线为 1∶1 线；（b）单独生育期无人机遥感提取玉米株高与实际人工测量株高对比验证

和无人机遥感估计的株高之间的线性关系较弱。就 R^2 而言，随着小区玉米冠层的逐渐封垄密闭，二者之间的线性关系呈增大趋势[图 5-8（b）]。由于基因型的不同，不同育种小区的玉米可能处于不同的生长发育阶段，例如，TEM 群体已处于开花期，而 TST 种群仍处于营养生长阶段。因此玉米发育的这种不均匀性也可能导致较高的 RMSE。值得注意的是，当玉米株高过高时，人工测量株高非常不方便，受到视线限制，也只能粗略地估计，观测者的主观性也可能导致较高的 RMSE，在抽样测量时每个小区只选择三株玉米，可能缺乏代表性。从遥感图像中提取的株高与人工测量株高之间的相关性分析存在一个比较现实的问题，因为都是假定人工测量值是准确的，其他方式的测量结果必须符合人工测量的结果（Pugh et al.，2018）。

5.2 作物结构表型动态分析

5.2.1 株高增长动态及聚类分析

1. 株高表型数据集

利用前小节方法提取出 5 个生育期玉米株高信息，生成了玉米株高时序数据集；在此基础上定义了株高平均增长率和株高贡献率两个描述株高动态变化的表型性状。利用数据可视化方法分别绘制株高、株高平均增长率和株高贡献率三个性状变化的时空剖面线，这种时空剖面线能够反映玉米不同生长发育阶段的株高动态变化特征，故而将这些性状定义为时空表型性状，主要包括：株高平均增长率（average growth rate of plant height，AGRPH）和株高贡献率（contribution rate of plant height，CRPH），计算公式如下：

$$\mathrm{AGRPH}_{P_kT_i}=\frac{\mathrm{PH}_{P_kT_{i+1}}-\mathrm{PH}_{P_kT_i}}{T_{i+1}-T_i} \tag{5-1}$$

$$\mathrm{CRPH}_{P_kT_i}=\frac{\mathrm{PH}_{P_kT_{i+1}}-\mathrm{PH}_{P_kT_i}}{\mathrm{PH}_{P_kT_5}}\times 100\% \tag{5-2}$$

式中，P_k 表示第 k 个育种小区；T_i 表示第 i 个观测时间点。AGRPH 是两个相邻观测时间点之间的株高增量与间隔天数之比，表示平均每天的株高增量。CRPH 是一定时间间隔的株高增量对最终株高的贡献率，反映了株高增量在时间维度上的分布情况。在剔除了发生倒伏等引起长势异常的样本数据之后，采用顶板/底板（Capping/Flooring）方法对剩余数据进行清洗以减小离群值的影响。顶板/底板方法将离群值限制在高于第 98 个百分位值的某个值上，或者低于第 2 个百分位值的某个值上（Pyle，1999）。图 5-9 表明了数据清洗之前离群值在三个表型性状数据集中的分布情况。在第一个观测时间点，株高较低（平均株高小于 20 cm），出现的离群值最多。主要是由于此时育种小区内玉米植株矮小且分布稀疏，生成的点云数据质量不佳，不利于无人机遥感观测，因此大部分离群值在数据清洗后被去除。

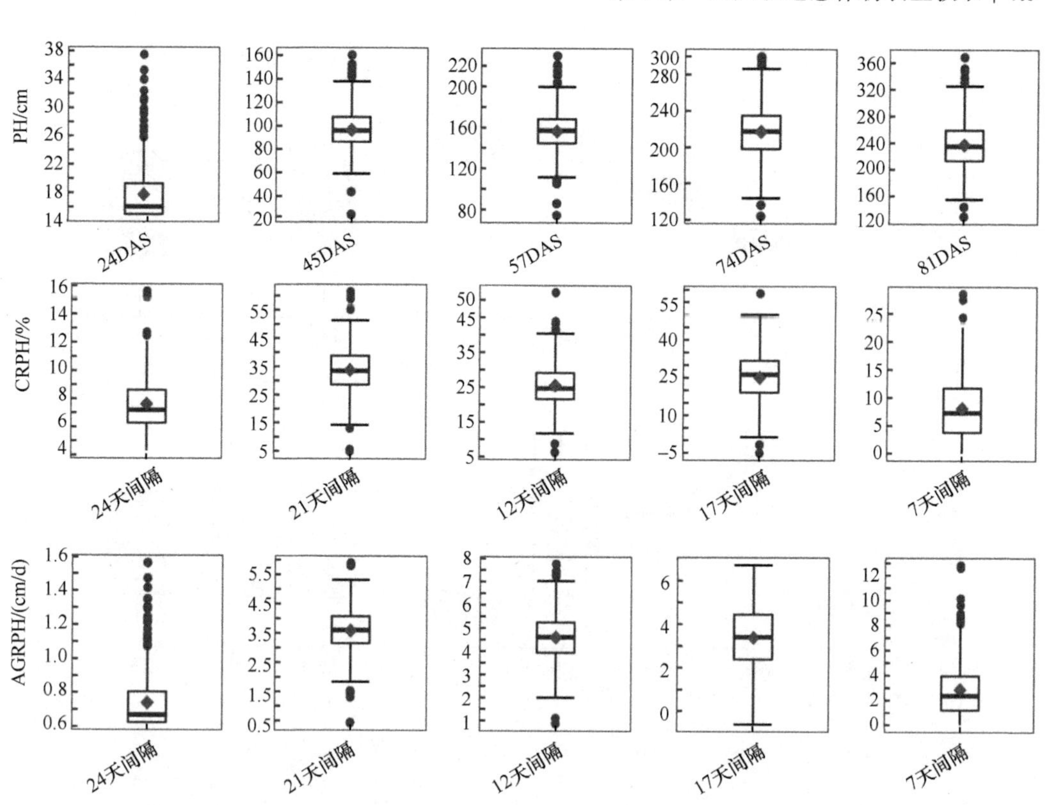

图 5-9　离群值处理前数据分布特征（400 个样本）（彩图请扫封底二维码）

从上到下依次为株高（PH）、株高贡献率（CRPH）和株高平均增长率（AGRPH）。图中实线表示中位数，紫色菱形表示均值，红色点表示离群值

使用 Kruskal-Wallis 检验方法，推断三种遗传背景玉米子群体的表型数据总体分布是否有差别。对于整体的株高和株高贡献率来说（整体考虑，不区分不同生长阶段），在 0.05 显著性水平下，Kruskal-Wallis 检验接受了零假设（$P>0.05$），即认为这两个性状不同遗传背景之间不存在显著性差异，而对于整体的株高平均增长率来说，Kruskal-Wallis 检验拒绝了零假设（$P<0.05$），即认为整体的株高平均增长率在不同遗传背景之间存在显著性差异，进一步两两比较表明，AGRPH 在 TEM 群体和 TST 群体之间，以及在 TST 群体和混合群体之间，存在显著性差异，而在混合群体和 TEM 群体之间则不存在（图 5-10 右图）。而从三个性状的动态变化角度来看（5 个观测时间点），在每个观测时间点，Kruskal-Wallis 检验都拒绝了零假设（$P>0.05$），即认为不论在哪个观测时间点，三个性状在不同遗传背景之间都存在显著性差异（图 5-10 左图）。

2. 模糊 *C* 均值聚类参数确定

为了探究不同育种玉米材料的株高动态变化是否具有类别规律，从而支撑后续基因型分析，采用了模糊 *C* 均值聚类算法对三种株高时间序列数据进行聚类分析。该聚类方法的优势在于它是一种数据“软”聚类算法，允许数据点以某个隶属度（范围从 0 到 1）同时属于多个集群（cluster）。聚类的质心是数据点的平均值，其权重取决于它们属于集群的程度，并使用欧几里得距离作为表型数据的遗传距离的度量。使用模糊聚类算法时

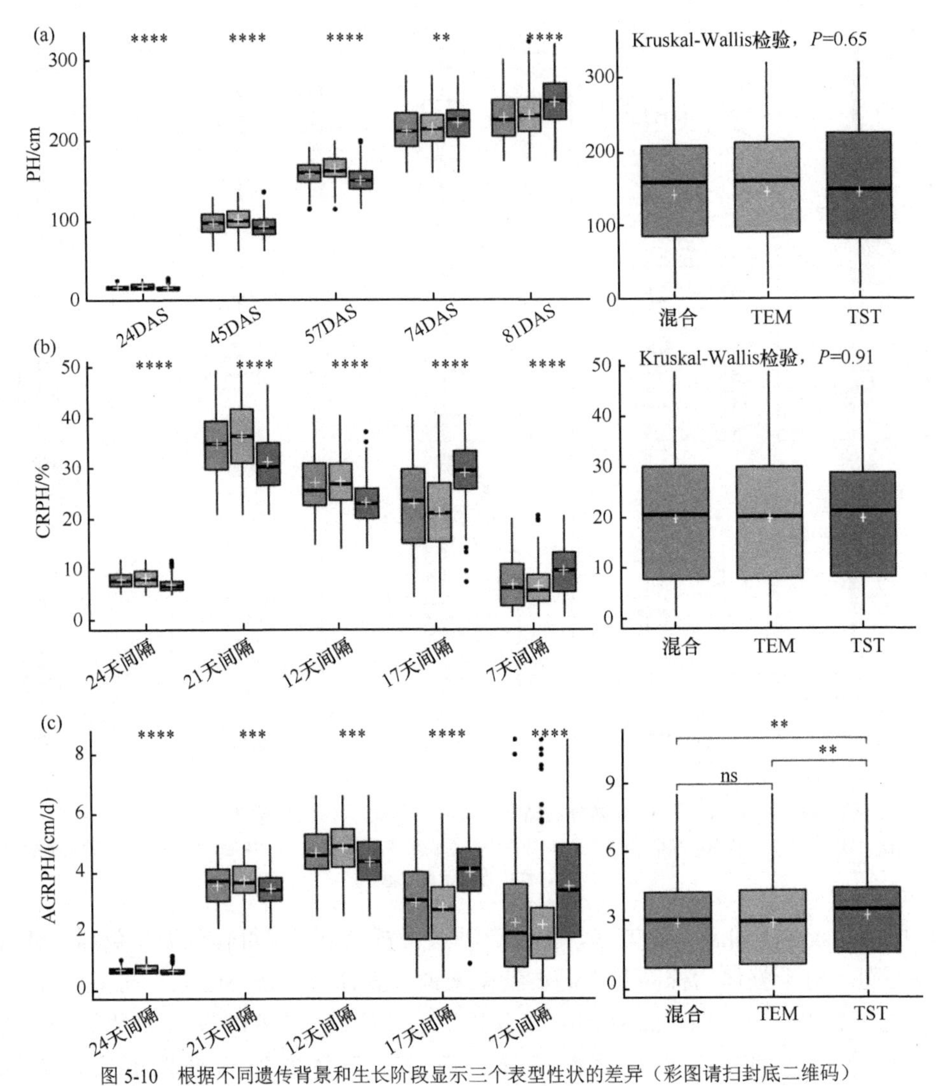

图 5-10 根据不同遗传背景和生长阶段显示三个表型性状的差异（彩图请扫封底二维码）

（a）玉米株高不同生长期差异及分类统计；（b）不同生长间隔株高贡献率及分类统计；（c）不同生长间隔株高平均增长率及分类统计。图中白色加号表示均值，中间黑色实线表示中位数，黑色圆点表示离群值。*表示 $P<0.05$；**表示 $P<0.01$；***表示 $P<0.001$；****表示 $P<0.0001$

需要确定参数 C 值和 M 值。C 定义了最佳聚类数目，M 定义了聚类模糊程度，M 值越大，聚类模糊程度就越高。通过聚类有效性的试验研究得出 M 的最佳取值范围是[1.5，2.5]。计算 6 个常用模糊聚类有效性指标：分离熵系数（partition entropy coefficient，PE）、谢-贝尼指数（Xie-Beni index，XB）、福山-雪诺指数（Fukuyama-Sugeno index，FS）、模糊超量（fuzzy hyper volume，FHV）、分区密度指数（partition density index，PD）、分离系数（partition coefficient，PC），并基于“半数以上的大多数”原则确定最佳聚类数目 C 值。测试方案中将聚类数目的上限设置为 15，迭代 500 次以保证算法收敛，遍历参数 C 与 M 各种组合方式，并计算每种组合方式下的 6 个评价指标。根据“半数以上的大多数”原则（Charrad et al.，2014），当 C=2 和 M=2 时，三种时空表型性状都得到了最优划分。对于 PH 和 CRPH 而言，6 个模糊聚类评价指标给出了一致性的推荐结果，

即最佳聚类数目 C=2；对于 AGRPH 而言，则有所不同，5 个模糊聚类评价指标建议 C=2，而 PE 指标则建议 C=4（图 5-11）。

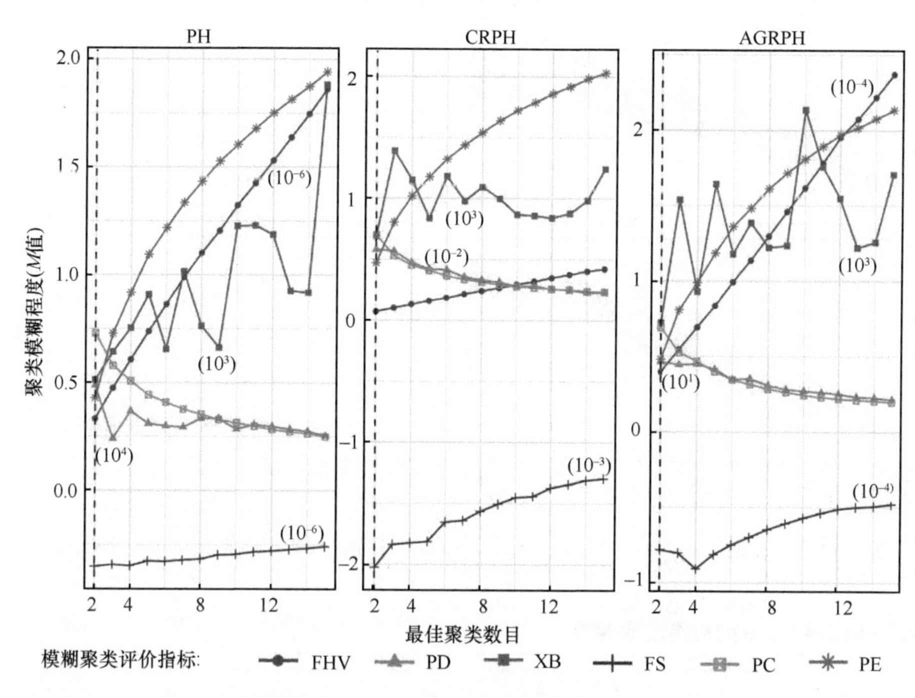

图 5-11 基于 6 个模糊聚类评价指标确定最佳聚类数目（彩图请扫封底二维码）

蓝色垂直虚线指示株高（PH）、株高贡献率（CRPH）和株高平均增长率（AGRPH）的最佳聚类数目。为了保证 6 个指标能够绘制在同一坐标系中，对一些指标进行了比例缩放，括号中的数字是比例系数

3. 株高增长动态聚类结果

对于每个时空表型性状，应用模糊 C 均值聚类之后，将 400 份不同玉米育种材料株高动态数据划分到不同的集群中，同时还分配了一个隶属等级并使用不同的颜色编码表示；利用一条折线连接聚类中心，形成一个典型时空剖面线（图 5-12～图 5-14），寻找主导遗传背景来识别和解释典型时空剖面线。主导遗传背景需同时满足如下两个条件：①在某个聚类结果中，具有某个遗传背景样本的数量占比超过 1/3；②在某个聚类结果中，具有某个遗传背景样本的数量相对于自身的总样本量占比超过 2/3。

分别观察集群 A 和集群 B 中的 PH 典型全生育期廓线（图 5-12），都呈相似的上升趋势，只是在 74DAS（集群 A 平均 195.4 cm，集群 B 平均 237.8 cm）和 81DAS（集群 A 平均 210.4 cm，集群 B 平均 262.8 cm）两个观测时间点的株高差异较大。虽然 TST 子群体在集群 B 中的比例达到 49.5%，但该子群体的总占比仅为 58%（100∶172），因此认为集群 B 中不存在具有主导性的遗传背景，也无法进一步识别和解释[图 5-15（a）]。结果表明，单独的株高时空剖面线不利于检测不同基因型玉米的株高差异。

分别观察在集群 A 和集群 B 中的 CRPH 典型全生育期廓线（图 5-13 右图），集群 A 中 TST 子群体占比 60.5%，相对于该子群体的总比例高达 80.2%（138∶172），因此可认为 TST 子群体是集群 A 中的主导遗传背景，集群 A 的典型全生育期廓线可用于表示

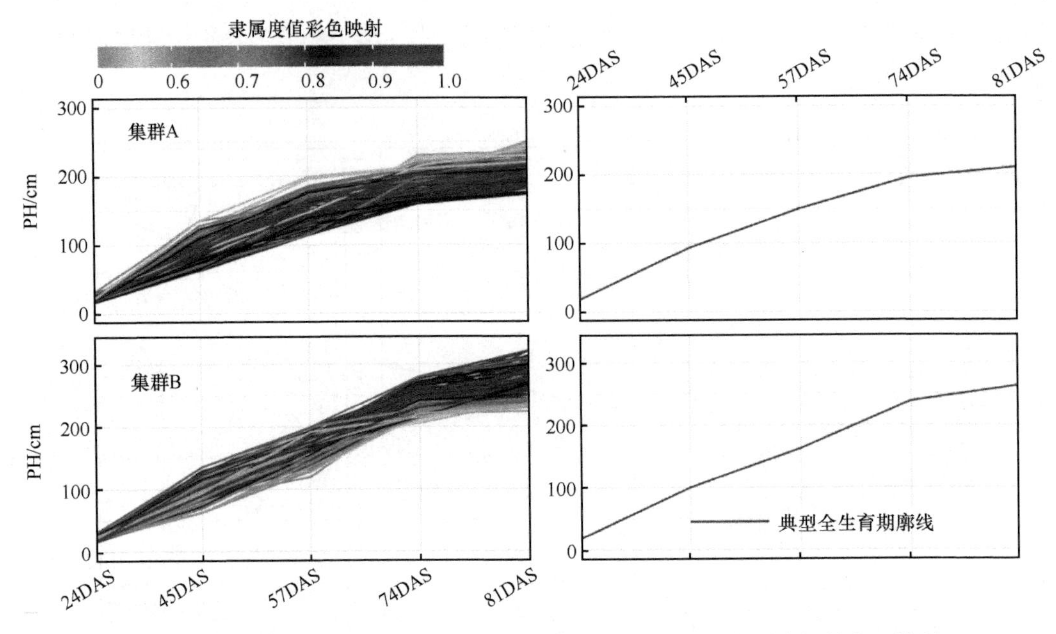

图 5-12 株高增长动态——株高（PH）的模糊 C 均值聚类（彩图请扫封底二维码）

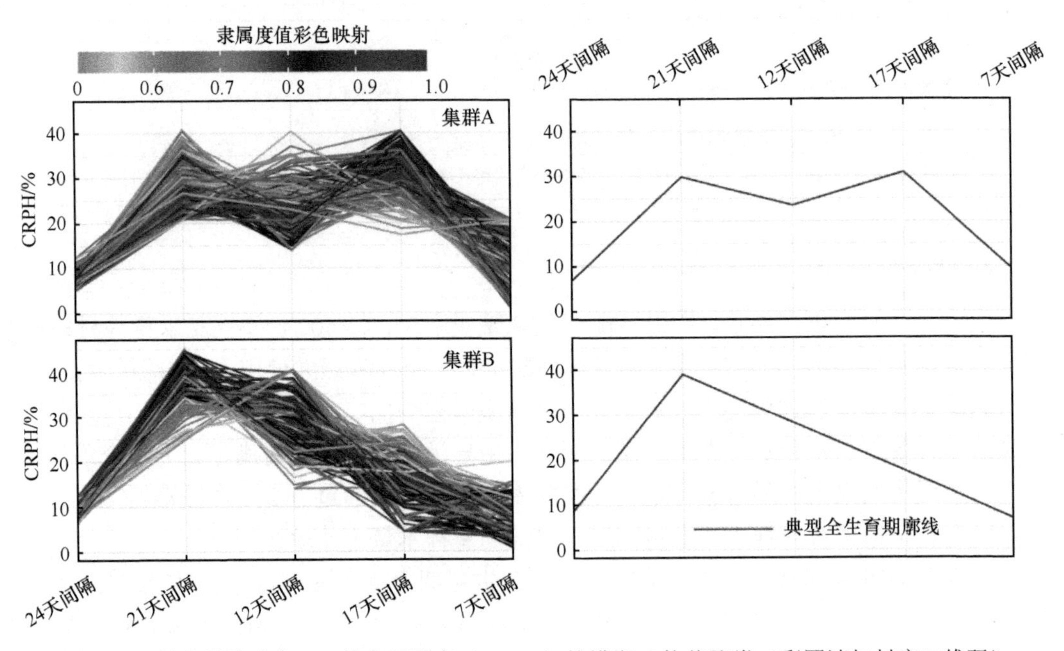

图 5-13 株高增长动态——株高贡献率（CRPH）的模糊 C 均值聚类（彩图请扫封底二维码）

TST 子群体中 CRPH 性状的动态变化模式[图 5-15（b）]。在第二、第三和第四个时间点，TST 子群体的 CRPH 保持在 25%以上，特别是在第四个时间点（17 天间隔），CRPH 增加到 30%以上，说明 TST 子群体在第二至第四个时间点之间尚处于营养生长阶段。因为当植物从营养生长阶段进入生殖生长阶段时或之后不久，株高将达到最大值。在北温带种植时，TST 子群体获得的有效积温不足，从营养生长阶段进入生殖生长阶段需要较长的时间。换句话说，它的生长周期通常是被延长的。其结果是，生殖生长所需要的

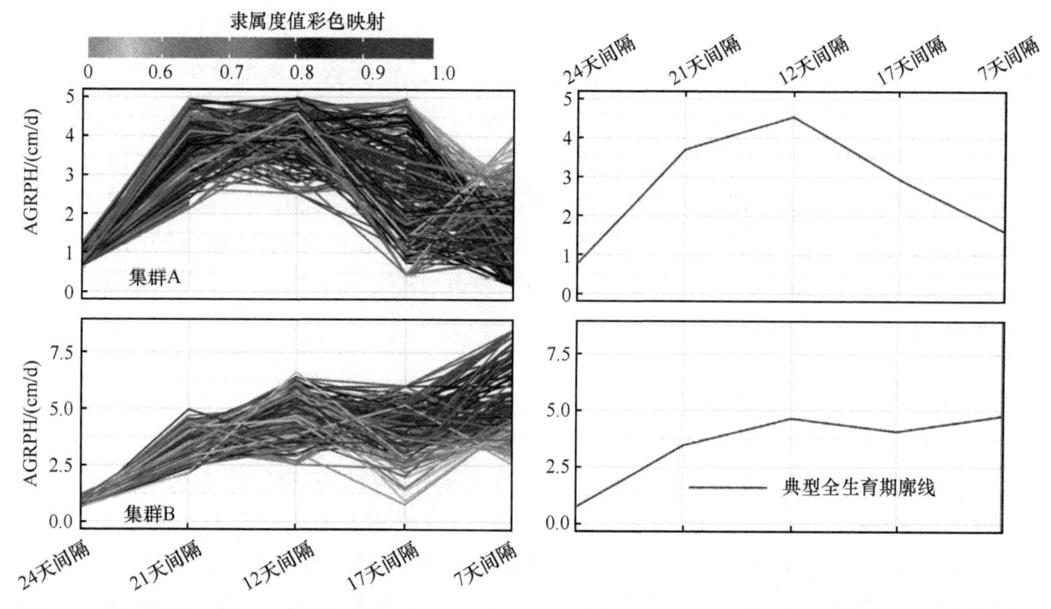

图 5-14　株高增长动态——株高平均增长率（AGRPH）的模糊 C 均值聚类（彩图请扫封底二维码）

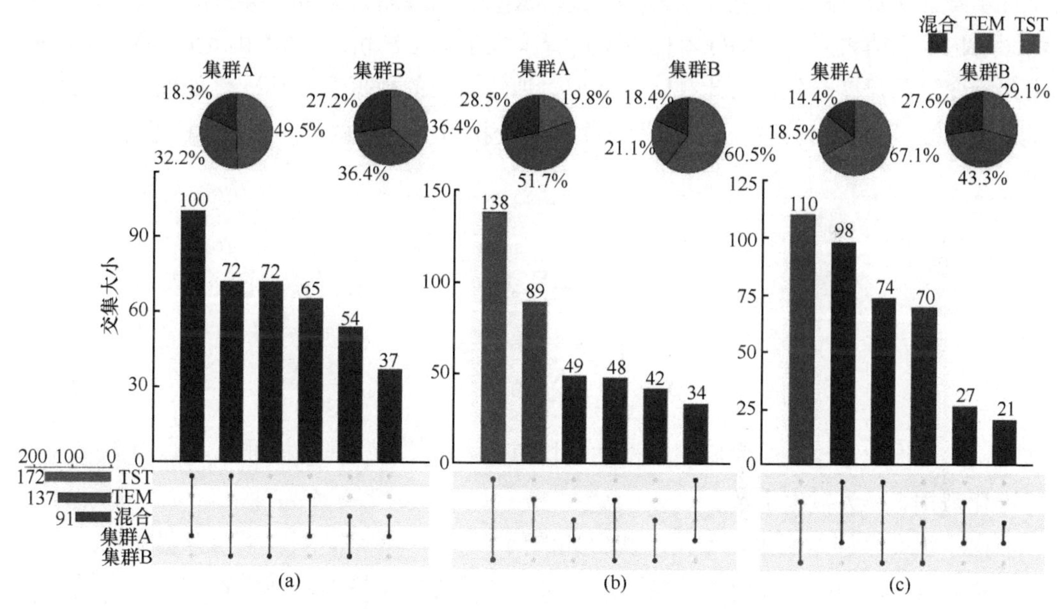

图 5-15　利用聚类结果与遗传背景的交集来识别株高增长动态典型模式（彩图请扫封底二维码）

（a）PH 性状；（b）CRPH 性状；（c）AGRPH 性状。饼状图显示了三种遗传背景（即混合、TEM 和 TST）在集群中所占比例。下方彩色哑铃和中间的彩色柱形分别代表交集和主导遗传背景。由于有 3 种遗传背景类型（混合、TEM、TST）和 2 种聚类，所以共有 6 种组合。图中柱状图表示 3 种遗传背景显著性结果，判别条件为：①每种遗传背景中样本个数占各聚类总样本数不低于 1/3；②每种聚类样本数占各遗传背景总样本数不低于 2/3。例如，左侧第一个柱状图对应的数据为 TST 样本数 172，其中集群 A 的样本数据为 100，占比为 100/172≈58%，小于 2/3，但是在聚类饼图中 TST 数量占比超过了 1/3，所以用黑色表示 TST 遗传背景样本和集群 A 间关联不显著。而如果上述判别条件都满足时则标识为显著性遗传背景所对应的颜色

有效积温不足导致产量降低（张仁和等，2011）。这一结果表明，CRPH 的典型全生育期廓线可以检测出不同基因型玉米的株高增量差异。

分别观察集群 A 和集群 B 中的 AGRPH 典型全生育期廓线（图 5-14 右侧），集群 A

中的 TEM 子群体占比 43.3%，相对于该子群体的总占比 80.3%（110∶137）[图 5-15（c）]。因此，可认为 TEM 子群体是集群 A 的主导遗传背景，集群 A 的典型全生育期廓线可以用来解释 TEM 子群体中 AGRPH 性状的动态变化模式。在 TEM 子群体中可以观察到 AGRPH 出现先增加后减少的现象，这也遵循了温带玉米群体从营养生长阶段到生殖生长阶段的株高增长速率变化的客观规律。虽然集群 A 中混合子群体的总占比为 76.9%（70∶91），但由于遗传背景来源不明确，我们也无法合理解释此时 AGRPH 性状的动态变化模式。这一结果表明，AGRPH 的典型全生育期廓线可以检测出不同基因型玉米的株高增长速率差异。

5.2.2 地上生物量估算及空间分布

地上生物量（above-ground biomass，AGB）是田间表型调查的基本农学参数之一，常用于指示植物生长状况、田间管理实践的影响以及植物固定碳的能力。结合无人机遥感平台获取的玉米冠层结构和光谱信息，构建了 4 种机器学习模型来估算玉米 AGB，还通过比较分析确定最佳的生物量估算模型，对不同玉米育种材料及不同生育期生物量进行了空间关联分析。采用多元线性回归（MLR）、支持向量机（SVM）、人工神经网络（ANN）和随机森林（RF）4 种模型进行玉米生物量解析。SVM 和 ANN 模型严格要求预测变量的尺度一致，因此在建模之前对训练集中的数据进行标准化处理。如输入数据 $x_1,x_2,\cdots,x_n$ 可按下列计算公式进行变换，经变换后数据 y_i 的均值是 0，标准差是 1。

$$y_i = \frac{x_i - \overline{x}}{s} \tag{5-3}$$

$$\overline{x} = \frac{1}{n}\sum_{i=1}^{n} x_i \tag{5-4}$$

$$s = \sqrt{\frac{1}{n-1}\sum_{i=1}^{n}\left(x_i - \overline{x}\right)^2} \tag{5-5}$$

式中，x_i 为原始数据，$\overline{x}$ 为原始数据的平均值，s 为原始数据的标准差，y_i 为变换后的标准化数据，n 为数据个数。

由于 130 个样本由来自不同观测日期的两个子样本构成，所以采用分层随机抽样方法，将其按 70∶30 划分成训练集和测试集；在训练每个模型之前设置一个固定的随机数种子，以确保训练 4 个模型时使用相同的训练集和测试集。采用重复 10 折交叉验证方法对模型进行训练和优化，该方法将训练集随机分为 10 个大小近似相等的子集，每次抽出 90%的样本用来建立模型，剩下的 10%被用作测试集来评估模型性能，该过程重复 10 次，生成 10 个随机分区和 100 个训练模型，然后分析模型调优参数与模型性能之间的关系。除 MLR 模型外，其他模型至少有一个调优参数，均采用网格搜索方法来寻找最优参数（Bergstra et al.，2011）。总体而言，RF 模型在训练集和测试集上表现最好（图 5-16），因此选择 RF 模型估算 AGB，并据此生成 2017 年 6 月 29 日和 7 月 11 日的 AGB 空间分布图（图 5-17）。

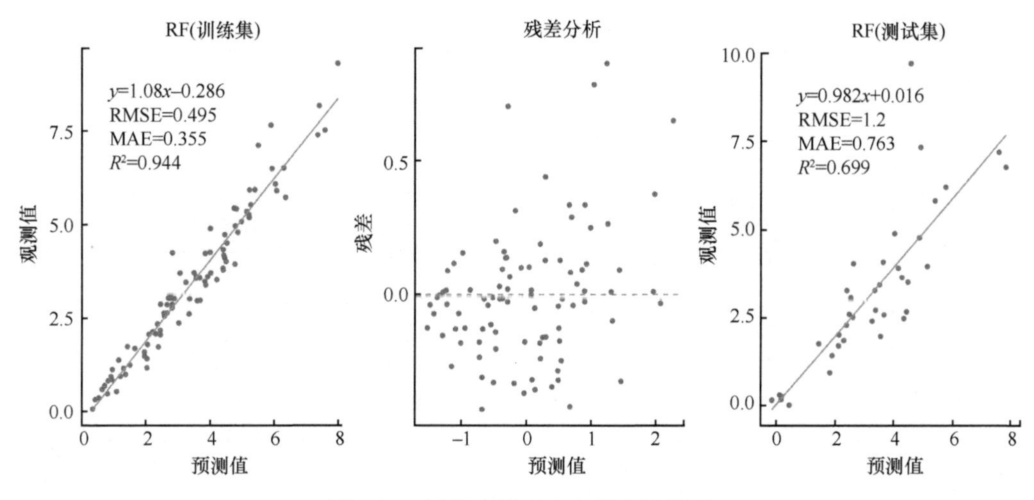

图 5-16　随机森林（RF）模型诊断图

MAE. 平均绝对值误差；RMSE 单位：kg/m²

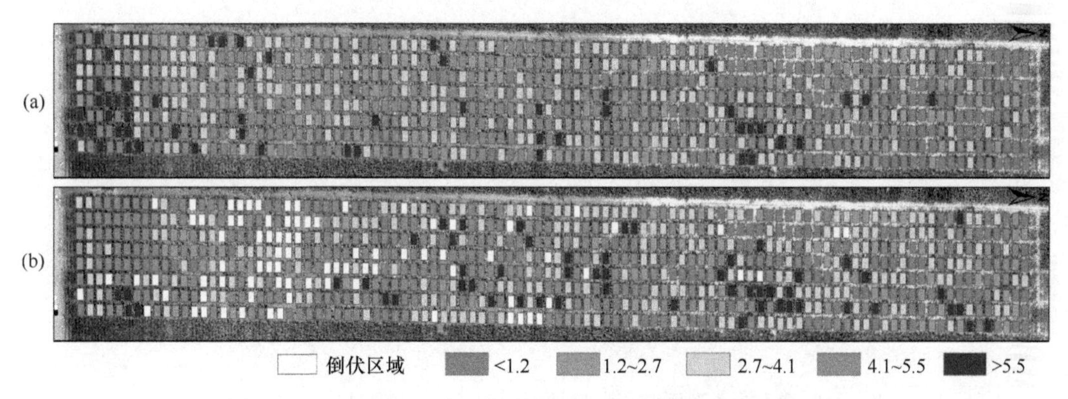

图 5-17　AGB（kg/m²）空间分布图（彩图请扫封底二维码）

（a）2017 年 6 月 29 日；（b）2017 年 7 月 11 日。图例上的数据为 AGB

由于表型数据统计分布未知，故而采用 Wilcoxon 检验检查数据重采样方法是否会影响模型训练，即检验采用“10 折交叉”和“自抽样”两种抽样的模型训练结果在统计学意义上是否具有显著差异。检验结果表明，在 0.05 的显著性水平上，Wilcoxon 检验接受了一个无效假设，即两种不同的抽样方法计算出的两组性能指标具有相同的数据分布。由此推断，这两种抽样方法在建立最佳模型时不存在显著差异。在此基础上，对所有样本进行了总体方差分析（analysis of variance，ANOVA），结果表明整体达到显著性水平（P<0.05）。进一步比较分析 DH、TST、TEM 和混合子群体与所有群体之间 AGB 的差异，结果发现当 Wilcoxon 检验显著时，DH 子群体的 AGB 明显低于所有群体，而 TST 子群体的 AGB 明显高于所有群体，但混合子群体与所有群体之间的 AGB 差异无统计学意义（图 5-18）。

5.2.3　多表型参数聚类分析

研究的综合表型数据包括：株高（finPH）、地上鲜生物量（finBiomass）、开花期（IS_flowering）、倒伏（IS_lodging）、叶色（tColor）、遗传背景（tGBK）、NDVI、株高

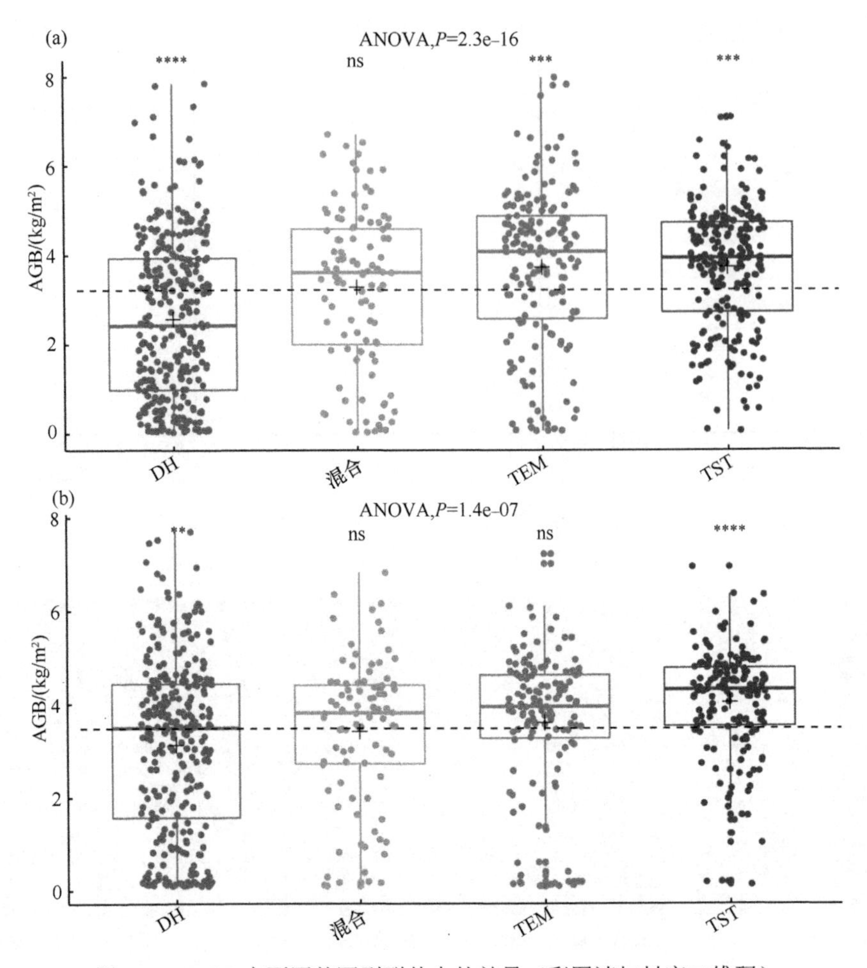

图 5-18　AGB 在不同基因型群体中的差异（彩图请扫封底二维码）

（a）2017 年 6 月 29 日；（b）2017 年 7 月 11 日。DH、混合、TEM 和 TST 是来自不同遗传背景的 4 个子群体。黑色虚线表示总体的平均 AGB。黑色加号表示子群体的平均 AGB。ns 表示 $P > 0.05$；$^{**}P<0.01$；$^{***}P<0.001$；$^{****}P<0.0001$

平均增长率（AGRPH）和 BIOVP。除了遗传背景外，其他表型数据都是基于无人机表型平台采集的数码和多光谱图像，利用图像处理、统计分析和预计建模等多种技术手段获取的。田间人工调查结果表明，倒伏严重程度分级极不平衡，即超过 80%的样本属于根倒伏，因此简单地将玉米育种材料分为两类，即发生倒伏的（IS_lodging.Y）和未发生倒伏的（IS_lodging.N）。NDVI、BIOVP 和 AGRPH 是具有 5 个时间点的时空表型参数（性状），分别用 dyNDVI、dyBIOVP 和 dyAGRPH 表示。构建的 BIOVP 是表征小区尺度上作物地上鲜生物量的体积度量指标。BIOVP 可以理解为在 CSM 模型中分离土壤背景后，对包含作物的像元值（高度）的求和。为了便于这三个时空表型参数与其他表型性状配合使用，通过计算时间剖面线下的面积将这三个时空表型参数转换成一个数值（图 5-19）。根据数据类型不同将表型参数分为三类，即数值型（numerical）、二分类（dichotomous）离散类型和多分类（polytomous）离散类型。

结合自组织映射网络（self-organizing map，SOM）和聚合层次聚类（agglomerative hierarchical clustering，AHC）二者的优势，构建了一种“两步聚类”方法，对 9 个

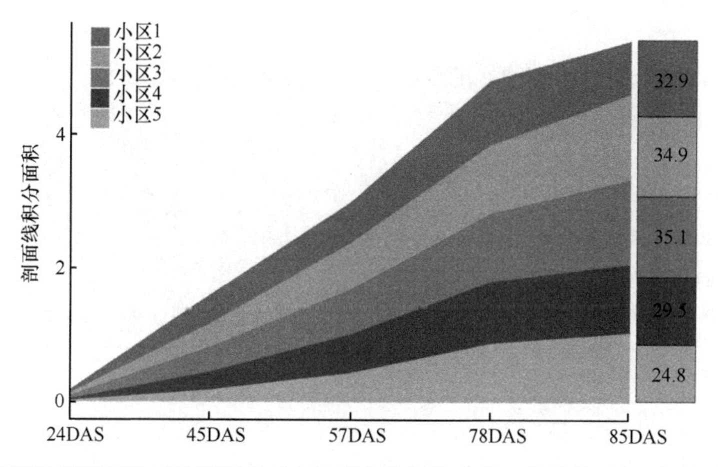

图 5-19　通过计算时间剖面线下的面积将时空表型参数转换成单一数值的示例（彩图请扫封底二维码）

维度、482 个自然群体的样本进行聚类分析。“两步聚类”大体思路如下：首先，采用 SOM 执行“两步聚类”方法中的预聚类，简化表达原始数据集，将高维数据之间的非线性关系转换为二维拓扑图上点与点之间的简单几何关系，并将相似样本投射到同一个神经元上（Herrero and Dopazo，2002）；然后，使用聚合层次聚类方法对预聚类的结果进行第二次聚类，将 SOM 拓扑图中相邻的神经元划分到同一个集群中，并利用树形图以可视化方式显示层次聚类结果。研究中 SOM 设置如下：网格大小为 15×7，学习率为 0.05，六角形拓扑和高斯邻域函数；SOM 在 4500 次迭代后趋于稳定（图 5-20）。

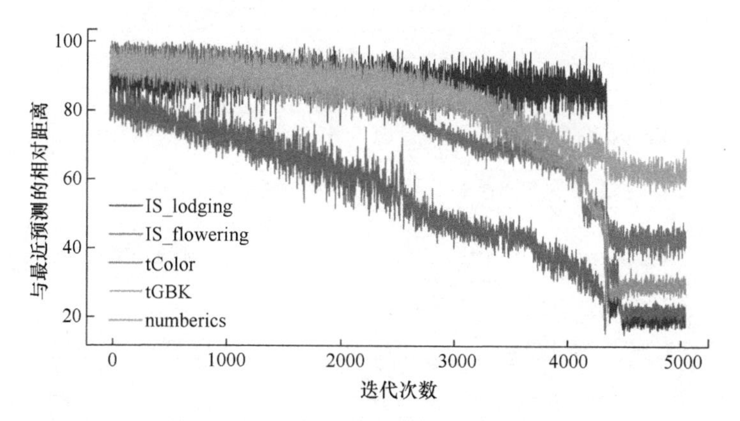

图 5-20　训练 SOM 网络时的迭代过程（彩图请扫封底二维码）

IS_lodging 表示是否发生倒伏；IS_flowering 表示是否抽雄开花；tColor 表示叶色：绿色、黄绿色和深绿色；tGBK 表示遗传背景：混合、TEM 和 TST；numberics 表示数值输入变量：dyNDVI、dyAGRPH、dyBIOVP、finBiomass、finPH

该 SOM 一共有 5 个数据输入层。其中数值型输入层（numberics）由 5 个连续型数值变量组成，即 dyNDVI、dyAGRPH、dyBIOVP、finBiomass 和 finPH。105 个神经元以 15 行 7 列的结构排列；482 个输入样本在这些神经元之中分布并不均匀[图 5-21（a）]。第 91 个神经元包含 35 个样本，数量最多；有 7 个“死”神经元，这些神经元在竞争层中未赢得任何样本，占比不到 7%[图 5-21（b）]。

使用聚合层次聚类方法进行二次聚类并以三种颜色标记这三个集群（图 5-22），图

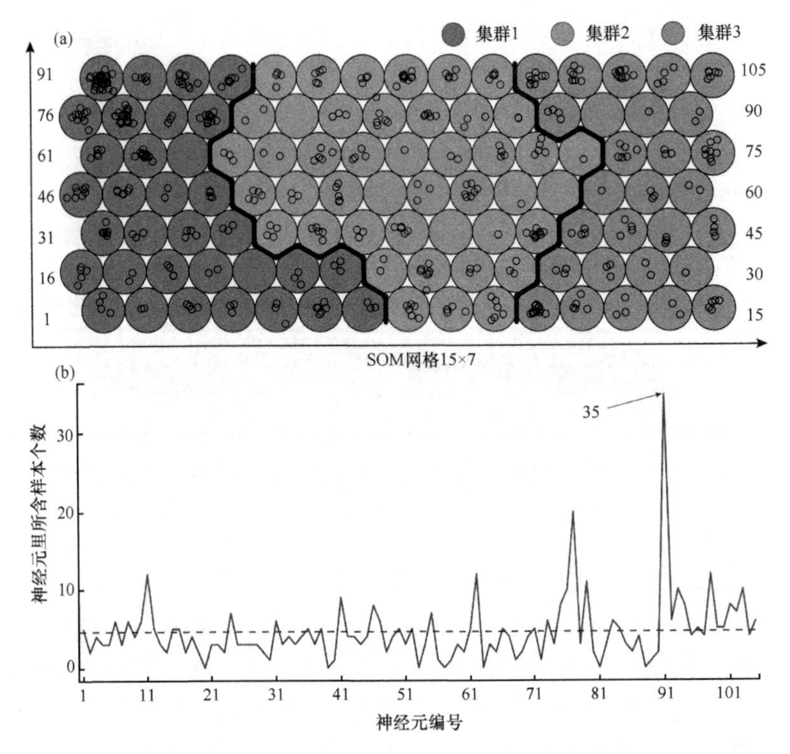

图 5-21 神经元中样本数量分布（彩图请扫封底二维码）

（a）105 个神经元包含样本分布；（b）所有神经元包含样本数

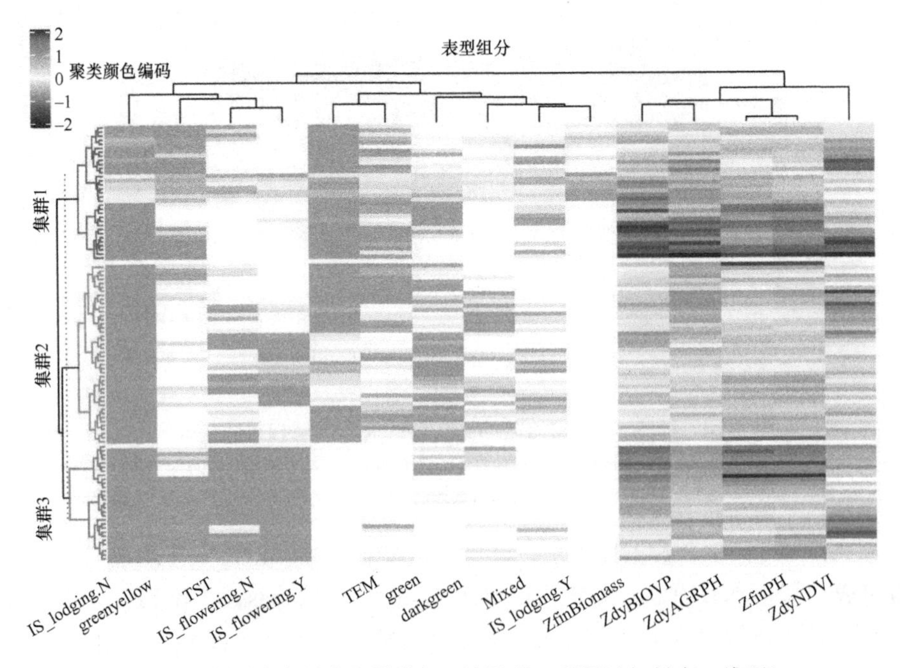

图 5-22 使用聚合层次聚类进行二次聚类（彩图请扫封底二维码）

IS_lodging. 倒伏；greenyellow. 黄绿叶色；TST. 热带/亚热带群体；IS_flowering. 开花期；TEM. 温带群体；green. 绿色叶色；darkgreen. 深绿色叶色；Mixed. 混合群体；ZfinBiomass. 地上新鲜生物量；ZdyBIOVP. 小区总柱体体积；ZdyAGRPH. 株高平均增长率；ZfinPH. 株高；ZdyNDVI. 归一化差分植被指数。Y 和 N 代表是否判断

中左侧的树状图是按行聚类的结果，分配了不同的基因型样本，考察基因型之间的差异；图中顶部的树状图是按列聚类的结果，分配了不同的表型参数，初步考察表型参数的相似性。由于将离散型变量转换成了哑变量，因此图中表型参数的数量扩展到了 15 个；首字母“Z”表示该变量是被标准化后的数据。

采用“扇形图”用来可视化 SOM 的权重向量，指示神经元中每个表型参数的权重[图 5-23（a）～（e）]，从图中可以看出：①数值型表型参数的权重在集群 1 中相对较小[图 5-23（a）]；②TST 子群体在集群 3 中占主导地位，占比在 85%以上[图 5-23（b）]；③在集群 2 中几乎没有叶片颜色是黄绿色的样本（占比小于 5%），叶片颜色是黄绿色的样本在集群 3 中则占比达到 75%[图 5-23（c）]；④发生倒伏的样本都在集群 1 中[图 5-23（d）]；⑤集群 3 中的样本都没有抽雄开花[图 5-23（e）]。以开花期（IS_flowering）为

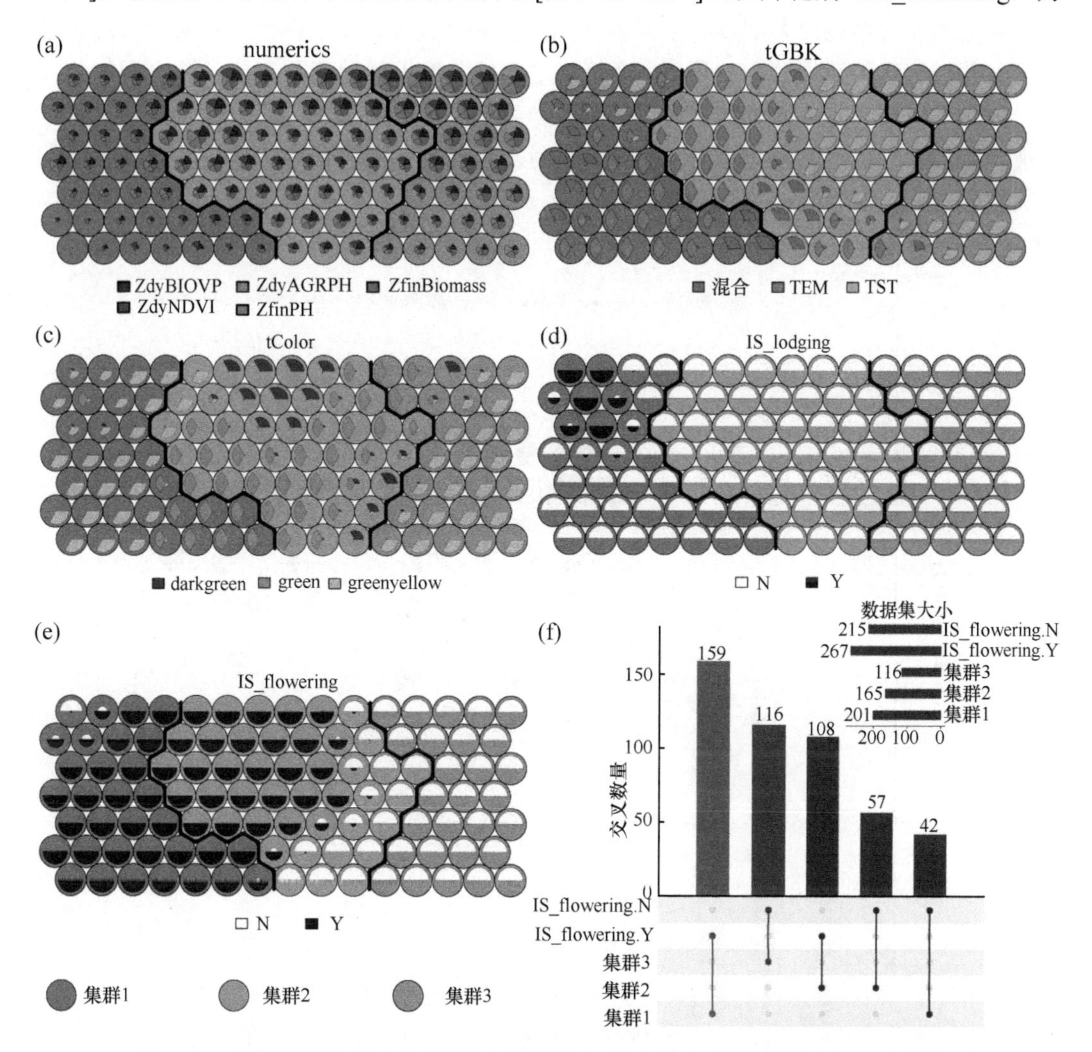

图 5-23 探讨样本和表型参数在不同集群中的分布模式（彩图请扫封底二维码）

IS_flowering 表示是否抽雄开花；tColor 表示叶色：绿色（green）、黄绿色（greenyellow）和深绿色（darkgreen）；tGBK 表示遗传背景：混合、TEM 和 TST；ZdyNDVI. 归一化差分植被指数；ZdyAGRPH. 株高平均增长率；ZdyBIOVP. 小区总柱体体积；TST. 热带/亚热带群体；TEM. 温带群体

例[图 5-23（f）]，对集群内表型组成模式进行了识别，揭示了共表达基因型的集合。集群 3 与 IS_flowering.N 集合的交集一共有 116 个样本，占比 100%，表明集群 3 中没有一个样本是抽雄开花的。类似这种能够明确解释的结果，将以突出的颜色显示，以区分那些无法识别的模式。

完成两步聚类之后，需借助主成分分析进行多个表型参数间相似性分析。主成分分析双标图（PCA Biplot）是使用 R 包 FactoMineR 和 factoextra 绘制的，用于表征表型参数之间的关系，它除了能够显示表型参数之间的差异和相关性之外，还可以表示数据间距离和聚类结果。主成分分析双标图可将两步聚类结果投影到 X 和 Y 两个维度上，并且大致地保持样本之间原有距离，图 5-24 中的点近似地代表行（育种小区基因型样本）信息，向量近似地代表列（即表型参数）信息。点之间的距离反映了相应样本之间的差异，两点之间的距离较大则反映了样本之间的差异也较大，反之亦然。箭头的长度表示表型参数能够解释数据分布的程度，而箭头之间的角度近似地表示表型参数之间的相关性。因此，当两个向量近似垂直时，说明两个表型参数之间的相关性非常弱，它们基本上彼此是独立的，但如果两个向量几乎是平行的，则表示两个表型参数之间具有很高的相关性（Torres-Salinas et al.，2013）。

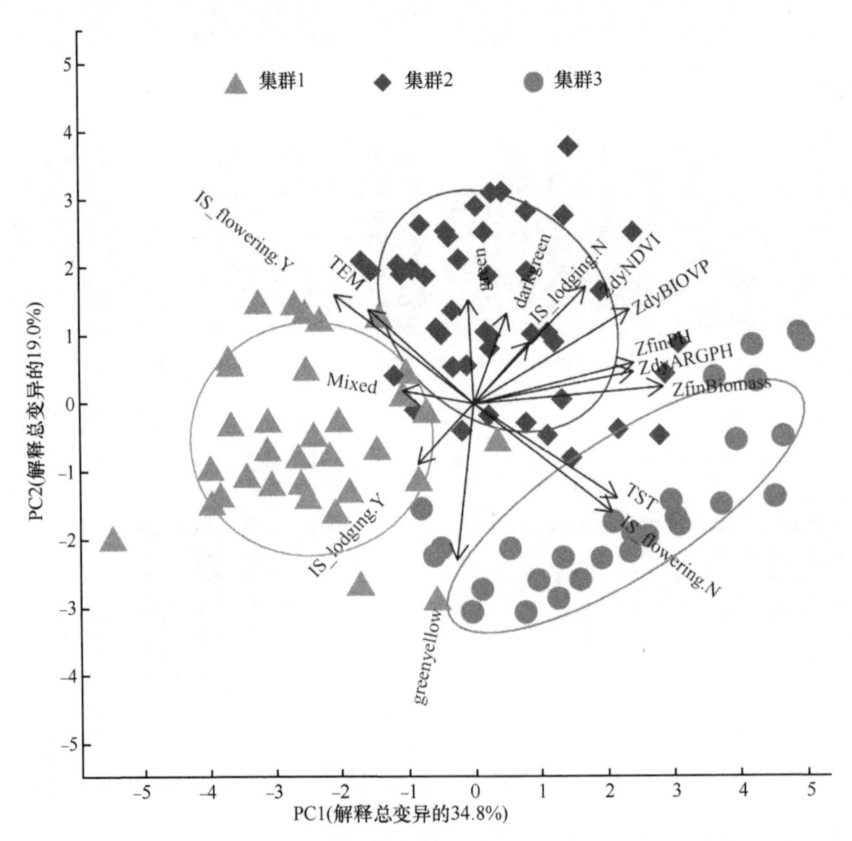

图 5-24 使用主成分分析双标图表示表型参数的相似性和基因型与表型参数之间的关系（彩图请扫封底二维码）

箭头之间的角度近似地表示表型参数之间的相关性。高度相关的表型参数指向大致相同的方向。邻近的样本点代表具有相似模式的样本，并且根据不同的集群进行着色

由图 5-24 看出，PC1 解释了总变异的 34.8%，PC2 解释了总变异的 19.0%。数值型表型参数之间存在很高的正相关关系，且都与倒伏呈负相关关系，可见倒伏对作物生物量、株高、NDVI 等都有负面影响。TST 和 IS_flowering.N 之间，以及 TEM 和 IS_flowering.Y 之间存在着显著的正相关关系，这是因为育种试验地点位于北温带，TEM 子群体在吐丝期（R1）已经抽雄开花，而 TST 子群体则需要更多的积温才能从营养生长阶段过渡到生殖生长阶段。玉米叶片呈黄绿色（greenyellow）的样本与倒伏的关系也很引人注意，因为这似乎表明具有黄绿色叶片的玉米更容易发生倒伏。同样，深绿色（darkgreen）样本和 ZdyNDVI 之间也存在显著的正相关关系，这可以用冠层色素含量来解释，通常绿度越高的作物 NDVI 也会高一些。

5.3　基于 LiDAR 的作物结构参数解析

5.3.1　试验设计及数据获取

1. 试验设计

试验一和试验二均于北京市昌平区小汤山国家精准农业研究示范基地（40°10′34″N，116°26′39″E）进行，该地区属于暖温带半湿润大陆性季风气候，年平均日照时数 2684 h，年均降水量约为 640 mm，年均温度约为 10℃（Lei et al.，2019）。

试验一：试验玉米品种为‘京华 38’，试验期为玉米吐丝期（R1）和水泡期（R2）（Ritchie et al.，1993），两个时期的玉米均属于生殖生长阶段，株高没有明显的变化且没有叶片增加，不同之处为 R2 期玉米最下层的两片叶子变黄。图 5-25（a1）和图 5-25（b2）分别为吐丝期和水泡期的航线设计图，航线之间的间距分别为 25 m 和 15 m。试验区大小为 15 m×7.5 m，如图 5-25（a2）、图 5-25（b1）所示，共 15 个小区，每个小区大小为 2.5 m×3 m，其中南北方向为 5 个不同的玉米种植密度，东西方向为 3 个相同密度的重复试验，试验方案为三层去叶处理，依据玉米叶片分布的特点，采用农学分层的方法，将试验区的玉米分为上、中、下三层，如图 5-25（c）所示，由下往上，下层为第一个玉米穗往下的第一片叶以下的所有叶片，中层为下层往上数 4 片叶，其余为顶层。激光雷达（LiDAR）分三架次获取点云数据，第一架次是获取整株点云数据，第二架次是人工去掉下层叶片后获取，第三架次是在第二架次的基础上人工去掉中层叶片后获取。每架次分别获取 8 条和 7 条航线，每条航线对应不同的角度数据，通过分析确定最优扫描角，其中 R_{11}、R_{12}、R_{13} 和 R_{14} 航线的扫描角示意图及试验区不同密度设置如图 5-25（d）所示。

2018 年 8 月 28 日和 9 月 14 日利用无人机激光雷达（unmanned aerial vehicle-light detection and ranging，UAV-LiDAR）获取数据，无人机激光雷达系统主要包括 4 部分（图 5-26）：无人机（大疆 M600）、激光雷达（RIEGL VUX-1UAV）、天线（获取卫星信号）以及基站（Galaxy 1），飞行高度为 15 m，飞行速度为 3 m/s，扫描频率为 550 kHz，光斑直径为 0.0075 m，平均地面点距为 0.0239 m，LiDAR 数据为“LAS”格式，两个时期的飞行参数一致。2018 年 8 月 28 日获取 R_{11}、R_{12}、R_{13}、R_{14}、R_{15}、R_{16}、R_{17} 和 R_{18}，2018

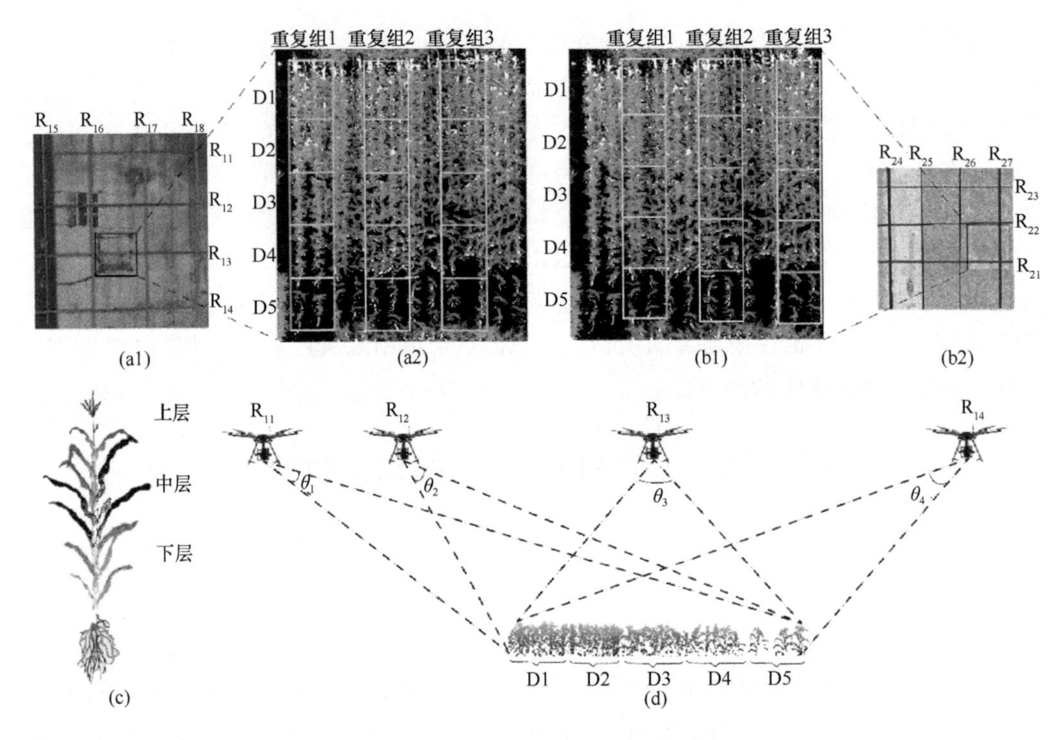

图 5-25　试验一设计示意图（彩图请扫封底二维码）

（a1）、（b2）试验区与不同航线的位置关系图；（a2）、（b1）试验区示意图；（c）玉米分层图；（d）不同航线对应的不同入射角示意图。D1、D2、D3、D4、D5 分别表示种植密度为 88 050 株/hm^2、64 005 株/hm^2、43 995 株/hm^2、27 495 株/hm^2、7995 株/hm^2。R_{11}～R_{14} 为不同航线，θ_1～θ_4 为扫描角

年 9 月 14 日获取 R_{21}、R_{22}、R_{23}、R_{24}、R_{25}、R_{26} 和 R_{27}。试验中，东西方向的飞行角度近似于南北方向角度，如 R_{11}（69°—77°）和 R_{18}（68°—76°）、R_{12}（−64°—−32°）和 R_{17}（−60°—−25°）、R_{13}（−34°—29°）和 R_{16}（−54°—0°）、R_{14}（60°—74°）和 R_{15}（63°—73°）、R_{22}（−12°—−5°）和 R_{26}（3°—18°）、R_{23}（8° —32°）和 R_{25}（−30°—0°），其中，“—”为飞行方向，从西向东，从南到北为正，反之为负。

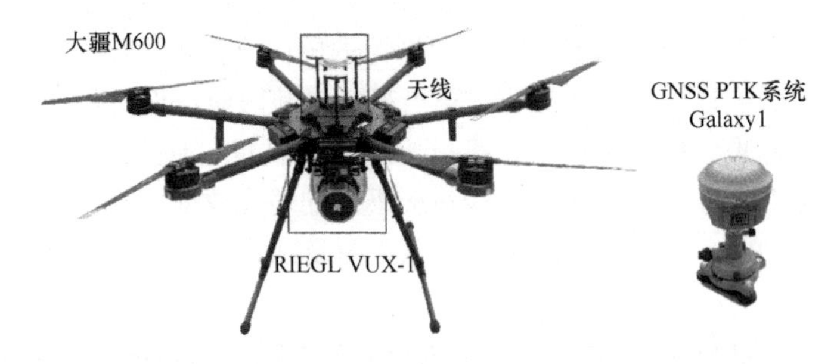

图 5-26　无人机激光雷达系统

无人机多光谱数据采集时间为 2018 年 8 月 28 日 11:00～13:00，天气晴朗无风。基于 DJI Phantom 4 Pro 无人机平台搭载的 Parrot Sequoia 多光谱相机，其特点是精度高、重量轻、使用简便，获取的多光谱图像包含 4 个光谱通道：绿色（波长 550 nm、带宽 40 nm）、红色（波长 660 nm、带宽 40 nm）、红边（波长 735 nm、带宽 10 nm）和近红

外（波长 790 nm、带宽 40 nm）。此外，无人机飞行高度设置为 15 m，速度设置为 3 m/s，航向重叠度为 80%，旁向重叠度为 70%。

为了对点云数据反演的叶面积指数（leaf area index，LAI）进行精度验证，从每个小区随机选择 6 株玉米，做上标记，分别收集各小区 6 株玉米的下层、中层和上层叶片，通过尺子测量叶片的长和宽，利用公式（5-6）计算出每片叶的叶面积（Hosoi and Omasa，2006）。为了获得每个样本的地上干生物量（above ground dry biomass，AGDB），首先统计了每个地块中的玉米株数。然后，从每个地块中随机抽取了 6 株进行平均株高测量，并作为该玉米地块的株高数据。其次，将该 6 株样品在 80℃的烘箱中烘干后称重，分别记录玉米叶片和茎的平均干重（dry weight，DW），并乘以相应地块的株数以得到最终的地块 DW。最后，DW 除以地块面积，得到各个地块的 AGDB。此外，还布设了 6 个地面控制点，均匀分布于试验区两侧，使用实时动态差分全球定位系统进行地面控制点量测。

$$\mathrm{LA} = a \times L \times W \tag{5-6}$$

式中，LA 为估算叶面积；L 为叶片的长度；W 为叶片最宽部分的宽度；a 为校正系数，通常为 0.75（Yao et al.，2010）。

试验二：试验于 2019 年 8 月 17 日进行数据获取，无人机激光雷达采集数据参数如表 5-3 所示，无人机飞行高度为 15 m，飞行速度为 3.5 m/s，激光脉冲发射频率为 550 kHz，激光发散度为 0.35 mrad，视场角为 330°。试验区示意图如图 5-27 所示，共 60 个小区，小区大小均为 3.6 m×2.5 m，小区间隔 1.5 m，不同密度之间的间隔为 2 m，南北总长 39 m，东西总长 29.6 m；试验处理为 4 个种植密度，分别为 3000 株/亩[①]、4500 株/亩、6000 株/亩和 7000 株/亩，各种植密度下每株玉米的间隔分别为 15.60 cm、17.85 cm、22.73 cm 和 35.71 cm；每个种植密度中包含 5 个品种玉米，分别为 A1（‘郑单 958’）、A2（‘先玉 335’）、A3（‘京农科 728’）、A4（‘成单 30’）和 A5（‘京品 6’），每个品种有 3 个重复；地面共布设 6 个控制点，分别位于试验区两侧和中间位置，用于不同航线数据的配准。

表 5-3　无人机激光雷达采集数据参数

类别	参数
无人机飞行高度	15 m
无人机飞行速度	3.5 m/s
激光脉冲发射频率	550 kHz
激光发散度	0.35 mrad
激光光斑大小	发射距离每增加 100 m 光斑直径增加 35 mm
视场角	330°

共获取 13 条航线的激光雷达数据，各航线对应不同的脉冲扫描角，无人机航线及其对应的扫描角分别如图 5-28 和表 5-4 所示。从图 5-28 可以看出，无人机的飞行航线分为两类，分别为垂直于玉米种植垄向和平行于玉米种植垄向；从表 5-4 可以看出，脉

① 1 亩≈666.7 m^2。

冲扫描角可以分为三类（试验区正上方、正上方偏一点、偏离试验区正上方较远），通过对比分析无人机激光雷达发射脉冲的各种情况，获取最优的激光雷达数据。

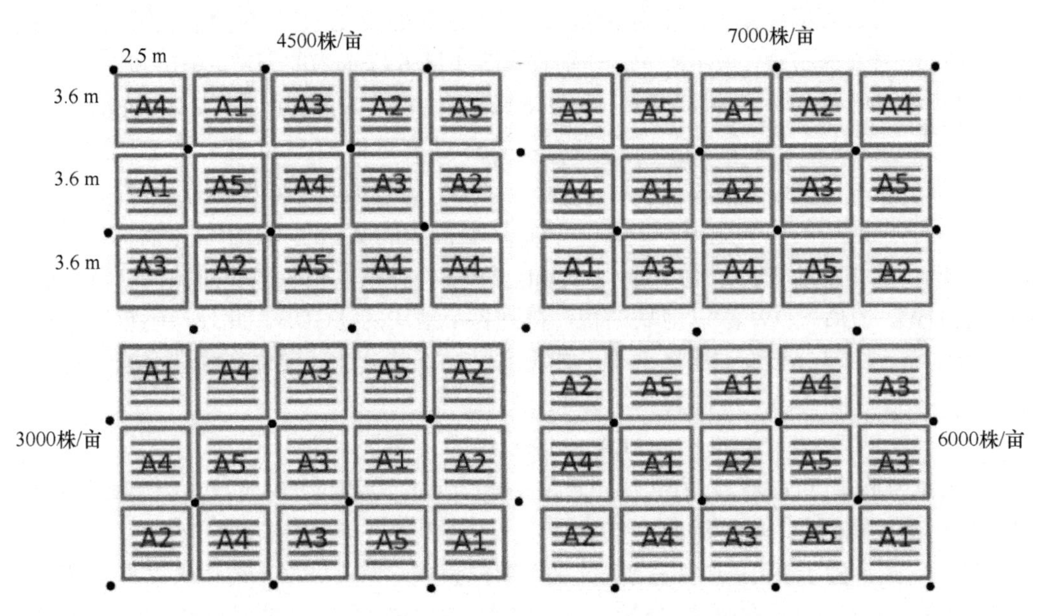

图 5-27　试验二试验区及种植分布（彩图请扫封底二维码）

室内试验在小汤山国家精准农业研究示范基地大厅于 2019 年 9 月 12 日进行数据获取（图 5-29），在种植密度 3000 株/亩、4500 株/亩、6000 株/亩、7000 株/亩下分别选择 5 株品种不同的玉米，共 20 株，每个小区玉米均选择从西到东数第三行，从北往南数第三株玉米。将这 20 株玉米连根挖出，放于花盆中，在室内进行扫描，如图 5-29 所示。玉米生长期为灌浆期，激光雷达型号为 FARO Focus^{s} 350（版本 2019.0.1.1653），扫描距离为 20 m，分辨率/质量为 28.0 Mpts/3x，水平和垂直视场角分别为 0°～360°和–60°～90°，

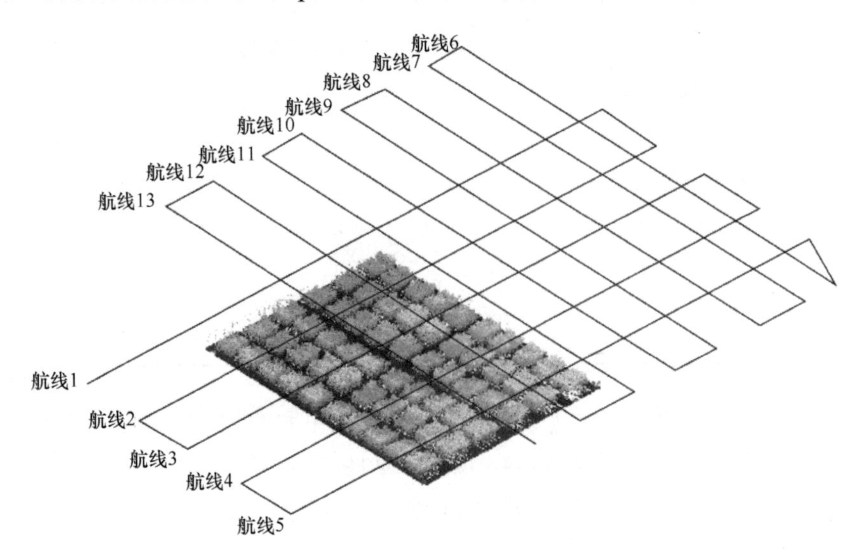

图 5-28　无人机航线（彩图请扫封底二维码）

表 5-4　各航线对应的扫描角

航线	1	2	3	4	5	6	7	8	9	10	11	12	13
角度/（°）	11—66	–57—19	–37—48	–30—52	–62—5	–82—70	67—77	–75—62	56—73	–70—40	25—64	–56—6	–26—46

图 5-29　室内试验场景（彩图请扫封底二维码）

扫描尺寸为 8129 点数×3413 点数，点距离为 7.7 mm/10 m，每站扫描时间小于 2 min 54 s，室内试验中共架设 5 个站点，分别位于 20 株玉米四周和中间。

利用“F 尺”分别获取 20 株玉米各叶片的叶夹角信息，如图 5-30 所示，分别在直尺 5 cm 和 10 cm 处固定一把垂直于该直尺的直尺，即在玉米秆方向 5 cm 和 10 cm 处测量叶片的长度，然后计算角度并求平均值，达到获取更高精度数据的目的。通过提取各叶片中点，确定叶片的中心位置，在该位置测量各叶片叶倾角信息，叶夹角和叶倾角测量位置如图 5-31 所示。

图 5-30　F 尺测量叶片夹角（彩图请扫封底二维码）

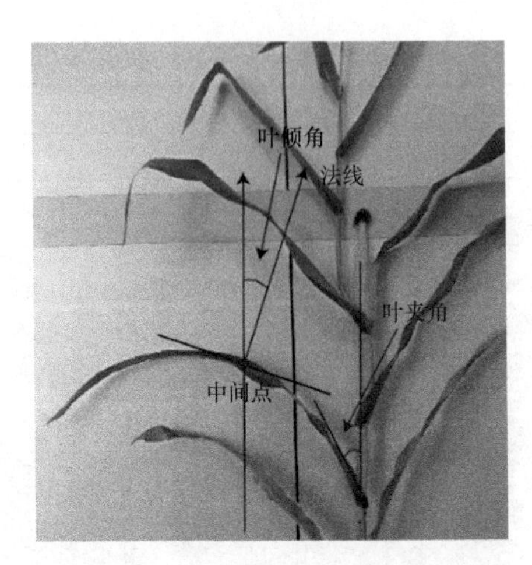

图 5-31　叶夹角、叶倾角测量位置（彩图请扫封底二维码）

试验三：试验在河北省沧州市河间市（116.10°E，38.45°N）玉米育种试验基地于 2020 年 8 月 17 日进行，试验区地势平坦，土壤状况均一[图 5-32（a）]。试验区大小约为 80 m×70 m，该试验区种植密度为 5000 株/亩，共涉及 314 个不同基因型玉米，每 4 行玉米为一个育种小区，大小约 5 m×2.5 m，行距约 60 cm，株距约 25 cm。小区与小区之间无明显间隔，从无人机数字正射影像图（digital orthophoto map，DOM）上可通过不同品种之间的颜色和纹理差异，区分不同的育种小区。在无人机飞行区均匀稳定地布置 9 个 50 cm×50 cm 大小的黑白相间的地面控制点（ground control point，GCP）[图 5-32（b）]，使用差分全球定位系统获取具有毫米精度的控制点地理坐标信息，用于构建试验区更加精准的数字表面模型（digital surface model，DSM）。获取数据时天气状况良好，晴朗无风，外部天气因素对试验数据采集无影响。无人机飞行高度和飞行速度分别为 35 m、4 m/s 和 35 m、3 m/s。飞行前，根据实际地形以及试验区大小规划航线，保证航带之间的航向重叠度超过 80%，旁向重叠度

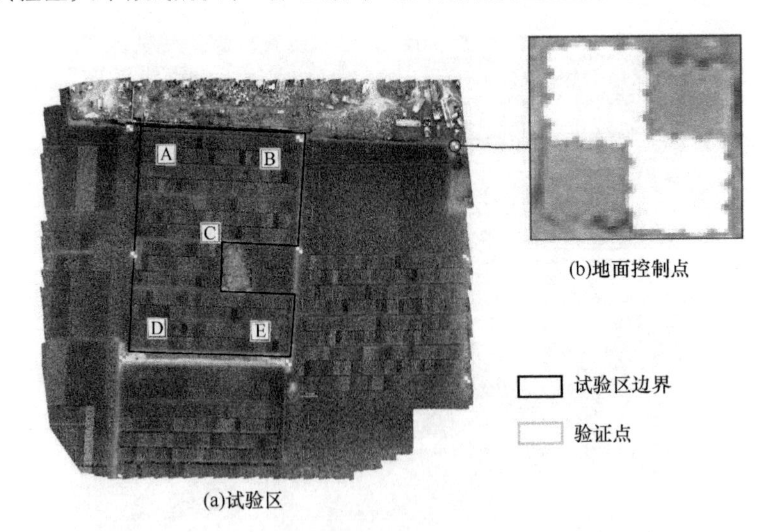

图 5-32　试验三试验区及地面控制点（彩图请扫封底二维码）

A～E 为 5 个育种小区

超过 75%，试验区所有育种小区为同一播期且玉米生长状况良好。所使用的无人机系统和传感器及其技术参数如表 5-5 所示。

表 5-5　试验三所使用的无人机平台及传感器参数

参数	无人机数码相机	无人机 LiDAR
无人机型号	大疆精灵 4 Pro	大疆 M600
传感器及产地	1 英寸 CMOS/中国	RIEGL VUX-1/奥地利
像素分辨率	2000 万	—
测量频率/激光发射频率	前/后/下视：10/10/20 Hz	550 kHz
拍摄模式/扫描方式	单张拍摄/多张连拍	摆锤式
快门速度/扫描速度	1/2000 s	220 Scan/s
照片尺寸/激光光斑直径	4∶3	0.0075 m

基于无人机高分辨率 DOM，采用五点取样法，选取试验区 5 个精度验证样本点，如图 5-32（a）中的 A、B、C、D 和 E 所示。每一个样本点包含 2 个育种小区，不同基因型玉米材料在高分辨率 DOM 上表现出纹理以及颜色的差异，结合每 4 行为一个育种小区的播种设计，并建立每个样本点中育种小区边界，同时，采用人工目视解译的方法，在每个取样点的育种小区中标注每株玉米最高点位置（即雄穗位置），5 个样本点共标注 879 株玉米植株的顶点用于精度验证，小区边界及玉米植株的位置解译如图 5-33 所示。

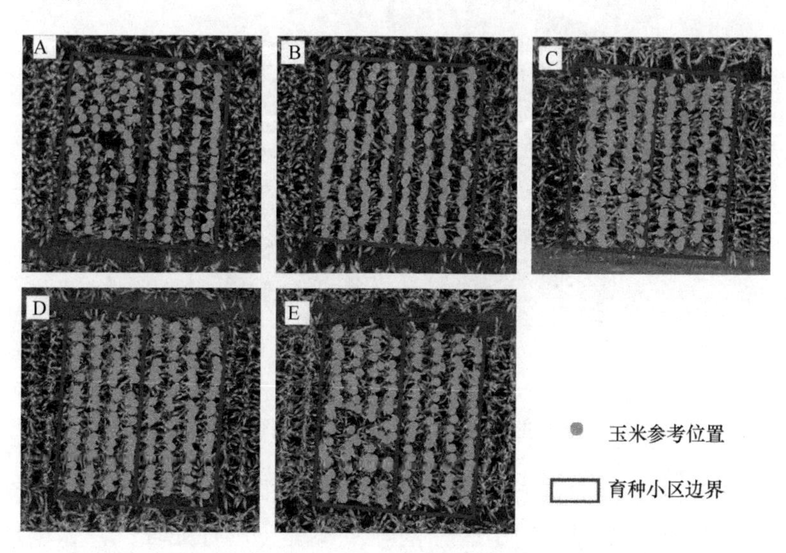

图 5-33　育种小区边界及玉米参考位置（彩图请扫封底二维码）
A～E 为 5 个育种小区

2. 数据预处理

（1）激光雷达数据预处理

无人机激光雷达数据解算：为获取真实的玉米点云，需要对激光雷达获取的数据进行预处理，首先需要对原始数据进行轨迹解算和原始激光雷达数据处理（张毅，2008；郭庆华等，2018）。利用 GPS 基站数据和 POS RAW 数据进行差分解算得到精准轨迹数据，然后利用 RiPROCESS 软件（版本 1.7.2）对原始激光雷达数据进行处理，包括波形解算、点云与轨迹数据匹配以及三维点云数据可视化，最后导出 LAS 格式的点云数据。

地基激光雷达数据拼接：FARO SCENE 软件是一种适用于专业用户的全面三维点云处理和管理软件工具。它专门用于查看、管理和使用从高分辨率三维激光扫描仪（如 FARO Laser Scanner Focus 3D 激光扫描仪）获得的各种三维扫描数据。FARO SCENE 通过使用自动对象识别、拼接和定位，能够高效轻松地处理和管理扫描的数据。图 5-34 为室内扫描的 20 株玉米的激光雷达点云数据，共架设 5 个基站。由于地基雷达的扫描距离设置为 20 m，在室内扫描获取玉米点云数据时会采集到室内的建筑。故将拼接好的点云数据在 LiDAR 360（V4.0）中进行裁剪，去除室内其他建筑和物体部分，只保留玉米植株。由于室内地面比较平整，去除地面点只需查看玉米最低点的高度，按照高度进行提取，就可去除地面点。去除地面点后，同样采用 LiDAR 360 软件中的裁剪工具分割出单株玉米。

图 5-34　20 株玉米的激光雷达点云数据（彩图请扫封底二维码）

试验一共获取 3 架次的点云数据，但是 3 架次的点云数据并不能完全重合，故需要对点云进行配准，以便后期小区分割等步骤统一进行处理。点云配准通常通过应用一个估计得到的表示平移和旋转的 4×4 刚体变换矩阵来使一个点云数据集精确地与另一个点云数据集进行配准（郭浩等，2019）。常见的点云配准算法有：穷举配准、KD 树最近邻查询、在有序点云的图像空间中查找和在无序点云数据的索引空间中查找。

配准算法从精度上分两类：一类是初始的变换矩阵的粗略估计，另一类是像迭代最近点（iterative closest point，ICP）算法一样的精确的变换矩阵估计。初始的变换矩阵的粗略估计配准方法工作量较大，计算复杂度较高，因为在合并的步骤需要查看所有可能的对应关系。故常用 ICP 算法，程序随机生成一个点云作为源点云，并将其沿 X 轴平移后作为目标点云，然后利用 ICP 估计源到目标的刚体变换矩阵，完成点云配准（郭浩等，2019）。

LiDAR 点云为空间离散的点，基于布料滤波（cloth simulation filter，CSF）算法分离的地面点和作物点，利用 LiDAR 360 软件对其进行栅格化处理，分别构建 0.03 m、0.05 m 和 0.1 m 三个空间分辨率的 DSM 与 DEM。DEM 仅储存地面高程信息，而 DSM 则储存包含地表建筑物、植被等在内的地表高程信息，将相同分辨率的 DSM 与 DEM 作差后可构建出包含试验区玉米株高信息的冠层高度模型（canopy height model，CHM），即 CHM = DSM – DEM。

（2）RGB 和多光谱数据预处理

基于 Agisoft PhotoScan 软件，结合 9 个地面控制点实测高精度地理坐标信息对拍摄的数码 RGB 照片进行拼接，构建试验区的 DSM 和 DOM。该过程包括特征点匹配、密集点云生成，以及 DSM、DOM 的重建和输出。0.03 m、0.05 m 和 0.1 m 三种不同空间分辨率的 DSM 被分别输出。基于不同空间分辨率的 DSM，通过手动方式提取均匀分布于整个试验区的 129 个像控点，选点原则为裸土点、明显的地面标志点。通过克里金空间插值（Kriging spatial interposition）生成与 DSM 相应的地面 DEM。

多光谱图像数据的预处理包括镶嵌、辐射校准和几何校正。基于 Agisoft PhotoScan 软件进行多光谱图像拼接。首先，基于地面控制点对多光谱图像进行几何校正，然后使用 ENVI 软件中的大气校正工具将拼接后的多光谱图像转换为反射率，得到的拼接后的多光谱图像的地面分辨率和投影误差分别为 1.33 cm/pix 和 0.687 pix。

5.3.2　结构参数解析

1. LAI

如图 5-35 所示，采用农学分层方法，对试验一中三架次数据进行处理后获取玉米上、中、下三层点云数据。首先，从第三架次数据中去掉秸秆点云，获取上层叶片点云数据；其次，从第二架次数据中去掉上层数据和秸秆点云数据，得到冠层中层点云数据；最后，从第一架次数据中去掉上层和中层数据后获取下层点云数据，通过此步骤完成点云分层处理。

体素法作为激光雷达点云数据可视化的一种方法，已被广泛应用于激光雷达数据处理（Hosoi and Omasa，2006；郭庆华等，2018）。如图 5-36 所示，根据点云数据的边界，利用式（5-7）将点云分割成 $i \times j \times s$ 个大小为 $\Delta i \times \Delta j \times \Delta s$ 的网格；然后判断网格里是否有点，有点的网格为 1，没有点的网格为 0，其中没有点的网格就是植被冠层中所存在的孔隙。体素大小对于玉米结构参数的估计起着至关重要的作用。为此，采用体素法对点云数据进行 LAI 提取，通过确定试验区点云数据的边界，将点云分割成相同大小的网格，如图 5-36 所示，并判断网格中是否存在点云。使用体素法计算 LAI 分两种方式：一种是通过计算冠层叶面积垂直分布（leaf area profile，LAP）[式（5-8）]，然后利用 LAP 在垂直方向上的累加求得 LAI[式（5-9）]（Spanner et al.，1990）；另一种是基于比尔-朗伯定律（Beer-Lambert law）[式（5-10）]求得 LAI（Hu et al.，2014）。

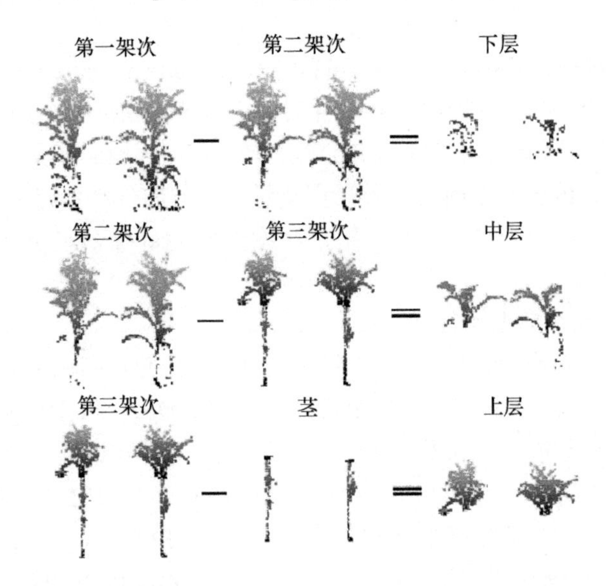

图 5-35 从三个架次数据中获取玉米上、中、下三层点云数据（彩图请扫封底二维码）

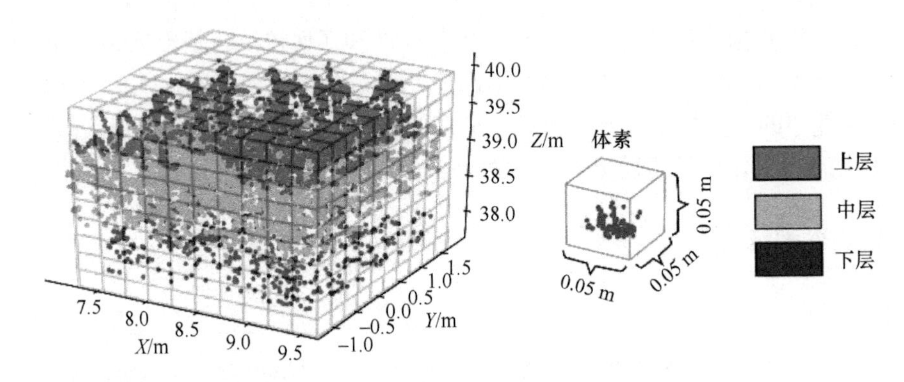

图 5-36 点云立体格网化（彩图请扫封底二维码）

$$
\begin{cases}
i = \mathrm{int}\left(\dfrac{x_{\max} - x_{\min}}{\Delta i}\right) \\
j = \mathrm{int}\left(\dfrac{y_{\max} - y_{\min}}{\Delta j}\right) \\
k = \mathrm{int}\left(\dfrac{z_{\max} - z_{\min}}{\Delta k}\right)
\end{cases}
\tag{5-7}
$$

式中，x、y、z 为点云三维坐标；Δi、Δj、Δk 为点云分割尺寸，i、j、k 为点云被分割成的体素维度。

$$\mathrm{LAP}(h,\Delta H)=1.1\times\frac{1}{\Delta H}\sum_{k=m_h}^{m_h+\Delta H}\frac{n_I(k)}{n_T(k)} \tag{5-8}$$

$$\mathrm{LAI}=1.1\times\sum_{k=1}^{k}\frac{n_I(k)}{n_T(k)} \tag{5-9}$$

式中，$\mathrm{LAP}(h,\Delta H)$为冠层高度 h 处 ΔH 高度内叶面积，ΔH 为冠层某处高度增量，h 为自地面向上的冠层高度，$n_I(k)$为第 k 层点云有效分割的网格数量，$n_T(k)$为第 k 层全部网格数量。

$$\mathrm{LAI}=-\frac{\cos\theta}{G(\theta)\Omega}\log P_{\mathrm{gap}}(\theta,z) \tag{5-10}$$

式中，θ 为入射光线的天顶角；z 为高度值；P_{gap} 为孔隙率；$G(\theta)$为消光系数；Ω 为聚集系数（Zhang et al.，2017a）。

本研究采用方式一计算 LAI，由于影响体素大小的因素较多，所以体素法本身较敏感，故不同情况下最优体素大小的选取不同。以 0.005 m 为间隔，以 0.01～0.1 m 为体素大小对各航线 LAI 进行反演，由此确定各航线的最优体素大小。将 UAV-LiDAR 点云数据反演的 LAI 与实测 LAI 对比，通过决定系数（R^2）和标准均方根误差（nRMSE）进行精度评价，来确定 UAV-LiDAR 反演 LAI 的最优入射角，有效探测深度及不同密度下各层点云反演情况，R^2、RMSE、nRMSE 计算公式如下：

$$R^2=1-\frac{\sum_{i=1}^{n}(x_i-y_i)^2}{\sum_{i=1}^{n}(x_i-\bar{y})^2} \tag{5-11}$$

$$\mathrm{RMSE}=\sqrt{\frac{\sum_{i=1}^{n}(x_i-y_i)^2}{n}} \tag{5-12}$$

$$\mathrm{nRMSE}=\frac{\mathrm{RMSE}}{\bar{x}}\times 100\% \tag{5-13}$$

式中，x_i 为 i 小区 LAI 实测值；$\bar{x}$ 为各小区 LAI 实测值的平均值；y_i 为通过点云求出的 i 小区 LAI 值；$\bar{y}$ 为通过点云估算所有小区 LAI 的平均值；n 为小区个数；i 为小区编号。

不同种植密度和不同层实测 LAI 值如表 5-6 所示。为了探究反演 LAI 的最优体素大小及影响最优体素大小的因素，考虑到 LiDAR 穿透力的问题，采用试验区上层数据反演的 LAI 与实测 LAI 进行对比，求出 R^2 和 nRMSE，如图 5-37 所示，横坐标为各航线数据，纵坐标为体素大小，为 10～100 mm。从图 5-37 可以看出，随着体素的增大，R^2 呈增加趋势，nRMSE 呈先减小后增加的趋势，故各航线 nRMSE 最小值对应的体素大小为最优体素尺寸。

表 5-7 为各航线对应的最优体素大小及 R^2 和 nRMSE，图 5-38 为各航线对应的最优体素大小与点云密度的关系。从图 5-38 可以看出，随着点云密度的增加，最优体素大小在一定范围内逐渐降低，且最优体素大小集中在 0.040～0.055 m，考虑到平均地面点距离为 0.0239 m，因此，最优体素约为平均地面点距离的 1.7～2.3 倍。其中，R^2 最高为

0.94，最低为 0.67，nRMSE 最小为 1.9%，最大为 43.7%。

表 5-6 不同种植密度和不同层实测 LAI 值

分层	密度	平均值	最大值	最小值	CV/%
上层	D1	1.07	1.55	0.84	6.36
	D2	0.73	0.85	0.48	2.54
	D3	0.59	0.72	0.47	1.59
	D4	0.38	0.47	0.23	1.85
	D5	0.10	0.14	0.06	0.77
中层	D1	1.39	1.87	1.07	6.49
	D2	1.15	1.29	0.98	1.16
	D3	0.92	1.04	0.83	0.92
	D4	0.56	0.77	0.37	3.78
	D5	0.14	0.17	0.09	0.53
下层	D1	0.55	0.98	0.20	17.63
	D2	0.49	0.87	0.25	13.73
	D3	0.38	0.57	0.30	3.01
	D4	0.22	0.39	0.14	3.76
	D5	0.06	0.09	0.04	0.44

注：CV 是变异系数，其中 D1、D2、D3、D4 和 D5 分别表示玉米种植密度为 88 050 株/hm²、64 005 株/hm²、43 995 株/hm²、27 495 株/hm²、7995 株/hm²

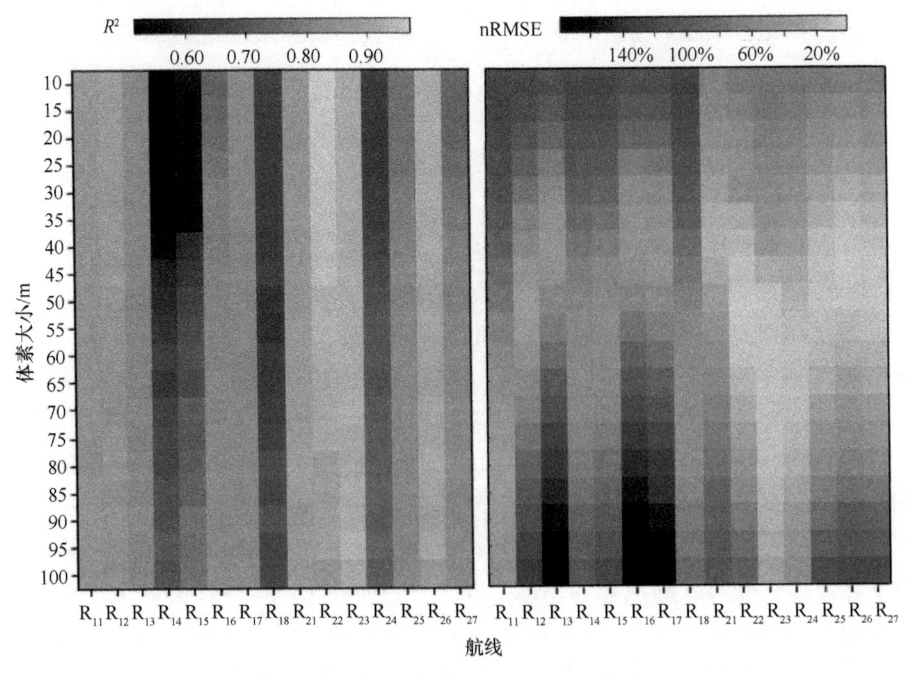

图 5-37 上层不同体素大小的各航线精度对比（彩图请扫封底二维码）

左图为 R^2，右图为 nRMSE

表 5-7　各航线对应的最优体素大小

航线	nRMSE/%	R^2	最优体素大小/m
R_{11}	27.0	0.85	0.085
R_{12}	24.5	0.90	0.050
R_{13}	28.6	0.85	0.040
R_{14}	43.7	0.69	0.060
R_{15}	39.6	0.70	0.055
R_{16}	33.3	0.82	0.040
R_{17}	30.3	0.85	0.040
R_{18}	42.7	0.67	0.065
R_{21}	11.2	0.90	0.040
R_{22}	1.9	0.94	0.050
R_{23}	3.2	0.92	0.055
R_{24}	5.8	0.74	0.060
R_{25}	3.6	0.84	0.050
R_{26}	1.9	0.93	0.045
R_{27}	3.4	0.83	0.045

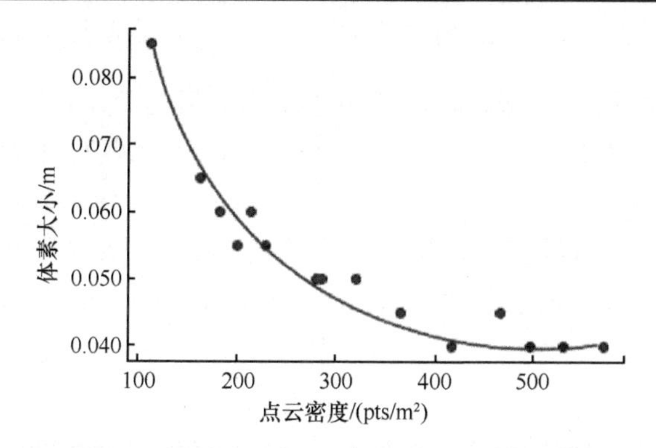

图 5-38　各航线最优体素大小对应的点云密度

2. 叶夹角及叶倾角

（1）基于 QSM 模型进行茎叶分离

定量结构模型（quantitative structure model，QSM）可将三维点云数据转化为真实的树木模型（Raumonen et al.，2013），用于定量描述树木的基本拓扑结构（即枝条结构）特征及几何和体积属性，包括总的枝条数和枝条等级、分枝关系和长度、单个枝条的体积和角度等，还可以通过 QSM 计算其他属性和分布。QSM 通常由一些几何图元，如圆柱体和圆锥体组成，由于圆柱体较稳健，在估测直径、长度、方向、角度和体积方面精度较高，故研究中采用圆柱体。

QSM 将树表面用小的覆盖集覆盖点云数据，然后通过小的覆盖集以逐步“生长”的方式构建整体的树模型（Du et al.，2019）。对植株茎叶分离主要包括 4 个步骤：①对点云滤波去除噪声和孤立点；②形成与树的表面相符的小的覆盖集；③定义覆盖集的邻接关系；④对覆盖集进行几何特征化，如求覆盖集的特征值和特征向量，进一步求出覆盖集的法线，进行茎叶分离（图 5-39）。

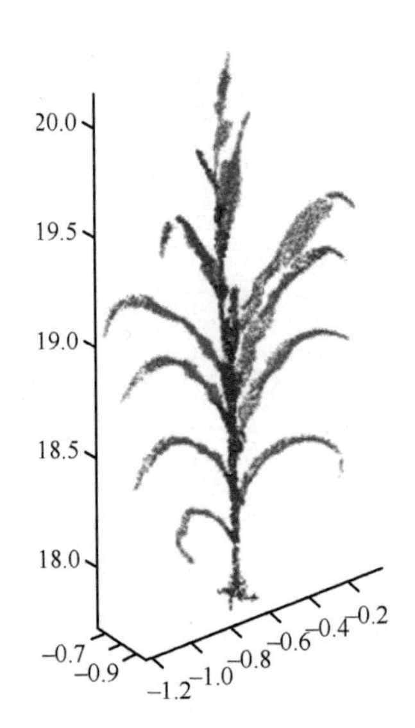

图 5-39 QSM 茎叶分离示意图（彩图请扫封底二维码）

不同颜色代表分割的植株不同茎叶，自定义坐标系，坐标轴单位 dm

QSM 常用于树的枝干分级，同样适用于玉米茎叶分离。QSM 进行茎叶分离的示意图如图 5-39 所示，准确分离出了玉米茎秆，去除玉米茎秆即为玉米叶片。覆盖集大小对于 QSM 极为重要，通过设置三个覆盖集大小来提高分割精度。通常第一个覆盖集大小用于去除噪声和孤立点，试验中设置为 5 cm。第二个和第三个覆盖集分别为最小和最大的覆盖集，最大的覆盖集适用于茎的底部，最小的覆盖集适用于玉米叶片顶部。

（2）DBSCAN 聚类

基于密度的噪声应用空间聚类（density-based spatial clustering of applications with noise，DBSCAN）是一种基于密度的聚类算法，能够将足够高密度的区域划分为簇，并在具有噪声的数据中发现任意形状的簇，且将噪声或者离群点从簇内分离（Ester et al.，1996；Sander et al.，1998；Ferrara et al.，2018）。DBSCAN 聚类算法对两个参数很敏感：半径（Eps），表示以给定点 P 为中心的圆形邻域的范围；以 P 为中心的邻域内的最少点数（MinPts）。如果 MinPts 不变，Eps 取值过大，则会导致大多数点聚到同一个簇中，Eps 过小，则会导致一个簇的分裂。

基于地基雷达获取的玉米点云密度较高，单株玉米点云个数达到 80 万个，虽然可以表达玉米植株的细节特征，但是由于数据量过大，会在很大程度上降低效率。为此，我们提出了一种无损的基于玉米细节特征的点云抽稀方法，该方法不仅可以降低点云密度，还可以达到去噪效果。首先，基于体素法，以 0.05 m 的体素大小对玉米植株进行体素化，并求出各体素的中心点坐标，分别计算 80 万个点距离各体素中心的距离，离哪个体素最近，则属于哪个体素，完成各点云体素化。其次，统计各体素内的点云个数，若点云个数小于 20，则认为该体素内的点云均为噪声，删除该体素。最后，采用随机选取的方法，保留其余体素内点云数量的 1/10，达到去噪和抽稀的目的，点云抽稀效果如图 5-40 所示。

图 5-40　点云抽稀效果图对比（彩图请扫封底二维码）

左图原始点云，右图抽稀后点云。自定义坐标系，坐标轴单位 dm

在点云抽稀的基础上，进行 DBSCAN 聚类，其中 Eps 选取基于 *k*-距离方法（宋金玉等，2019），计算抽稀过的数据中的每个点分别到其他点的距离，然后按照大小进行排序，分别选排序第 4～15 位置的距离（*k* 值），计算距离为 0.005～0.125 m，0.01 m 为间隔的频率，最终选择 MinPts 值为 5，聚类结果如图 5-41 所示。

（3）玉米叶片结构参数的提取

本研究选取了 5 个特征值来表示玉米叶片的结构特征，包括叶位点、中心点、叶梢点、叶片点数和叶片投影面积。其中，叶位点、中心点和叶梢点可以表示叶片的基本形态，叶片点数和叶片投影面积可以进一步表示叶片的弯曲程度，两者相结合能更精确地计算叶片叶夹角和叶倾角。在利用 DBSCAN 聚类算法提取出的玉米各叶片点云的基础上统计叶片点数并提取叶位点、中心点和叶梢点。其中，叶位点为距离玉米茎秆最低点最近的点；将叶片所有点的 *x*、*y* 和 *z* 值从小到大排序，分别选择 *x*、*y* 和 *z* 的中间点组成新的坐标为中心点；叶梢点为距离叶位点最远的点，玉米植株各叶片的叶位点、中心点和叶梢点如图 5-42 所示。

将各叶片点云投影到二维平面上求投影面积（z=0），给定二维平面上的点集，将最外层的点连接起来构成的凸多边形为凸包。凸包可视为最小、最紧凑的包围体，可包含点集中的所有点。采用 Graham 扫描法，先找到凸包上的一个点，然后从那个点开始按逆时针方向逐个找凸包上的点（极角排序），直至找到凸包上的所有点，并提取各点坐标。采用凸包算法求投影出的叶片轮廓线，如图 5-43 所示。

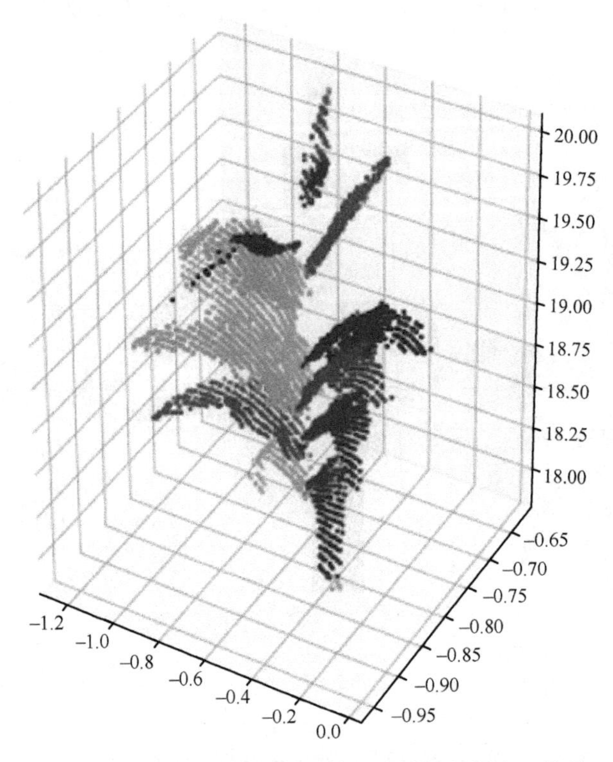

图 5-41 DBSCAN 玉米叶片聚类（彩图请扫封底二维码）

不同颜色代表分割的植株不同茎叶，自定义坐标系，坐标轴单位 dm

图 5-42 各叶片叶位点、中心点和叶梢点（彩图请扫封底二维码）

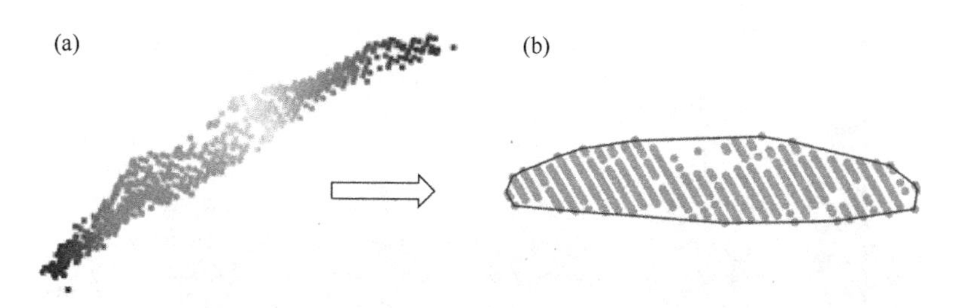

图 5-43　采用凸包算法求投影出的叶片轮廓线（彩图请扫封底二维码）
（a）单个玉米叶片点云图；（b）叶片点云分布及轮廓线图。不同颜色代表高度不同

叶夹角和叶倾角分别从真实的玉米和点云数据中测得。图 5-44 为叶夹角和叶倾角实测值与预测值的散点图。叶夹角与叶倾角的预测值与实测值具有较高的一致性[分别为 MAE（平均绝对误差值）=4.66°、RMSE=5.83°、nRMSE=17.47%，MAE=9.18°、RMSE=11.22°、nRMSE=21.86%]。由于叶倾角测量位置均为叶片中间位置，不同叶片曲率不同，相比于叶倾角，叶片根部曲率一致，叶夹角的估测精度更高，其中，叶夹角绝对误差值小于 5°的叶片占 63.04%，小于 10°的叶片占 89.13%；叶倾角绝对误差值小于 5°的叶片占 28.26%，小于 10°的叶片占 58.70%，小于 15°的叶片占 80.43%。

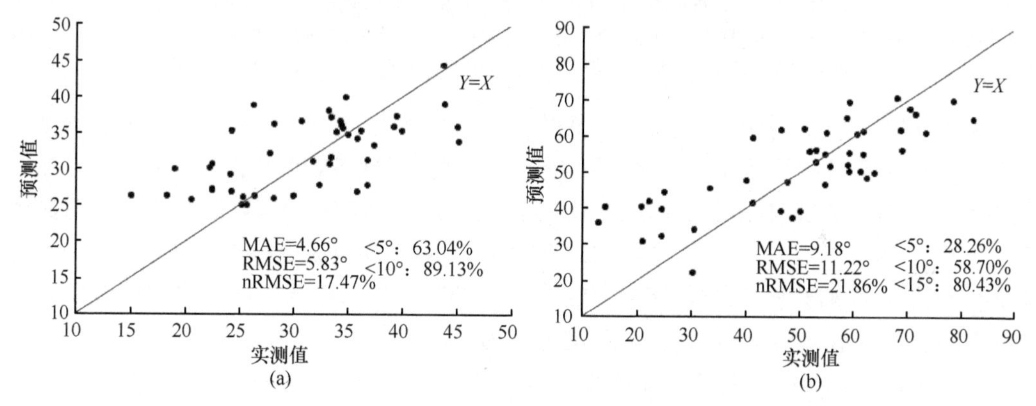

图 5-44　叶夹角（a）和叶倾角（b）实测值与预测值精度分析（单位：deg）

图 5-45 为 5 个品种玉米叶夹角和叶倾角的分布直方图，从图中可看出，A1、A2 和 A3 叶夹角分布相似，其中 A3 略大（平均值分别为 27.221°、26.199°和 28.143°，众数分别为 25°～30°、25°～30°和 25°～35°）。与 A1、A2 和 A3 相比，A4 和 A5 叶夹角较大（平均值分别为 46.606°和 36.172°，众数分别为 35°～40°和 30°～45°），其中由于 A4 上层叶片接近水平状态，故 A4 叶夹角分布范围较大（偏度系数为 1.391）。与叶夹角分布相反，A1、A2 和 A3 的叶倾角较大（平均值分别为 55.565°、54.96°和 54.684°，众数分别为 65°～70°、50°～55°和 60°～65°&70°～75°），叶倾角均呈球形（Sperical）分布，为紧凑型。与 A1、A2 和 A3 相比，A4 和 A5 呈平展型（Planophile）分布，叶倾角平均值分别为 40.805°和 44.882°，众数分别为 35°～40°和 40°～45°，其中 A4 叶倾角偏度系数仅为 0.183，更为平展。

骨架提取方法是目前计算玉米结构参数常用的一种方法（Cao et al.，2010；Zhang et al.，2017b；Wu et al.，2019；Xiang et al.，2019；Zermas et al.，2019）。采用骨架提取

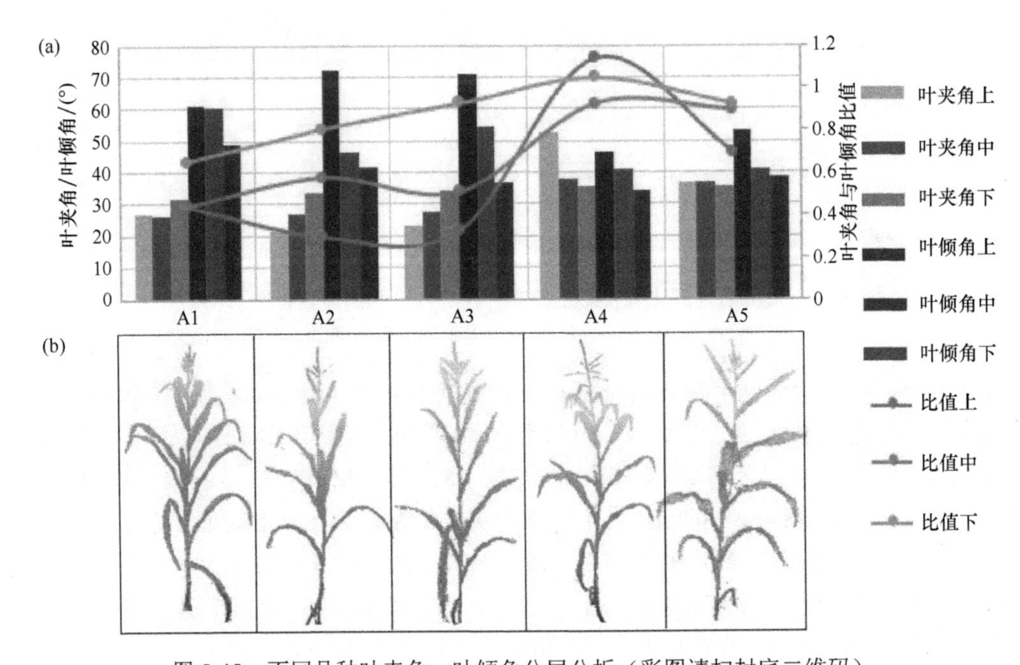

图 5-45　不同品种叶夹角、叶倾角分层分析（彩图请扫封底二维码）

（a）图为各品种各层的叶夹角和叶倾角平均值分布直方图，以及叶夹角与叶倾角比值曲线；（b）图为各品种玉米点云图。A1. ‘郑单 958’；A2. ‘先玉 335’；A3. ‘京农科 728’；A4. ‘成单 30’；A5. ‘京品 6’

方法对 20 株玉米进行骨架提取并计算其叶夹角和叶倾角，选取与 SVM 方法中的预测值对应叶片的相同叶片进行精度对比，为 46 片叶。表 5-8 为 SVM 方法和骨架提取方法的精度对比分析。通过对比可发现，SVM 方法在定量计算叶夹角和叶倾角方面有明显优势。其中，SVM 方法中叶夹角的 MAE、RMSE、nRMSE 均优于骨架提取方法（分别为 4.66°、5.83°、17.47%和 5.76°、7.53°、22.37%），两种方法与实测值误差的绝对值小于 5°的分别为 63.04%和 54.35%，小于 10°的分别为 89.13%和 80.43%。SVM 方法中叶倾角的 MAE、RMSE、nRMSE 也均优于骨架提取方法（分别为 9.18°、11.22°、21.86%和 9.37°、

表 5-8　SVM 方法与骨架提取方法精度对比

参数		SVM	骨架提取
叶夹角	MAE	4.66°	5.76°
	RMSE	5.83°	7.53°
	nRMSE	17.47%	22.37%
	<5°	63.04%	54,35%
	<10°	89.13%	80.43%
叶倾角	MAE	9.18°	9.37°
	RMSE	11.22°	13.37°
	nRMSE	21.86%	26.67%
	<5°	28.26%	39.13%
	<10°	58.70%	60.87%
	<15°	80.43%	78.26%

13.37°、26.67%），两种方法与实测值误差的绝对值小于 5°的分别为 28.26%和 39.13%，小于 10°的分别为 58.70%和 60.87%，小于 15°的分别为 80.43%和 78.26%。其中 SVM 方法小于 5°的结果略差于骨架提取方法，其他对比结果均为 SVM 方法精度高。

与 SVM 方法相比，用骨架提取方法计算玉米叶夹角和叶倾角的流程略微复杂，计算过程中会产生更多误差。骨架提取方法的基本流程如图 5-46 所示。首先采用拉普拉斯收缩算法进行玉米骨架点提取（Cao et al.，2010），在骨架点的基础上根据玉米位置信息，去除玉米秆，保留玉米叶片，采用 DBSCAN 聚类算法对玉米叶片进行聚类并提取各叶片骨架点，根据提取的叶片骨架点，分别计算各叶片叶位点（距离玉米定位距离最近的点）和中心点（求 x 坐标的中心值和 y 坐标的中心值，并确定其对应 z 值）。由于本研究中采用的骨架提取方法提取出的骨架点包含点与点之间的连接关系，故根据叶位点求与其相隔一点的点 1 和与点 1 相隔一点的点 2，相邻点分别求其斜率，将斜率值转化为角度值并求其平均值，得出该叶片的叶夹角信息。计算叶倾角的方法与叶夹角类似，根据叶片骨架点的中心点分别求其左右两侧相隔一点的点 3 和点 4，相邻点分别求其斜率，将斜率值转化为角度值并求其平均值，最后得出该叶片的叶倾角信息。相比于 SVM 方法，骨架提取方法在提取玉米骨架点时会产生误差，并且根据骨架点计算叶位点和中心点相比于在整片叶上计算叶位点和中心点会产生更多误差，故通过骨架提取方法计算叶夹角和叶倾角精度略差。

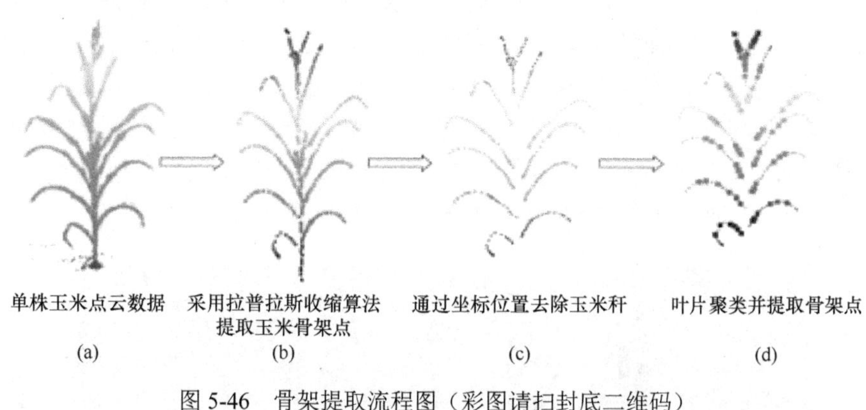

图 5-46　骨架提取流程图（彩图请扫封底二维码）

不同颜色代表不同点云高度

3. 株数识别

局部极大值算法常用于森林单木树冠的探测，使用局部极大值滤波法（local maximum filtering），通过设定移动窗口，将检测图像中局部像素极大值作为种子点（刘晓双等，2010）。局部极大值算法的窗口设置通常可分为固定窗口和移动窗口。固定窗口局部极大值算法，较简便快速，移动窗口的大小是一个经验值，适用于单木冠层大小均匀的植被区域（Walsworth and King，1999；Pouliot et al.，2002）；移动窗口没有固定的大小，根据冠幅不同的变化情况调整（Culvenor，2002）。

采用结合高度信息的固定窗口局部极大值算法，对基于冠层高度模型（canopy height model，CHM）的像素中包含的玉米株高信息进行玉米单株检测。以玉米种植株距为固定窗口，滑动进行局部极大值检测。根据玉米实际的生长状况，设定合适的高度阈值，减少玉米下层叶片对检测的影响。理论上，一株玉米仅包含一个最高点。因此，滑动窗口检测到的最大值，即认为是一株玉米的最高点。将检测到的玉米顶点储存为带有高程信息的点，称为种子点，一个种子点即被认为是一株玉米。

将检测到的种子点与5个样点内目视解译出的玉米顶点位置进行空间一一匹配，评估检测精度。采用三个指标对检测结果进行评价：正检（true positive，TP；被正确检测出的玉米）、错检（false positive，FP；非玉米或部分玉米植株被视作整株检测出）和漏检（false negative，FN；未被检测到的玉米）；同时使用查全率（recall，R）、精度（precision，P），以及综合考虑P和R的总体准确度（F-score，F）来作为玉米检测结果精度的评价指标。

$$R=\frac{\mathrm{TP}}{\mathrm{TP}+\mathrm{FN}}\times 100\% \tag{5-14}$$

$$P=\frac{\mathrm{TP}}{\mathrm{TP}+\mathrm{FP}}\times 100\% \tag{5-15}$$

$$F=\frac{2\times P\times R}{R+P}\times 100\% \tag{5-16}$$

利用局部极大值算法，以LiDAR点云构建的0.05 m分辨率CHM为例，将检测到的种子点与目视解译的玉米位置进行空间匹配，匹配结果如图5-47所示，图中绿色点为目视解译的玉米参考位置，红色点表示提取的种子点位置。通过对比，将检测结果分为3类：一是正检[图5-48（a）]，即种子点与目视解译的参考点重合，或一株玉米所在的空间范围内仅检测出一个种子点（种子点与视解译的参考点未重合）；二是过检（错检）[图5-48（b）]，一株玉米的部分被当作整株玉米检测出，即在目视解译的参考点的空间范围内检测出多个种子点；三是漏检，即育种小区内未被检测出的玉米或多株玉米只检测到一个种子点，如图5-48（c）所示，通过目视解译标注出3株玉米，而仅检测出2个种子点，1株被漏检。

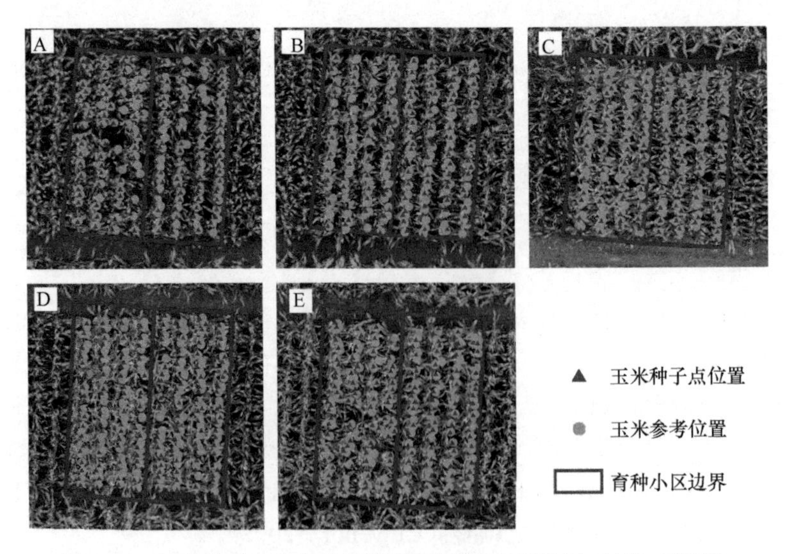

图5-47　玉米种子点和参考位置空间匹配（彩图请扫封底二维码）

A～E为5个育种小区

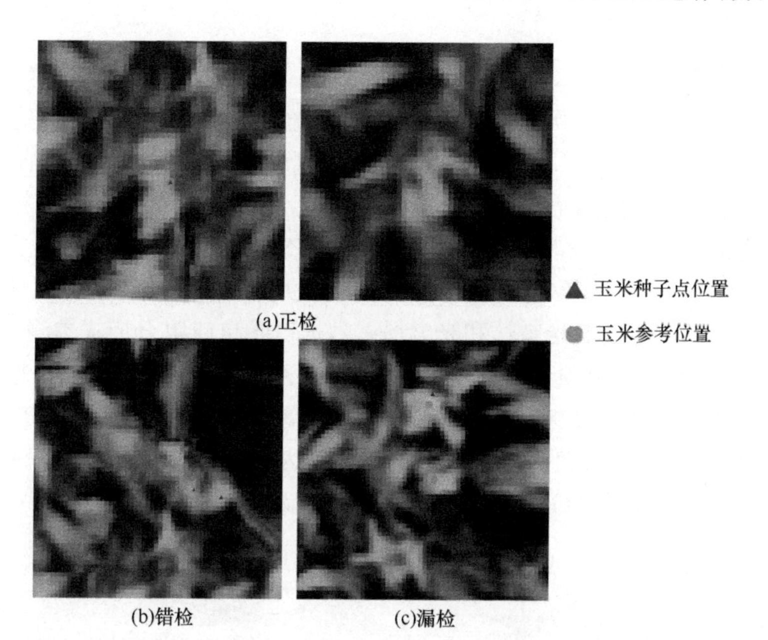

图 5-48　种子点与目视解译的玉米位置进行空间匹配结果（彩图请扫封底二维码）

基于无人机激光雷达数据，5 个样点不同分辨率的 CHM 的检测结果也具有良好的一致性，即正检株数最多，漏检次之，错检最少（表 5-9）。当分辨率为 0.05 m 时，查全率 *R*、精度 *P* 和总体准确度 *F* 均为最高，分别为 82.94%、95.24%、88.66%；分辨率为 0.03 m 时，查全率 *R*、精度 *P* 和总体准确度 *F* 分别为 77.46%、87.86%、82.33%；当分辨率为 0.1 m 时，查全率 *R*、精度 *P* 和总体准确度 *F* 分别为 73.48%、91.38%、81.46%（表 5-10）。表明，在本研究中，基于无人机激光雷达数据，当构建的 CHM 分辨率为 0.05 m 时，株数检测结果最佳。

表 5-9　基于激光雷达不同分辨率 CHM 检测结果　　（单位：株）

样点	0.03 m			0.05 m			0.1 m		
	正检 TP	漏检 FP	错检 FN	正检 TP	漏检 FP	错检 FN	正检 TP	漏检 FP	错检 FN
A	108	29	20	129	20	8	107	27	23
B	118	44	13	136	37	2	117	54	4
C	127	35	15	135	39	3	117	49	11
D	134	47	13	153	36	5	139	47	8
E	120	40	8	147	21	8	124	45	7
总计	607	195	69	700	153	26	604	222	53

表 5-10　基于激光雷达不同分辨率 CHM 检测精度　　（%）

分辨率	*R*	*P*	*F*
0.03 m	77.46	87.86	82.33
0.05 m	82.94	95.24	88.66
0.1 m	73.48	91.38	81.46

4. 地上生物量

传统遥感地上生物量（AGB）估算主要依赖光谱信息，受冠层光谱饱和的影响，AGB 估算精度受限。为了解决这一问题，我们创新性地提出了一种新的估计玉米 AGB 的方法，该方法的核心思想是基于多光谱数据和激光雷达（LiDAR）点云数据分别估算地上叶片生物量（AGLB）和地上茎秆生物量（AGSB）（图 5-49）。这主要是由于光谱贡献主要来自叶片反射，作物茎秆部分的散射反射贡献较小，难以获得茎秆部分生物量信息。因此，与以前通过激光雷达和光学遥感数据以各自或组合形式预测 AGB 的方法不同，将玉米 AGB 的测量分为两部分：AGLB 和 AGSB，结合多光谱数据和激光雷达点云数据各自的优点，分别测量了 AGLB 和 AGSB。利用对植被冠层敏感的多光谱数据测量玉米的 AGLB，利用对植被结构敏感的激光雷达点云数据测量玉米的 AGSB。最后，通过累积每个小区测量的 AGLB 和 AGSB，获得玉米冠层 AGB。

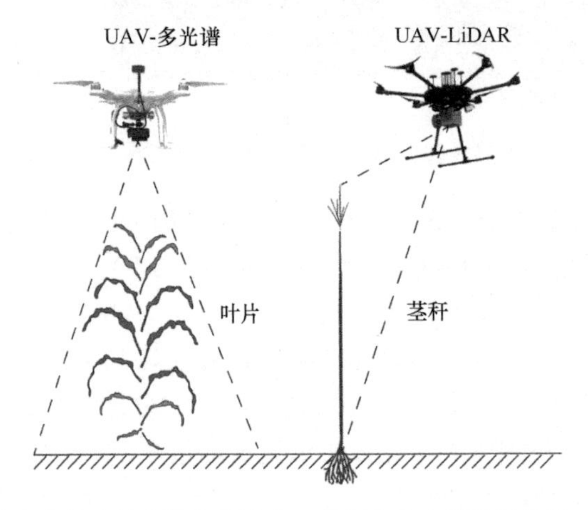

图 5-49 基于茎叶分离策略结合激光雷达点云数据和多光谱数据估计玉米 AGB 的示意图

多元线性回归（MLR）和偏最小二乘回归（PLSR）方法被用于玉米 AGB 估算。首先，分别使用系列光谱植被指数（spectral vegetation index，SVI）（CI_{green}、CVI、EVI2、GI、MTVI2、NDVI、NGRDI、OSAVI、SAVI、SRVI）、激光雷达结构参数（LiDAR structural parameter，LSP）（H_max、H_mean、H_sd、H_cv，分别为冠层最大高度、冠层平均高度、冠层高度方差、冠层高度变异系数），以及现场测量的 AGLB 和 AGSB 之间的相关性来确定两种指标与地上玉米叶片、茎秆生物量的关系，以筛选出最优的 SVI 和 LSP。然后，根据前人的研究（Bendig et al.，2015），使用 MLR 和 PLSR 方法分别估计玉米地上生物量，通过 LSP 和 SVI，结合 AGLB 和 AGSB 分别构建估算模型。最后，通过比较 MLR 和 PLSR 估计玉米 AGB 的有效性选择最优方法。

本研究构建了 SVI 与 AGB 和 AGLB 的相关性矩阵，发现不同 SVI 与 AGB 和 AGLB 之间存在显著相关性。与 AGB 相比，AGLB 与植被指数的相关性更高，因为在多光谱图像中通常无法观察到玉米的茎秆部分，因此 SVI 对 AGLB 更敏感，如图 5-50（a）所示。由于 SVI 之间的高度相关性，各指数之间的多元共线性可能存在问题。因此，选择与相应生物量相关系数最高的两个植被指数 NGRDI 和 SRVI（NGRDI-AGB/AGLB：

0.75/0.85，SRVI-AGB/AGLB：0.72/0.83）作为模型变量，以防止模型过拟合和降低模型的复杂度。与其他指标相比，NGRDI 对 AGB 的监测非常有效（Elazab et al.，2016），可改善 AGB 估算模型的性能。图 5-50（a）表明，AGLB 与 SVI 的相关性高于 AGB 与 SVI 的相关性，这进一步证实了 SVI 对 AGLB 更敏感。

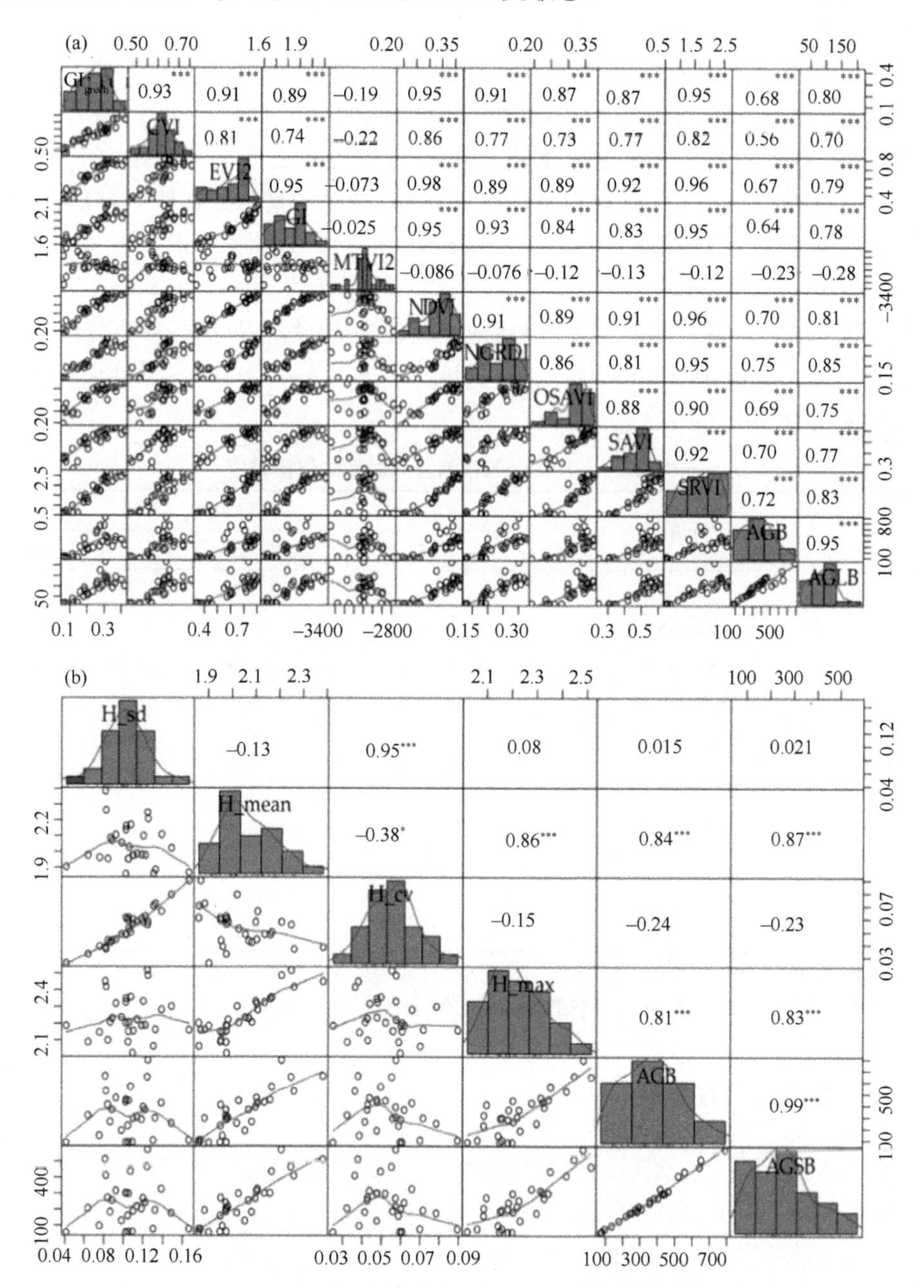

图 5-50　SVI、LSP 和 AGB、AGLB 的相关分析

（a）SVI 和 AGB、AGLB 的相关分析；（b）LSP 和 AGB、AGSB 的相关分析。图中显示了参数的分布、参数之间的拟合曲线以及相关性分析信息。*表示 $P<0.05$；***表示 $P<0.001$

类似地，我们对 LSP 和 AGB、AGSB 也进行了相关矩阵分析，结果发现，不

同的 LSP 对 AGB 和 AGSB 具有不同的敏感性。由于 H_mean 和 H_max 与 AGB 和 AGSB 显著相关（H_mean-AGB/AGSB：0.84/0.87，H_max-AGB/AGSB：0.81/0.83），因此我们选择这两个结构参数作为多元变量来构建 MLR 模型。图 5-50（b）显示，AGSB 与 LSP 的相关性高于 AGB 与 LSP 的相关性，这进一步证实了 LSP 对 AGSB 更敏感。

其中，AGB-SVI、AGB-LSP 和 AGLB-SVI+AGSB-LSP 代表建模方法的三种不同组合。如表 5-11 所示，基于多光谱数据估计 AGLB 时，R^2 提升了 0.16～0.17，这意味着多光谱数据对 AGLB 更为敏感。此外，基于激光雷达数据估计 AGSB 时，R^2 提升了 0.04～0.05，这说明激光雷达数据对 AGSB 更敏感。然后，我们分别使用 MLR 和 PLSR 方法通过茎叶分离策略来估计 AGLB 和 AGSB，并累加后估计 AGB，最后，通过使用地面实际测量获得的 AGB 进行精度检验。结果表明，基于 MLR 方法并结合多光谱和激光雷达数据获得的玉米地上生物量的估计精度 R^2 为 0.82，RMSE 和 nRMSE 分别为 79.80 g/m^2 和 11.12%；而 PLSR 方法的模拟精度更优，其 R^2 为 0.86，RMSE 和 nRMSE 分别为 72.28 g/m^2 和 10.07%。

表 5-11　AGB 估计值和测量值之间的建模精度

模型	不同组合	验证结果		
		R^2	RMSE/（g/m^2）	nRMSE/%
MLR	AGB-SVI	0.56	125.38	17.47
	AGLB-SVI	0.72	26.98	13.63
	AGB-LSP	0.73	96.29	13.41
	AGSB-LSP	0.77	65.95	12.68
	AGLB-SVI+AGSB-LSP	0.82	79.80	11.12
PLSR	AGB-SVI	0.56	127.20	17.72
	AGLB-SVI	0.73	27.56	13.92
	AGB-LSP	0.74	95.17	13.26
	AGSB-LSP	0.78	65.31	12.57
	AGLB-SVI+AGSB-LSP	0.86	72.28	10.07

5.4　作物冠层温度变化分析

5.4.1　无人机热红外数据获取

采用大疆 S1000 八旋翼无人机作为载体平台，起飞重量可达 11 kg，有效载荷 6 kg。热红外数据采集使用 Optris PI450 热像仪（图 5-51），该热像仪空间分辨率为 382×288 像素，成像光谱范围为 7.5～13.5 μm，帧率为 80 Hz，温度测量精度为±2%，40 mK 高热灵敏度。Optris PI450 热像仪采用 USB 接口实现在线控制。

在玉米关键生育期的拔节期和灌浆期，即 2017 年 6 月 29 日至 7 月 1 日与 2017 年 8 月 3～5 日获取了试验区热红外影像。为了便于研究玉米冠层温度时序上的变化，热红外影像每隔 4 h 获取一次。拔节期热红外影像共获取了 14 次，灌浆期热红外影像共获取了 15 次。无人机设定的航线飞行高度为 50 m，数据获取时，太阳光辐射强度稳定，天空晴朗，微风。地面数据采集包括两部分内容：在无人机获取热红外影像时，利用 HT-11D 便携式测温仪获取试验田中辐射定标板黑白面的温度，主要用于热红外影像辐射定标。

图 5-51　Optris PI450 热像仪

热红外影像通过 Agisoft PhotoScan 软件进行拼接。无人机 POS 系统导出的 POS 数据（包含拍摄每张影像时的经度、纬度、高程、航偏角、俯仰角和旋转角）与数码影像和多光谱影像是一一对应的，可直接进行拼接。热红外影像多于 POS 数据，因此需要 IDL 编程来对 POS 数据进行加密，使其数量与热红外影像一一对应，再进行拼接。利用地面布置的 6 个长×宽为 100 cm×100 cm 的黑白板来进行热红外的辐射定标。热红外影像上提取对应 6 个板黑白面像素的温度后，根据提取的温度与同一时间在地面测得的板的黑白面的温度来计算出辐射定标系数。

预处理后，对玉米冠层温度进行提取及拟合。

1）玉米冠层温度的提取：要提取热红外影像上的玉米冠层温度需要剔除土壤背景的影响，因此利用高空间分辨率的数码影像对玉米进行分类并二值化处理，基于二值化结果提取热红外影像的玉米冠层像元从而剔除土壤背景，并提取试验区不同性状玉米的冠层温度。

2）玉米冠层温度拟合：为进行 800 个育种小区玉米冠层温度的节律分析，需要对提取的玉米冠层温度进行时序拟合。采用三角函数进行拟合，使用拟合函数式（5-17）完成了 800 个育种小区的拟合，得到每个育种小区的冠层温度拟合函数的 4 个参数，用于后续的聚类分析。

$$T_c = a \times \sin(\omega \times x + \varphi) + b \tag{5-17}$$

式中，T_c 为玉米冠层温度；a 为振幅；ω 为周期常数，周期 $T=\dfrac{2\pi}{\omega}$；φ 为初相；b 为上下平移量；x 为观测时间。

3）聚类分析：为了区分材料间的性状差异，在对玉米冠层温度数据进行拟合后，利用 SPSS 软件将拟合函数的 4 个参数作为变量进行两步聚类法聚类。

作物冠层温度受多方面因素的影响，如植被覆盖度、基因性状、风速、蒸散量和净辐射等。在一定的气象条件下，土壤水分不能满足潜在蒸散时，周围环境温度上升，作物冠层温度升高，说明土壤水分也是影响作物冠层温度的重要因素，因此在一定植被覆盖度条件下作物冠层温度能够间接反映土壤供水状况。温度植被干旱指数（TVDI）由Sandholt等（2002）提出，是一种基于光学与热红外遥感通道数据进行植被覆盖区域表层土壤水分反演的指标，TVDI的值域为[0，1]，TVDI越大，土壤湿度越低，TVDI越小，土壤湿度越高（齐述华等，2003）。TVDI由植被指数和地表温度计算得到，其计算公式如下。

$$\mathrm{TVDI}=\frac{T-T_{\min}}{T_{\max}-T_{\min}} \tag{5-18}$$

$$T_{\min}=\mathrm{NDVI}\times a+b \tag{5-19}$$

$$T_{\max}=\mathrm{NDVI}\times c+d \tag{5-20}$$

由式（5-18）～式（5-20）可得：

$$\mathrm{TVDI}=\frac{T-(\mathrm{NDVI}\times a+b)}{(\mathrm{NDVI}\times c+d)-(\mathrm{NDVI}\times a+b)} \tag{5-21}$$

式中，T为地表温度；$T_{\min}$为不同NDVI值对应的最小地表温度，对应湿边；$T_{\max}$为不同NDVI值对应的最大地表温度，对应干边；a、b和c、d分别为湿边和干边的线性拟合系数。研究表明，NDVI和地表温度之间存在负相关关系，且NDVI-T构成的特征空间与地表植被覆盖度和土壤水分状况密切相关，当研究区域地表覆盖情况满足从裸土到完全植被覆盖等各种覆盖条件、土壤湿度满足从完全干旱到田间持水量的各种湿度条件时，NDVI-T构成的特征空间呈三角形。

5.4.2 玉米冠层温度时序分析

数据获取间隔时间为4 h，进行玉米冠层温度的节律分析，需要对800个育种小区玉米冠层温度进行时序拟合，采用式（5-17）进行拟合，随机选取拔节期一个材料的冠层温度进行拟合，效果如图5-52所示。Matlab软件环境下编程进行拟合并输出拟合的参数，然后统计两个生育期拟合函数的上下平移量b、振幅a、周期常数ω和初相φ四个参数的最大值、最小值及标准差（standard deviation，SD），如表5-12所示。

上下平移量b表示的几何意义为玉米冠层温度曲线整体上下的偏移量，b越大则上移的幅度越大，从表5-12可以看出，拔节期与灌浆期的上下平移量b最大值基本相等，拔节期的最小值低于灌浆期，通过标准差可以看出拔节期材料间的变动幅度大于灌浆期；振幅a能够反映材料区的玉米冠层温度变化幅度，从表5-12可以看出，振幅a的最大值拔节期大于灌浆期，最小值拔节期小于灌浆期，通过标准差同样可以看出拔节期材料间的变动幅度大于灌浆期；周期常数ω反映的是玉米冠层温度时序变化周期，受到自身基因和外界环境的影响，从表5-12可以看出，两个生育期的周期常数ω的最大值、最小值和标准差3个特征值基本相同，说明在拔节期到灌浆期，玉米的冠层温度变化周

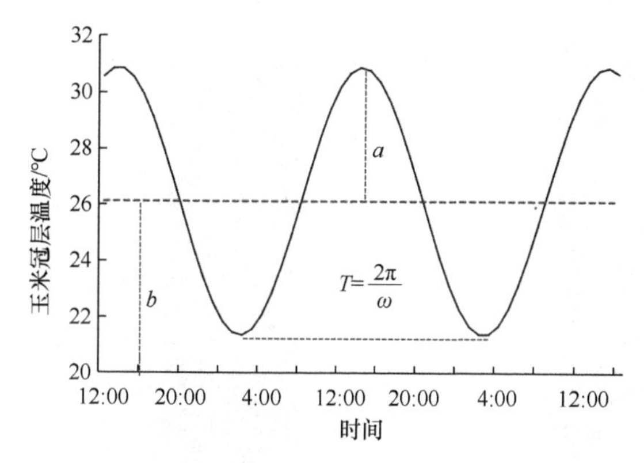

图 5-52　随机选取拔节期一个材料的冠层温度曲线拟合效果

表 5-12　玉米冠层温度曲线拟合参数的特征值

生育期	上下平移量 b			振幅 a			周期常数 ω			初相 φ		
	最大值	最小值	标准差	最大值	最小值	标准差	最大值	最小值	标准差	最大值	最小值	标准差
拔节期	30.349	25.347	0.960	12.049	4.770	1.341	0.264	0.247	0.003	1.321	0.664	0.100
灌浆期	30.368	27.084	0.433	9.919	5.723	0.438	0.263	0.245	0.003	1.957	1.319	0.088

期在外界环境变化不大的情况下基本没有改变；初相 φ 为 x=0 时的相位，决定了玉米冠层温度曲线的初始位置，表现为玉米冠层温度随空气温度改变而改变的速度，从表 5-12 可以看出，灌浆期初相 φ 的最大值和最小值均大于拔节期，说明拔节期到灌浆期玉米的冠层温度曲线初相发生了改变，从标准差上看仍然是拔节期材料间的差异大于灌浆期。总体上可以看出，拔节期材料间的冠层温度曲线差异大于灌浆期。

在提取玉米冠层温度的过程中，利用分类后的数码影像计算出各个小区的玉米覆盖度，对不同的覆盖度赋予不同的颜色，并统计拔节期和灌浆期玉米不同覆盖度的频数，如图 5-53、图 5-54 所示。结果表明，拔节期的玉米覆盖度差异大，分布范围广；灌浆期的玉米覆盖度差异小，分布范围窄；拔节期玉米覆盖度普遍小于灌浆期玉米覆盖度。

对玉米冠层温度数据进行拟合后，在利用 SPSS 进行聚类时，因各个参数的量纲不同，为了消除指标之间的量纲影响，在聚类前进行归一化处理，使各参数处于同一数量级。将 4 个归一化后的参数作为变量分别对两期数据进行两步聚类法聚类，聚类结果如图 5-55 所示。玉米生育期每个类别的 4 个参数的均值、变量重要性（变量的重要性是以聚类分析的类别为组别因素，聚类分析所用到的输入变量作为结果变量，分别进行方差分析或皮尔逊卡方检验，将所得到的 P 值取常用对数的负值进行相互比较的结果）和每个类的数量如表 5-13 所示。

从图 5-55 可以看出，拔节期的第一类主要集中在试验田南部以及中部，第二类分布相对均匀，而第三类主要集中在北部，分布规律明显；灌浆期聚类结果相对拔节期分布均匀，分布无明显规律。从表 5-13 可以看出，拔节期第一类上下平移量 b 和振幅 a 的均值最小，第二类次之，第三类最大，且三个类别的上下平移量 b 和振幅 a 的均值存在显著差异。通过图 5-56（a）可以明显看出，拔节期三个类别的曲线差异主要表现为

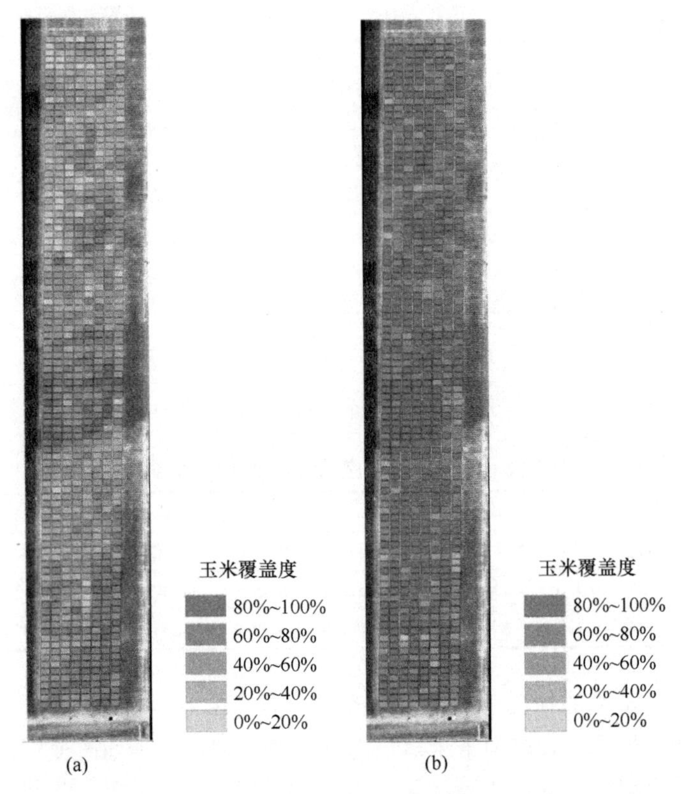

图 5-53　拔节期（a）和灌浆期（b）玉米覆盖度分布图（彩图请扫封底二维码）

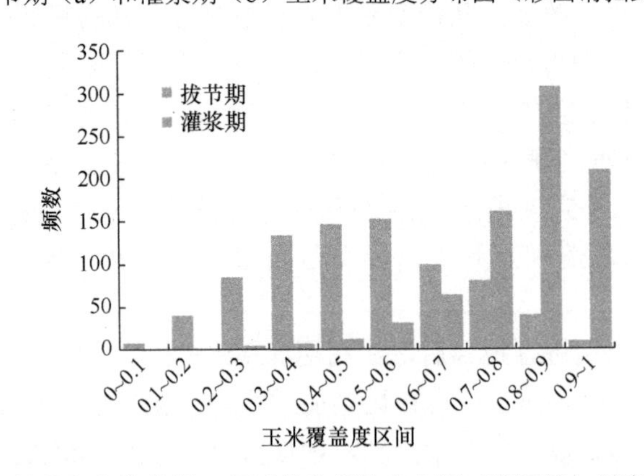

图 5-54　拔节期和灌浆期玉米覆盖度频数直方图（彩图请扫封底二维码）

曲线的上下平移量和振幅的差异。由此说明，在利用两步聚类法聚类时，拔节期玉米冠层温度曲线的聚类过程主要依据上下平移量 b 和振幅 a 两个参数变量（变量重要性分别为 1、0.89）。从表 5-13 可以看出，灌浆期三个类别的 4 个参数均值中除初相 φ 存在显著差异外，另外 3 个参数不存在显著差异，第一类的初相 φ 最小，第三类次之，第二类最大。从图 5-56（b）可以看出，灌浆期三个类别的曲线差异主要表现为曲线的周期差异。由此说明，在利用两步聚类法聚类时，灌浆期玉米冠层温度曲线的聚类过程主要依据周期常数 ω 和初相 φ 两个参数变量（变量重要性分别为 0.9、1）。

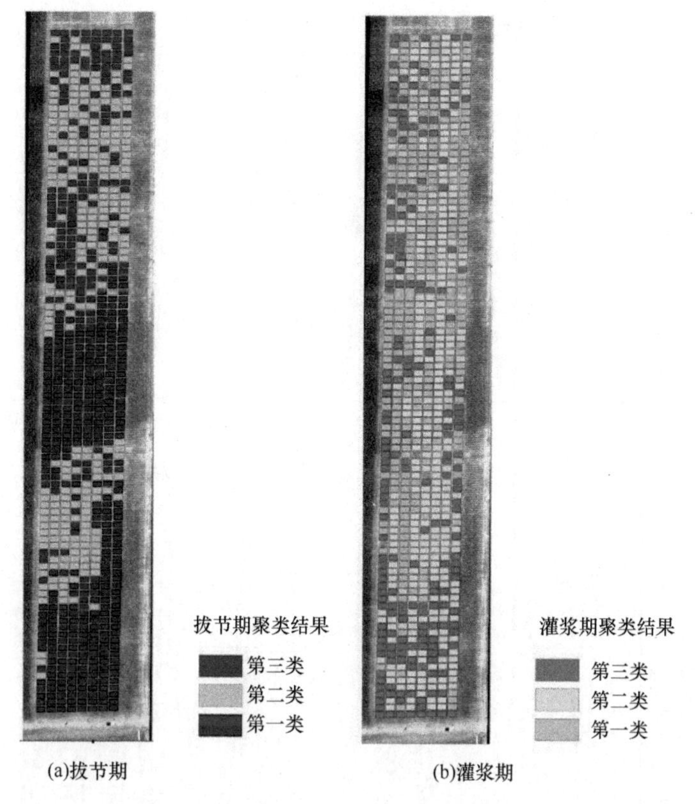

图 5-55 玉米冠层时序温度聚类结果分布图（彩图请扫封底二维码）

表 5-13 两个生育期 4 个参数的均值、变量重要性和每个类的数量统计

生育期	类别	上下平移量 b		振幅 a		周期常数 ω		初相 φ		数量
		均值	变量重要性	均值	变量重要性	均值	变量重要性	均值	变量重要性	
拔节期	第一类	26.526	1	6.293	0.89	0.253	0.67	1.082	0.49	376
	第二类	27.534		7.647		0.257		0.915		270
	第三类	28.565		9.127		0.255		1.031		154
灌浆期	第一类	27.715	0.24	6.442	0.19	0.257	0.9	1.562	1	278
	第二类	27.818		6.507		0.251		1.705		315
	第三类	28.121		6.704		0.253		1.683		207

5.4.3 玉米冠层温度节律与土壤干旱相关分析

为了进行玉米冠层温度的节律性与土壤干旱的相关性分析，将试验区两个生育期计算的 TVDI 利用自然间断点分级法划分为 3 类。自然间断点分级法划分的类别基于数据中固有的自然分组，将对分类间隔加以识别，可对相似值进行最恰当的分组，并可使各

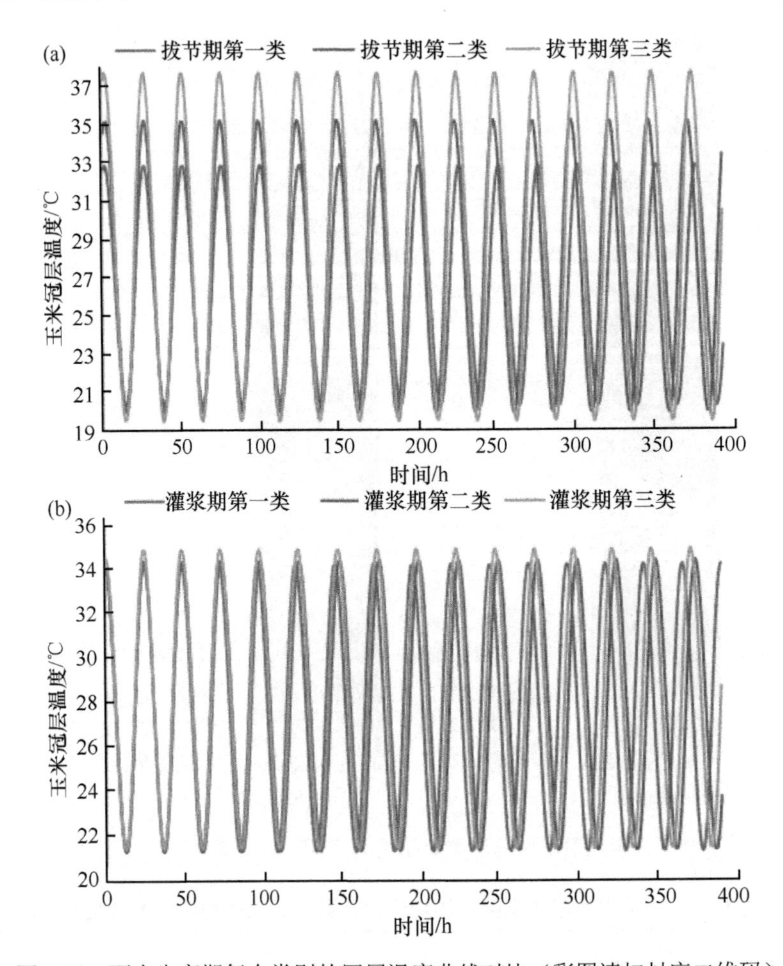

图 5-56　两个生育期每个类别的冠层温度曲线对比（彩图请扫封底二维码）

个类之间的差异最大化，要素将被划分为多个类，对于这些类，会在数据差异相对较大的位置处设置其边界。第一类 TVDI 为 0.00～0.26，第二类 TVDI 为 0.26～0.38，第三类 TVDI 为 0.38～0.56，结果如图 5-57 所示，对比图 5-55 可以看出，玉米冠层温度曲线聚类分布与 TVDI 聚类较为一致，统计玉米冠层温度曲线聚类和试验区 TVDI 聚类的三个类别的个数以及两者间各个类的重叠数和总重叠率，如表 5-14 所示。

从表 5-14 可知：拔节期的玉米冠层温度曲线聚类和 TVDI 聚类的统计结果中，3 个类的个数差较小，最大个数差为 47，而每一类的重叠数与两者间最小的个数也十分相近，总重叠率为 72.5%，说明拔节期冠层温度曲线聚类与 TVDI 聚类结果具有非常高的一致性；灌浆期的玉米冠层温度曲线聚类和 TVDI 聚类的统计结果中，3 个类的个数差相比拔节期较大，最大个数差为 80，而每一类的重叠数与两者间最小的个数差也较大，总重叠率为 41.0%，说明灌浆期冠层温度曲线聚类与 TVDI 聚类结果具一定的一致性。以上分析表明拔节期和灌浆期的玉米冠层温度的节律性与土壤干旱程度具有一定的相关性，并且在拔节期土壤干旱程度对玉米冠层温度节律的影响大于灌浆期。

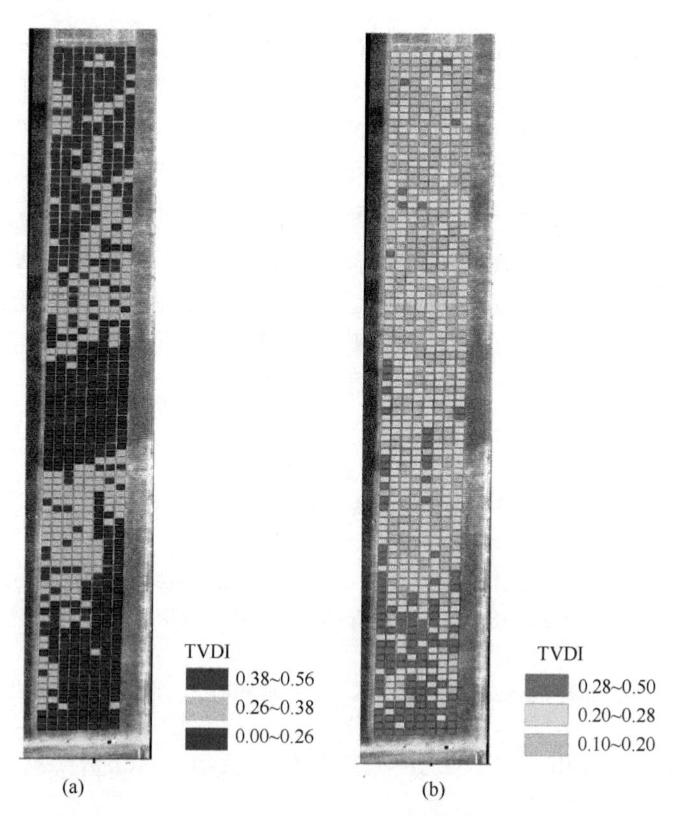

图 5-57　拔节期（a）和灌浆期（b）TVDI 聚类结果（彩图请扫封底二维码）

表 5-14　拔节期和灌浆期的冠层温度曲线和 TVDI 聚类结果对比

生育期	聚类样本	聚类类别			重叠数			总重叠率/%
		第一类个数	第二类个数	第三类个数	第一类重叠数	第二类重叠数	第三类重叠数	
拔节期	冠层温度曲线聚类	376	270	154	311	158	111	72.5
	TVDI 聚类	338	261	201				
灌浆期	冠层温度曲线聚类	278	313	209	120	120	88	41.0
	TVDI 聚类	358	285	157				

注：总重叠率=总重叠数/总材料数

5.5　总结与展望

高通量获取作物表型信息是加快作物生长发育规律研究、推动作物科学发展的重要手段，以无人机为代表的近地遥感表型平台具有机动灵活、适合复杂农田环境、可及时采集数据、效率高和成本低等优势，可以快速、无损和高效地获取田间作物表型信息，成为研究作物表型组学的重要工具。多旋翼无人机、固定翼无人机、直升机和飞艇是当前遥感解析表型研究应用的主要无人机类型，常见的机载传感器包括数码相机、多光谱相机、高光谱相机、热红外相机及激光雷达等。无人机遥感表型平台已广泛用于获取形态结构参数、光谱和纹理特征、生理特性等作物性状，以及在不同环境下作物对非生物/生物胁迫的响应。遥感解析作物表型的精度存在明显差异，这主要是由于反演模型的精度取决于气候、作物生长阶段和作物类型等因素。图像特征分析、光谱特征分析和定量反演等是无人机遥感解析田间作物表型信息的常用方法。

无人机遥感表型平台是高通量获取作物表型信息的重要手段，目前仍存在一些不足，包括研究应用深度及广度不足、光谱和激光雷达数据的快速处理方法缺乏、遥感反演模型存在较大的不确定性和传感器价格高等。因此，在未来的无人机遥感解析作物表型信息研究应用中，需要不断拓展无人机遥感解析作物表型研究的广度和深度，深入挖掘无人机高光谱和激光雷达等遥感信息，融合多源遥感信息构建通用性强、精度高的表型信息解析模型，加快研发低成本无人机载传感器，并推广普及易操作的全套技术解决方案。

参 考 文 献

郭浩, 苏伟, 朱德海, 等. 2019. 点云库 PCL 从入门到精通. 北京: 机械工业出版社

郭庆华, 苏艳军, 胡天宇, 等. 2018. 激光雷达森林生态应用: 理论、方法及实例. 北京: 高等教育出版社

刘鲁霞. 2014. 机载和地基激光雷达森林垂直结构参数提取和研究. 北京: 中国林业科学研究院硕士学位论文

刘晓双, 黄建文, 鞠洪波. 2010. 高空间分辨率遥感的单木树冠自动提取方法与应用. 浙江林学院学报, 27(1): 126-133

齐述华, 王长耀, 牛铮. 2003. 利用温度植被旱情指数(TVDI)进行全国旱情监测研究. 遥感学报, 7(5): 420-427, 436

宋金玉, 郭一平, 王斌. 2019. DBSCAN 聚类算法的参数配置方法研究. 计算机技术与发展, 29(5): 44-48

王洪蜀. 2015. 基于地基激光雷达数据的单木与阔叶林叶面积密度反演. 成都: 电子科技大学硕士学位论文

杨文攀, 李长春, 杨浩, 等. 2018. 基于无人机热红外与数码影像的玉米冠层温度监测. 农业工程学报, 34(17): 68-75. 301

张仁和, 薛吉全, 浦军, 等. 2011. 干旱胁迫对玉米苗期植株生长和光合特性的影响. 作物学报, 37(3): 521-528

张毅. 2008. 地面三维激光扫描点云数据处理方法研究. 武汉: 武汉大学博士学位论文

Bendig J, Willkomm M, Tilly N, et al. 2013. Very high resolution crop surface models (CSMs) from UAV-based stereo images for rice growth monitoring in Northeast China. Int Arch Photogramm Remote Sens Spat Inf Sci, 40: 45-50

Bendig J, Yu K, Aasen H, et al. 2015. Combining UAV-based plant height from crop surface models, visible, and near infrared vegetation indices for biomass monitoring in barley. Int J Appl Earth Obs, 39: 79-87

Bergstra J, Bardenet R, Bengio Y, et al. 2011. Algorithms for hyper-parameter optimization. 25th Annual Conference on Neural Information Processing Systems: 2546-2554

Cao J, Tagliasacchi A, Olson M, et al. 2010. Point cloud skeletons via Laplacian-based contraction. Shape Modeling International Conference: 187-197

Charrad M, Ghazzali N, Boiteau V, et al. 2014. NbClust: an R package for determining the relevant number of clusters in a data set. J Stat Softw, 61(6): 1-36

Culvenor DS. 2002. TIDA: an algorithm for the delineation of tree crowns in high spatial resolution remotely sensed imagery. Computers & Geosciences, 28(1): 33-44

De Souza CHW, Lamparelli RAC, Rocha JV. 2017. Height estimation of sugarcane using an unmanned aerial system (UAS) based on structure from motion (SfM) point clouds. Int J Remote Sens, 38: 2218-2230

Du S, Lindenbergh R, Ledoux H, et al. 2019. AdTree: accurate, detailed, and automatic modelling of Laser-Scanned trees. Remote Sensing, 11(18): 2074

Elazab A, Ordóñez RA, Savin R, et al. 2016. Detecting interactive effects of N fertilization and heat stress on maize productivity by remote sensing techniques. Eur J Agron, 73: 11-24

Ester M, Kriegel HP, Sander J, et al. 1996. A density-based algorithm for discovering clusters in large spatial databases with noise. Proceedings of the Second International Conference on Knowledge Discovery and Data Mining: 226-231

Ferrara R, Virdis SGP, Ventura A, et al. 2018. An automated approach for wood-leaf separation from terrestrial LIDAR point clouds using the density based clustering algorithm DBSCAN. Agr Forest Meteorol, 262: 434-444

Han L, Yang G, Dai H, et al. 2019. Modeling maize above-ground biomass based on machine learning approaches using UAV remote-sensing data. Plant Methods, 15(1): 10

Han L, Yang G, Yang H, et al. 2018. Clustering Field-Based maize phenotyping of Plant-Height growth and canopy spectral dynamics using a UAV remote-sensing approach. Front Plant Sci, 9: 1638

Herrero J, Dopazo J. 2002. Combining hierarchical clustering and Self-Organizing maps for exploratory analysis of gene expression patterns. J Proteome Res, 1(5): 467-470

Holman FH, Riche AB, Michalski A, et al. 2016. High throughput field phenotyping of wheat plant height and growth rate in field plot trials using UAV based remote sensing. Remote Sensing, 8(12): 1031

Hosoi F, Omasa K. 2006. Voxel-Based 3-D modeling of individual trees for estimating leaf area density using High-Resolution portable scanning lidar. IEEE T Geosci Remote Sensing, 44(12): 3610-3618

Hu R, Yan G, Mu X, et al. 2014. Indirect measurement of leaf area index on the basis of path length distribution. Remote Sens Environ, 155: 239-247

Lei L, Qiu C, Li Z, et al. 2019. Effect of leaf occlusion on leaf area index inversion of maize using UAV–LiDAR data. Remote Sensing, 11(9): 1067

Matese A, Di Gennaro SF, Berton A. 2017. Assessment of a canopy height model (CHM) in a vineyard using UAV-based multispectral imaging. Int J Remote Sens, 38: 2150-2160

Otsu N. 1979. A threshold selection method from Gray-Level histograms. IEEE Transactions on Systems, Man, and Cybernetics, 9(1): 62-66

Pouliot DA, King DJ, Bell FW, et al. 2002. Automated tree crown detection and delineation in high-resolution digital camera imagery of coniferous forest regeneration. Remote Sens Environ, 82: 322-334

Pugh NA, Horne DW, Murray SC, et al. 2018. Temporal estimates of crop growth in sorghum and maize breeding enabled by unmanned aerial systems. Plant Phenome Journal, 1: 170006

Pyle D. 1999. Data Preparation for Data Mining. San Francisco: Morgan Kaufmann Publishers Inc

Raumonen P, Kaasalainen M, Åkerblom M, et al. 2013. Fast automatic precision tree models from terrestrial laser scanner data. Remote Sensing, 5(2): 491-520

Ritchie SW, Hanway JJ, Benson GO. 1993. How a corn plant develops. CES Special Report No. 48. Iowa State University.

Sander J, Ester M, Kriegel HP, et al. 1998. Density-Based clustering in spatial databases: the algorithm GDBSCAN and its applications. Data Mining and Knowledge Discovery, 2: 169-194

Sandholt I, Rasmussen K, Andersen J. 2002. A simple interpretation of the surface temperature/vegetation index space for assessment of surface moisture status. Remote Sens Environ, 79: 213-224

Schall O, Belyaev A, Seidel HP. 2005. Robust Filtering of Noisy Scattered Point Data. Proceedings of the Second Eurographics / IEEE VGTC Conference on Point-Based Graphics.

Serifoglu Y C, Volkan Y, Oguz G. 2018. Investigating the performances of commercial and non-commercial software for ground filtering of UAV-based point clouds. Int J Remote Sens, 39: 5016-5042

Spanner MA, Pierce LL, Peterson DL, et al. 1990. Remote sensing of temperate coniferous forest leaf area index The influence of canopy closure, understory vegetation and background reflectance. Int J Remote Sens, 11(1): 95-111

Torres-Salinas D, Robinson-García N, Jiménez-Contreras E, et al. 2013. On the use of Biplot analysis for multivariate bibliometric and scientific indicators. J Am Soc Inf Sci Tec, 64(7): 1468-1479

Tucker CJ. 1979. Red and photographic infrared linear combinations for monitoring vegetation. Remote Sens Environ, 8(2): 127-150

Walsworth NA, King DJ. 1999. Image modelling of forest changes associated with acid mine drainage. Computers & Geosciences, 25(5): 567-580

Watanabe K, Guo W, Arai K, et al. 2017. High-throughput phenotyping of sorghum plant height using an unmanned aerial vehicle and its application to genomic prediction modeling. Front Plant Sci, 8: 11

Wu S, Wen W, Xiao B, et al. 2019. An accurate skeleton extraction approach from 3D point clouds of maize plants. Front Plant Sci, 10: 248

Xiang L, Bao Y, Tang L, et al. 2019. Automated morphological traits extraction for sorghum plants via 3D point cloud data analysis. Comput Electron Agr, 162: 951-961

Yao Y, Fan W, Liu Q, et al. 2010. Improved harvesting method for corn LAI measurement in corn whole growth stages. Transactions of the Chinese Society of Agricultural Engineering, 26: 189-194

Yue J, Yang G, Li C, et al. 2017. Estimation of winter wheat above-ground biomass using unmanned aerial vehicle-based snapshot hyperspectral sensor and crop height improved models. Remote Sensing, 9: 226-244

Zermas D, Morellas V, Mulla D, et al. 2019. 3D model processing for high throughput phenotype extraction-the case of corn. Comput Electron Agr, 172: 105047

Zhang X, Huang C, Wu D, et al. 2017a. High-throughput phenotyping and QTL mapping reveals the genetic architecture of maize plant growth. Plant Physiol, 173(3): 1554-1564

Zhang Z, Cao L, She G. 2017b. Estimating forest structural parameters using canopy metrics derived from airborne LiDAR data in subtropical forests. Remote Sensing, 9: 940

第 6 章　果园无人机遥感

无人机遥感技术在获取与果树生长和提高生产力研究相关的几何结构参数及农学参数方面具有巨大潜力，如果树几何形状与结构特征测量、收获前的果树生产力估计、果树养分诊断与施肥决策。其中，果树单木分割是无人机遥感果园研究中研究尺度由果园提升到单株的关键步骤，精准单木分割保证了后续单株果树结构参数的准确提取。因此，本章将在果树识别与单木分割、果树冠层信息提取、果树枝条信息提取、果树产量估计、果树养分诊断与施肥决策这 5 个方面分别研究并验证无人机遥感技术在果园中的应用可行性。

6.1　果树识别与单木分割

果树树冠特征与果树光能获取、能量转换高度相关（杨全月等，2020），获取冠层结构信息对监测果树健康、预测产量有着重要作用，准确、高效地获取单木冠层特征有助于依据个体差异，开展病虫害防治、水肥管理等果园精准作业活动（Wang et al.，2018），从而大幅提升果园智能化管理水平。

无人机遥感技术由于操作简便、机动灵活、可以搭载多种载荷等优势，逐渐在果园监测中广泛应用。无人机遥感技术已成为提取果园冠层或单木冠层结构及理化参数的重要手段。从无人机遥感数据源角度一般可分为基于激光雷达（light detection and ranging，LiDAR）数据的单木冠层提取算法和基于光学影像处理的单木提取算法（陈日强等，2020）。激光雷达点云数据几何精度高（杨全月等，2020），可以自动分离地面点云生成高精度的冠层高度模型（canopy height model，CHM），利用均值漂移算法（Yan et al.，2020）、归一化分割算法（Yan et al.，2018）可以实现基于激光雷达点云数据的单木树冠轮廓提取、树冠结构参数提取，然而点云数据获取成本高、点云密度不能全覆盖等特点使得其实用性受到制约。而无人机高分辨率影像较 LiDAR 技术简洁、成本低，且更容易推广，已经成功用于小范围农田长势监测、目标检测，其中针对单木分割主要采用山谷追踪法（Gougeon，1995）、边缘检测法（Brandtberg and Walter，1998）、控制分水岭分割（controlled watershed segmentation，CWS）算法（Dong et al.，2020；Jing et al.，2012）、模式识别（Pollock，1996；Tarp-Johansen，2002）等二维图像分割方法。

基于分水岭算法的光学影像单木分割最为常见，Meyer 和 Beucher（1990）首次提出基于标记控制的分水岭算法，避免了噪声对影像的过分割（Ke and Quackenbush，2011），扩展了算法的应用空间，利用局部极大值滤波法（local maximum filtering，LMF）生成标记分水岭算法所使用的种子点。Wang 等（2004）基于无人机生成白云杉的轻便机载光谱成像仪（compact airborne spectrographic imager，CASI）光谱影像，利用轮廓检测算法提取树冠簇，并假设在树冠最高点测量得到的太阳辐射强度最大，使用局部非极大值抑制算法（Dralle and Rudemo，1997）检测树顶并作为标记，对树冠簇执行标记分水岭算法，实现交叉树冠的分割。Jing 等（2012）利用无人机获取了白桦树和枫树的混交林多光谱影像，结合高斯滤波预处理与多尺度分水岭算法，实现了混交林的分割。陈日强等（2020）获取了苹果园 CHM 模型，以行距为局部极大值窗口大小，执行基于局部极大值种子点的分水岭算法，实现了果园的单木树冠轮廓和结构参数提取。Dong 等（2020）结合高斯滤波和局部极大值滤波提取种子点，使用基于标记控制的分水岭算法实现了苹果园和梨园的单木分割及单木参数提取。

对于郁闭度低的果园，使用基于局部极大值的分水岭算法实现单木分割的可行性已被证实（Dralle and Rudemo，1997；Ok and Ozdarici-Ok，2018；Wang et al.，2004），然而，局部极大值滤波算法的准确度过度依赖于滤波窗口大小，窗口过大会导致小树遗漏，窗口过小会导致单个树冠被分为多个树冠（Wang et al.，2004；Xu et al.，2021），同时应用此方法往往需要对原始影像进行平滑处理，以消除冠层内部结构和噪声的影响，但平滑处理方式不仅会模糊果树边界，限制精细化树冠轮廓提取，还易造成过分割和欠分割误差。目前，针对郁闭度高的果树树冠分割的研究尚少，果园内果树冠层具有结构纹理复杂、排布规则、冠幅相似、局部制高点不突出等特点，而且密植型果树分割存在地面与树冠轮廓混淆、树冠之间重叠等技术挑战，缺乏能满足密植型果园高精度单木果树冠层轮廓提取的方法。

6.1.1 基于无人机数码影像的果园单木分割

本小节提出的果树单木分割算法（徐伟萌，2022）包括三个步骤（图 6-1）。①影像预处理及冠层提取：对无人机获取的数码影像预处理并利用最大似然法对研究区正射影像进行分类，提取果树冠层；②单木树冠提取：对提取的果树冠层进行高斯滤波、形态学开运算及自适应阈值分割，结合区域型种子块标记并利用分水岭算法实现单木分割；

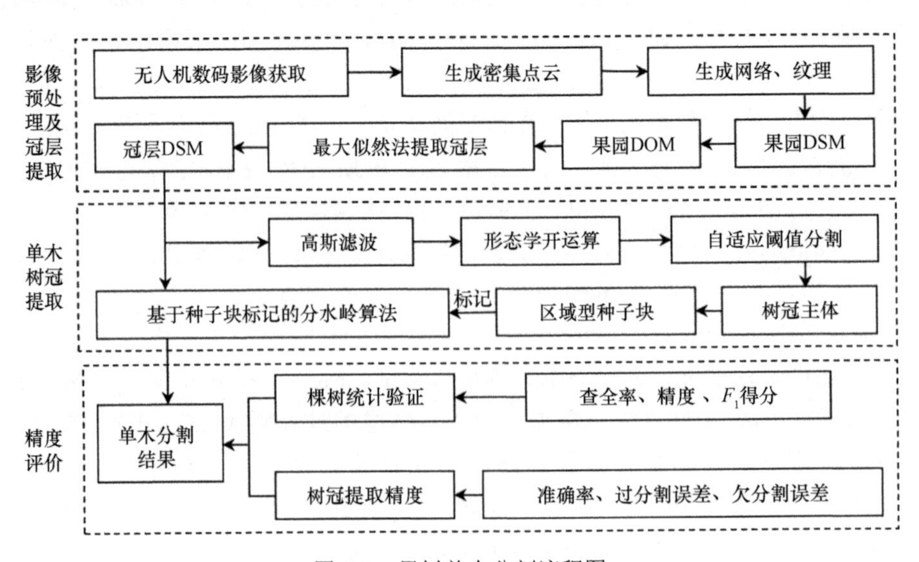

图 6-1 果树单木分割流程图

③精度评价：分别对单木分割的有效棵树及单木树冠提取精度进行综合评价。

6.1.1.1　无人机数码影像预处理及冠层提取

利用 Agisoft PhotoScan 实景三维软件对获取的数码影像进行拼接，通过对齐图像，生成密集点云，生成网格、纹理，并根据已知点坐标对影像进行几何校正，生成分辨率为 0.05 m 的数字正射影像图（digital orthophoto map，DOM）、数字表面模型（digital surface model，DSM），利用最大似然法对 DOM 影像分类并提取冠层，通过提取的冠层矢量对 DSM 裁剪，得到冠层数字表面模型。研究区果园地物类别简单，主要分为树冠、地面杂草及裸土三类，三种地物之间差异较大，采用最大似然法提取果园树冠，借助 ENVI 软件人工选取三种地物的若干感兴趣区作为分类器模型输入，各类已知像元数据在空间中构成点群，形成一个多维正态分布（雷浩川，2018），基于多维分布模型，对于图上任意像元计算其所属类别的概率，比较各类概率大小得到分类结果，并对分类结果进行中值滤波后处理，消除分类结果中的椒盐噪声。对已分出的冠层生成矢量文件，利用矢量文件对研究区数字表面模型裁剪得到冠层数字表面模型。

6.1.1.2　区域型种子块的生成

观察单棵苹果树三维点云模型可得果树冠层近似椭球体，地面投影近似圆形（Wolf and Heipke，2007）（图 6-2）。在果树幼果期和膨果期，枝叶茂盛，存在相邻果树冠层重叠、树冠大小不一致的情况，这对单木分割方法产生了干扰。为解决冠层重叠问题、提高单木分割准确度，本研究提出将区域型种子块作为分水岭算法的标记图像，种子块的生成包括：高斯滤波、形态学开运算、自适应阈值分割、种子图像生成 4 个步骤。

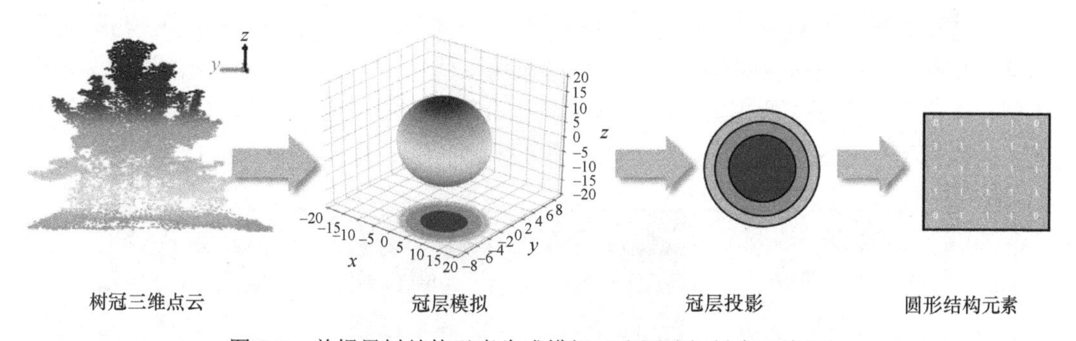

图 6-2　单棵果树结构元素生成模拟（彩图请扫封底二维码）

（1）高斯滤波

在对冠层 DSM 执行形态学开运算之前，采用高斯滤波对影像进行去噪处理，高斯滤波直径大小为研究区内果树行距对应像素，建立二维高斯滤波器，扫描图上每个像素，确定邻域内像素的加权平均灰度，用其代替窗口中心像素值（Dralle and Rudemo，1997；Jing et al.，2012；Pollock，1996），可以有效防止原始冠层 DSM 局部亮度过大，导致形态学开运算结果出现伪树冠。

如图 6-3 所示，（a）图为冠层 DSM 未执行高斯滤波的形态学开运算效果，（b）图为执行高斯滤波的形态学开运算效果，形态学开运算之前执行高斯滤波可有效抑制单个树冠被分为多个树冠。

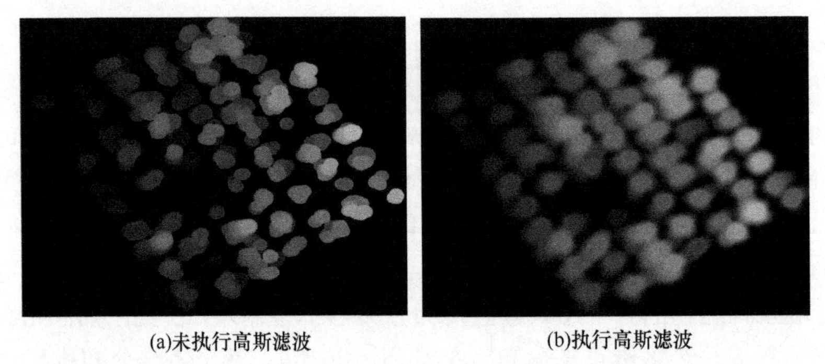

图 6-3　冠层 DSM 执行高斯滤波前后形态学开运算结果对比图

（2）形态学开运算

基于传统图像处理方法的形态学开运算（Soille，2013）包括腐蚀运算和膨胀运算，通过任意大小和形状的结构元素（SE，通常由 0 和 1 组成）在整个图像上滑动，可有效去除两个形状之间的相连部分及孤立小点。由于果树树冠近似椭球体，故选择圆形的结构元素，设定结构元素的固定半径为 d，首先执行腐蚀运算，腐蚀运算可以抑制单个树冠的顶部及周围出现多个局部极大值，有效减弱相邻果树间交叉枝条的影响，其次执行膨胀运算，膨胀运算可以突出树冠主体部分，并尽最大可能保留原树冠大小范围。设定的结构元素半径大小直接影响算法结果，结构元素越大树冠消除得越多，当结构元素半径过大时，部分小树会消失。实验中设定结构元素半径为 1/2 行距，并根据实际开运算结果调整±5 像素。

经过形态学开运算处理，图像中单棵果树主体部分近圆形[图 6-4（b）]，与邻近果树互不相交，利用自适应阈值分割提取单棵果树主体范围，获得互不相交的连通区，以不同且大于 0 小于 255 的正数标记，并将整体冠层区域标记为 0，即待分割区域，将非冠层区域标记为 255，即无须分割区域，得到区域型种子块[图 6-4（c）]。

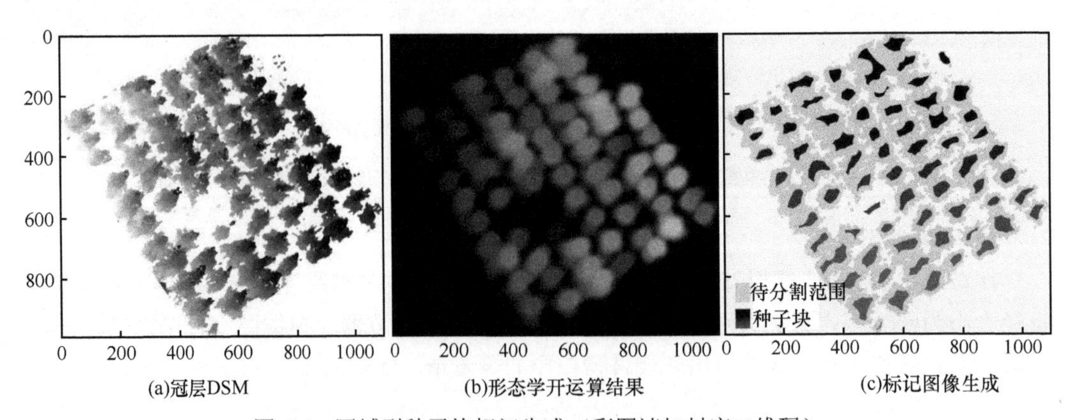

图 6-4　区域型种子块标记生成（彩图请扫封底二维码）

横、纵坐标是图像的像素

（3）自适应阈值分割

受到地形起伏及树冠高低不一的影响，经过形态学开运算处理后，某些较为高大的树冠周围背景灰度值与低矮小树灰度值接近，若使用全局固定阈值分割，则低于阈值的低矮小树会消失，高树周围会出现粘连现象，无法分开，因此使用自适应阈值法（Mu et al.，2018）进行二值化分割，设定窗口大小与开运算窗口大小相等，以窗口内平均值为阈值，大于该阈值填充为 255，小于该阈值填充为 0，利用该方法可得到开运算结果中突出树冠主体部分的二值化图像，将树冠主体部分中心点作为单木位置统计，参与后续棵数统计。

（4）区域型种子块标记生成

在前人对树冠提取的方法研究中，往往将局部极大值点作为基于标记分水岭算法的标记图像（Dong et al.，2020；陈日强等，2020；郭昱杉等，2016），此种方法对于单木交叉较为严重的场景往往并不理想，由于影像分辨率较高以及果树修剪的特点，单个树冠存在多个局部极大值点，在交叉较为严重的两棵树边界区域，树冠枝条高度相近，分水岭算法结合单一种子点会对相邻果树造成欠分割和过分割误差，导致分割精度降低。本研究提出将区域型种子块作为标记，区域型种子块标记与单点型种子点标记的区别在于区域型种子块对单棵树冠标记为树冠大概范围的近圆形，是形态学开运算后突出树冠主体部分的结果，而非树冠的单个局部极大值点。

6.1.1.3　基于标记控制的分水岭算法

基于标记控制的分水岭算法是单木分割最为常见的算法（Chen et al.，2006；Deng and Li，2012；Huang et al.，2018），是基于地理形态的图像分割算法，将每个输入图像转为灰度图像，像素灰度值代表高度，灰度值越大果树高度越高，灰度值越小高度越低，以提供的标记作为注水点，随着水平面上升，不同注水点区域汇聚时形成“大坝”，形成的“大坝”即为分水岭算法绘制的分界线（Jing et al.，2012）。基于标记控制的分水岭算法在 Python3.8 中执行，利用 OpenCV2（版本 4.5.2）库实现，根据算法输入要求，标记图像设为单通道 8 位图像，标记区域为大于等于 1 小于 255 的整数集合，分割区域标为 0，背景区域标为 255，执行分水岭算法可得到单木轮廓线。

6.1.1.4　棵数统计精度评价

通过对比不同算法提取的结果，参考 DOM 目视判读结果空间位置，采用统计学方法进行精度评价。统计正确检测（true positive，TP）果树棵数、错误检测（false positive，FP）果树棵数、漏检（false negative，FN）果树棵数，并根据式（6-1）～（6-3）计算查全率（recall）、精度（precision）、总体准确度 F 得分（F-score），查全率表示算法提取果树棵数在真实果树棵数中的占比，精度表示算法正确提取果树棵数在总检测结果中的占比（Jing et al.，2012；Ok and Ozdarici-Ok，2018）。

$$\text{查全率} = \frac{\mathrm{TP}}{\mathrm{TP} + \mathrm{FN}} \times 100\% \tag{6-1}$$

$$\text{精度} = \frac{\mathrm{TP}}{\mathrm{TP} + \mathrm{FP}} \times 100\% \tag{6-2}$$

$$F得分 = \frac{2\times查全率\times精度}{查全率+精度}\times 100\% \tag{6-3}$$

将提取的不同连通区几何中心作为棵数统计依据，结果如表 6-1 所示，1 号果园查全率 100%，精度 97.10%，F 得分 98.53%；2 号果园查全率 98.84%，精度 96.59%，F 得分 97.70%；3 号果园查全率 94.50%，精度 99.52%，F 得分 96.94%，总体查全率 95.22%，精度 99.09%，F 得分 97.11%。

表 6-1　果园棵数统计结果与精度

果园编号	真实棵数	TP/棵	FN/棵）	FP/棵	查全率/%	精度/%	F 得分/%
1	67	67	0	2	100	97.10	98.53
2	86	85	1	3	98.84	96.59	97.70
3	872	824	48	4	94.50	99.52	96.94
合计	1025	976	49	9	95.22	99.09	97.11

6.1.1.5　单木轮廓提取精度评价

对于单木轮廓提取的精度评价，以无人机拼接生成的数字正射影像图（DOM）目视手绘单木轮廓为参考值、算法结果为提取值，现将参考值与提取值的空间关系由前人提出的 6 种（Jing et al.，2012；Pouliot et al.，2002）改为 7 种，分别为：①一等优匹配（perfect-match 1，PM1），定义为单个提取树冠面积与该参考树冠面积的重叠面积占提取树冠面积及参考树冠面积的 70%及以上；②二等优匹配（perfect-match 2，PM2），定义为单个提取树冠面积与该参考树冠面积的重叠面积分别占提取树冠面积及参考树冠面积的 50%以上与 70%以下；③良匹配（good-match，GM），定义为单个提取树冠面积与该参考树冠面积的重叠面积占提取树冠面积或参考树冠面积的 50%以上；④遗漏（missed-match，Mi），定义为单个提取树冠面积与参考树冠面积的重叠面积不超过两者面积的 50%；⑤合并（merged，Me），定义为单个提取树冠覆盖多个参考树冠，且至少 2 个参考树冠与提取树冠的重叠面积均超过参考树冠面积的 50%；⑥分开（split，Sp），定义为单个参考树冠覆盖多个提取树冠且至少 2 个提取树冠与参考树冠重叠面积均超过提取树冠的 50%；⑦错误（wrong，Wr），定义为非树冠目标被识别为树冠。

根据以上 7 类，将小区域果园的高精度单木分割结果继续划分为三类：①～③分割结果归类为准确分割，④、⑤分割结果归类为欠分割误差，⑥、⑦分割结果归类为过分割误差，可由式（6-4）～（6-7）计算总体树冠提取精度，包括准确率（accuracy rate，AR，%）、欠分割误差（omission error，OE，%）以及过分割误差（commission error，CE，%）（Jing et al.，2012）：

$$\mathrm{AR} = \frac{N_{\mathrm{PM1}}+N_{\mathrm{PM2}}+N_{\mathrm{GM}}}{N_{\mathrm{ALL}}}\times 100\% \tag{6-4}$$

$$\mathrm{OE} = \frac{N_{\mathrm{Mi}}+N_{\mathrm{Me}}}{N_{\mathrm{ALL}}}\times 100\% \tag{6-5}$$

$$\mathrm{CE} = \frac{N_{\mathrm{Sp}}+N_{\mathrm{Wr}}}{N_{\mathrm{ALL}}}\times 100\% \tag{6-6}$$

$$N_{ALL} = N_{PM1} + N_{PM2} + N_{GM} + N_{Mi} + N_{Me} + N_{Sp} + N_{Wr} \quad (6\text{-}7)$$

式中，N_{PM1}、N_{PM2}、N_{GM}、N_{Mi}、N_{Me}、N_{Sp}、N_{Wr} 分别代表一等优匹配、二等优匹配、良匹配、遗漏、合并、分开及错误7种匹配精度对应的树冠数量（陈日强等，2020）。

以分辨率为0.05 m的冠层DSM作为输入图像，以区域型种子块作为标记，执行基于标记控制的分水岭算法，得到单木树冠提取结果，如图6-5所示，提取树冠与参考树冠空间关系分类及精度评价如表6-2所示，1号果园准确率95.65%，欠分割误差1.45%，过分割误差2.90%；2号果园准确率93.90%，欠分割误差3.66%，过分割误差2.44%；3号果园准确率93.18%，欠分割误差6.08%，过分割误差0.74%；总体准确率93.42%，欠分割误差5.54%，过分割误差1.04%。

图6-5 单木树冠提取结果图（彩图请扫封底二维码）

（a）、（b）、（c）图分别代表1、2、3号果园，（d）图为（c）图黄色框的放大

表6-2 提取树冠与参考树冠的空间关系分类及精度

提取树冠与参考树冠的空间关系分类及精度	果园编号			总体
	1	2	3	
一等优匹配/棵	64	69	741	874
二等优匹配/棵	2	5	5	12
良匹配/棵	0	3	5	8
遗漏/棵	0	0	30	30
合并/棵	1	3	19	23
分开/棵	0	2	0	2
错误/棵	2	0	6	8
准确率/%	95.65	93.90	93.18	93.42
欠分割误差/%	1.45	3.66	6.08	5.54
过分割误差/%	2.90	2.44	0.74	1.04

以行向种植间距为局部极大值窗口大小，对冠层 DSM 提取局部极大值作为单点型种子点，与区域型种子块标记对比，得到 1 号、2 号果园结果对比图（图 6-6、图 6-7），在同等密集程度下，区域型种子块提取效果明显优于单点型种子点，单点型种子点算法存在严重过分割误差，区域型种子块算法在果树冠层重叠区域表现良好；3 号果园结果对比如图 6-8 所示，在场景复杂、背景干扰严重的情况下，两种算法都存在密植树冠“合并”、低矮树冠“遗漏”现象。按空间关系对分割果树进行分类统计，结果如图 6-9 所示，其中单点型种子点算法提取结果总体准确率为 74.79%，欠分割误差为 23.18%，过分割误差为 0.64%，相比之下，区域型种子块算法提取结果准确率较单点型种子点算法结果高 18.63%、欠分割误差低 17.64%、过分割误差高 0.4%，且区域型种子块标记的树冠提取结果与参考树冠面积重叠率高于 70%，即一等优匹配占比接近 80%，而单点型种子点标记结果占比仅为 61.27%。结果可知，区域型种子块算法精度高于单点型种子点算法，其中精细化提取单木冠层轮廓即一等优匹配占比明显高于单点型种子点算法。

图 6-6　1 号果园提取结果对比图（彩图请扫封底二维码）

（a）为区域型种子块算法提取结果，（b）为单点型种子点算法提取结果

6.1.2　基于无人机激光雷达的果园单木分割

6.1.2.1　基于无人机激光雷达的冠层高度模型

基于冠层高度模型或数字表面模型进行目标物分割是常见的单木分割方法之一（Ok and Ozdarici-Ok，2018；Wasinee et al.，2013）。采用反距离加权（inverse distance weighted，IDW）插值算法实现点云数据栅格化，利用离散的点云数据估算同一区域中的栅格值，

图 6-7　2 号果园提取结果对比图（彩图请扫封底二维码）
（a）为区域型种子块算法提取结果，（b）为单点型种子点算法提取结果

图 6-8　3 号果园提取结果对比图（彩图请扫封底二维码）
（a）为区域型种子块算法提取结果，（b）为单点型种子点算法提取结果

即生成连续的数字地形模型和数字表面模型，两者相减得到数字高度模型（digital height model，DHM）。常见的非规则分布点格网化插值方法主要有：反距离加权插值算法、克里金法（Kriging method）、邻近点（nearest neighbor，NN）内插法和径向基函数（radial

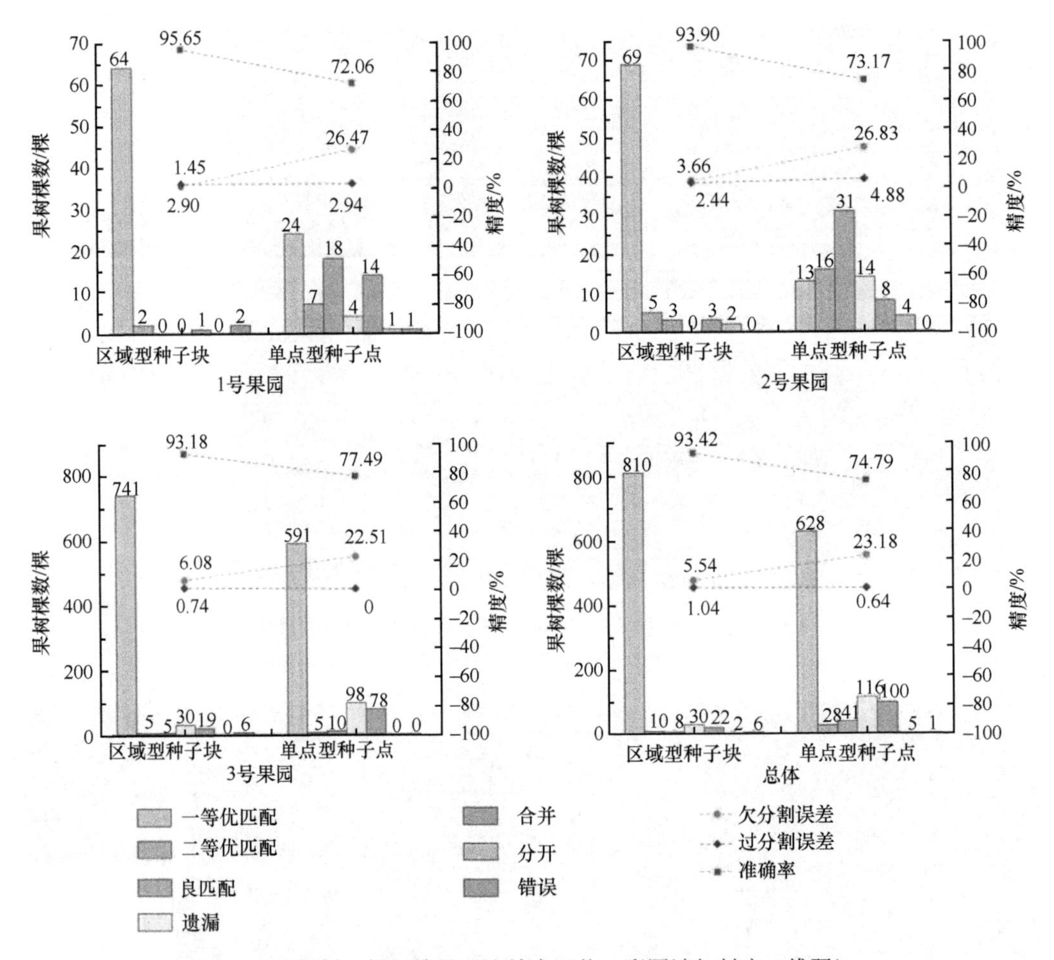

图 6-9　果树树冠提取结果对比精度评价（彩图请扫封底二维码）

basis function，RBF）法等（冯波等，2019）。不同的插值方法其自身特性、使用范围不同，但当激光雷达点云密度较大时，不同插值方法对于最后生成的栅格模型精度的影响可忽略不计。反距离加权插值算法，也称为距离倒数方法，是一种基于距离远近的加权平均法，是常见的插值方法之一，该方法的基本思想是离所估计的网格点距离越近的离散点对该网格的影响越大，越远的离散点影响越小，甚至可以认为没有影响。假设离网格点最近的 N 个点对其有影响，那么这 N 个点对该网格点的影响与它们之间的距离成反比。反距离加权插值算法适合点密度较大、分布均匀的情况，其预测值局限在已知点最大值和最小值之间，适于地形相对起伏较小的区域（陈鹏等，2015）。该算法具体步骤如下。

首先，需要计算网格中心点附近所有离散点距离网格中心点的距离，二维平面空间中，离散点（x_i，y_i）到网格中心点（x_0，y_0）的距离 D_i 为

$$D_i = \sqrt{(x_0 - x_i)^2 + (y_0 - y_i)^2} \tag{6-8}$$

其次，找到离网格中心点（x_0，y_0）最近的 N 个离散点的距离，则网格中心点（x_0，y_0）估算值为

$$Z_{(x_0,y_0)}=\sum_{i}^{n}\frac{z_i}{(D_i)^p}\bigg/\sum_{i}^{n}\frac{1}{(D_i)^p} \tag{6-9}$$

式中，z_i 为离散点 i 的值；$Z_{(x_0,y_0)}$ 为网格中心点（x_0，y_0）的估算值；n 为参与插值计算的离散点个数；D_i 为离散点 i 与网格中心点的距离；p 为该距离的幂值。

研究目标除果树外，还包括低矮的杂草和土壤背景。因为果园内其他物体高度均低于果树树冠，因此，通过设定一个高度阈值，只将果树树冠高度像素输入分割算法中，就能将果树树冠像素和非果树树冠像素分开（Yin and Wang，2019）。高度阈值的确定是在高分辨率无人机 RGB 数码影像的帮助下完成的，通过对 RGB 图像的目视判读，标定大量树冠和非树冠的位置，将其对应到冠层高度模型上，通过统计标定位置的高度，确定能将树冠和非树冠分开的高度阈值，利用该阈值对数字高度模型进行掩模，只保留树冠高度信息，即生成冠层高度模型，冠层高度模型是其余数据处理的基础。

根据上述方法，生成不同空间分辨率的数字高程模型（DEM）、数字表面模型（DSM）和数字高度模型（DHM），如图 6-10 所示。基于已有关于空间分辨率对于单木树冠检测与分割影响的研究（Picos et al.，2020；Yin and Wang，2019；李平昊等，2018），并考虑到果树树冠较小，需要更高分辨率来描述树冠形状，因此本研究选取 5 种不同的空间分辨率：0.1 m、0.2 m、0.3 m、0.4 m 和 0.5 m。由于个别栅格单元附近没有激光雷达点，随着空间分辨率由 0.5 m 增加至 0.4 m、0.3 m、0.2 m、0.1 m，DHM 的有效覆盖率分别降低 0.04%（6.20 m^2）、0.07%（9.67 m^2）、0.09%（12.47 m^2）、0.14%（20.40 m^2）、0.51%（72.89 m^2）。因此，冠层高度模型的有效覆盖率均高于 99.49%，DHM 的有效高度信息比较丰富。

在无人机高分辨率 RGB 数码影像中，通过目视判读随机选取树冠点 201 个，非树冠点 199 个，样点面积 0.03 m^2，如图 6-11 所示，其中 98.51%（198 个）的树冠点高度大于 0.5 m，97.49%（194 个）的非树冠点高度小于 0.5 m，所以本研究选取 0.5 m 作为区分树冠和非树冠的高度阈值，这个阈值可以将树冠像素和非树冠像素完全分开，树冠像素完全大于 0.5 m，非树冠像素（包括低矮草、地面）全部为 0，此时，DHM 仅保留树冠的高度信息，即生成冠层高度模型（CHM）。

6.1.2.2　基于局部极大值算法的苹果树单木检测

苹果树的单木检测即树冠顶点的识别是后续结合冠层高度模型与标记控制分水岭分割算法实现苹果树单木分割的前提，树冠顶点被当作标记控制分水岭分割算法中的标记点（Yin and Wang，2019）。将局部极大值（local maximum，LM）算法应用在冠层高度模型上实现苹果树单木检测，该方法利用的是果树树冠的高度信息，一个树冠内至少有一个最高点，即树顶位置。在冠层高度模型中，树顶位置像素的数值（digital number，DN）比其周围像素的数值都要大，因此，结合冠层高度模型与局部极大值算法可以实现苹果树的单木检测，即树顶位置种子点的识别。该算法具体步骤如下。

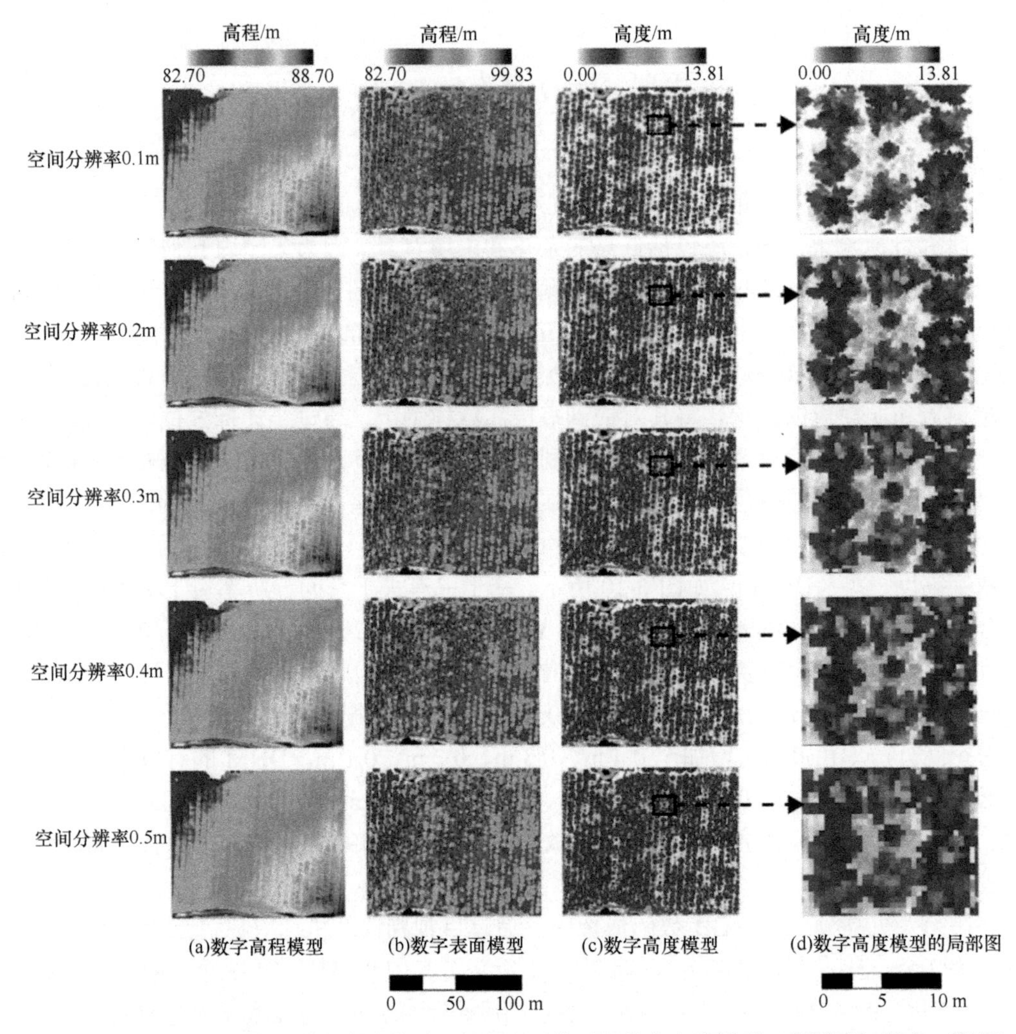

图 6-10 不同空间分辨率的数字高程模型、数字表面模型和数字高度模型（彩图请扫封底二维码）

图 6-11 树冠点与非树冠点分布图（彩图请扫封底二维码）

首先，需要建立检测窗口，为保证获取适量的局部极大值点，根据研究区苹果园中苹果树的株距 d 来确定检测窗口的大小与相邻局部极大值点之间的最小距离。

其次，基于检测窗口，采用从左到右的滑动方式，判断窗口内局部极大值像素位置。对于每一个中心像素 $O(x_i, y_i)(i=1, 2, \cdots)$，在平行与垂直方向确定一个搜索窗口$[x_i+d/2, x_i-d/2, y_i+d/2, y_i-d/2]$，判断窗口内局部极大值像素位置，记为极大值点 $\mathrm{TH_{TP}}(x_m, y_m)$，计算公式如下：

$$\mathrm{TH_{TP}}(x_m, y_m)=\max_{\substack{x_i-\frac{d}{2}<x_m<x_i+\frac{d}{2} \\ y_i-\frac{d}{2}<y_m<y_i+\frac{d}{2}}}\left(O(x_i, y_i)\right) \tag{6-10}$$

最后，上述滑动方式会产生多个局部极大值点，为保证能获得适量的局部极大值点，本研究采用高斯滤波算法对图像进行平滑，并采用局部抑制的方式来限制一个树冠只保留一个树冠顶点，判断相近点的距离是否小于株距，如果小于株距，则只保留多者中最大值像素为局部极大值（Dong et al.，2020）。该算法在 Python 3.7 中完成，结合 skimge.feature 中的 peak_local_max 包完成局部极大值的检测。

基于不同空间分辨率的冠层高度模型，使用局部极大值算法检测的果树数量及精度如图 6-12 所示。试验区共有果树 573 棵，基于不同空间分辨率（0.1 m、0.2 m、0.3 m、0.4 m 和 0.5 m）的冠层高度模型，使用该方法检测果树数量分别为 507 棵、523 棵、535 棵、550 棵和 545 棵，代表果树检测精度的 F_1 得分分别为 93.54%、94.66%、95.03%、92.20%和 90.91%。代表果树检测精度的 F_1 得分均超过 90%。当空间分辨率从 0.5 m 增加到 0.1 m 的时候，错误分割数量由 81 棵减少到 4 棵，精度提升 12.16%；未检测到的数量整体是增加的，从 28 棵增加到 66 棵，查全率下降 6.63%。当冠层高度模型空间分辨率为 0.3 m 时，F_1 得分最高，其中查全率为 93.37%，精度为 96.75%。

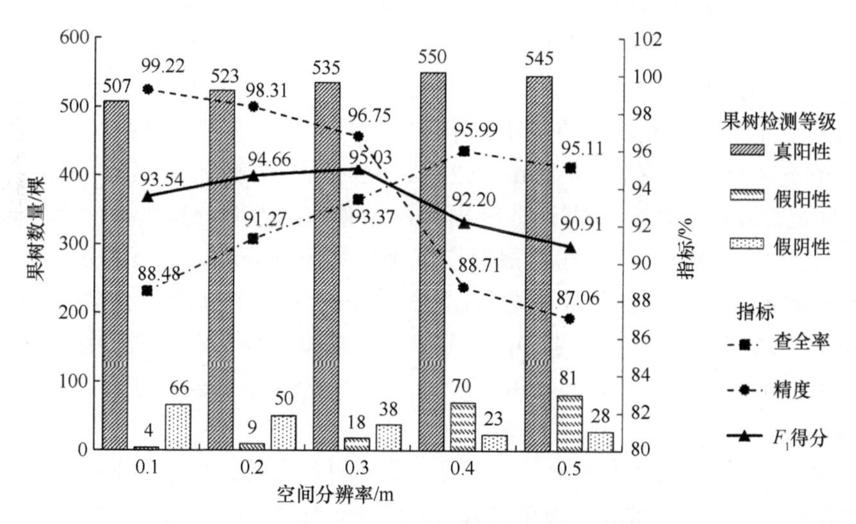

图 6-12　不同空间分辨率下的果树检测结果及精度

需要说明的是，果树单木树冠检测，即树顶位置的识别，是实现果树树冠分割的关键步骤。为保证获取适量的局部极大值点，设置局部极大值滤波算法和高斯滤波算法的滤波窗口大小为果树株距 4 m，但对于不同大小的树冠，使用固定窗口大小的局部极大值滤波算法检测效率不一致，本研究区果树树冠大小具有较大差异，树冠投影面积标准差和极差分别为 1.126 m^2 和 21.579 m^2，树冠直径标准差和极差分别为 0.373 m 和 4.204 m，所以低矮、树冠较小的果树就很难被检测到。因此，在后续研究中，为提高果树的检测效率，可以基于树冠直径与树高的异速生长关系使用不同大小的滤波窗口，但这需要实地调查数据或先验知识的支撑。

6.1.2.3 基于标记控制分水岭分割算法的苹果树单木分割

标记控制分水岭分割（marked-controlled watershed segmentation，MCWS）算法是目前应用最广泛的一种分割树冠的方法（Chloe et al.，2017；Fang et al.，2016），这是一种基于拓扑理论的数字形态分割算法，基本思想是将冠层高度模型看作测绘学上的拓扑地貌，其高度像素值对应海拔，冠层高度模型的高点处看作山峰，低点处看作山谷，山峰及其影响区域为一个树冠，而山谷为树冠的边界，将山峰倒立于水中，然后在山峰最低处穿孔，当水慢慢浸入，在山谷位置修建大坝防止其聚合，这些大坝就形成了分水岭，即树冠边界（Wang et al.，2004）。该算法中所提到的最低处就是标记点，该算法的前提就是确定标记点。将单木检测中局部极大值点，即果树树顶位置当作标记点。该算法具体步骤如下：首先，由于 CHM 图像树冠边缘梯度值较大、树冠中心区域较小，采用形态学梯度运算来增强树冠边缘。其次，运用形态学开闭运算对 CHM 梯度进行平滑、重构处理，去除模型中存在的噪声并修正区域内的极值；最后，结合标记点与冠层高度模型，进行分水岭变换，分割树冠。分水岭变换是从研究区域的标记点开始，每个标记点小于或等于 d 的集水盆都被分配唯一标记，假设当前值为 d+1，如果 d+1 的邻域已有标记点，则将 d+1 与此标记点分为一类标记；如果其邻域内没有一个像元被标记，则记作一个新标记点，定为一个新的集水盆。如此反复，直到研究区的每一个像元都被标记，则分水岭变换完成（刘峰等，2011）。

将基于 CHM 提取的树冠轮廓与参考树冠轮廓进行叠加，提取树冠和参考树冠在轮廓边缘上不能完全重叠，如图 6-13 所示。果树树冠轮廓提取结果与精度如表 6-3 所示，基于不同空间分辨率（0.1 m、0.2 m、0.3 m、0.4 m 和 0.5 m）的冠层高度模型，使用标记控制分水岭分割算法分割出的树冠总体准确率分别为 82.02%、84.12%、86.39%、81.15%和 80.45%，果树树冠提取准确率均超过 80%。当空间分辨率由 0.5 m 增加到 0.1 m 时，遗漏与合并数量之和由 53 增加到 97，欠分割误差增加 7.68%；分开和错误数量之和由 140 降低到 10，过分割误差降低 22.68%。当冠层高度模型空间分辨率为 0.3 m 时，树冠提取的准确率最高，其中欠分割误差为 11.52%，过分割误差为 5.24%。

需要说明的是，标记控制分水岭分割算法是将树顶之间的局部极小值点当作树冠边界，当树顶检测不足时，就会出现果树欠分割现象，相反，树顶检测数量多于真实数量时，过分割现象就会增多，因此树冠检测结果在一定程度上影响着树冠提取的准确性。树冠边界的确定还受到果树聚集密度的影响，树冠之间的重叠、交叉使得树冠边界变得模糊，此时，树顶之间的局部极小值往往不是树冠的真实边界。

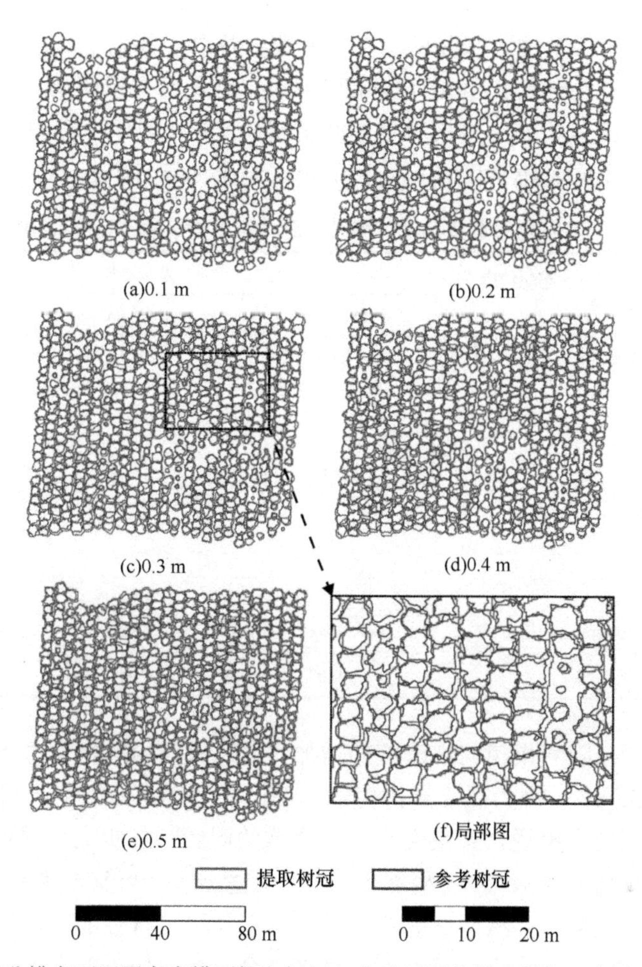

图 6-13　不同空间分辨率下冠层高度模型提取树冠与参考树冠的轮廓叠加（彩图请扫封底二维码）
左侧标尺对应图(a)、(b)、(c)、(d)、(e)，右侧标尺对应图(f)

表 6-3　不同空间分辨率下提取树冠与参考树冠的匹配结果及精度

提取树冠与参考树冠的空间匹配精度分类及精度	空间分辨率				
	0.1 m	0.2 m	0.3 m	0.4 m	0.5 m
优匹配	456	472	461	439	394
良匹配	14	10	34	26	67
遗漏	41	23	7	6	4
合并	56	58	59	53	49
分开	6	10	12	49	59
错误	4	9	18	70	81
准确率/%	82.02	84.12	86.39	81.15	80.45
欠分割误差/%	16.93	14.14	11.52	10.30	9.25
过分割误差/%	1.75	3.32	5.24	20.77	24.43

为分析果树聚集密度对树冠轮廓提取的影响，基于 0.3 m 空间分辨率的冠层高度模

型，对树冠提取结果做了进一步分析，在参考数据获取的基础上，根据果树的聚集密度将其分成3组：没有与任何树冠相连的果树为孤立果树；在东西南北4个方向中，1个或2个方向与其他树冠相连的果树为中等密集果树；3个或4个方向与其他树冠相连的果树为密集果树。不同聚集密度果树的树冠提取结果如表6-4所示。

表6-4　不同果树聚集密度下提取树冠与参考树冠的匹配结果及精度

提取树冠与参考树冠的空间匹配精度分类及精度	果树聚集密度		
	孤立	中等密集	密集
优匹配	79	292	90
良匹配	10	16	8
遗漏	6	1	0
合并	5	48	9
分开	0	5	7
错误	0	9	9
准确率/%	91.75	85.08	85.96
欠分割误差/%	8.25	13.54	7.89
过分割误差/%	0.00	3.87	14.04

根据分析可知，随着果树聚集密度的增加，树冠提取的准确率总体呈下降趋势，由91.75%下降至 85.96%，因为孤立果树树冠有明确的边界，而密集果树树冠往往重叠严重。对于果树树冠提取来说，聚集性是一个严重的问题。事实上，在野外实地调查时，也很难找到密集果树的树冠边界，相邻果树枝干重叠严重，当前方法无法解决这种问题，树冠提取准确率也会降低，从而造成树冠投影面积和树冠直径的估算误差。随着无人机激光雷达技术的发展，激光雷达点云密度越来越高，空间分辨率也越来越大，在这种情况下，针对不同场景、不同果园，可选择的空间分辨率也越来越多。通常来讲，更高空间分辨率的图像包含的细节更多，提取精度也会更高。

6.2　果树冠层信息提取

在果园中，获取尽可能多的树冠冠层信息对于种植者至关重要，通过对果树分布、数量甚至相关形态特征的准确了解，种植者可以有效地管理果树的精准喷洒、机器收割以及果树生长监测等过程（Narvaez et al.，2017）。目前获取果树冠层信息的方法在很大程度上仍然依赖于人工调查，耗时、费力、成本高、受主观依赖性强，会导致数据的不准确（Bargoti and Underwood，2017）。

目前，先进的无人机平台已成为获取大规模、高通量植物表型信息的有效手段。基于人工智能的深度学习算法是机器学习的一个新领域，它在从海量、高维数据中提取复杂的结构信息方面具有巨大的潜力。卷积神经网络（CNN）作为最常用的深度学习方法之一，为农业领域图像数据的特征提取和知识挖掘提供了有力支撑（Kamilaris and Prenafeta-Boldu，2018）。在过去的几年里，低成本的无人机平台和先进的深度学习算法相结合，加速了果园数据的获取和分析，极大地促进了智慧果园的发展（Csillik et al.，2018；Osco et al.，2020）。然而，现存的大多数方法只应用在枝叶茂盛时期的果树，而很少有研究关注枝叶稀疏的果树（如处于休眠期的苹果树和桃树）。事实上，与枝叶茂盛时期的果树相比，从具有裸枝的果树上可以更准确地获取果树枝条的分布信息，从而实现机器人修剪等自动化操作（Ampatzidis and Partel，2019）。

6.2.1　基于无人机数码影像的果树冠层信息提取

野外环境的复杂性（如光照强度、土壤反射率和杂草等，它们会改变作物图像的颜色、纹理和形状）以及图像拍摄参数的多样性（如拍摄角度和相机分辨率），很容易导致无人机数码影像中的作物模糊不清，这增加了后期处理的难度，因此，从无人机数码影像中获取准确的作物信息仍然是一个巨大的挑战，迫切需要开发一种快速、无损且可靠的技术，能够准确地测量和获取整个果园的果树冠层信息。

6.2.1.1　无人机数码影像数据获取与标注

试验地点为我国山东省栖霞市的一处苹果园（37.16°N，120.68°E）（Wu et al.，2020）。试验场地约 0.4 hm^2，苹果树以 4 m×4 m 的间距种植，树种为低氮需求的‘红富士’品种。本研究在晴朗无风的天气条件下，通过四旋翼无人机（Phantom 4 Pro）搭载高清数码相机（分辨率为 5472 像素 × 3648 像素）获取果园遥感图像数据。飞行活动发生在 2019 年 4 月 11 日 14:00～16:00，飞行高度与速度分别为 35 m 和 3 m/s，航向重叠度与旁向重叠度分别为 80%和 75%。针对收集到的包含高密度苹果树的无人机遥感图像，采用两种图像编辑器进行数据标注。第一种图像编辑器是 LabelImg，其可利用矩形框对单株果树进行标注，这不仅可以提供苹果树的数量信息，还可以用于描述苹果树对象的空间分布信息。第二种图像编辑器是 LabelMe，其可利用多边形对苹果树进行精细化的轮廓标注并形成二值图像，标注结果可用于评估本研究提出方法的分割精度。此外，对于每幅果树二值图像，均测量了冠层的周长、宽度以及投影面积等参数，用于评价本研究提出方法的冠层信息提取精度。

6.2.1.2　技术路线

为准确测量和获取整个果园的果树冠层信息，我们提出了一种基于深度学习的果树信息提取模型（tree data-acquisition model，TDA-M），该模型被设计为一个如图 6-14 所示的三阶段过程。它包括苹果树计数与定位、苹果树冠层轮廓提取、苹果树冠层信息获取三部分。

6.2.1.3　果树目标检测模块

果树目标检测模块用于识别无人机图像中的苹果树。我们将该过程转化为目标检测过程，并采用 Faster R-CNN 算法（Ren et al.，2017）来构建高性能的果树检测器，并对检测结果采用非极大值抑制（NMS）方法剔除冗余的果树对象，提高果树检测的精度。

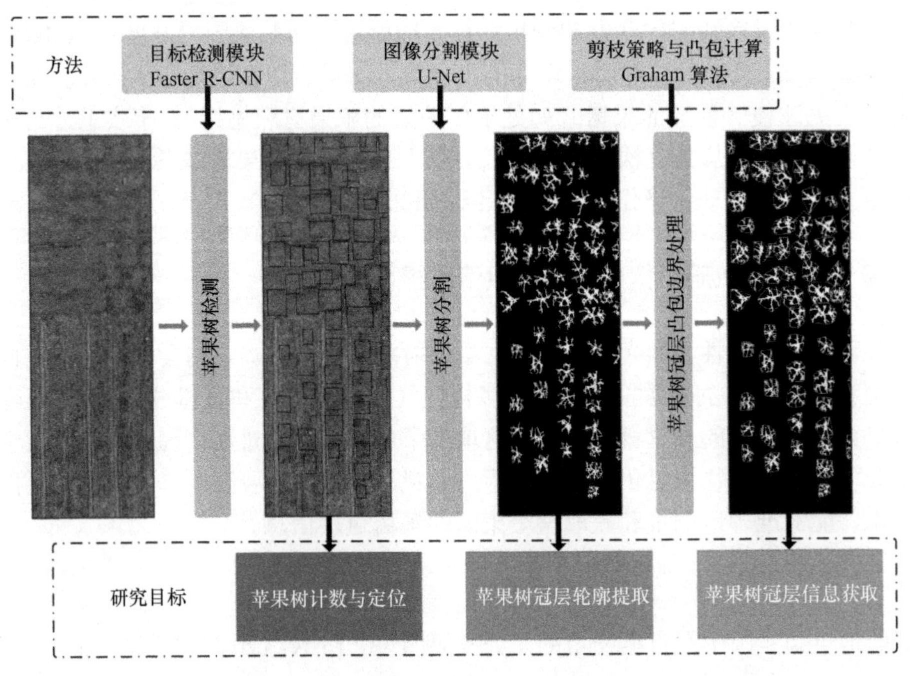

图 6-14　果树信息提取模型（TDA-M）（彩图请扫封底二维码）

在果树检测完成之后，我们能够获得无人机图像中苹果树的数量、每棵树的位置以及苹果树的空间分布信息。

表 6-5 显示了利用 TDA-M 进行苹果树检测的结果，所采用的评价指标为交并比（intersection-over-union，IoU）、精度（precision）、查全率（recall）以及 F_1 得分。结果表明，预测框与实测边界框之间的平均 IoU 超过了 0.73，这体现了 TDA-M 在果树检测方面的高性能。在交叉验证的每一轮测试中，TDA-M 的检测精度均在 0.88 和 0.93 之间，出现这种精度波动现象的主要原因是无人机图像中包含了其他树种。例如，在第三轮的测试数据集中包含了大量与苹果树形态相似的灌木，这使得 TDA-M 将灌木错误地识别为苹果树，增加了 FP 值，降低了检测精度。除此以外，我们还观察到测试图像的平均召回率和 F_1 值分别稳定在 0.94 和 0.92，这些结果进一步证实了 TDA-M 可以准确地检测出无人机图像中的苹果树。

表 6-5　基于 TDA-M 的苹果树检测结果

轮次	交并比	精度	查全率	F_1 得分
第一轮	0.722	0.917	0.929	0.922
第二轮	0.737	0.914	0.946	0.929
第三轮	0.736	0.885	0.948	0.915
第四轮	0.745	0.917	0.945	0.930
第五轮	0.750	0.921	0.935	0.927
均值	0.738	0.911	0.941	0.925

6.2.1.4　果树图像分割模块

果树图像分割模块用于从复杂背景中精确提取苹果树像素。我们将该过程转化为图像的语义分割问题，并基于 U-Net 架构（Ronneberger et al.，2015）（它在卷积神经网络的基础上进行了改进，提高了经典卷积神经网络模型对像素级图像分类的性能）设计并提出了一种适合无人机遥感图像的果树分割方法。在果树图像分割完成之后，能够获取无人机图像中属于苹果树的像素，可用于确定苹果树的轮廓细节信息。

图 6-15 显示了利用 TDA-M 进行苹果树分割的可视化结果。结果表明，我们所提出的 TDA-M 在提取苹果树冠层信息上接近人工勾画和实地测量的数据，精度可达 92%。从图 6-15 中还可以看出，TDA-M 在枝量密集与枝条相交处依然能够以高置信度分割每个枝条，生成清晰可见的苹果树轮廓。

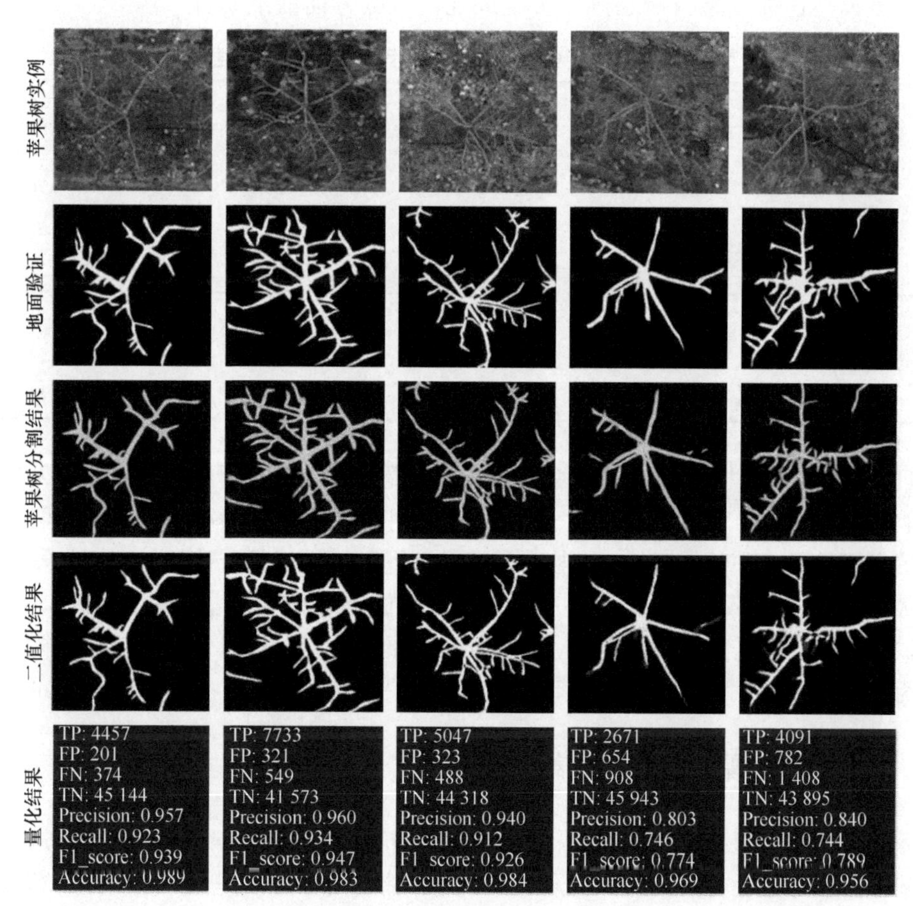

图 6-15　基于 TDA-M 模型的苹果树分割结果可视化（彩图请扫封底二维码）

Precision. 精度；Recall. 查全率；F1_score. F_1 得分；Accuracy. 准确率

6.2.1.5　果树冠层信息提取模块

果树冠层信息提取模块用于精细化提取果树冠层信息。针对果树图像分割模块返回的分割结果，首先利用高效的剪枝策略剔除与轮廓信息无关的像素，然后利用经典的凸包算法[Graham 算法（Graham，1972）]获取果树的凸包边界。最后，根据凸包边界自动计算每棵树的冠层参数，包括：周长、宽度、投影面积等，通过这些信息进一步计算出果树冠层的几何参数，包括：对称指数（asymmetry index，AI）、圆度指数（roundness index，RI）、紧凑度指数（compactness index，CI）。

表 6-6 给出了利用 TDA-M 提取苹果树冠层信息的量化结果。通过与真实测量数据进行对比，得出模型提取到的冠层长度（Wx）、宽度（Wy）、周长（P）和冠层投影面积（canopy projection area，CPA）的决定系数（R^2）分别为 0.80（RMSE=13.13 像素）、0.77（RMSE=16.87 像素）、0.79（RMSE=43.0 像素）和 0.80（RMSE=3339.80 像素）。除此以外，TDA-M 通过提取到的苹果树冠层参数，精确计算出了苹果树冠层的几何参数 AI、RI、CI，并在测试集上产生了更高的 R^2 和更小的 RMSE，这再次证明了该模型在提取果树冠层维度参数或几何参数方面的准确性。

表 6-6 利用 TDA-M 提取苹果树冠层信息的定量结果

参数		R^2	RMSE/像素	MAE/像素	计数精度（ACC）/%
冠层参数	P	0.79	43.0	14.33	96.25
	Wx	0.80	13.13	4.32	96.70
	Wy	0.77	16.87	3.47	95.24
	CPA	0.80	3339.80	1067.36	92.21
几何参数	AI	0.79	0.10	0.058	94.91
	RI	0.78	3.66	1.147	95.21
	CI	0.66	0.04	0.007	97.45

TDA-M 集成了树木检测、分割、冠层信息提取等功能。因此，可以从无人机图像中提取多个数据，如苹果树的数量、位置、轮廓和冠层参数，为准确测量和获取果园中果树信息提供了一种新的模式。实验表明该模型提取的果树冠层信息与人工勾勒和田间实测数据接近（检测、计数、分割、提取冠层参数的准确率均超过 90%）。因此，TDA-M 可以取代现场测量，能够减少耗时、费力的人工调查测量，可以便捷地监测果树生长状况，为果树管理提供科学指导。

6.2.2 无人机激光雷达果树冠层信息提取

苹果树单木树冠投影面积通过计算单木树冠轮廓多边形面积得到，结合树冠投影面积，基于面积与直径的关系计算树冠直径。为评估使用该方法提取冠层信息的精度，对基于冠层高度模型提取的果树树冠投影面积及直径进行统计分析。其中，基于不同空间分辨率（0.1 m、0.2 m、0.3 m、0.4 m 和 0.5 m）的冠层高度模型分割结果中优匹配树冠数量分别为 456 棵、472 棵、461 棵、439 棵和 394 棵。树冠投影面积与直径提取数据集和参考数据集的统计差异如图 6-16 所示，通过分析可得出，研究区的苹果树树冠大小具有较大差异，树冠投影面积极差>20 m^2，树冠直径极差>4 m，导致该方法提取的树冠投影面积和直径精度降低；基于不同空间分辨率的冠层高度模型，使用此方法提取的树冠投影面积和直径均被高估。

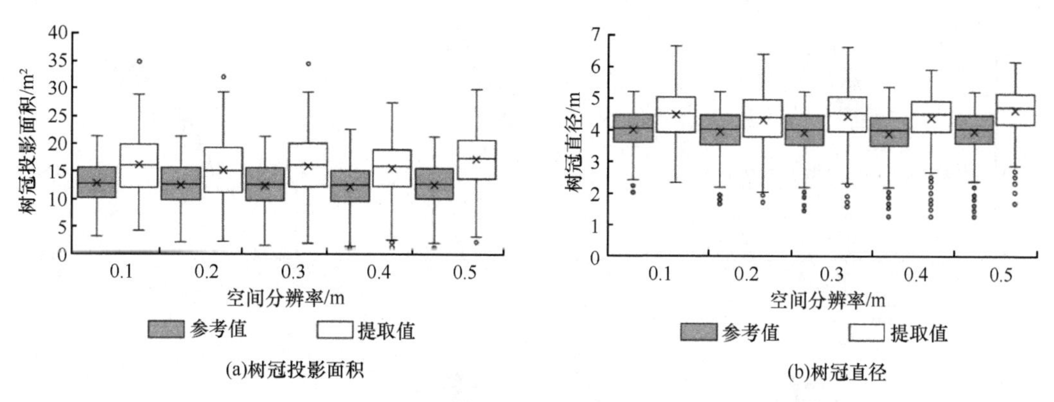

图 6-16　树冠投影面积与直径提取数据集和参考数据集的统计差异

箱形图主要包含 6 个数据节点，从上到下依次是最大值、上四分位数、中位数、下四分位数、最小值和异常值

除上述统计分析，还采用线性拟合的方法来确定参考数据集和提取数据集的数学关系，结果如图 6-17、图 6-18 所示，提取数据集和参考数据集的 R^2 均高于或等于 0.7（0.70～0.85），但 nRMSE 偏高（12.98%～25.38%），表明树冠投影面积和树冠直径均被高估。其中，当空间分辨率为 0.3 m 时，树冠投影面积提取数据集和参考数据集的 R^2 和 nRMSE 分别为 0.81 和 20.56%，树冠直径提取数据集和参考数据集的 R^2 和 nRMSE 分别为 0.85 和 14.79%。

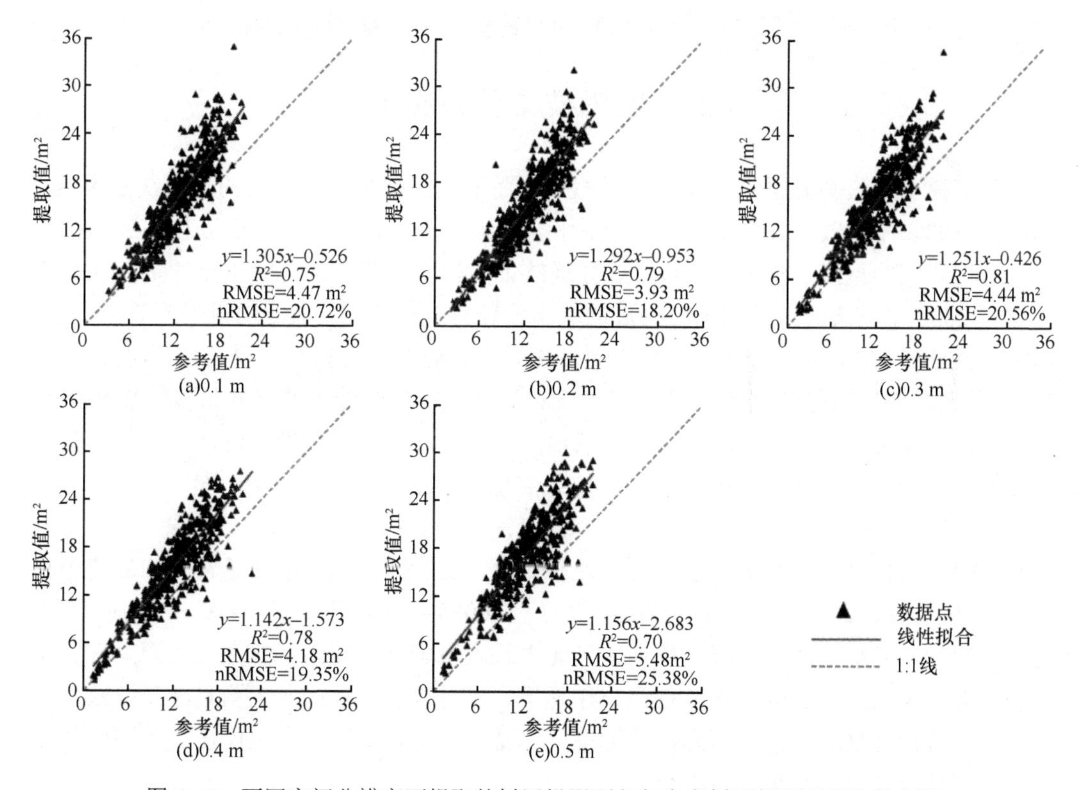

图 6-17　不同空间分辨率下提取的树冠投影面积与参考树冠投影面积的散点图

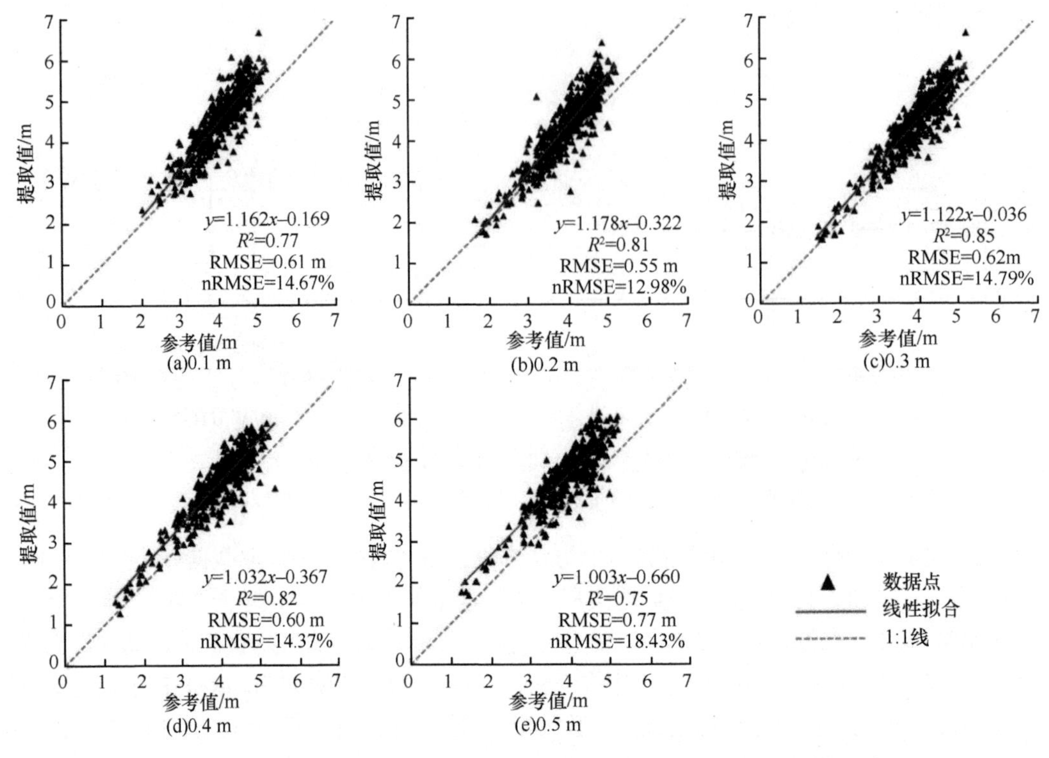

图 6-18 不同空间分辨率下提取的树冠直径与参考树冠直径的散点图

6.3 果树枝条信息提取

苹果树单产与其冠层光合作用息息相关，而冠层结构是光合作用的主要决定因素，冠层枝条的长度、数量等决定树冠的形状和大小。对果树而言，枝条的分枝拓扑结构是树冠结构研究的重点。枝条的分级数、分级枝条的长度和数量是树叶生长的基础和支撑（卢军，2008）。枝条的生长动态对树冠的动态变化有直接影响，也影响树干的节子大小、形状以及分布（Makinen，2003），对监测果树的生长动态变化具有重要的作用（郭孝玉，2013）。果树的枝条是花、果实等器官生长的基础，适宜的枝条数量和长度是果树正常生长及开花结果的保证。同时，果树枝条信息（长度、数量）是表征树体长势及单树产量等的重要指标，因此，准确获取果树枝条信息对于果园生产管理具有重要的意义。

目前冠层枝条信息的测量方法主要有人工测量和各种非接触式自动测量。人工测量通常包括现场采集单个果树冠层高度和直径数据，然后构建与枝条信息相关的异速生长关系（Makinen，2003；郭孝玉，2013；卢军，2008）。由于冠层枝条形状、大小、长势等因树而异，很难用标准的统一规则的异速生长关系来计算每一级枝条的信息，许多研究者针对冠层信息的提取都独立地提出了标准。使用以上所述的人工测量法获取冠层结构信息，特别是复杂的枝条信息，较简单、容易进行，对种植者来说仅需要有限的数学知识，但耗时、劳动密集、效率低下。

计算机编程技术与激光点云的遥感手段结合，是非接触式获取果树冠层参数的手段。基于这种新兴的手段，可更加精准地提取包括枝条信息在内的更加精细的冠层参数。为从激光点云数据中精确地提取树木冠层枝条信息，需要确定树木的分枝拓扑关系和几何结构，通过精确的建模手段，提取枝条长度、数量等信息。基于激光点云数据进行枝条信息的提取，现有的方法可分为两类。

1）点云分割方法。基于点云分割的方法，首先将树木的点云分割成若干小集合，将集合程序化地连接起来重构出树木的分枝拓扑关系，再利用如圆柱体、球体等几何图元在已有的拓扑关系上进行三维重建，进而实现树形的三维可视化，以及枝条长度、数量等树木结构参数的定量化描述。Raumonen 等（2013）采用局部方法，将树木表面点云分割为多个可连通的点云集合用于识别分枝关系，利用圆柱体对树体以从下往上生长的方式进行三维重构，基于圆柱体的几何特性，实现单木多种属性参数定量研究；Yan 等（2009）基于变分 k 均值聚类算法提取树的拓扑结构并对其进行了重建；Bucksch 和 Menenti（2010）根据八叉树结构组织输入的点云数据，并从八叉树细胞中生成树木的骨架线进行表面重建工作；Hackenberg 等（2015）开发了一种可以构建树木枝条间亲子关系的分层柱面结构，有效提取了树木的不同成分，如本研究中的枝条拓扑关系、长度、数量等。

2）骨架提取方法。与点云分割不同，骨架提取方法直接从输入的原始点云中提取骨架，进行三维重建工作。Verroust 和 Lazarus（2000）提出了一种自动计算点云中一组三维曲线的方法，当离散点云分布在广义的同一平面时，该曲线为重建的轴线；Wang 等（2014）基于距离最小生成树（distance minimum spanning tree，DMST）方法得到了近似的树骨架，定义了树骨架上分枝的伸展方向，实现了骨架提取；Li 等（2017）采用广度优先搜索（breadth-first search，BFS）法、量化法和聚类法联合计算骨架点，根据连通性原理提取了树木的骨架；Livny 等（2010）计算了点云上的最小生成图，获得了初始树骨架，并应用多种全局优化技术实现了树枝结构的优化；Dey 和 Sun（2006）定义了一种新的基于中轴线的骨架提取算法，对噪声点有较强的鲁棒性；Huang 等（2013）引入 L1-中值算法，将 L1-中间骨架作为三维点云数据的曲线骨架，对噪声严重、离群点和大范围丢失的点云数据均可较好地实现骨架提取；Tagliasacchi 等（2009）则基于有向点集的广义旋转对称轴（rotational symmetry axis，ROSA）这一新概念，提出了一种基于平面切割的迭代算法来计算点云的 ROSA，并实现了骨架的成功提取；Xu 等（2007）提出了一种半自动骨架提取模型，在先验知识和手动调整参数的基础上，对树木点云的缺失部分进行自动补全；Du 等（2019）基于高精度的点云数据，利用迪杰斯特拉算法（Dijkstra’s algorithm）建立了最小生成树，通过迭代删除冗余部分进而得到较为稳定的树木骨架；Wu 等（2019）通过拉普拉斯算法成功提取了玉米的骨架。

总的来说，现有的骨架提取方法对点云质量要求较高，该类方法仅对骨架进行提取，未对属性参数作出定量化描述，不能实现树形表面的重建及三维可视化。而基于点云分割的方法则弥补了骨架提取方法的劣势。定量结构模型（quantitative structural model，QSM）是基于点云分割实现树木三维重建的经典方法，通过三维模型可定量化描述树木的结构拓扑属性，包括冠层分级枝条长度和数量、枝条的父子关系和长度、单个分枝的体积和角度，以及分枝大小与分布等。

SimpleTree（Hackenberg et al., 2015）、PypeTree（Delagrange et al., 2014）和 TreeQSM（Raumonen et al., 2013）等模型均属于 QSM 的范畴，它们在森林树木的研究上已有很多的应用：直接提取树木的胸径、体积和冠幅结构等，间接估算树木的地上生物量、碳含量，实现树种的自动识别，进行三维辐射传输模拟等。

Marzulli 等（2019）通过手机拍照的方式生成密集点云，利用 QSM 成功提取了树的胸径信息。Fang 和 Strimbu（2019）比较了两种 QSM 方法提取道格拉斯冷杉复杂冠层结构（分枝半径、着枝深度等），结果表明 QSM 在提取复杂冠层结构信息方面具有极大潜力。Lau 等（2019）基于地基激光扫描仪（terrestrial laser scanning，TLS）数据，提取了热带树木冠层的枝条长度和直径、分枝顺序，并进一步计算了体积，对长度大于 50 cm 的枝条存在高估现象，而对 20～60 cm 的枝条存在低估，99%的分枝顺序被正确表示，但未对提取出每一分级枝条的信息和潜力作出评估。Dassot 等（2019）基于 QSM 提出了一种计算大型橡树冠层枝条直径比例的方法，为森林生态学和异速生长模型的建立提供了新的见解。Lau 等（2019）以 QSM 提取出的冠层枝条信息作为实测值，推导了树木冠层的新陈代谢。Georgi 等（2021）提取了不同混交林的冠层几何和拓扑结构，进而评价了局部邻域多样性对成熟混交林冠层结构和单株生产力的影响。Burkardt 等（2021）采用 QSM 成功提取了冠层第一级和第二级枝条着枝角度，探究了红栎树之间的竞争性。

但是目前的 QSM 主要针对高大的森林树木，多用于提取森林清查关注的信息，如蓄积量。而苹果树一般低矮，次级枝条细密、繁杂、交叉重叠严重，与森林高大树木有极大的差异，这使得 QSM 应用于苹果树枝条信息研究具有极大的挑战。同时，未有研究利用 QSM 提取果树的分级枝条信息，并进行分级枝条信息精度评估。此外，对于地基激光雷达（TLS）、背包激光雷达（Backpack-LiDAR），甚至无人机激光雷达（unmanned aerial vehicle-light detection and ranging，UAV-LiDAR）等不同平台获取的不同精度的点云数据，利用 QSM 提取果树枝条信息的可行性以及潜力还有待研究。本节介绍了基于 TLS 的激光雷达点云数据，通过三维建模的手段，实现了苹果树冠层的枝条结构和拓扑参数非破坏性提取，将林业研究中的 QSM 应用于苹果树的单木建模，并进行冠层分级枝条信息的提取与精度评估，旨在为果园的现代化管理提供一种新的技术手段。

6.3.1 定量结构模型（QSM）

QSM 是点云分割中比较典型的方法，是一种定量描述树的基本拓扑（分枝结构）、几何和体积特性的木质结构模型（此处的木质结构模型是指树无叶时期，仅包含木质结构），可以从激光雷达点云数据中实现单木的三维重建及其可视化。可提取的属性包括树的任意分级枝条数量，任意分级枝条的长度，枝条与枝条之间的父子关系，分级枝条的体积、角度、大小和分布。从 QSM 中也可以很容易地计算出其他的冠层属性和枝条信息分布。QSM 由构造块组成，通常这些构造块是一些几何体，如圆柱体和圆锥体。QSM 多使用圆柱体，在大多数情况下，圆柱体与树干、树枝形似，因此是一个非常鲁棒的选择，可用于估算直径、长度、方向、角度和体积。基于这些几何体自身的属性信息，能间接计算出更多的树木属性和参数。

TreeQSM 是以点云分割为基础、具有较高认可度的 QSM。在 TreeQSM 重建时，主要分为三个步骤进行，分别是点云聚类、点云分割和几何结构拟合重建（图 6-19）。

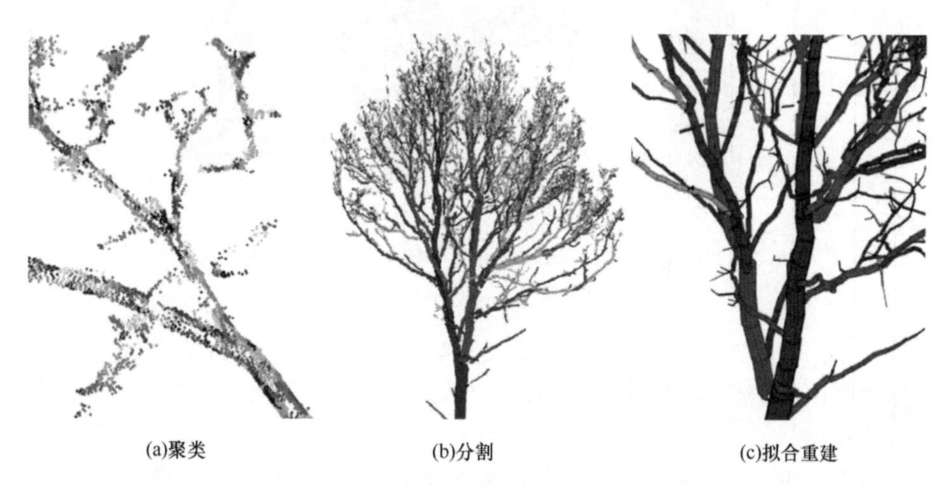

图 6-19　QSM 原理（彩图请扫封底二维码）

TreeQSM 中包含 PatchDiam1、PatchDiam2Min、PatchDiam2Max、Lcyl 和 FilRad 五个输入参数，前三个参数定义算法分割程序中聚类直径的大小，但是具体的功能有一定的差异。参数 PatchDiam1 主要用于过滤地面点等噪声点；参数 PatchDiam2Min 和 PatchDiam2Max 的大小在一定程度上决定了拟合圆柱体的大小，特别是在父分枝和子分枝的分叉处；参数 Lcyl 定义了拟合圆柱体的相对长度；FilRad 表示孤立过滤点的相对半径。

TreeQSM 设定了以下基本条件作为重建基础，以获得更加精准的树的 QSM。在获取背包激光雷达数据前，对行进路线进行“U”形规划，保证树的每一个角度均能采集到足够覆盖表面的点云用于重建。而对于 TLS，需要设置足够多的围绕目标树的扫描站数，以充分捕获目标树每一个方向的细节，但是确定足够多的扫描站数的问题并没有得到很好的解决，因此没有好的经验法则可以应用，因此不同的目标树可能会根据具体树的大小情况而相应地变化扫描站数。值得注意的是，TLS 扫描时，若设置过多的扫描站数，则会产生大量的点云，从而导致最终拼接得到的数据量过大，理论上点云越密集，表面覆盖的点云越多，通过 TreeQSM 构建的模型越精确。此外，TreeQSM 采用圆柱体拟合重建树干和枝条，树干和枝条局部的直径、体积、方向等都可以近似拟合为正圆柱体。然而，树干基部的表面变化较大，使用正圆柱体不能很好地进行拟合重建，因此使用三角网来模拟树干的基部，以更好地捕捉其体积、形状和直径信息，树干基部三角网重建如图 6-20 所示。

要想较好地完成树干基部三角网的重建，获取的点云数据需满足以下要求：①足够多的点云覆盖树干基部，且没有大的点云空洞（空缺）；②树干基部的噪声点尽可能

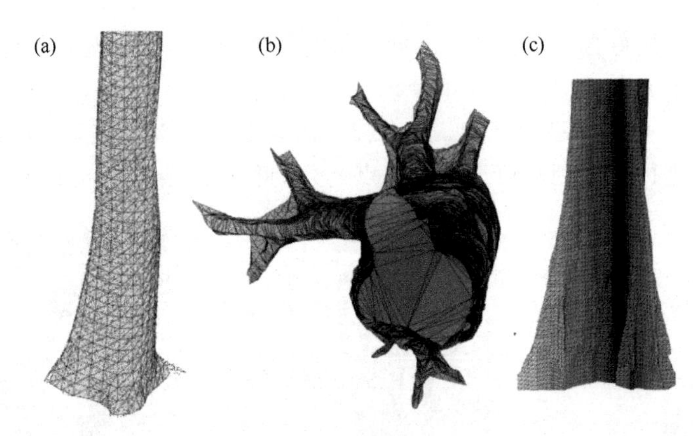

图 6-20 TreeQSM 树干基部三角网重建（彩图请扫封底二维码）
（a）正视；（b）俯视；（c）侧视

地被完全过滤；③基部三角网的大小（宽度和高度）应小于主干的细节，但不小于点云覆盖的分辨率；④基部不能包含分叉，即三角网只能重建出从地面到第一个分叉的地方，或者更短的基部。

根据树本身生长的生物特性，枝条从基部到尖端逐渐变细，呈现锥形生长的状态。这种伸长生长状态可归结为：①子分枝中的圆柱体的半径总是小于子分枝起始的父分枝中的圆柱体的半径；②分枝的锥度从基部向尖端逐渐升高。基于以上两种特性，TreeQSM 采用最小二乘算法进行圆柱体直径的约束，并设置一个可变的抛物线用于约束枝条锥度的变化。

6.3.2 TreeQSM 参数优化

TreeQSM 常用于森林树木的结构拓扑信息提取，本部分介绍将其应用于苹果树冠层枝条的拓扑结构信息提取，在此过程中，参数的敏感性分析以及优化必不可少。本研究分析了 TreeQSM 中 5 个输入参数对苹果树枝条长度和数量提取的影响，并对参数进行了敏感性分析。

利用 Simlab2.2 软件进行 TreeQSM 输入参数的敏感性分析，主要包含 4 个操作步骤：参数范围的设定、参数样本数据的生成、运行 TreeQSM 并输出样本数据对应的模拟结果、生成敏感性和不确定性分析结果。首先，根据已设定的参数范围，选择均匀分布的方式对各输入参数进行插值，生成参数样本数据。其次，与外部物理模型 TreeQSM 进行联合，将参数样本输入 TreeQSM 内进行建模并提取分级枝条信息，获得与参数样本数据对应的模型输出，即分级枝条信息数据。最后，利用软件的统计后处理模块，计算模拟结果的均值和方差，评价各输入参数对模型输出结果的影响。详细流程如图 6-21 所示。

在实际有意义的范围内选择最佳或良好的参数更多地取决于各参数输入的数量，每个参数设置的值越多，利用排列组合方式得到的参数组合越多，优化得到的参数取值更可靠。例如，针对 TreeQSM 的 5 个参数，若每个参数均设置 2 个值，则有 32 种参数组合方式；若每个参数均设置 3 个值，则有 243 种参数组合方式。为了优化 5 个输入参数，采用了以下原则。

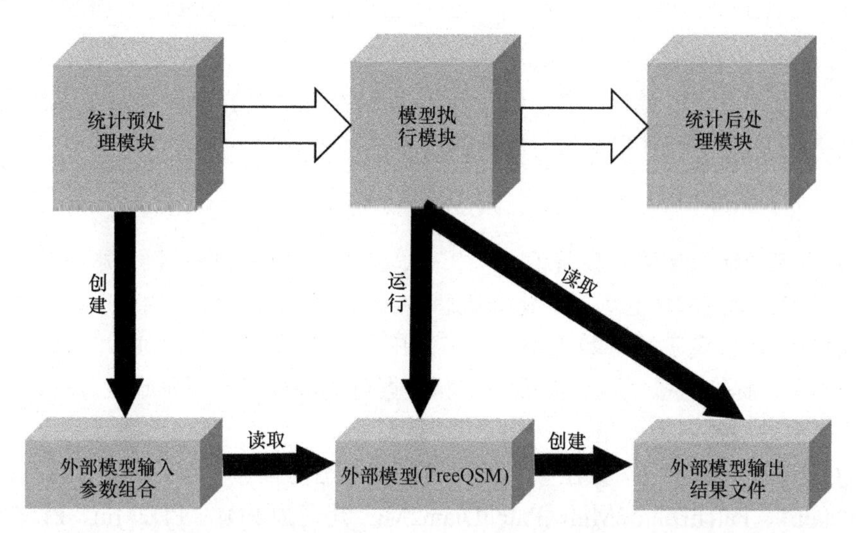

图 6-21　利用 Simlab2.2 软件进行 TreeQSM 输入参数的敏感性分析流程

1）为每个输入参数定义一系列取值，根据这些值可筛选出一组最优输入参数以备后用。

PatchDiam1：取 5～15 cm 内的任意一个定值。

PatchDiam2Min：在 5 mm～5 cm 内，以 5 mm 的增量取值。

PatchDiam2Max：在 3～5 cm 内，以 1 cm 的增量取值。

Lcyl：1、2、3、4、5、6。

FilRad：取 2.5 或 3.5。

每一组不同的参数分别进行 50 次模型构建，对于相同的参数输入组合，由于每一次建模过程中聚类所选取的种子点不同，后一次生成的模型与前一次生成的模型存在差异，因此通过多次建模并取均值的方式可获得更精确的结果。TreeQSM 按照以下三个原则选取最优参数。

第一，对果树主干或者某一段主干的直径，根据点云进行最小二乘拟合，并与相应位置利用 TreeQSM 进行重建拟合的圆柱体估计的直径进行比较。

$$d_{\mathrm{dif}}=\frac{\min\left(\mathrm{cloud}_d,\mathrm{model}_d\right)}{\max\left(\mathrm{cloud}_d,\mathrm{model}_d\right)} \tag{6-11}$$

$$d_{\mathrm{dif}}<d_{\mathrm{dif}_{\max}}\times 0.95 \tag{6-12}$$

式中，d_{dif} 表示最小二乘拟合估计的直径与 TreeQSM 拟合圆柱体直径的比值；cloud_d 表示最小二乘拟合估计的直径；model_d 表示 TreeQSM 拟合圆柱体直径。

第二，对于不同的参数输入，分别计算 TreeQSM 拟合的圆柱体与其相应的点云之间的平均点距离 $\mathrm{Pm}_{\mathrm{Dist}}$，针对每一次输入，分别判断其 $\mathrm{Pm}_{\mathrm{Dist}}$ 是否在所有输入的 $\mathrm{Pm}_{\mathrm{Dist}}$ 平均值的标准偏差之内：

$$\mathrm{Pm}_{\mathrm{Dist}} < \left(\mathrm{Pm}_{\mathrm{Dist}_{\mathrm{mean}}} - \mathrm{Pm}_{\mathrm{Dist}_{\mathrm{std}}}\right) \tag{6-13}$$

式中，$\mathrm{Pm}_{\mathrm{Dist}}$ 表示平均点距离；$\mathrm{Pm}_{\mathrm{Dist}_{\mathrm{mean}}}$ 表示每次输入得到的 $\mathrm{Pm}_{\mathrm{Dist}}$ 的均值；$\mathrm{Pm}_{\mathrm{Dist}_{\mathrm{std}}}$ 表示每次输入得到的 $\mathrm{Pm}_{\mathrm{Dist}}$ 的标准偏差。

第三，TreeQSM 通过计算每一次不同参数输入所生成的模型确定最终体积的方差 Var_V，并判断是否小于所有输入的最小体积方差 $\mathrm{Var}_{V_{\min}}$ 的 2 倍：

$$\mathrm{Var}_V < \left(\mathrm{Var}_{V_{\min}} \times 2\right) \tag{6-14}$$

2）分析 5 个输入参数对枝条信息（长度、数量）的敏感性，确定敏感参数。

3）结合 2）确定的敏感参数，将非敏感参数取为定值（即第一条中筛选出的对应参数的最优取值），确定敏感参数更小的取值范围和更小的步长。针对不同的参数取值，分别进行建模并提取枝条信息，然后与实测数据对比进行参数不确定性分析，从而确定适用于苹果树的敏感参数取值。

TreeQSM 的 5 个输入参数在分别设定的取值范围内进行取值，并进行排列组合（变量 PatchDiam1、PatchDiam2Min、PatchDiam2Max 简写为 PD1、PD2Min、PD2Max，下同），当参数取值个数发生变化时，则参数组合数量随之变化。如图 6-22 所示，TreeQSM 的 5 个参数分别在合理取值范围内取值，并进行排列组合，形成参数组合蛛网图。同一条折线表示一组参数组合，多条折线表示多组参数组合。

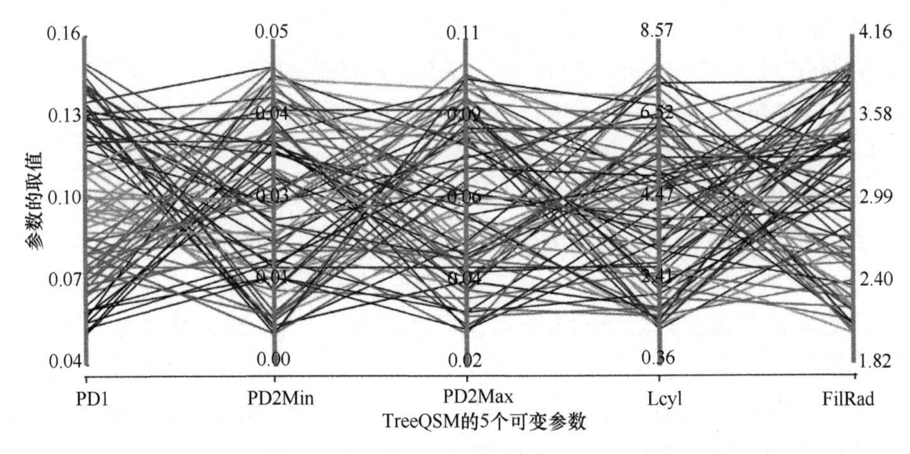

图 6-22　TreeQSM 参数组合蛛网图（彩图请扫封底二维码）

本研究用敏感性指数衡量参数对枝条长度和数量的敏感性。敏感性指数的绝对值越大，表明该参数对信息提取的影响越明显；敏感性指数越小，表明该参数对信息提取的影响越不明显，可忽略不计。在本研究中，对 5 个参数的敏感性指数进行比较，结果表明，PD2Min 对结果的贡献大于其余参数，认为该参数对模型的输出是敏感的。此外，本研究对苹果树的第一级枝条进行了敏感性分析，当某一参数对第一级枝条信息的提取敏感时，则认为该参数对所有分枝信息的提取都是敏感的。

为确定参数组合的数量对最终敏感性是否有影响，分别设置 192、384、768 三个不同参数组合数作对照。各参数对苹果树枝条长度和数量的一阶敏感性指数和总体敏感性指数如图 6-23 所示。对于枝条长度，PD2Min 的敏感性指数大于 0.5，其对枝条长度最敏感，其他参数对枝条长度不敏感，如图 6-23（a）所示。枝条数量与枝条长度具有相同的敏感参数，如图 6-23（b）所示。结果表明，PD2Min 对苹果树分级枝条信息最为敏感。此外，本研究的分析结果与 TreeQSM 算法说明（Alvaro et al.，2018）一致，即 PD2Min 是模型中最有意义的且对输出结果最敏感的参数，而 PD1 和 FilRad 对最终模型影响很小。随着参数组合数量的增大，PD2Min 依旧对输出结果最为敏感。当参数组合数量增加时，PD2Min 对枝条长度的敏感性指数呈降低趋势；而对于枝条数量，随着样本的增加，其敏感性指数呈现出先升后降的变化。样本量越大，敏感性指数可信度越高。因此，在本研究中，取参数组合数量为 768 组时的敏感性结果为最终的参数敏感性分析结果，即 PD2Min 为提取枝条信息的最敏感参数；其余 4 个参数为非敏感参数，对枝条长度、数量的提取影响可忽略不计，可设置为默认参数值。

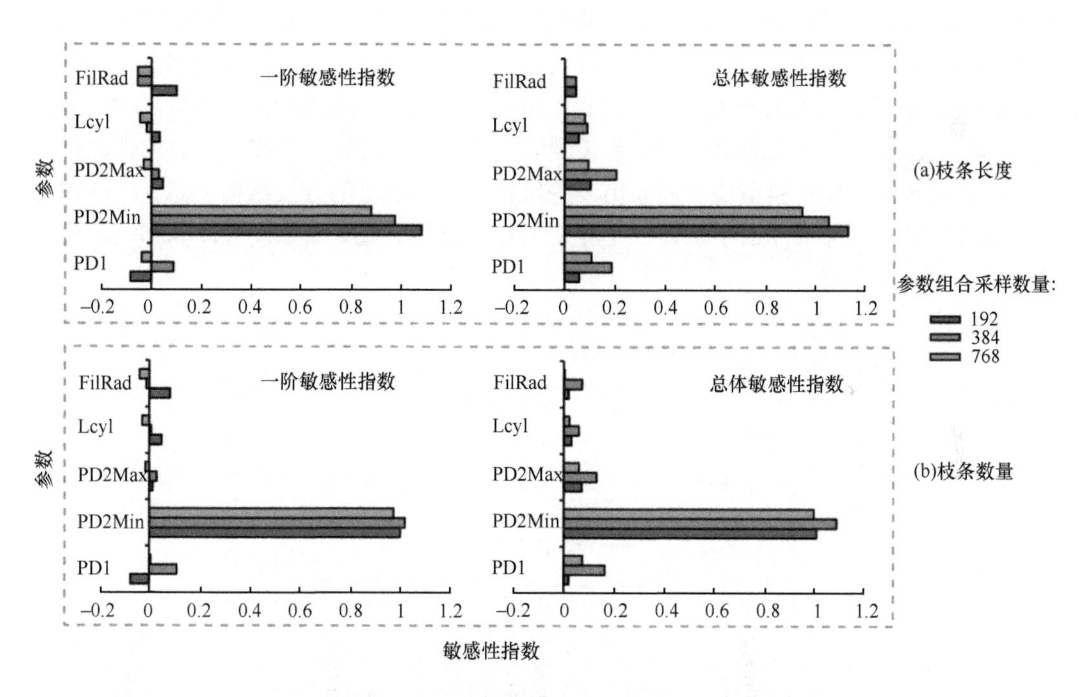

图 6-23 三种不同参数组合数量和各参数的敏感性指数（彩图请扫封底二维码）

6.3.3 枝条长度提取

以单木苹果树的 TLS 点云数据为基础，评价 TreeQSM 提取苹果树枝条信息（长度、数量）的可行性，并对参数的不确定性进行分析，确定基于 TLS 提取苹果树枝条信息的模型最佳参数。由于苹果树的冠层枝条结构较复杂，分级枝条繁多，互相交叉遮挡严重，且除第一级枝条外的次级枝条直径小，建模易出错。虽然对 TreeQSM 提取的每一级枝条的精度都进行了评估，但考虑到模型重建过程的特点、设备本身精度限制以及苹果树分级枝条特性，由此假设：若苹果树第一级枝条长度或数量提取的精度可靠，则认为利用 TreeQSM 提取苹果树的枝条信息是可行的。

表 6-7　苹果树的分级枝条信息及其提取精度

项目	第一级枝条		第二级枝条		第三级枝条		第四级枝条		总枝条信息	
	长度	数量	长度	数量	长度	数量	长度	数量	长度	数量
实测	30.43	14	253.58	340	288.12	710	29.82	96	598.95	1160
模型	32.69	15.68	211.11	307.14	184.87	540.96	62.87	253.60	507.07	1193.52
STD	2.49	2.81	11.25	18.45	5.41	25.04	7.58	24.77	6.34	47.66
δ/%	7.43	12.00	16.75	9.67	35.84	23.81	110.83	164.17	15.34	2.89

注：实测表示实地测量值；模型表示模型提取值；STD 表示 50 次建模的标准差；δ 表示每一级枝条信息和总枝条信息的相对误差估计；长度单位为 m；数量单位为个

由于算法的随机性，对于同一组参数，每次模型运行的结果可能会略有差异。前人研究发现，当参数调试到最佳且对同一组参数重复建模超过 20 次，并将参数提取值取平均后，TreeQSM 提取的树木属性参数的精度可高达 99%以上（Burt，2017；Raumonen et al.，2013）。因此本研究在不同的参数组合条件下分别对点云进行 50 次建模，并对建模的分级枝条信息取均值作为最终结果。如图 6-24 所示，当 PD2Min 取不同值时，分别进行 50 次建模，将它们的第一级枝条长度取平均值作为最终一级枝条长度的提取值。此外，在建模过程中，模型还会提取出一些级数高于第四级的分枝结构信息，这些信息实际上并不存在，即实际的苹果树并不存在的枝条分级，最终结果没有计算和统计这些错误的分枝结构信息。

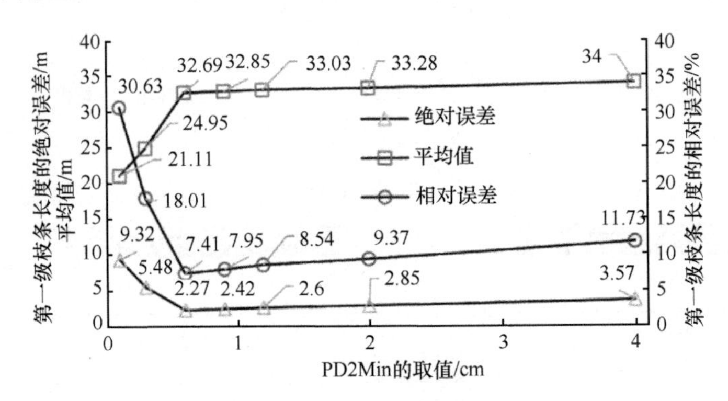

图 6-24　基于 TLS 点云数据的参数 PD2Min 优化

图 6-24 展示了参数 PD2Min 不同取值时，TreeQSM 构建的不同三维模型。PD2Min 设置为不同值时，分别计算第一级枝条长度的相对误差（表 6-7），并以此进行 PD2Min 参数的不确定性分析和确定该参数的最佳取值，从而达到参数优化的目的。相对误差最小时，则认为对应的 PD2Min 值即为最佳取值（图 6-24）。

图 6-24 表明，随着 PD2Min 值的变化，提取的苹果树第一级枝条长度也发生了变化。当 PD2Min=0.6 cm 时，提取结果的相对误差最小，即认为 0.6 cm 为 PD2Min 的最佳值。另外，通过 TLS 获取的真实点云与重建后的模型枝条进行目视对比解译，发现当 PD2Min=0.6 cm 时，重建出的树模型与真实树的冠层枝条结构具有较高的一致性，如图 6-25（b）所示；当 PD2Min 取值过小时，苹果树的枝条可能会被过度重建，导致重建出

不属于真实树的“虚假”枝条，枝条提取的信息被高估，如图 6-25（c）所示；若 PD2Min 取值过大，则许多枝条细节可能会被忽略，导致枝条信息被低估，如图 6-25（d）所示。

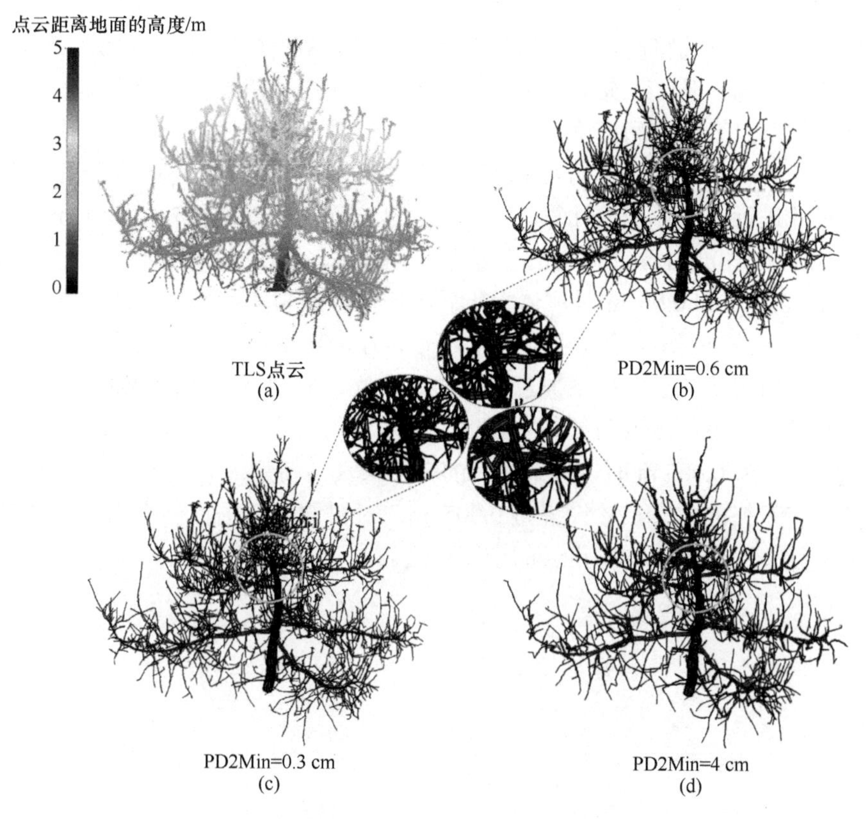

图 6-25　PD2Min 不同取值的 TreeQSM 比较（彩图请扫封底二维码）

第一级枝条长度和数量提取结果的相对误差分别为 7.43%和 12.00%（表 6-7）。根据本节中的假设，当第一级枝条长度的提取精度可靠时，则基于 TLS 点云，TreeQSM 能够用于提取苹果树枝条信息。后续分别分析了第二级、第三级和第四级枝条长度和数量的提取精度以及总枝条长度和数量的提取精度。总枝条信息，即为各级枝条信息的总和。

随着苹果树枝条级数的增加，枝条长度的提取精度逐渐降低，即第一级>第二级>第三级>第四级，枝条数量的提取精度为第二级>第一级>第三级>第四级，第二级枝条长度和数量提取结果的相对误差分别为 16.75%、9.67%，第三级枝条长度和数量提取结果的相对误差分别为 35.84%、23.81%。总枝条长度和数量提取结果的相对误差分别为 15.34%和 2.89%。

基于 TLS 点云数据，TreeQSM 可准确提取苹果树的第一级枝条信息和第二级枝条信息，提取结果的相对误差均小于 20%，但第三级枝条和第四级枝条的信息提取精度则较差。经分析，可能由如下原因导致提取的分级枝条信息的精度差异：第一，苹果树的枝条随着枝条级别的增加，枝条半径明显变小，数量也明显上升，导致提取精度变差；第二，由于目前设备扫描精度的限制，对于半径过小的枝条，可获取到用于 TreeQSM 重建的点云数量较少；第三，苹果树枝条繁杂且交叉严重，在枝条密集且交叉遮挡严重处，难以采集到足够的枝条表面点云用于模型重建并提取枝条信息。

6.3.3.1 不同下采样程度的点云空间密度

通过下采样，分别将原始点云采样到其原始点云数量的 80%、50%、20%、10%、5%、2.5%和 1.25%。基于原始点云数据，利用体素法提取苹果树的空间体积，并分别计算不同下采样率点云的空间密度。

体素尺寸的大小对所计算的苹果树的空间体积具有极大的影响，本研究分别设置了不同体素尺寸进行空间体积的计算。将体素尺寸 r 分别设置为 0.5 m、0.1 m、0.05 m、0.01 m、0.005 m、0.001 m，对树的点云进行体素化，如图 6-26 所示。当体素尺寸 r 设置为 0.5 m、0.1 m 和 0.05 m 时，体素化后的树形明显与实际不符，即体素尺寸设置过大，如图 6-26（b）～（d）所示；当体素尺寸 r 为 0.01 m 时，体素化后的树形与实际树形较为相符，但尖端较细的枝条被忽略，如图 6-26（e）所示；当体素尺寸 r 为 0.001 m 时，体素化后的树干与枝条明显较实际细，与实际树形不符，如图 6-26（g）所示；当体素尺寸 r 设置为 0.005 m 时，体素化后的树形与真实树形最为接近，如图 6-26（f）所示。因此，将最终的体素尺寸设置为 0.005 m，对树的点云进行体素化，计算其空间体积，并分别计算不同下采样率点云的空间密度。

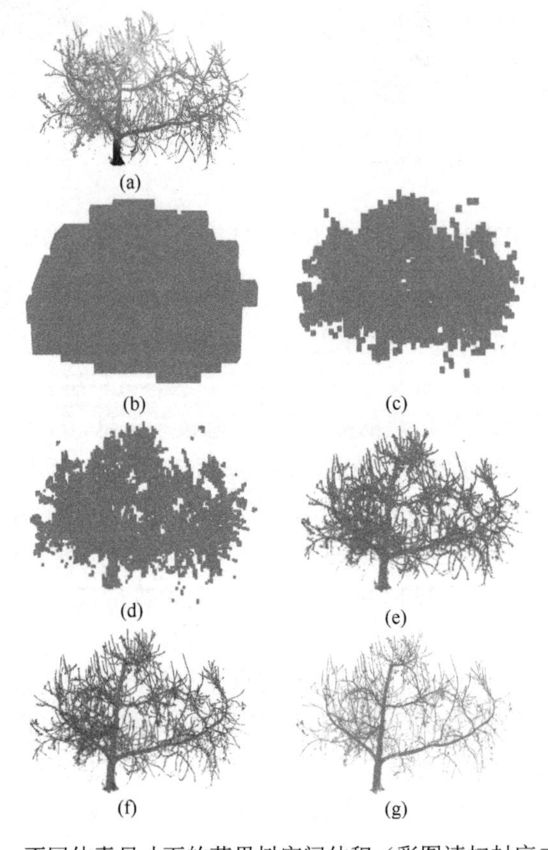

图 6-26 不同体素尺寸下的苹果树空间体积（彩图请扫封底二维码）

（a）原始点云；（b）r=0.5 m；（c）r=0.1 m；（d）r=0.05 m；（e）r=0.01 m；（f）r=0.005 m；（g）r=0.001 m

$$\rho = \frac{N}{V} \tag{6-15}$$

式中，ρ 表示点云空间密度，单位为个/m^3；N 表示总的点云数量；V 表示目标物总的空间体积。

如表 6-8 所示，基于体素法计算的苹果树总空间体积为 67.74 m^3，原始点云以及不同下采样率点云的空间密度分别为 60 062.61 个/m^3、48 050.07 个/m^3、30 031.30 个/m^3、12 638.26 个/m^3、6267.70 个/m^3、3647.42 个/m^3、1657.63 个/m^3、806.89 个/m^3。

表 6-8　原始点云以及不同下采样率点云的数目和空间密度

比例	原始	80%	50%	20%	10%	5%	2.5%	1.25%
点云数目/个	4 068 641	3 254 912	2 034 320	856 116	424 574	247 076	112 288	54 659
点云空间密度/（个/m^3）	60 062.61	48 050.07	30 031.30	12 638.26	6 267.70	3 647.42	1 657.63	806.89

注：基于体素法计算的苹果树总空间体积为 67.74 m^3

6.3.3.2　不同空间密度点云果树提取枝条信息的精度评估

TreeQSM 重建后，分别提取分级枝条信息，原始点云、下采样后的点云以及构建的 QSM 如图 6-27 所示，提取的分级枝条信息以及总枝条信息如表 6-9 所示。当分别下采样到原始点云的 80%、50%、20%、10%和 5%时，点云空间密度分别为 48 050.07 个/m^3、30 031.30 个/m^3、12 638.26 个/m^3、6267.70 个/m^3、3647.42 个/m^3 时，通过参数优化程序将参数 PD2Min 调整到最佳（0.6 cm），基于 TreeQSM 提取的枝条信息精度均较好。第一、二、三级枝条长度提取结果的相对误差约分别为 10%、20%、30%，第一、二、三级枝条数量提取结果的相对误差约分别为 10%、10%、20%，总枝条信息提取结果的相对误差约为 10%；当下采样到原始点云的 2.5%（点云空间密度为 1657.63 个/m^3）时，PD2Min 最佳取值为 1.1 cm，提取的枝条信息精度较差，如图 6-27（g）所示；而当下采样到原始点云的 1.25%（点云空间密度为 806.89 个/m^3）时，PD2Min 最佳取值为 1.3 cm，构建的模型与实际树形差异较大，枝条重建效果极差，如图 6-27（h）所示。

6.3.3.3　高密度点云进行下采样的必要性

随着点云空间密度的降低，苹果树分级枝条信息的提取精度呈下降趋势。当点云空间密度高于 1657.63 个/m^3 时，第一级枝条和总枝条信息提取结果的相对误差均较低，精度较高；当点云空间密度为 1657.63 个/m^3 时，第一级枝条长度和数量提取结果的相对误差分别为 9.66%和 17.86%，总枝条长度和数量提取结果的相对误差分别为 24.44%和 18.55%；但当点云空间密度为 806.89 个/m^3 时，分级枝条信息的提取精度明显下降，如图 6-28 所示。

此外，随着下采样率的降低，半径较小的枝条点云信息损失严重，进而导致 TreeQSM 与真实的树形结构不符。如图 6-27（b）～（f）所示，当点云空间密度高于 1657.63 个/m^3 时，通过视觉目视判读，重建的 TreeQSM 无太大变化，均与实际树形结构相近；当点

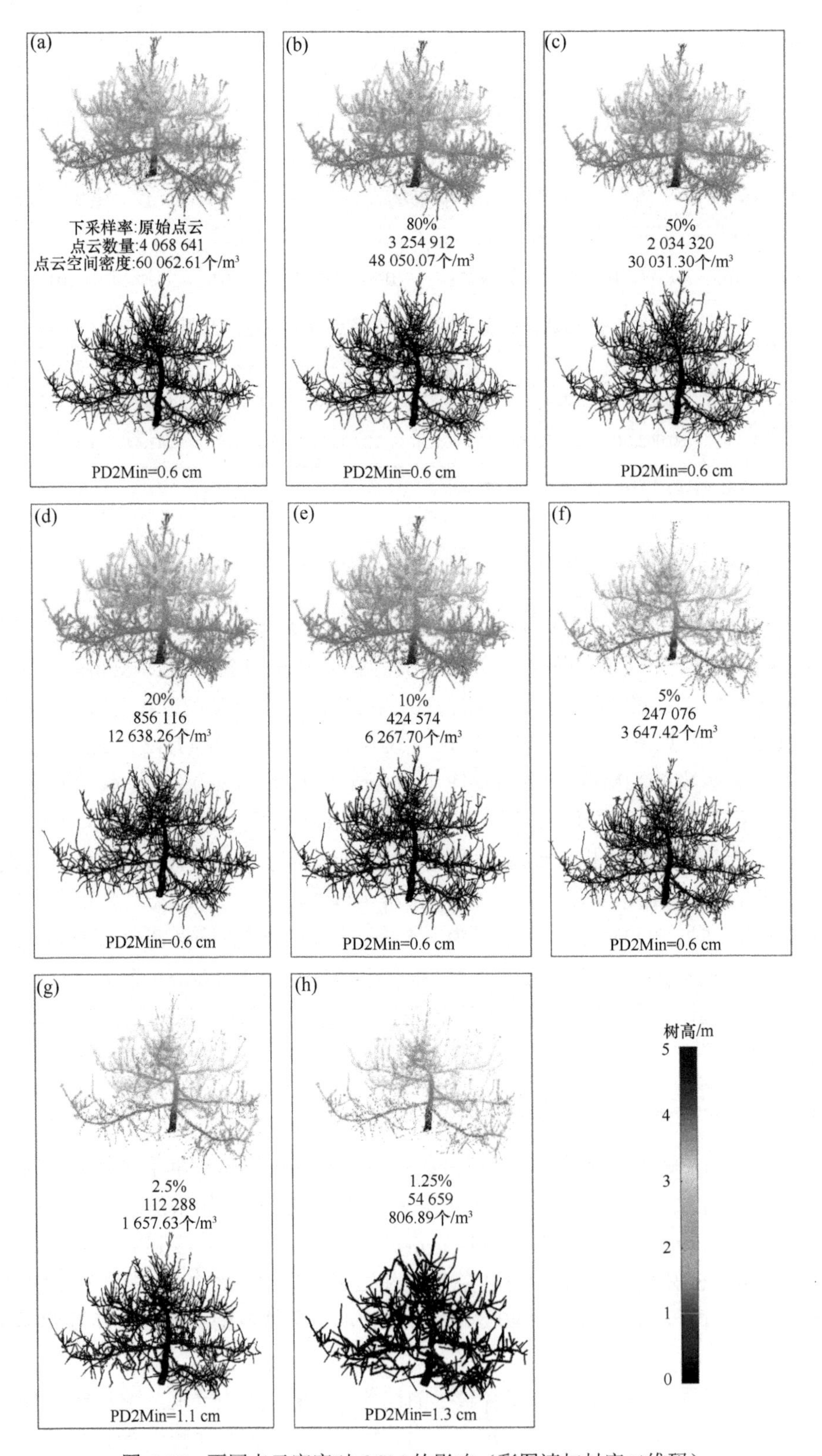

图 6-27　不同点云密度对 QSM 的影响（彩图请扫封底二维码）

表 6-9　TreeQSM 提取的不同密度点云分级枝条信息

比例	第一级枝条		第二级枝条		第三级枝条		第四级枝条		总枝条信息	
	长度/m	数量/个	长度/m	数量/个	长度/m	数量/个	长度/m	数量/个	长度/m	数量/个
原始	32.56	15.27	235.25	314.47	214.30	574.11	62.77	216.15	544.88	1149.17
80%	32.41	15.50	234.69	315.18	208.69	564.81	63.86	235.84	543.15	1151.65
50%	33.23	15.48	227.21	310.83	208.69	536.48	60.66	229.10	528.63	1150.60
20%	33.41	15.72	222.47	299.00	192.93	512.27	54.62	213.50	527.79	1094.04
10%	33.72	16.10	217.39	300.97	190.04	487.13	57.63	193.72	504.02	1047.48
5%	32.69	15.68	211.11	307.14	184.87	540.96	62.87	253.60	507.07	1193.52
2.5%	33.37	16.50	195.36	273.12	159.96	424.64	51.97	181.92	452.57	944.82
1.25%	14.02	5.48	64.59	67.54	104.21	167.50	87.12	166.76	334.63	557.58

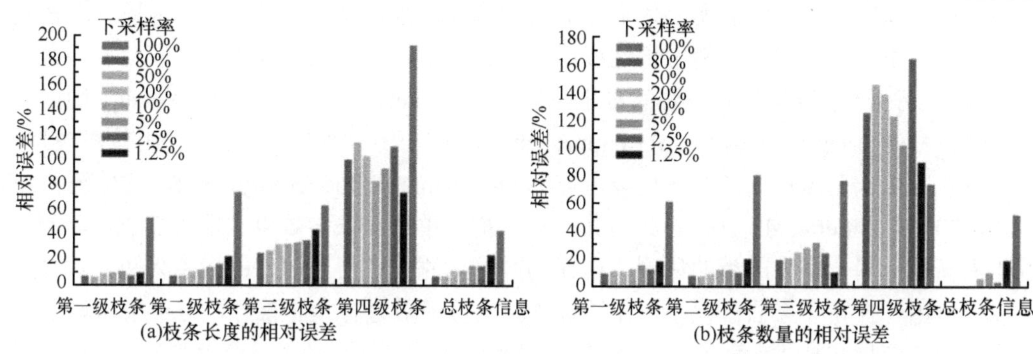

图 6-28　不同下采样率点云提取枝条信息的相对误差（彩图请扫封底二维码）

云空间密度为 1657.63 个/m^3 时，第二级枝条明显出现了错误的重建，如图 6-27（g）所示；当点云空间密度为 806.89 个/m^3 时，TreeQSM 与实际树形相差较大，细密枝条几乎均未被重建，这也是导致提取的枝条信息被极大低估的原因，如图 6-27（h）和表 6-9 所示。

TLS 获取点云数据时，可以获得高密度的点云，特别是在没有枝条交叠或障碍物的树干底部。对 TLS 获取的苹果树的高密度点云数据进行下采样，对不同空间密度点云的建模和精度分析表明，在一定范围内，随着点云空间密度的增加，TreeQSM 提取的枝条信息的精度也逐渐提升，但当点云空间密度增加到一定程度后，枝条信息提取结果的精度不再进一步提升。相反，若点云空间密度过高，计算效率反而会降低，占用较多的计算资源。因此，当利用 TreeQSM 对高空间密度点云的苹果树进行枝条信息提取时，可对点云进行适当的下采样处理。对于本研究中所获取的 TLS 点云数据，当点云空间密度高于 1657.63 个/m^3 时，第一级、第二级、第三级和总枝条信息的结果几乎不变（图 6-27）。

6.4　果树产量估计

产量是对苹果树进行精准施肥的重要依据，通过肥料效应函数可以根据苹果树预期产量定量计算氮肥施用量，实现苹果树氮肥的精准施用。因此大面积、准确地进行区域苹果产量估测对于区域精准施肥具有十分重要的意义。近年来，随着遥感技术的不断发展，遥感数据的时间分辨率和空间分辨率不断提高，使得遥感技术逐渐应用于区域尺度作物产量估测（Son et al.，2020；Wang et al.，2019；Dempewolf et al.，2014；Kouadio et al.，2014；Phan et al.，2020；梁顺林等，2020），也使氮肥效应函数与遥感技术相结合的区域施肥推荐成为可能。

目前，基于遥感技术的产量估测模型主要分为经验模型和机理模型（Fieuzal et al.，2020；Bai et al.，2019；Wang et al.，2019）。经验模型具有构建简单、参数灵活、模型精度高的特点，其中，随机森林作为一种机器学习模型，具有抗噪声能力强、训练速度快、不易过拟合的特点，在作物产量估测中取得了较好的应用效果（Feng et al.，2020；Maimaitijiang et al.，2020）。然而，现有的产量估测研究大多基于单一时间点植被指数与果树产量的相关关系，难以推广到不同年份、不同时期果树产量估测（Jonathan et al.，2015）。因此，考虑不同物候期对植被指数与产量相关性的影响，利用苹果树全生育期的植被指数曲线构建产量估测参数来估测产量可以增强模型的可推广性。而基于机理模型的作物产量估测考虑了作物生长过程，如作物物候发展、光能利用、二氧化碳同化、蒸腾作用、呼吸作用等，具有较强的可推广性（Palosuo et al.，2011；Setiyono et al.，2018）。

CASA（Carnegie-Ames-Stanford approach）模型作为一种经典的光能利用效率模型，最早被开发用于全球尺度植被净初级生产力（net primary productivity，NPP）的估测（Du et al.，2015；Potter et al.，1993）。因其具有结构简单、复杂参数少、适用性强的特点，近年来逐渐应用于作物产量的估测，在作物产量估测中取得了较好的应用效果。因此，可以借鉴用于探索苹果估产模型，并结合氮肥效应函数进行施肥推荐，为苹果树精准管理提供理论依据和技术参考。

6.4.1 基于 CASA 模型的苹果产量估测模型

6.4.1.1 CASA 模型

净初级生产力（net primary productivity，NPP）是指植物在单位时间内通过光合作用所吸收的碳减去植物自身呼吸作用消耗的碳后，积累在植物体内的碳含量，直接影响植物干物质的积累。作为典型的光能利用效率模型，CASA 模型最早被开发用于全球尺度植被 NPP 的估测，相对于经验模型，CASA 模型考虑了遥感、气象等多方面因素对作物 NPP 的影响，通过植被光能利用机理构建模型，具有一定的机理性（Potter et al.，1993）。由于苹果产量与果实内干物质积累量存在直接关系，本研究利用 CASA 模型来计算苹果生育期内 NPP 的积累量。然后基于生育期内的 NPP 积累量，结合苹果收获系数、含水量等参数对苹果产量进行估测，见式（6-16）。其中，CASA 模型通过植被吸收的光合有效辐射（absorbed photosynthetically active radiation，APAR）和光能利用效率（ε）来实现 NPP 的估测。涉及的植物生理参数包括收获系数、果实含水量、碳含量系数等，这些参数根据前人相关研究结果进行确定。

$$Y=\frac{\sum \mathrm{NPP}\times \mathrm{HI}}{C\left(1-\omega\right)}\times 10^{-3} \tag{6-16}$$

式中，Y 为苹果产量（kg/株）；$\sum$NPP 为苹果树在全生育期的累积 NPP（g C/株）；HI 为收获系数，本研究确定为 0.7；C 为有机物中碳含量系数，本研究确定为 47.5%；ω 为苹果含水量，本研究确定为 84%。

$$\mathrm{NPP} = \mathrm{APAR} \times \varepsilon \tag{6-17}$$

式中，APAR 为植被吸收的光合有效辐射（MJ/株）；ε 为植被光能利用效率（g C/MJ）。

利用遥感数据结合气象数据进行苹果 NPP 的估测，进而构建苹果产量估测模型。苹果树长势和气象条件如日均温等直接影响苹果 NPP 的形成。图 6-29 展示了全生育期内日均 NPP 与开花后天数的关系。结果表明，在开花后 0～70 天，日均 NPP 呈现出增加的趋势，这可能是由于苹果树生长发育以及温度的提高；在开花后 70～90 天，日均 NPP 表现出下降的趋势，这可能是由于雨季地表下行短波辐射减少；在开花 90 天后，日均 NPP 相对稳定，可能是由于秋梢停止生长后，苹果树长势和气象条件较稳定。对于不同的计算方法，$\mathrm{CASA_{NDVI}}$ 模型计算的日均 NPP 高于 $\mathrm{CASA_{SR}}$ 模型计算的日均 NPP，这一结果可能导致 $\mathrm{CASA_{NDVI}}$ 模型高估苹果产量。实际验证结果表明，$\mathrm{CASA_{SR}}$ 模型的建模精度最高；$\mathrm{CASA_{NDVI}}$ 模型由于存在高估问题，导致模型精度最低；$\mathrm{CASA_{Average}}$ 模型为二者均值介于中间。

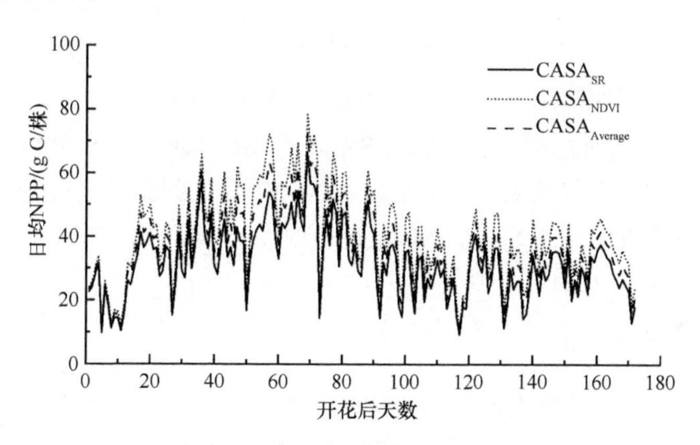

图 6-29　全生育期内苹果日均 NPP

6.4.1.2　植被吸收的光合有效辐射估算

APAR 是衡量植被吸收太阳能多少的重要指标，在 CASA 模型中，APAR 由光合有效辐射（photosynthetically active radiation，PAR）和植被吸收的光合有效辐射的比重（fraction of absorbed photosynthetically active radiation，FPAR）计算得到，具体见式（6-18）（Potter et al.，1993）。其中 PAR（0.4～0.7 μm）是短波太阳辐射（0.3～3.0 μm）的一部分，与可见光基本重合，可以被植物叶绿素吸收用于光合作用生产有机物。由于 PAR 在短波太阳辐射中所占的比重较为稳定，其中 PAR 占地表下行短波辐射的比重为 0.48，具体计算过程见式（6-19）。在前人研究中，地表下行短波辐射主要依靠研究区地理位置间接计算，然而由于受到天气等因素的影响，实际地表下行短波辐射往往低于基于经纬度计算的值，因此本研究直接利用欧洲中期天气预报中心（ECMWF）分析数据集中的地表下行短波辐射数据进行计算。FPAR 反映了植被对光合有效辐射的吸收情况，是直接影响植被 NPP 积累的重要生物物理参数，主要通过植被指数计算得到。前人相关研究中对于 FPAR 的计算主要分为三种方式：基于简单比值植被指数（SR）与 FPAR 的线性关系计算$FPAR_{SR}$、基于NDVI与FPAR的线性关系计算$FPAR_{NDVI}$、基于SR和NDVI结合的方式计算$FPAR_{Average}$，计算公式见式（6-20）～（6-22）。为了探索不同方式对苹果产量估测的影响，本研究分别利用三种方式构建了$CASA_{SR}$、$CASA_{NDVI}$和$CASA_{Average}$模型，并对比了不同方法的精度差异。

$$APAR = PAR \times FPAR \tag{6-18}$$

式中，PAR为光合有效辐射（MJ/株）；FPAR为植被吸收的光合有效辐射的比重。

$$PAR = \frac{k \times SSR \times 10^4}{P} \tag{6-19}$$

式中，SSR为地表下行短波辐射，从ECMWF下载得到；k为光合有效辐射占地表下行短波辐射的比重，本研究中为0.48；P为种植密度（株/hm^2）。

$$FPAR_{SR} = \frac{(SR - SR_{min}) \times (FPAR_{max} - FPAR_{min})}{(SR_{max} - SR_{min})} + FPAR_{min} \tag{6-20}$$

$$FPAR_{NDVI} = \frac{(NDVI - NDVI_{min}) \times (FPAR_{max} - FPAR_{min})}{(NDVI_{max} - NDVI_{min})} + FPAR_{min} \tag{6-21}$$

$$FPAR_{Average} = 0.5(FPAR_{SR} + FPAR_{NDVI}) \tag{6-22}$$

式中，SR_{min}为SR自低到高第5%位的值；SR_{max}为SR自低到高第95%位的值；$NDVI_{min}$为NDVI自低到高第5%位的值；$NDVI_{max}$为NDVI自低到高第95%位的值。由于植被指数在苹果全生育期的变化，SR_{min}、SR_{max}、$NDVI_{min}$、$NDVI_{max}$每天计算一次。$FPAR_{min}$和$FPAR_{max}$在本研究中分别为0.01和0.95。

6.4.1.3 光能利用效率估算

光能利用效率（ε）是指光能转换为化学能的效率，是衡量作物光能利用能力的重要指标，本研究中光能利用效率主要是依据最大光能利用效率（ε_{max}）和环境胁迫因子计算得到的（Potter et al.，1993）。ε_{max}被定义为当环境条件处于最佳时的植被典型光能利用效率，最初被定义为0.389 g C/MJ。Running等（2000）的研究表明，植被最大光能利用效率受植被类型、地理位置、环境条件等因素的影响，存在一定差异。因此本研究参考朱文泉等（2006）针对中国典型植被中木本植物确定的最大光能利用效率的范围，通过系统分析与反复尝试将本研究中苹果树的ε_{max}确定为0.499 g C/MJ。环境胁迫因子是指导致作物光合作用生理性减弱，进而对产量造成影响的不利环境条件，主要包括温度胁迫因子与干旱胁迫因子。由于本研究中果园灌溉措施良好，因此本研究仅考虑温度胁迫因子对产量的影响。温度胁迫因子对产量的影响主要包括最适温度对植被光能利用效率的影响和高温、低温环境对植被光合作用的影响。计算公式如下：

$$\varepsilon = \varepsilon_{max} \times T_1 \times T_2 \tag{6-23}$$

$$T_1 = 0.8 + 0.02 \times T_{opt} - 0.0005 \times T_{opt}^2 \tag{6-24}$$

$$T_2 = 1.1814 / \left(1 + e^{0.2 \times (T_{opt} - 10 - T)}\right) / \left(1 + e^{0.3 \times (-T_{opt} - 10 - T)}\right) \tag{6-25}$$

式中，ε_{max}为最大光能利用效率（MJ/株）；T_1和T_2为反映温度胁迫的指标，分别代表高温、低温对植被光能利用效率的影响；T_{opt}为 NDVI 达到最大值时该月份的平均气温（℃）；T为每日平均气温（℃）。

为了探索遥感技术估算苹果产量的方法，分别利用 SR、NDVI 和二者结合的方法构建 CASA 模型，并进一步估测苹果产量，模型建模结果如图 6-30 所示。结果表明，$CASA_{SR}$模型的建模精度最高，R^2、RMSE 和相对分析误差（RPD）分别达到了 0.57、18.66 kg/株和 1.50；$CASA_{Average}$模型的建模精度次之，R^2、RMSE 和 RPD 分别为 0.57、19.53 kg/株和 1.44；$CASA_{NDVI}$模型的建模精度最差，R^2、RMSE 和 RPD 仅分别为 0.55、22.90 kg/株和 1.23。综上，$CASA_{SR}$模型的建模精度最高；$CASA_{NDVI}$模型对苹果产量产生了严重的高估，导致模型精度最低；$CASA_{Average}$模型介于二者之间，但并没有改善$CASA_{SR}$模型对苹果产量估测的精度。

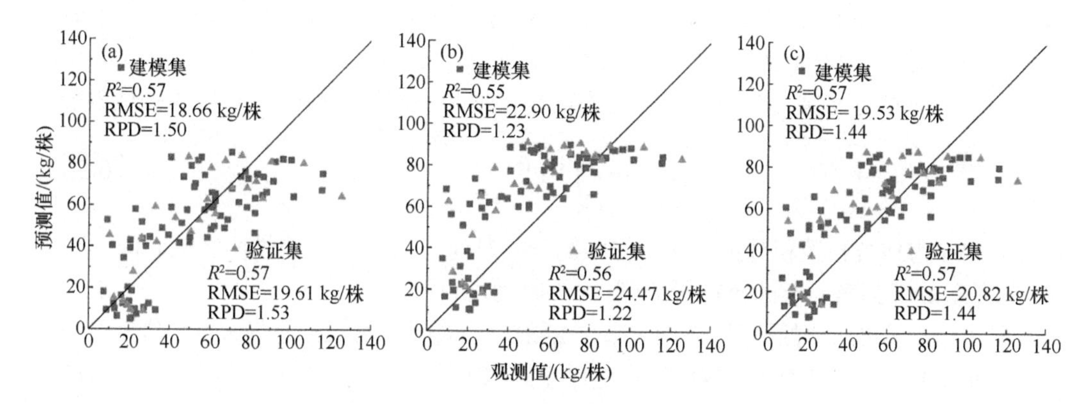

图 6-30　基于 CASA 模型的苹果产量估测模型的建模与检验结果

（a）$CASA_{SR}$模型；（b）$CASA_{NDVI}$模型；（c）$CASA_{Average}$模型

为了进一步分析不同模型对苹果产量估测精度的差异，本研究利用验证集对三个模型的精度进行检验，结果如图 6-30 所示。结果表明，$CASA_{SR}$模型的R^2、RMSE 和 RPD 分别达到 0.57、19.61 kg/株和 1.53，表现好于$CASA_{NDVI}$模型（R^2=0.56，RMSE=24.47 kg/株，RPD=1.22）和$CASA_{Average}$模型（R^2=0.57，RMSE=20.82 kg/株，RPD=1.44）的估测效果。综上，利用 CASA 模型对苹果产量进行估测的模型建模精度和验证精度相差不大，CASA 模型对苹果产量估测的建模精度和验证精度均优于其他两种方法所构建的模型。由于$CASA_{NDVI}$和$CASA_{Average}$模型无法提高苹果产量估测的准确性，本研究利用$CASA_{SR}$模型对苹果产量进行估测。

6.4.2　基于植被指数积分的苹果产量估测模型

6.4.2.1　基于 NDVI 苹果物候提取

经验模型的构建主要基于自变量与因变量间的统计关系，具有输入参数少、应用灵活、模型精度较高的特点。物候期是指植物发生、生长、发育等现象的日期，前人研究表明，NDVI 对作物物候信息变化十分敏感，可用于物候期提取（Wang et al.，2019；Zhu et al.，2020）。选取时间序列 NDVI 曲线结合地面观测来提取苹果物候期。通过时间序列 NDVI 曲线与地面观测记录，本研究将苹果物候期划分为开花期（FS）、新梢旺长期（NGS）、新梢停长期（NSS）、秋梢旺长期（AGS）、秋梢停长期（ASS）和收获期（HS）共 6 个时期，NDVI 曲线变化与地面观测记录中的苹果管理措施一致，由于收获期，铺设反光膜、摘叶、摘袋等人为活动对苹果冠层光谱特征影响较大，因此，本研究最终选取开花期、新梢旺长期、新梢停长期、秋梢旺长期和秋梢停长期进行分析，以苹果树在不同物候期的植被指数积分（ΣVI）为自变量构建随机森林产量估算模型。

6.4.2.2 植被指数积分计算

为提高遥感观测数据与苹果产量之间的相关性，本研究分别计算了不同物候期 SR 积分（ΣSR）、DVI 积分（ΣDVI）、NDVI 积分（ΣNDVI）、SAVI 积分（ΣSAVI）、RDVI 积分（ΣRDVI）和 EVI 积分（ΣEVI）。植被指数积分的计算方法为植被指数曲线在某一物候期自开始至结束的时期内所围成的面积，见式（6-26）。然后本研究对植被指数积分与苹果产量进行相关性分析，以分析不同物候期和不同植被指数之间的相关性差异。

$$\sum \mathrm{VI} = \int_m^n \mathrm{VId}t \tag{6-26}$$

式中，ΣVI 为植被指数积分值；m 为物候期开始时间（天）；n 为物候期结束时间（天）；VI 为从第 m 天到第 n 天的植被指数值；t 为时间。

基于模型精度对比的结果，选取了基于 ΣNDVI 的随机森林算法进行区域尺度苹果产量估测。采用目视判读法对苹果树种植区进行分类，利用时间序列 Planet 影像结合苹果树物候信息分别计算了 2019 年和 2020 年苹果树开花期、新梢旺长期、新梢停长期、秋梢旺长期和秋梢停长期的 ΣNDVI，将其作为模型输入参数，计算结果如图 6-31 所示。ΣNDVI 受日均 NDVI 值和物候期长度的影响，随着生育期的不断发展，ΣNDVI 达到了较高的水平。

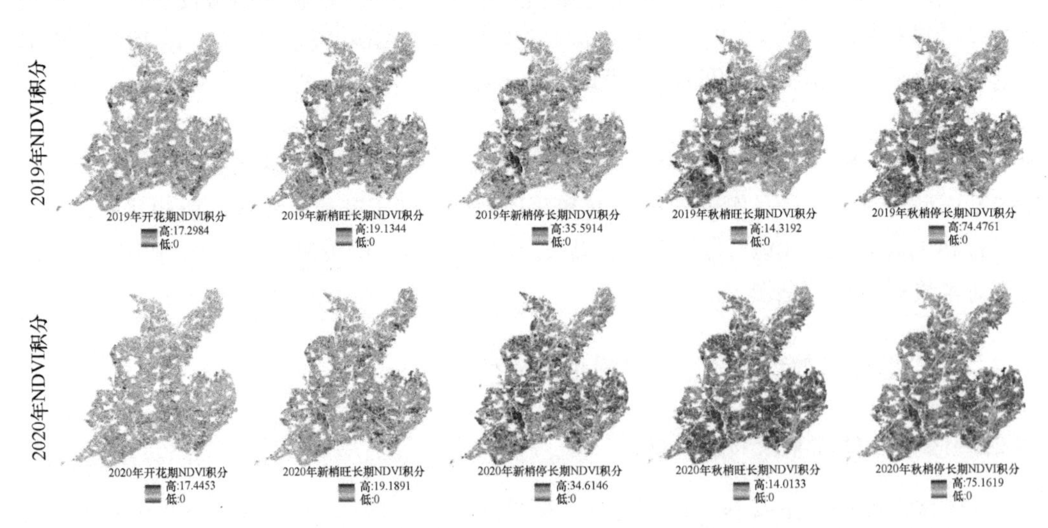

图 6-31　2019 年和 2020 年山东省栖霞市观里镇 NDVI 积分图（彩图请扫封底二维码）

利用开花期（FS）、新梢旺长期（NGS）、新梢停长期（NSS）、秋梢旺长期（AGS）和秋梢停长期（ASS）五个物候期的植被指数积分数据，分别构建基于 ΣNDVI、ΣSAVI、

ΣEVI、ΣDVI、ΣSR 和 ΣRDVI 的随机森林苹果产量估算模型。图 6-32 展示了苹果树在整个生育期内平均 NDVI、SAVI、EVI、DVI、SR 和 RDVI 的变化趋势及不同物候期 ΣNDVI、ΣSAVI、ΣEVI、ΣDVI、ΣSR 和 ΣRDVI 的变化趋势。结果表明，在物候期 FS、NGS 和 NSS，植被指数平均值表现出随时间增加的趋势，在这些阶段，由于气温升高，苹果树生长发育迅速。在物候期 AGS 和 ASS，不同植被指数存在一定差异，NDVI、SAVI、SR 和 RDVI 平均值随时间变化较为平稳，变化不大，而 EVI 和 DVI 则呈现出了随时间下降的趋势。总体而言，植被指数变化趋势与苹果树正常生长发育规律一致，这一结果表明植被指数对苹果树长势很敏感。由于植被指数积分值主要取决于植被指数值和物候期长度，因此秋梢停长期（ASS）6 个植被指数的积分值均高于其他物候期的植被指数积分值。为进一步分析不同物候期不同植被指数积分与产量的内在关系，分别计算了 5 个物候期内的 ΣNDVI、ΣSAVI、ΣEVI、ΣDVI、ΣSR 和 ΣRDVI 与产量的相关性，如表 6-10 所示。在苹果树全生育期，ΣSR 和 ΣNDVI 与产量的相关性较高，相关系数分别达到 0.74 和 0.73。ΣDVI 与产量的相关性最低，相关系数仅为 0.64。当分别分析不同物候期植被指数积分与产量的相关性时，达到最大相关系数的植被指数略有差异。在 FS，ΣSR 和 ΣNDVI 与产量的相关性最高，相关系数均达到 0.60。在 NGS 和 NSS，ΣSR 与产量的相关性最高，相关系数分别达到 0.67 和 0.66。在 AGS 和 ASS，ΣNDVI 与产量的相关性最高，相关系数分别达到 0.47 和 0.78。对于不同生育期而言，6 种植被指数积分在 ASS 与产量的相关性高于其他生育期时与产量的相关性。总体而言，ΣNDVI 和 ΣSR 对苹果产量较为敏感，可用于苹果产量估测。

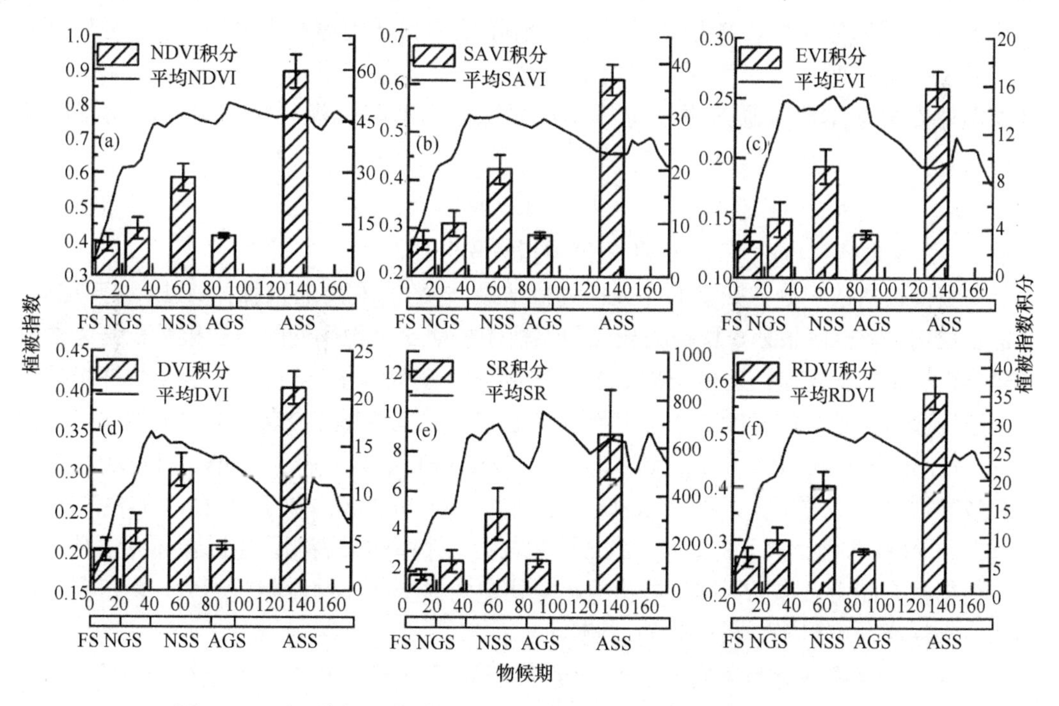

图 6-32　不同物候期苹果树平均植被指数与植被指数积分的变化趋势

（a）NDVI；（b）SAVI；（c）EVI；（d）DVI；（e）SR；（f）RDVI

表 6-10　不同物候期植被指数积分与产量的相关性分析

物候期	植被指数积分					
	ΣNDVI	ΣSAVI	ΣEVI	ΣDVI	ΣSR	ΣRDVI
TS	0.73**	0.69**	0.68**	0.64**	0.74**	0.69**
FS	0.60**	0.55**	0.54**	0.50**	0.60**	0.56**
NGS	0.66**	0.63**	0.60**	0.59**	0.67**	0.63**
NSS	0.61**	0.56**	0.56**	0.51**	0.66**	0.57**
AGS	0.47**	0.31**	0.33**	0.19	0.39**	0.33**
ASS	0.78**	0.74**	0.72**	0.66**	0.74**	0.75**

注：表中数据为不同植被指数积分与苹果产量间的相关系数（r）。TS 代表全生育期；FS 代表开花期；NGS 代表新梢旺长期；NSS 代表新梢停长期；AGS 代表秋梢旺长期；ASS 代表秋梢停长期

** 表示极显著相关（$P < 0.01$）

6.4.2.3　随机森林算法

随机森林（random forest，RF）算法最早于 21 世纪初被提出，作为一种基于决策树的集成学习方法，广泛应用于各类分类和回归任务。随机森林算法结合了自助投票（bagging）算法和随机特征选择的思想，相对于其他模型具有抗噪声能力强、训练速度快、不易过拟合的特点，对线性和非线性的数据都有较好的估计结果，因此随机森林算法被广泛应用于作物产量估测，并取得了较好的效果（Feng et al.，2020；Maimaitijiang et al.，2020）。因此本研究选取随机森林算法作为经验模型的建模方法，以开花期、新梢旺长期、新梢停长期、秋梢旺长期和秋梢停长期共 5 个物候期的植被指数积分为自变量，以苹果产量为因变量，构建苹果产量估测模型[式（6-27）]。对于模型参数，本研究通过系统分析和反复试验调整随机森林决策树，以提高模型的精度。

$$Y = f\left(\sum \mathrm{VI}\right) \tag{6-27}$$

式中，Y 为苹果产量（kg/株）；ΣVI 为植被指数积分值。

基于植被指数积分与产量的相关性分析结果，本研究利用随机森林算法，以开花期、新梢旺长期、新梢停长期、秋梢旺长期和秋梢停长期 5 个物候期的植被指数积分为参数构建苹果产量估测模型，建模结果如图 6-33 所示。模型的建模结果中，6 个植被指数积分模型均取得了较高的精度，R^2 都达到了 0.8 以上，其中基于 ΣRDVI 的模型建模效果最好，R^2、RMSE 和 RPD 分别达到 0.84、11.62 kg/株和 2.42；基于 ΣSAVI、ΣEVI 和 ΣSR 的模型建模精度相差不大，R^2 和 RPD 均达到了 0.84 和 2.40。基于 ΣNDVI 的模型 R^2、RMSE 和 RPD 分别达到 0.82、12.12 kg/株和 2.32。建模结果表明，随机森林算法具有较强的数据拟合能力，基于不同植被指数积分构建的模型建模精度相差不大，均达到了较高的拟合精度，可用于苹果产量的估测。

为分析不同模型对苹果产量估测精度的差异，通过验证集对模型进行精度检验，结果如图 6-33 所示。模型的检验结果中基于 ΣNDVI、ΣSAVI 和 ΣRDVI 的模型 R^2 均达到了最高（0.71）。同时，基于 ΣNDVI、ΣSAVI 和 ΣRDVI 的苹果产量估测模型的 RMSE

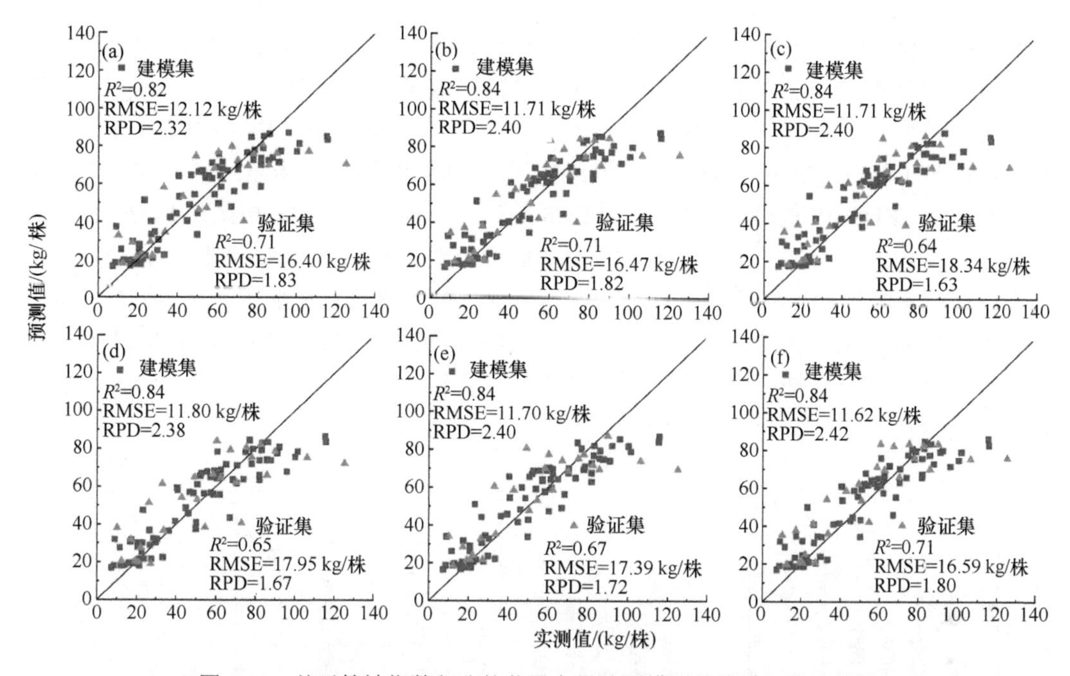

图 6-33　基于植被指数积分的苹果产量估测模型的建模与检验结果

（a）基于 ΣNDVI 的苹果产量估测模型；（b）基于 ΣSAVI 的苹果产量估测模型；（c）基于 ΣEVI 的苹果产量估测模型；（d）基于 ΣDVI 的苹果产量估测模型；（e）基于 ΣSR 的苹果产量估测模型；（f）基于 ΣRDVI 的苹果产量估测模型

和 RPD 值分别达到 16.40 kg/株、16.47 kg/株、16.59 kg/株和 1.83、1.82、1.80，高于基于 ΣEVI、ΣDVI 和 ΣSR 的产量估测模型的对应值（RMSE 分别为 18.34 kg/株、17.95 kg/株、17.39 kg/株，RPD 分别为 1.63、1.67、1.72）。对于模型的 RPD 来说，基于 ΣNDVI、ΣSAVI 和 ΣRDVI 的苹果产量估测模型的 RPD 均高于或等于 1.8，表明这些模型具有良好的估测性能，可用于估测苹果产量。而基于 ΣEVI、ΣDVI 和 ΣSR 的产量估测模型的 RPD 仅达到 1.63、1.67 和 1.72，估测性能一般。其中，基于 ΣNDVI 的苹果产量估测模型达到了最高的验证精度，R^2、RMSE 和 RPD 分别达到了 0.71，16.40 kg/株和 1.83。结合模型的建模与检验结果，本研究认为基于 ΣNDVI 的苹果产量估测模型是最好的植被指数积分产量估测模型。

6.5　果树养分诊断与施肥决策

6.5.1　氮肥效应函数方法

6.5.1.1　氮肥投入与产量的统计分析

本研究以 0.5 kg N/株氮肥投入量为间隔将施肥量划分为 6 个水平，并对不同数据集农户果园的氮肥投入量与产量进行统计分析，结果如图 6-34 所示。本研究中样本的异常值均为异常大值。对于所有样本而言[图 6-34（a）]，在相同施肥水平的对比中，产量最大值与最小值的差值最大达 110 kg/株（>2.5 kg N/株）。对不同数据集而言，在不同施肥水平的对比中，产量达到最大值的施肥水平存在一定的差异。其中，采用山东省 2008

年调查数据集（SD2008），在氮肥投入量>2.5 kg N/株时产量达到最大（125.9 kg/株）；采用山东省 2009 年调查数据集（SD2009）SD2019 在氮肥投入量为 1.5～2.0 kg N/株时产量达到最大（94.0 kg/株）。采用西北黄土高原 2018 年调查数据集（NW2018），在氮肥投入量为 1.0～1.5 kg N/株时产量达到最大（81.8 kg/株）。对于山东产区而言，在相同施肥水平下，SD2019 的最高产量与 SD2008 的最高产量相差不大。相比于 SD2008 的情况，SD2019 用更少的氮肥投入达到了最高产量（94.0 kg/株）。对于不同产区而言，SD2019 在不同施肥水平下的最高产量与最低产量均高于 NW2018 相同施肥水平下的对应产量。NW2018 在 1.0～1.5 kg N/株时达到最高产量（81.8 kg/株），与 SD2019 在对应施肥水平的最高产量（86.2 kg/株）相差不大。结果表明，苹果产量很不稳定，在相同施肥水平下产量的差距较大。

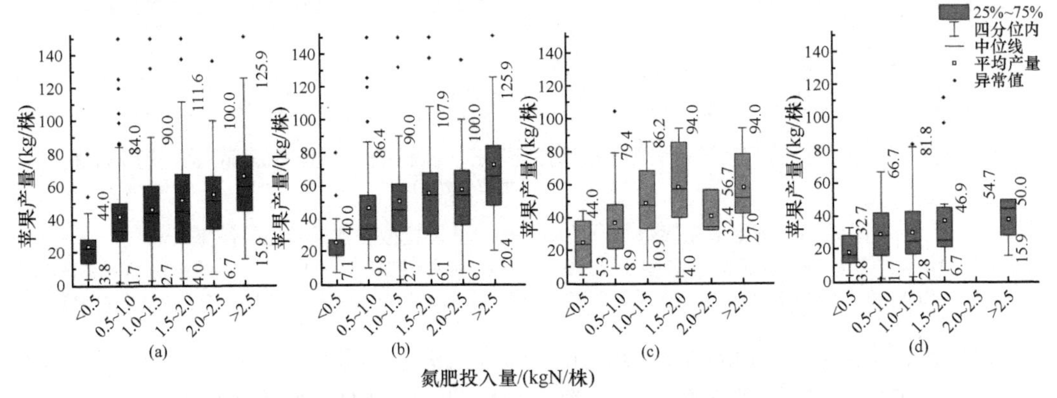

图 6-34　不同施肥水平下氮肥投入量与苹果产量的箱线图（彩图请扫封底二维码）

（a）所有样本；（b）SD2008；（c）SD2019；（d）NW2018

6.5.1.2　氮肥投入与产量的变异性分析

为了探索不同施肥水平下，农户苹果产量的变异性以及氮肥投入对总体产量的影响，分别计算了 SD2008、SD2019 和 NW2018 的农户 6 个施肥量水平所占的比重，以及对应的平均产量和产量的变异性，结果如图 6-35 所示。对于所有样本而言，氮肥投入量在 0.5～1.0 kg N/株所占的比重（35%）最大，氮肥投入量 1.0～1.5 kg N /株所占的比重（24.7%）次之。施肥量大于 2.0 kg N/株的比重较小，其中，施肥量为 2.0～2.5 kg N/株的比重最小（3.2%），施肥量大于 2.5 kg N/株的比重为 10.9%。对于山东产区而言，相比于 SD2008 不同氮肥投入量所占的比重，SD2019 的农户氮肥投入量在<0.5 kg N/株和 1.0～1.5 kg N/株的比重分别上升了 4.8 个百分点和 8.4 个百分点，氮肥投入量为 2.0～2.5 kg N/株和>2.5kg N/株的比重分别下降了 1.3 个百分点和 5.2 个百分点。对于不同产区而言，相比于 SD2019 的对应比重，NW2018 的农户氮肥投入量在<0.5 kg N/株和 0.5～1.0 kg N/株的比重分别上升了 5.2 个百分点和 4.2 个百分点，氮肥投入量为 2.0～2.5 kg N/株和>2.5 kg N/株的比重分别下降了 2.1 个百分点和 1.0 个百分点。

对于所有样本而言[图 6-35（a）]，平均产量随氮肥投入水平的提高而提高，但是不同氮肥投入水平下的产量变异系数均超过 40%，表明产量很不稳定。当氮肥投入量达到>2.5 kg N/株时，农户的平均产量达到最高（61.1 kg/株）。对于山东产区而言，SD2008

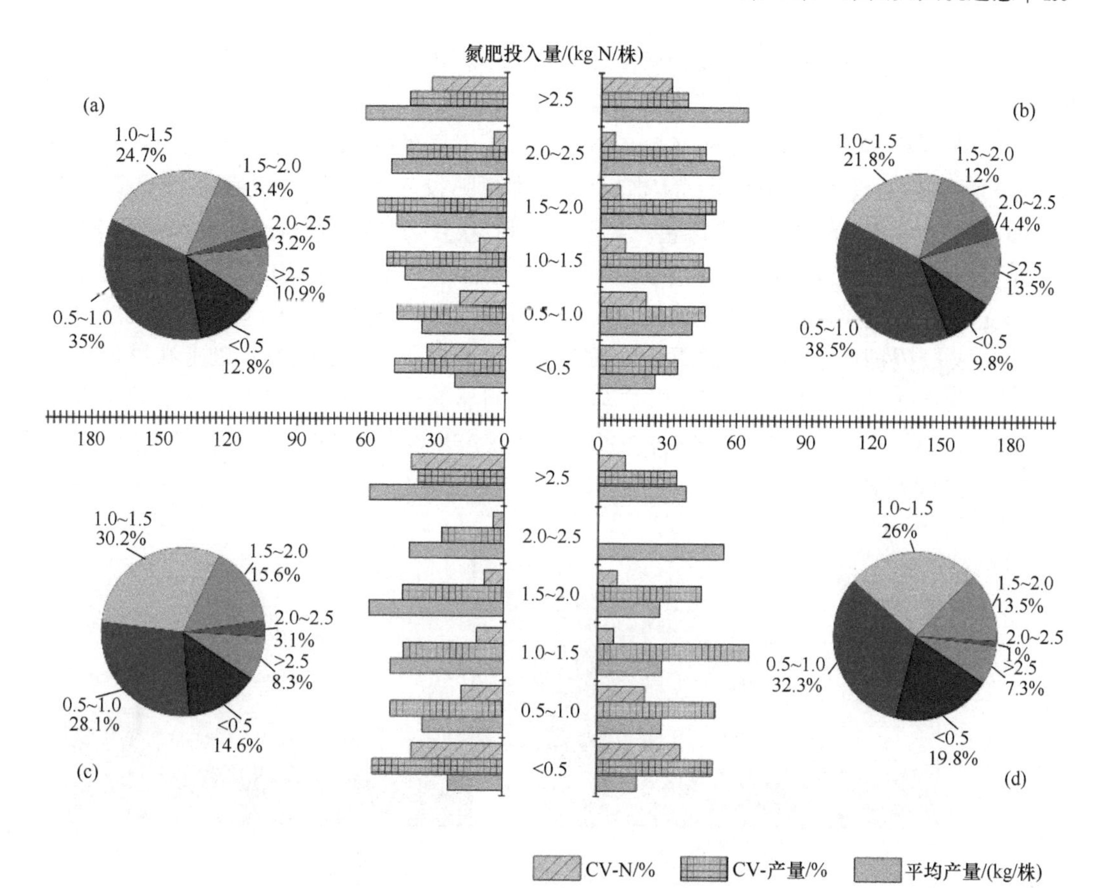

图 6-35　不同氮肥投入水平所占的比重和不同氮肥投入水平下农户果园的平均产量、产量和氮肥投入量的变异系数（彩图请扫封底二维码）

（a）所有样本；（b）SD2008；（c）SD2019；（d）NW2018。饼状图上数据之和不为 100%是因为有四舍五入

和 SD2019 在相同施肥水平下的平均产量相差不大，在氮肥投入水平<0.5 kg N/株时平均产量最低，分别为 23.9 kg/株和 23.8 kg/株；在氮肥投入水平>2.5 kg N/株时平均产量最高，分别达到 64.4 kg/株和 58.2 kg/株。对于不同产区而言，在 5 个施氮水平下，NW2018 的平均产量均低于 SD2019 的平均产量。NW2018 的产量变异系数在氮肥投入量<0.5 kg N/株和 0.5～1.0 kg N/株的水平下与 SD2019 对应水平下的变异系数相差不大，均为 50%左右，在氮肥投入量为 1.0～1.5 kg N/株的水平下，NW2018 的产量变异系数达到 70%，高于 SD2019 相应的产量变异系数。结果表明，随施肥水平的提高，总体产量表现出增加的趋势。但是不同产区的产量存在一定差异。相同施肥条件下，山东产区的苹果产量总体高于西北产区，这可能是土壤肥力因素导致的。

6.5.1.3　氮肥投入与产量的显著性检验

考虑到方差对数据的影响，利用非参数检验方法对不同氮肥投入水平对产量的影响进行分析，结果如图 6-36 所示。当 P 值小于 0.05 时证明数据之间存在显著差异，P 值小于 0.01 时证明数据之间存在极显著差异。结果显示，对所有样本而言[图 6-36（a）]，氮肥投入量<0.5kg N/株时，农户苹果产量与其他 5 个水平下的农户苹果产量都存在极显

著差异（P<0.01）。氮肥投入量> 2.5kg N/株时，农户苹果产量与氮肥投入量为 0.5～1.0 kg N/株和 1.0～1.5 kg N/株的农户苹果产量存在极显著差异，与氮肥投入量为 1.5～2.0 kg N/株的农户苹果产量存在显著差异（P=0.037）。对于不同的数据集而言，SD2008 的农户苹果产量在氮肥投入量<0.5 kg N/株时与其他氮肥投入水平的产量存在极显著差异（P<0.01）。SD2009 的农户苹果产量在氮肥投入量<0.5 kg N/株时与氮肥投入量为 1.0～1.5 kg N/株和 1.5～2.0 kg N/株的对应产量存在极显著差异（P<0.01），与氮肥投入量>2.5 kg N/株的对应产量存在显著差异（P=0.011）。NW2018 的农户苹果产量在氮肥投入量<0.5 kg N/株和>2.5 kg N/株两个水平上存在显著差异（P=0.022）。以上结果表明，氮肥投入量<0.5 kg N/株水平下的农户苹果产量明显低于其他氮肥投入水平下的对应产量。氮肥投入量达到 0.5～1.0 kg N/株时的农户苹果产量与氮肥投入量超过 1.0 kg N/株的对应产量之间差异较小。

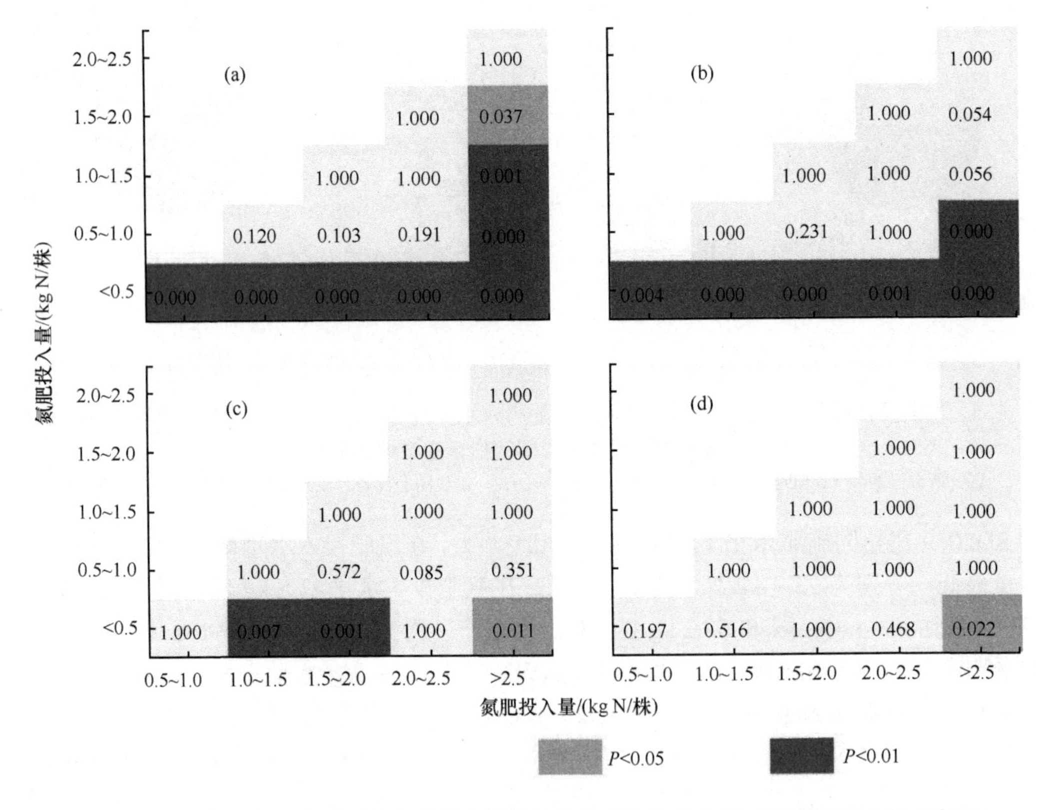

图 6-36 不同氮肥投入水平下农户苹果产量差异性的多重比较分析（彩图请扫封底二维码）

（a）所有样本；（b） SD2008；（c） SD2019；（d） NW2018

6.5.1.4 氮肥效应函数构建

基于箱线图分析与产量差异性检验结果，对去除异常值后不同氮肥投入水平的农户果园的最高产量作为适宜环境条件下苹果的可实现产量进行提取，并利用广义可加模型和线性模型对可实现产量进行拟合，结果如图 6-37 所示。广义可加模型的拟合结果表明，当氮肥投入量为 0.0～1.0 kg N/株时，随着氮肥投入量的增加，苹果产量表现出快速增加的趋势。当氮肥投入量超过 1.0 kg N/株时，继续施用氮肥对产量增长的影响较小。因此本研究建立分段线性模型以定量描述氮肥投入量和可实现产量之间的关系。分段线性模型的结果表明，当氮肥投入量少于 0.95 kg N/株时，氮肥投入量每增加 0.1 kg N/株，苹果产量提高 6.6 kg/株。当氮肥投入量达到 0.95 kg N /株时，曲线出现拐点。当氮肥投入量超过 0.95 kg N/株时，随着氮肥投入的增加，产量几乎不再增加。以上结果表明，利用氮肥效应函数可以基于苹果目标产量计算对应氮肥施用量。

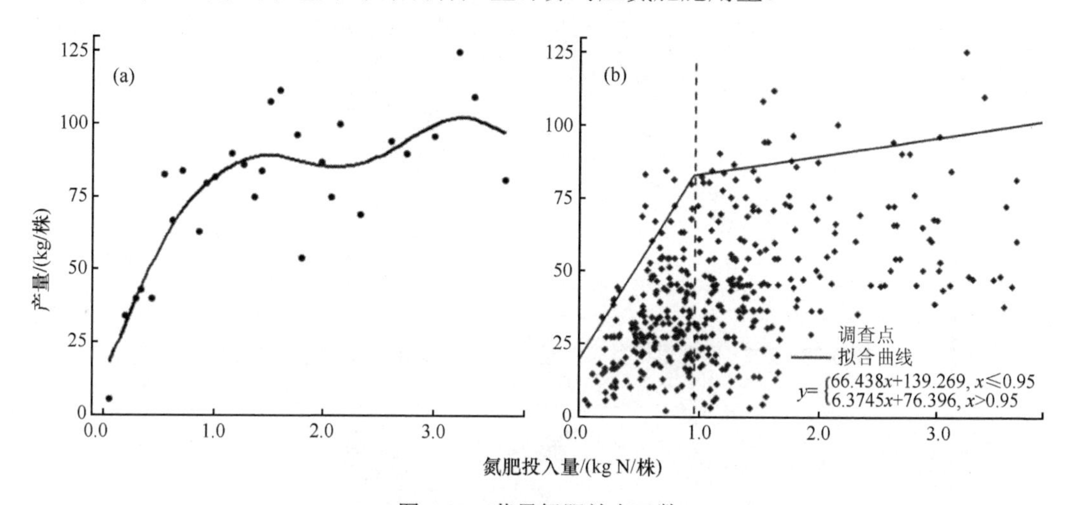

图 6-37　苹果氮肥效应函数

（a）基于广义可加模型的拟合曲线；（b）基于分段线性模型的拟合曲线

6.5.2　基于氮肥效应函数和目标产量的区域氮肥施用量推荐

目标产量是基于氮肥效应函数进行施肥决策的重要依据，通过计算区域目标产量可计算出对应果树需氮量，从而得到区域施肥的“大底方”。本研究采用平均单产法确定了研究区苹果园预期目标产量。平均单产法根据研究区近几年的产量数据，考虑作物产量递增速率，对作物目标产量进行计算。本研究利用 2019 年和 2020 年平均历史产量估测数据和产量递增速率对研究区苹果园目标产量进行计算，具体计算公式如下：

$$Y_n = (1+k) \times \frac{Y_{n-1} + Y_{n-2}}{2} \tag{6-28}$$

式中，Y_n 为第 n 年的目标产量；Y_{n-1} 为第 $n-1$ 年的产量；Y_{n-2} 为第 $n-2$ 年的产量；k 为产量递增速率，本研究中为 0.1。

估测目标产量后，可结合氮肥效应函数进行区域施肥推荐。图 6-38 为 2021 年观里镇苹果产量预测结果，结合氮肥效应函数得到的施肥推荐如图 6-39 所示，结果表明研究区苹果需氮量小于 0.71 kg N/株的果园面积达到 90%，其中需氮量小于 0.46 kg N/株的果园面积达到了 67%，表明苹果生产中存在巨大的减肥空间，需要对不同氮肥需求的果园进行区分管理，以达到减肥增效的目的。该研究证明了基于遥感估测与氮肥效应函数的苹果施肥推荐的可行性，为区域肥料施用提供了参考。利用施肥推荐图可以实现果园分区和养分精准管理，从而在保障果树正常生长发育的前提下，减少肥料施用。

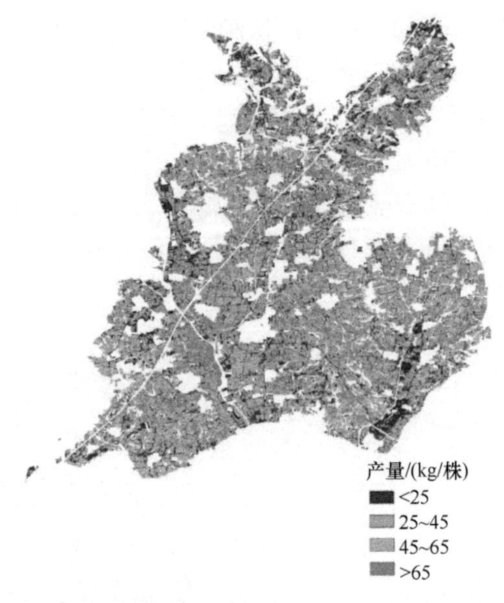

图 6-38 2021 年观里镇苹果产量预测图（彩图请扫封底二维码）

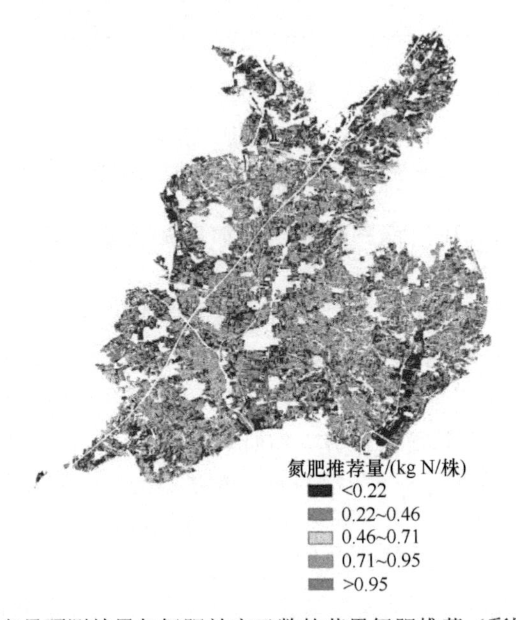

图 6-39 基于苹果产量预测结果与氮肥效应函数的苹果氮肥推荐（彩图请扫封底二维码）

氮肥效应函数是对施肥量进行总量控制的有效方法，利用农户调研数据构建氮肥效应函数，可为果树养分的精准管理提供参考。通过氮肥效应函数的拟合可以发现，当氮肥投入量达到 0.95 kg N/株时，曲线出现拐点，当氮肥投入量超过 0.95 kg N/株后，继续施用氮肥对于产量的影响较小，这与显著性检验的结果一致。目前，针对苹果田间生产中氮肥施用量的研究表明，每 100 kg/株产量需要施用 0.7～1.0 kg N/株的化学氮肥并配施一定量的有机肥（张明明，2016）。考虑到有机肥中的含氮量，构建的氮肥效应函数与前人研究结果相似，可作为田间生产中氮肥施用量的参考。在最佳氮肥施用量下，仅约 5%的果园产量超过 82.4 kg/株。因此，在大多数情况下，0.95 kg N/株就可以满足苹果树生长和发育的需求。对于最大产量，当氮素输入量超过最佳比例时，苹果园的产量主要取决于养分管理和果树的负荷（Samuolien et al.，2016；Suo et al.，2016）。

6.6　总结与展望

无人机遥感在精准果园生产管理中具有巨大的应用潜力。本章主要介绍了在果园场景中利用无人机遥感进行果树识别与单木分割、果树冠层信息提取、果树枝条信息提取、果树产量估计，以及果园养分诊断与施肥决策等工作。尽管目前利用无人机遥感开展了诸多工作，但无人机果园遥感监测还主要存在如下几个方面的挑战。

1）由于果园的高经济附加值，对精细化生产管理的需求更为迫切。相比于大田作物分地块或分区管理，果树由于其高经济附加值，在生产经营上对信息需求的尺度和精度更高，期望目标是能达到定株管理、定量投入；相比于森林更关注其蓄积量和固碳能力等生态价值，果园更关注其果实的产量和品质等经济价值，关注点不一样。

2）果园种植具有明显的垄行结构，单株果树具有复杂的三维冠层形状和结构，中低分辨率下往往假设大田作物等下垫面为均质连续的，由于无人机比卫星分辨率更高（达到厘米级），在果园上类似的假设条件难以成立，果园种植以及果树结构三维异质性需要重点考虑。

3）相比于大田作物，果树一般为多年生，产量的形成比一年生作物更为复杂，受大小年的影响，因此果园产量的估计比一年生作物挑战更大；相比于森林的主要生物量在茎秆，果树的生物量集中在冠层。

参 考 文 献

陈鹏, 邓飞, 刘思廷. 2015. 三维空间属性插值方法的研究. 电脑知识与技术, 11(7): 235-239
陈日强, 李长春, 杨贵军, 等. 2020. 无人机机载激光雷达提取果树单木树冠信息. 农业工程学报, 36(22): 50-59
冯波, 陈明涛, 岳冬冬, 等. 2019. 基于两种插值算法的三维地质建模对比. 吉林大学学报(地球科学版), 49(4): 1200-1208
郭孝玉. 2013. 长白落叶松人工林树冠结构及生长模型研究. 北京: 北京林业大学博士学位论文
郭昱杉, 刘庆生, 刘高焕, 等. 2016. 基于标记控制分水岭分割方法的高分辨率遥感影像单木树冠提取. 地球信息科学学报, 18(9): 1259-1266
雷浩川. 2018. 多分类器集成的遥感影像分类研究. 北京: 中国地质大学(北京)博士学位论文
李平昊, 申鑫, 代劲松, 等. 2018. 机载激光雷达人工林单木分割方法比较和精度分析. 林业科学, 54(12): 127-136
梁顺林, 白瑞, 陈晓娜, 等. 2020. 2019 年中国陆表定量遥感发展综述. 遥感学报, 24(6): 618-671
刘峰, 杨志高, 龚健雅. 2011. 基于标记控制分水岭算法的树冠高程模型分割. 中国农学通报, 27(19): 49-54
卢军. 2008. 帽儿山天然次生林树冠结构和空间优化经营. 哈尔滨: 东北林业大学博士学位论文
徐伟萌. 2022. 基于多平台遥感数据的复杂果园分类及密植果树单木分割研究. 西安: 长安大学硕士学位论文

徐伟萌, 杨浩, 李振洪, 等. 2022. 利用无人机数码影像进行密植型果园单木分割. 武汉大学学报(信息科学版), 47(11): 1906-1916

杨全月, 董泽宇, 马振宇, 等. 2020. 基于 SfM 的针叶林无人机影像树冠分割算法. 农业机械学报, 51(6): 181-190

张明明. 2016. 苹果、桃施肥方法调研分析. 泰安: 山东农业大学硕士学位论文

朱文泉, 潘耀忠, 何浩, 等. 2006. 中国典型植被最大光利用率模拟. 科学通报, 51(6): 700-706

Alvaro L, Patrick BL, Christopher M, et al. 2018. Quantifying branch architecture of tropical trees using terrestrial LiDAR and 3D modelling. Trees, 32(5): 1219-1231

Ampatzidis Y, Partel V. 2019. UAV-based high throughput phenotyping in *Citrus* utilizing multispectral imaging and artificial intelligence. Remote Sensing, 11(4): 410

Bai T, Zhang N, Mercatoris B, et al. 2019. Jujube yield prediction method combining Landsat 8 Vegetation Index and the phenological length. Computers and Electronics in Agriculture, 162: 1011-1027

Bargoti S, Underwood JP. 2017. Image segmentation for fruit detection and yield estimation in apple orchards. Journal of Field Robotics, 34(6): 1039-1060

Brandtberg T, Walter F. 1998. Automated delineation of individual tree crowns in high spatial resolution aerial images by multiple-scale analysis. Machine Vision and Applications, 11(2): 64-73

Bucksch AL, Menenti MR. 2010. SkelTree: Robust Skeleton Extraction from Imperfect Point Clouds. The Visual Computer, 26: 1283-1300

Burkardt K, Pettenkofer T, Ammer C, et al. 2021. Influence of heterozygosity and competition on morphological tree characteristics of *Quercus rubra* L.: a new single-tree based approach. New Forests, 52(4): 679-695

Burt A. 2017. New 3D measurements of forest structure. London: University College London Doctoral thesis (Ph.D)

Chen Q, Baldocchi D, Gong P, et al. 2006. Isolating individual trees in a savanna woodland using small footprint LIDAR data. Photogrammetric Engineering & Remote Sensing, 72(8): 923-932

Chloe B, Heiko B, Kirsten B, et al. 2017. Individual tree crown delineation from airborne laser scanning for diseased larch forest stands. Remote Sensing, 9(3): 231-251

Csillik O, Cherbini J, Johnson R, et al. 2018. Identification of *Citrus* trees from unmanned aerial vehicle imagery using convolutional neural networks. Drones, 2(4): 39

Dassot M, Fournier M, Deleuze C. 2019. Assessing the scaling of the tree branch diameters frequency distribution with terrestrial laser scanning: methodological framework and issues. Annals of Forest Science, 76(3): 1-10

Delagrange S, Jauvin C, Rochon P. 2014. PypeTree: A tool for reconstructing tree perennial tissues from point clouds. Sensors, 14(3): 4271-4289

Dempewolf J, Adusei B, Becker-Reshef I, et al. 2014. Wheat yield forecasting for Punjab province from vegetation index time series and historic crop statistics. Remote Sensing, 6(10): 9653-9675

Deng G, Li Z. 2012. An improved marker-controlled watershed crown segmentation algorithm based on high spatial resolution remote sensing imagery. *In*: Qian AH, Cao L, Su WL, et al. Advances in Computer Science and Information Engineering. Berlin, Heidelberg: Springer: 567-572

Dey TK, Sun J. 2006.Defining and computing curve-skeletons with medial. Sardinia: Proceedings of the Symposium on Geometry Processing

Dong X, Zhang Z, Yu R, et al. 2020. Extraction of information about individual trees from high-spatial-resolution UAV-acquired images of an orchard. Remote Sensing, 12(1): 133

Dralle K, Rudemo M. 1997. Automatic estimation of individual tree positions from aerial photos. Canadian Journal of Forest Research, 27(11): 1728-1736

Du S, Lindenbergh R, Ledoux H, et al. 2019. AdTree: accurate, detailed, and automatic modelling of laser-scanned trees. Remote Sensing, 11(18): 2074

Du X, Li Q, Dong T, et al. 2015. Winter wheat biomass estimation using high temporal and spatial resolution satellite data combined with a light use efficiency model. Geocarto International, 30(3): 258-269

Fang F, Im J, Lee J, et al. 2016. An improved tree crown delineation method based on live crown ratios from airborne LiDAR data. GIScience & Remote Sensing, 53(3): 402-419

Fang R, Strimbu B. 2019. Comparison of mature Douglas-Firs' crown structures developed with two quantitative structural models using TLS point clouds for neighboring trees in a natural regime stand. Remote Sensing, 11(14): 1661

Feng L, Zhang Z, Ma Y, et al. 2020. Alfalfa yield prediction using UAV-based hyperspectral imagery and ensemble learning. Remote Sensing, 12: 2028

Fieuzal R, Bustillo V, Collado D, et al. 2020. Combined use of multi-temporal Landsat-8 and sentinel-2 images for wheat yield estimates at the intra-plot spatial scale. Agronomy, 10(3): 327

Georgi L, Kunz M, Fichtner, A, et al. 2021. Effects of local neighbourhood diversity on crown structure and productivity of individual trees in mature mixed-species forests. Forest Ecosystems, 8(1): 345-356

Gougeon FA. 1995. A crown-following approach to the automatic delineation of individual tree crowns in high spatial resolution aerial images. Canadian Journal of Remote Sensing, 21(3): 274-284

Graham RL. 1972. An efficient algorithm for determining the convex hull of a finite planar set. Information Processing Letters, 1: 73-82

Hackenberg J, Spiecker H, Calders K, et al. 2015. SimpleTree—An efficient open source tool to build tree models from TLS clouds. Forests, 6(11): 4245-4294

Huang H, Li X, Chen C. 2018. Individual tree crown detection and delineation from very-high-resolution UAV images based on bias field and marker-controlled watershed segmentation algorithms. IEEE Journal of Selected Topics in Applied Earth Observations and Remote Sensing, 11(7): 2253-2262

Huang H, Wu S, Cohen-Or D, et al. 2013. L-1-Medial Skeleton of Point Cloud. ACM Transactions on Graphics, 32(4): 1-8

Immacolata MM, Pasi R, Roberto G, et al. 2020. Estimating tree stem diameters and volume from smartphone photogrammetric point clouds. Forestry, 93(3): 411-429

Jing L, Hu B, Noland T, et al. 2012. An individual tree crown delineation method based on multi-scale segmentation of imagery. ISPRS Journal of Photogrammetry and Remote Sensing, 70: 88-98

Jonathan VB, Laurent T, Ben S, et al. 2015. Temporal dependency of yield and quality estimation through spectral vegetation indices in pear orchards. Remote Sensing, 7(8): 9886-9903

Kamilaris A, Prenafeta-Boldu FX. 2018. Deep learning in agriculture: A survey. Computers and Electronics in Agriculture, 147: 70-90

Ke Y, Quackenbush L. 2011. A review of methods for automatic individual tree-crown detection and delineation from passive remote sensing. International Journal of Remote Sensing, 32(17): 4725-4747

Kouadio L, Newlands NK, Davidson A, et al. 2014. Assessing the performance of MODIS NDVI and EVI for seasonal crop yield forecasting at the ecodistrict scale. Remote Sensing, 6(10): 10193-10214

Lau A, Martius C, Bartholomeus H, et al. 2019. Estimating architecture-based metabolic scaling exponents of tropical trees using terrestrial LiDAR and 3D modelling. Forest Ecology Management, 439: 132-145

Li R, Bu G, Wang P. 2017. An automatic tree skeleton extracting method based on point cloud of terrestrial laser scanner. International Journal of Optics, 2017: 1-11

Livny Y, Yan F, Olson M, et al. 2010. Automatic reconstruction of tree skeletal structures from point clouds. ACM Transactions on Graphics, 29(6): 1-8

Maimaitijiang M, Sagan V, Sidike P, et al. 2020. Soybean yield prediction from UAV using multimodal data fusion and deep learning. Remote Sensing of Environment, 237: 111599

Makinen H. 2003. Predicting branch characteristics of Norway spruce (*Picea abies* (L.) Karst.) from simple stand and tree measurements. Forestry, 76: 525-546

Marzulli M, Raumonen P, Greco R, et al. 2019. Estimating tree stem diameters and volume from smartphone photogrammetric point clouds. Forestry, 93(3): 411-429

Meyer F, Beucher S. 1990. Morphological segmentation. Journal of Visual Communication and Image Representation, 1: 21-46

Mu Y, Fujii Y, Takata D, et al. 2018. Characterization of peach tree crown by using high-resolution images from an unmanned aerial vehicle. Horticulture Research, 5: 1-10

Narvaez FY, Reina G, Torres-Torriti M, et al. 2017. A survey of ranging and imaging techniques for precision agriculture phenotyping. IEEE/ASME Transactions on Mechatronics, 22(3): 2428-2439

Ok AO, Ozdarici-Ok A. 2018. 2-D delineation of individual citrus trees from UAV-based dense photogrammetric surface models. International Journal of Digital Earth, 11(6): 583-608

Osco LP, Arruda M, Junior JM, et al. 2020. A convolutional neural network approach for counting and geolocating citrus-trees in UAV multispectral imagery. ISPRS Journal of Photogrammetry and Remote Sensing, 160: 97-106

Palosuo T, Kersebaum KC, Angulo C, et al. 2011. Simulation of winter wheat yield and its variability in different climates of Europe: A comparison of eight crop growth models. European Journal of Agronomy, 35(3): 103-114

Phan P, Chen N, Xu L, et al. 2020. Using multi-temporal MODIS NDVI data to monitor tea status and forecast yield: a case study at Tanuyen, Laichau, Vietnam. Remote Sensing, 12(11): 23

Picos J, Bastos G, Míguez D, et al. 2020. Individual tree detection in a eucalyptus plantation using unmanned aerial vehicle (UAV)-LiDAR. Remote Sensing, 12(5): 885

Pollock R. 1996. The automatic recognition of individual trees in aerial images of forests based on a synthetic tree crown image model. Vancouver: University of British Columbia thesis (Ph.D)

Potter CS, Randerson JT, Field CB, et al. 1993. Terrestrial ecosystem production: a process model based on global satellite and surface data. Global Biogeochemical Cycles, 7: 811-841

Pouliot D, King DJ, Bell FW, et al. 2002. Automated tree crown detection and delineation in high-resolution digital camera imagery of coniferous forest regeneration. Remote Sensing of Environment, 82: 322-334

Raumonem P. 2019. TreeQSM User's Manual. https: //github. com/InverseTampere/TreeQSM[2022-06-13]

Raumonen P, Kaasalainen M, Akerblom M, et al. 2013. Fast automatic precision tree models from terrestrial laser scanner data. Remote Sensing 5(2): 491-520

Ren S, He K, Girshick R, et al. 2017. Faster R-CNN: towards real-time object detection with region proposal networks. IEEE Transactions on Pattern Analysis and Machine Intelligence, 39(6): 1137-1149

Ronneberger O, Fischer P, Brox T. 2015. U-Net: Convolutional Networks for Biomedical Image Segmentation. Berlin, Heidelberg: Springer

Running SW, Thornton PE, Nemani R, et al. 2000. Global Terrestrial Gross and Net Primary Productivity from the Earth Observing System, Methods in Ecosystem Science. Berlin, Heidelberg: Springer: 44-57

Samuolien G, Vikelien A, Sirtautas R, et al. 2016. Relationships between apple tree rootstock, crop-load, plant nutritional status and yield. Scientia Horticulturae, 211: 167-173

Setiyono TD, Quicho ED, Holecz FH, et al. 2018. Rice yield estimation using synthetic aperture radar (SAR) and the ORYZA crop growth model: development and application of the system in South and South-east Asian countries. International Journal of Remote Sensing, 40(21): 8093-8124

Soille P. 2013. Morphological image analysis: principles and applications. 2nd edition. Berlin, Heidelberg: Springer

Son NT, Chen C, Chen C, et al. 2020. Machine learning approaches for rice crop yield predictions using time-series satellite data in Taiwan. International Journal of Remote Sensing, 41(20): 7868-7888

Suo GD, Xie YS, Zhang Y, et al. 2016. Crop load management (CLM) for sustainable apple production in China. Scientia Horticulturae, 211: 213-219

Tagliasacchi A, Zhang H, Cohen-Or D. 2009. Curve skeleton extraction from incomplete point cloud. ACM Transactions on Graphics, 28: 1-9

Tarp-Johansen MJ. 2002. Automatic stem mapping in three dimensions by template matching from aerial photographs. Scandinavian Journal of Forest Research, 17(4): 359-368

Verroust A, Lazarus F. 2000. Extracting Skeletal Curves from 3D Scattered Data. The Visual Computer, 16(1), 15-25

Wang L, Gong P, Biging GS. 2004. Individual tree-crown delineation and treetop detection in high-spatial-resolution aerial imagery. Photogrammetric Engineering Remote Sensing, 70(3): 351-357

Wang Y, Xu X, Huang L, et al. 2019. An improved CASA model for estimating winter wheat yield from remote sensing images. Remote Sensing, 11(9): 1088

Wang Z, Underwood J, Walsh KB. 2018. Machine vision assessment of mango orchard flowering. Computers and Electronics in Agriculture, 151: 501-511

Wang Z, Zhang L, Fang T, et al. 2014. A structure-aware global optimization method for reconstructing 3-D tree models from terrestrial laser scanning data. IEEE Transactions on Geoscience and Remote Sensing, 52(9): 5653-5669

Wasinee W, Masahiko N, Kiyoshi H, et al. 2013. Extraction of mangrove biophysical parameters using airborne LiDAR. Remote Sensing, 5(4): 1787-1808

Wolf BM, Heipke C. 2007. Automatic extraction and delineation of single trees from remote sensing data. Machine Vision and Applications, 18(5): 317-330

Wu J, Yang G, Yang H, et al. 2020. Extracting apple tree crown information from remote imagery using deep learning. Computers and Electronics in Agriculture, 174: 105504

Wu S, Wen W, Xiao B, et al. 2019. An accurate skeleton extraction approach from 3D point clouds of maize plants. Frontiers in Plant Science, 10: 248

Xu H, Gossett N, Chen B. 2007. Knowledge and heuristic-based modeling of laser-scanned trees. ACM Transactions on Graphics, 26(4): 19

Xu X, Zhou Z, Tang Y, et al. 2021. Individual tree crown detection from high spatial resolution imagery using a revised local maximum filtering. Remote Sensing of Environment, 258: 112397

Yan DM, Wintz J, Mourrain B, et al. 2009. Efficient and robust reconstruction of botanical branching structure from laser scanned points. Huangshan: Proceedings of the 2009 11th IEEE International Conference on Computer-Aided Design and Computer Graphics: 572-575

Yan W, Guan H, Cao L, et al. 2018. An automated hierarchical approach for Three-Dimensional segmentation of single trees using UAV LiDAR data. Remote Sensing, 10(12): 1999

Yan W, Guan H, Cao L, et al. 2020. A self-adaptive mean shift tree-segmentation method using UAV LiDAR data. Remote Sensing, 12(3): 515

Yin D, Wang L. 2019. Individual mangrove tree measurement using UAV-based LiDAR data: possibilities and challenges. Remote Sensing of Environment, 223: 34-49

Zhu Y, Yang G, Yang H, et al. 2020. Identification of apple orchard planting year based on spatiotemporally fused satellite images and clustering analysis of foliage phenophase. Remote Sensing, 12(7): 1199

第7章　植被病虫害无人机遥感

近年来，国内外学者利用无人机遥感开展了大量的植被病虫害监测研究与应用工作。将无人机监测作物病虫害的数据源种类主要分为三种：数码影像、多光谱影像以及高光谱影像。对于高清数码影像，研究人员主要利用颜色、纹理特征信息，并结合机器学习、深度学习等方法实现病虫害的识别和监测。对于多光谱或高光谱影像，国内外学者主要基于病虫害侵染后的叶片及冠层光谱特征进行病虫害识别分类，进而筛选敏感性植被指数进行病虫害严重度估算。

7.1　小麦赤霉病无人机遥感监测

由多种镰刀菌引起的赤霉病是全球小麦生产中最重要的病害之一，在我国长江和淮河流域暴发尤为严重。其中，禾谷镰刀菌分泌的脱氧雪腐镰孢霉烯醇（deoxynivalenol，DON），可引起人类和动物中毒，严重危害人畜健康和食品安全。在发生病害的中早期阶段，如果可以及时、准确地发现病害，则可以通过精准施药来控制病害扩散传播。因此，探索无人机遥感监测田块尺度赤霉病的方法具有重要价值。

7.1.1　试验设计与数据获取

试验在安徽省农业科学院小麦赤霉病试验基地（117°14′E，31°53′N）开展。供试小麦品种为‘西农979’（2018年），中感赤霉病；‘淮麦35’（2019年），高感赤霉病。田间观测试验于2018年和2019年的小麦扬花中期（5月1日）至成熟早期（5月15日）进行，3～5天观测一次。利用数码相机获取高清数字图像，确定观测生育期并记录病情严重度。设计两个观测小区：人工喷洒赤霉病病菌的接种区和正常管理的对照区（图7-1）。接种区从发病开始逐渐侵染对照区，有利于形成不同感染程度的观测样本，确保试验数据更具梯度性，有助于不同病害严重程度的分析。

用尼康D3200单反相机（有效像素6016×4000，焦距4 mm，光圈f/2.2，曝光时间1/2000 s）拍摄高清数字图像。为了确保数据质量，在晴朗、少云的天气下获取数据，尽量消除光照、风以及遮挡造成的图像差异。为了探究田间环境下小麦赤霉病病害严重度识别方法，在设计试验时，只允许镜头视野内有且只有一株麦穗，且拍摄角度接近90°。2018年、2019年共采集到田间健康和感染赤霉病的麦穗图像2920幅，由植保专家给出目标样本的病害等级。考虑到基于U-Net的语义分割网络需要大量的注释数据，选择1600幅图像来构建田间麦穗分割数据集。同时，AlexNet需要一定的数据集来训练，1200幅图像用于迁移学习网络，其余的120幅图像用于测试本研究提出方法的识别精度。

图 7-1　研究区域及田间小区示意图（彩图请扫封底二维码）

为了更好地分析单株麦穗赤霉病的不同病害程度，参考我国国家标准《小麦赤霉病测报技术规范》（GB/T 15796—2011），根据麦穗病斑面积与麦穗面积之比（R），将病害分为 6 个等级。0 级：$0 \leqslant R \leqslant 0.01$，1 级：$0.01 < R \leqslant 0.1$，2 级：$0.1 < R \leqslant 0.2$，3 级：$0.2 < R \leqslant 0.3$，4 级：$0.3 < R \leqslant 0.4$，5 级：$R > 0.4$（图 7-2）。

图 7-2　小麦赤霉病不同病害程度图像（彩图请扫封底二维码）

（a）、（b）、（c）、（d）、（e）和（f）分别对应病害等级 0、1、2、3、4 和 5

7.1.2　基于 U-Net 的田间麦穗分割

田间麦穗病害识别时可能受光照、茎秆、叶片、地面裸土及其他杂物影响，即图像背景较为复杂，先考虑把麦穗从复杂背景中分割出来，再开展麦穗病斑识别。分割麦穗的流程是：①构建田间麦穗分割数据集，为麦穗分割提供基准；②建立田间麦穗分割模型，实现田间环境下的麦穗分割；③利用质量率（quality rate，QR）、过分割率（oversegmentation rate，OR）、欠分割率（undersegmentation rate，UR）和综合测量率（comprehensive measurement rate，D）4 个评价指标评价模型的分割性能。

1. 田间麦穗分割数据集

利用 1600 幅田间麦穗图像制作数据集，并对其进行手动标注，为田间麦穗分割提供基准。首先，用红色对图像中的麦穗轮廓进行标注，并对图像进行二值化，再用形态学区域填充（Dougherty and Lotufo，2003）对麦穗轮廓进行填充，以标注出完整麦穗区域。然后，对图像的边缘填充 0 使其长宽比为 1，最后用双线性插值法（Kirkland，2010）重采样到 256×256 作为真实值（ground truth）。与此同时，对原始图像的边缘用 0 填充使其长宽比为 1，并重采样为 256×256，最后灰度化（Sternberg，1986）用于网络训练（图 7-3）。

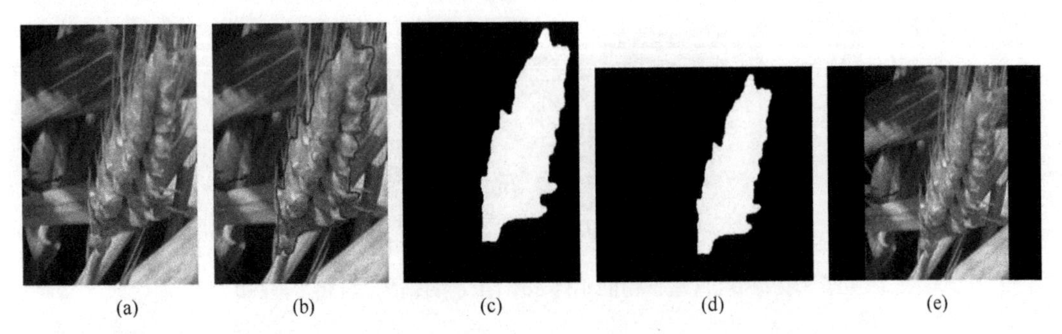

图 7-3 田间麦穗分割数据集示例（彩图请扫封底二维码）

（a）原始图像；（b）轮廓标注图像；（c）标注二值化图；（d）标注二值化图像边缘填充 0 并重采样至 256×256；（e）原始图像边缘填充 0，重采样至 256×256，并灰度化

2. 田间麦穗分割结果

（1）分割结果评价方法

基于脉冲耦合神经网络（PCNN）的分割方法并不能精确地分割复杂环境下的目标，为了使最终的分级结果更加准确，基于 U-Net 分割田间麦穗，并与传统分割方法进行对比。为了探索各分割方法的性能，选择 120 幅田间麦穗图像进行验证，并使用 QR、OR、UR、D（Clinton et al.，2010）4 个指标评估分割性能。QR 表示分割算法的准确性，D 用来综合评估 OR 和 UR 两个指标，QR、OR、UR 和 D 的值越大，说明分割性能越好。评价指标公式如下：

$$\mathrm{QR}=\frac{C_s}{O_s+U_s+C_s} \tag{7-1}$$

$$\mathrm{OR}=\frac{C_s}{O_s+C_s} \tag{7-2}$$

$$\mathrm{UR}=\frac{C_s}{U_s+C_s} \tag{7-3}$$

$$D=\sqrt{\frac{\mathrm{OR}^2+\mathrm{UR}^2}{2}} \tag{7-4}$$

式中，C_s 表示分割结果像素与图像中真实结果像素的重叠部分；O_s 表示图像中的真实结果是背景的像素位置，但这些位置被分割为麦穗像素的部分；U_s 表示图像中的真实结果是麦穗的像素位置，但是这些位置被分割为背景像素。

（2）基于传统分割方法的麦穗分割结果

在传统分割方法中，由于阈值分割方法不能有效地处理复杂背景下的目标分割，故本部分主要研究边缘检测（Aslam et al.，2015）和 k 均值聚类（Wagstaff et al.，2001）的分割方法分割田间麦穗的性能。其中，边缘检测分割方法中采用 Sobel 算子（闫欢兰等，2020）检测边缘。各方法的分割结果示例如图 7-4 所示。

图 7-4　基于传统分割方法的田间麦穗分割结果示例图（彩图请扫封底二维码）
（a）原始图像；（b）真实分割结果；（c）k 均值聚类分割结果；（d）边缘检测分割结果

可以看出，这两种方法在分割田间麦穗时，结果表现都较差。虽然整个麦穗基本都被分割出，但是麦穗的边缘分割结果很差，且有较多的背景被错分割为麦穗。为了更为客观地评价分割结果，对 120 幅图像进行分割，并用 QR、OR、UR 和 D 四个指标评价分割结果。

如图 7-5 所示，k 均值聚类和边缘检测方法在分割田间麦穗时，在 UR 指标上表现较好，说明这两种方法在分割田间麦穗时，对麦穗部分的分割基本准确。而这两种方法在 QR、OR 和 D 三个指标上表现都较差，表明这些方法除了分割出田间麦穗，还错误分割了大量背景部分，导致最终的分割结果表现较差。边缘检测方法的分割性能优于 k 均值聚类分割方法，这可能是因为选择的 k 均值聚类的聚类中心不能很好地区分麦穗与田间像素，导致最终的分割结果表现较差。

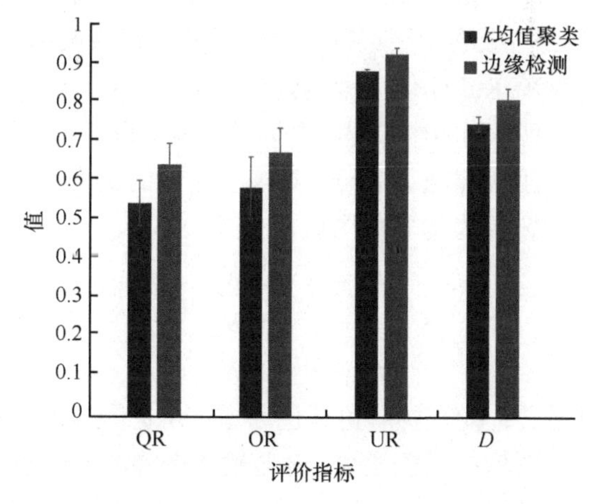

图 7-5　基于传统分割方法的田间麦穗分割评价结果（彩图请扫封底二维码）
颜色列是平均值，黑色线是误差线。QR、OR、UR 和 D 为 k 均值聚类和边缘检测分割结果的评价指标

（3）基于 U-Net 的麦穗分割结果

本研究建立了基于 U-Net 的田间麦穗分割网络（图 7-6），使用田间麦穗分割数据集，构建了田间麦穗分割模型。其中，该数据集中训练集有 1120 幅图像，验证集有 480 幅图像。训练参数设置为：学习率（learning rate）=0.001，批大小（batch size）=20，迭代次数（epochs）=30，每次迭代步数（steps_per_epoch）=500。其中，learning rate 确定参数移至最佳值的速度，batch size 表示每个训练批次在训练集中使用的样本数量，epochs 表示训练的总次数；steps_per_epoch 表示在一个 epochs 中发送给训练的批次数。训练时间为 2.62 h，测试一幅 256×256 图像的时间小于 1 s，分割精度为 0.981，由此可看出该模型可用于田间麦穗的分割。在该模型中，输入图像大小为 256×256，输出结果为 256×256 的麦穗概率分布图像，其为灰度图像。此外，本研究测试图像的边缘需要填充 0 以使宽高比为 1，并且使用双线性插值将图像尺寸调整为 256×256，以更好地输入模型从而实现分割。

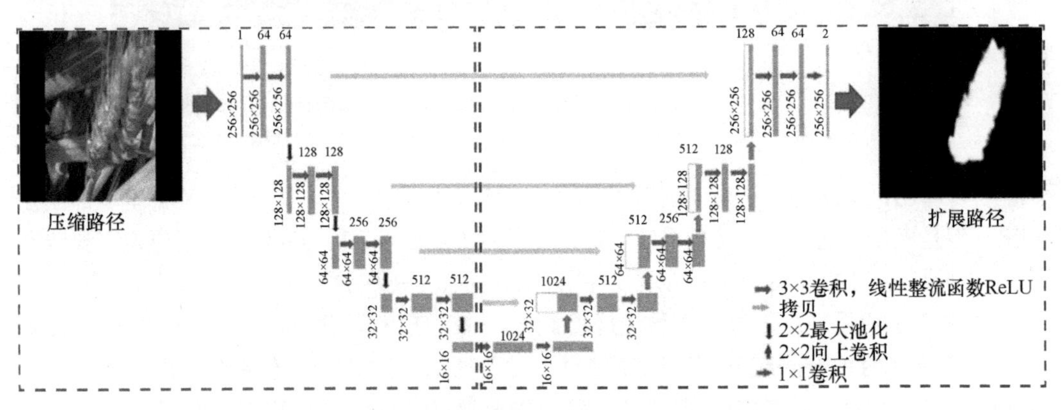

图 7-6　基于 U-Net 的田间麦穗分割网络（彩图请扫封底二维码）
左侧输入是填充的灰度图像，右侧输出是麦穗概率分布图像

田间麦穗分割网络的压缩路径（左侧虚线框）由 8 个 3×3 卷积层和 4 个 3×3 最大池化层组成（图 7-6 左侧一半）。扩展路径部分（右侧虚线框）包含 10 个 3×3 卷积层、一个 1×1 卷积层和 4 个 2×2 向上卷积层。每个卷积层的卷积结果都填充为 0，以确保输入和输出大小保持不变，并将 ReLU 作为激活函数。

由上述模型所述，模型得到的结果是一幅灰度图像，为了更好地得到麦穗分割图像，便于下步病斑分割，首先用大津法（Otsu）对模型输出的灰度图像进行二值化，然后结合原始图像将二值化图像恢复为伪彩色图像，公式如下：

$$R' = R \times \text{IBW} \tag{7-5}$$

$$G' = G \times \text{IBW} \tag{7-6}$$

$$B' = B \times \text{IBW} \tag{7-7}$$

式中，R'是伪彩色红色通道；G'是伪彩色绿色通道；B'是伪彩色蓝色通道；R 是输入图像的红色通道；G 是输入图像的绿色通道；B 是输入图像的蓝色通道；IBW 是麦穗的二进制图像灰度值。

图 7-7 为基于 U-Net 的田间麦穗分割结果示例图，主观上，基于 U-Net 的分割方法

在分割田间麦穗时，分割结果较好，麦穗边缘分割圆润，噪声较少。为了更为客观地评价分割结果，对 120 幅图像进行分割，并用 QR、OR、UR 和 D 四个指标评价分割结果（图 7-8）。

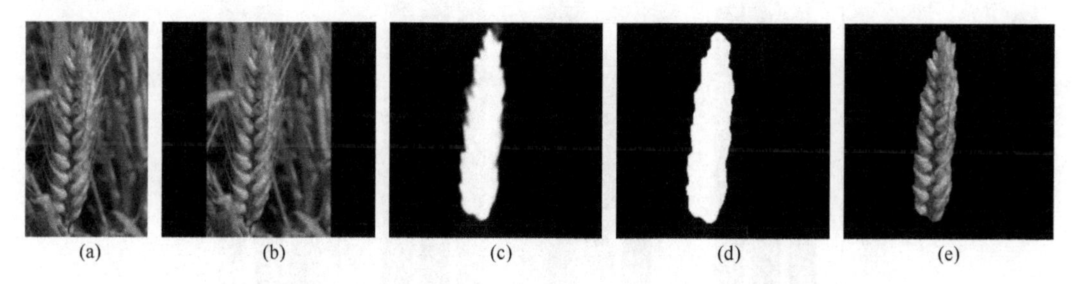

图 7-7　基于 U-Net 的田间麦穗分割结果示例图（彩图请扫封底二维码）

（a）原始图像；（b）边缘填充并灰度化图像；（c）模型分割结果灰度图像；（d）Otsu 二值化图像；（e）麦穗伪彩色图像

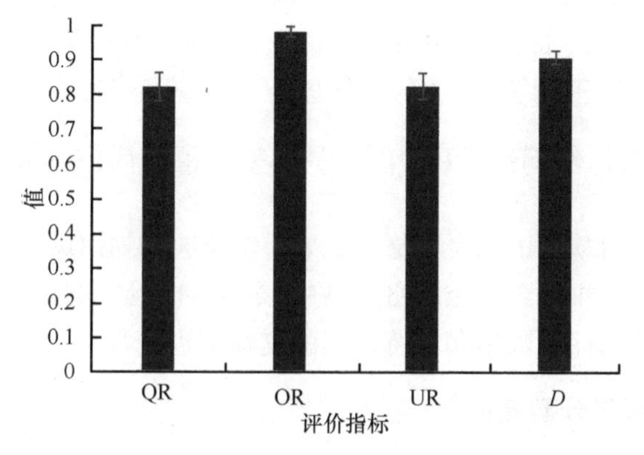

图 7-8　基于 U-Net 的田间麦穗分割评价结果

颜色列是平均值，黑色线是误差线。QR、OR、UR 和 D 分别代表模型分割结果的评价指标

如图 7-8 所示，田间麦穗分割模型的 QR、OR、UR 和 D 的平均值分别为 0.821、0.982、0.823 和 0.907。由此可以看出，该模型在 OR 和 D 评价指标上表现较好，能很好地分割田间麦穗。在 QR 和 UR 指标上表现略差，表明该分割模型在分割麦穗时错误地把一些麦穗区域分割为背景区域，导致 UR 值较低，从而使 QR 的值也较低。但是该模型分割结果的上下偏差较小，具有一定的鲁棒性，能很好地用于田间麦穗的分割。

（4）分割结果对比分析

为了更为明确地对比各分割方法的分割性能，用 QR、OR、UR 和 D 四个指标评价各分割方法的分割结果，如图 7-9 所示。

由图 7-9 所示，田间麦穗分割模型在 QR、OR 和 D 指标上比其他方法均有提高，而在 UR 指标上结果略低于其他方法。由此可以看出，田间麦穗分割模型在对田间麦穗进行分割时存在一定的分割误差，其错误地把麦穗部分分割成背景部分。但从总体的评价指标上看，田间麦穗分割模型的分割性能优于其他方法，且上下偏差小，具有较好的鲁棒性。

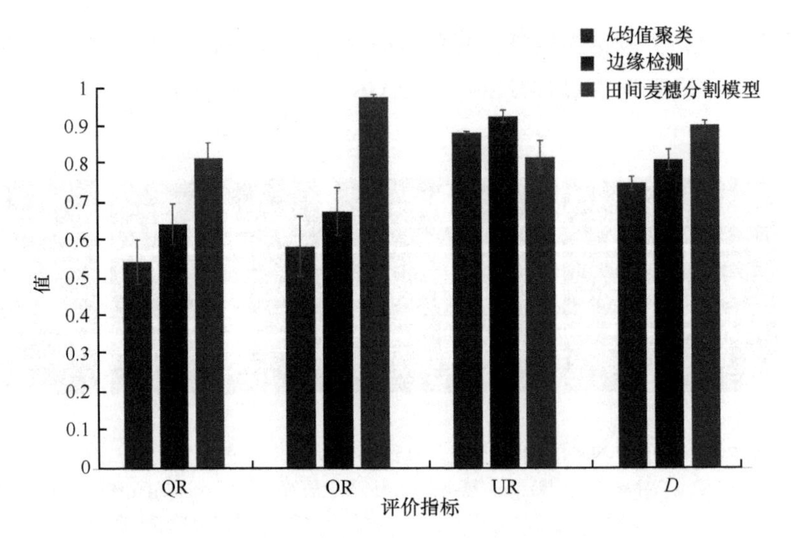

图 7-9 田间麦穗分割评价结果（彩图请扫封底二维码）

颜色列是平均值，黑色线是误差线。QR、OR、UR 和 D 为模型分割结果的评价指标

7.1.3 基于脉冲耦合神经网络（PCNN）的小麦赤霉病病斑分割

在田间麦穗分割的基础上，为了更加有效、快速地分割病斑，本研究提出改进人工蜂群的 k 均值聚类的脉冲耦合神经网络（IABC-k-PCNN）的分割方法对病斑进行分割，该方法在不需要大量的标记数据和训练时间的支撑下也能很好地分割病斑。

1. 小麦赤霉病病斑分割结果

（1）基于传统分割方法的病斑分割结果

选择 Otsu 阈值法和模糊 C 均值分割方法分割简单背景下的麦穗病斑，这两种方法都是基于 Lab 颜色空间的 a 通道进行处理的。分割结果如图 7-10 所示。

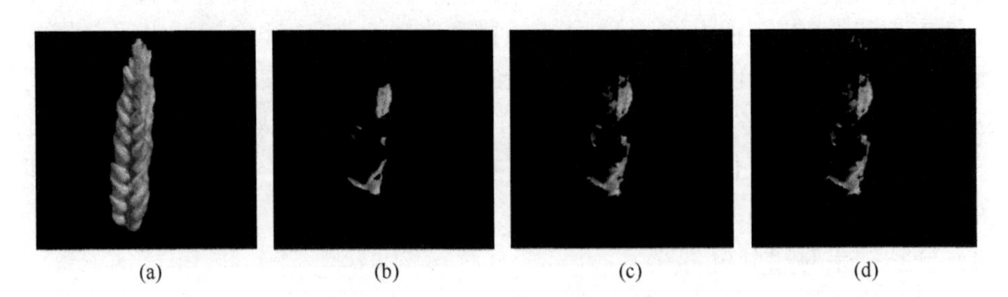

图 7-10 基于传统分割方法的麦穗病斑分割结果（彩图请扫封底二维码）

（a）原始图像；（b）人工标注的病斑区域；（c）Otsu 阈值法分割结果；（d）模糊 C 均值分割结果

由图 7-10 可知，这两种方法在分割麦穗病斑时，基本分割准确，但噪声较大，边缘处理较差。为了更为客观地评价分割结果，在田间麦穗分割后对 120 幅图像中的麦穗病斑进行分割，并用 QR、OR、UR 和 D 四个指标评价分割结果（图 7-11）。

如图 7-11 所示，Otsu 阈值法和模糊 C 均值分割方法在分割麦穗病斑时，在 UR 指标上表现较好，说明这两种方法在分割麦穗病斑时，对病斑部分的分割基本准确。而这两种方法在 QR、OR 和 D 三个指标上表现都较差，表明这些方法除了分割出麦穗病斑，还错误分割了大量背景部分，导致最终的分割结果表现较差。其中，Otsu 阈值法的分割性能略优于模糊 C 均值分割方法。

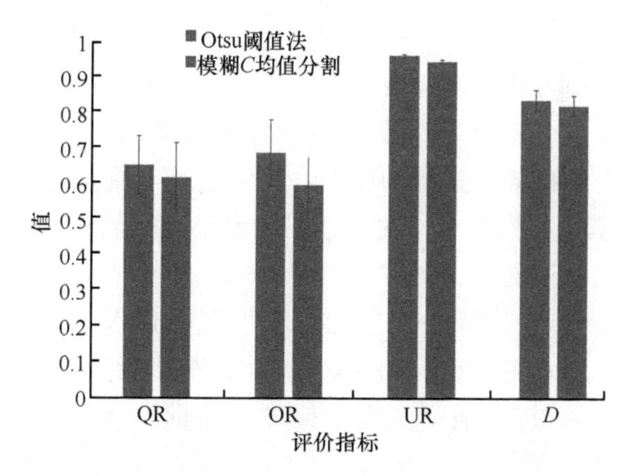

图 7-11　基于传统分割方法的麦穗病斑分割评价结果（彩图请扫封底二维码）
颜色列是平均值，黑色线是误差线。QR、OR、UR 和 D 为 Otsu 阈值法和模糊 C 均值分割结果的评价指标

（2）基于脉冲耦合神经网络的病斑分割结果

为了更好、更自动地对连接系数（β）、衰减系数（α_θ）、放大系数（V_θ）、权重矩阵（$W_{ij,\ kl}$）四个参数进行设置，采用改进人工蜂群的 k 均值聚类（IABC-k）算法对参数进行寻优，IABC-k 算法较 ABC 算法可以更好地对蜂群进行初始化，并对适应度函数进行优化以更好地对图像进行分割，引入全局引导因子的位置更新公式以更精确地对蜜源进行更新，且用 k 均值聚类算法进一步优化找到最优解。通过 IABC-k 算法来对简化 PCNN 的参数进行寻优，提出 IABC-k-PCNN 分割方法以实现麦穗病斑分割的最优化，IABC-k-PCNN 分割的具体过程如下。

1）设置最大迭代次数 MCN、控制参数 Limit、初始解个数 M 和可行解个数 N。

2）以 β、α_θ、V_θ、$W_{ij,\ kl}$ 四个参数产生初始样本集，其中初始样本集共有 M 个解，公式为

$$X_{i,j}(\beta,\ \alpha_\theta,\ V_\theta,\ W_{ij,kl}) = \varphi \cdot \text{rand}\left(0,1\right) \tag{7-8}$$

式中，$X_{i,j}(\beta,\ \alpha_\theta,\ V_\theta,\ W_{ij,\ kl})$为 β、α_θ、V_θ、$W_{ij,\ kl}$ 四个参数所对应的样本集，i=1,2,⋯,50，j=1,2,⋯,N，$\beta\in[0,1]$，$V_\theta\in[0,255]$，$\alpha_\theta\in[0,1]$，$W_{ij,\ kl}$=[w 1 w；1 0 1；w 1 w]，w 为权重值，$w\subset[0,1]$；φ 为乘积系数。

以最大最小距离法（Bian and Tao，2011）对样本集进行初始化，产生 N 个初始可行解。

3）为了得到更好的图像分割结果，以最小交叉熵和最大熵的线性加权函数作为适应度函数，公式如下：

$$H_1\left(p\right) = p_1\log_2\frac{p_0}{p_1} + p_0\log_2\frac{p_1}{p_0} \tag{7-9}$$

$$H_2\left(p\right) = -p_1\log_2 p_1 - p_0\log_2 p_0 \tag{7-10}$$

$$\text{fit} = -(1-\rho)H_1(p) + \rho H_2(p) \tag{7-11}$$

$$\text{Fit}(\beta,\ \alpha_\theta,\ V_\theta,\ W_{ij,kl}) = \begin{cases} \dfrac{1}{1+\text{fit}} & \text{fit} \geqslant 0 \\ 1+|\text{fit}| & \text{fit} < 0 \end{cases} \tag{7-12}$$

式中，$H_1(p)$和 $H_2(p)$分别为适应度函数中的最小交叉熵和最大熵；p_1 和 p_0 分别为简化 PCNN 网络输出值为 1 和 0 的概率，其中 p_0 的值为简化 PCNN 输出的 0 的像素数减去背景的像素数再与整个麦穗的像素数的比值，p_1 的值为 1 减去 p_0；ρ 为适应度函数的加权系数，且 $\rho\in[0,1]$，其中 ρ 取 0 或 1 时分别采用最小交叉熵和最大熵；fit 为评价函数；Fit 为基于 IABC-k 的适应度函数。

把目标图像在 Lab 颜色空间中的 a 通道灰度图像代入简化 PCNN 网络中，并把得到的可行解作为简化 PCNN 网络中的参数，计算得出相应结果，然后根据式（7-12）计算每只蜜蜂的适应度，按照适应度大小排序，将前一半作为引领蜂，后一半作为跟随蜂。

4）位置更新公式决定着蜜蜂能否快速准确地找到新的蜜源。ABC 算法的位置更新公式具有很强的搜索能力，但是探索能力欠缺，在搜索邻域时具有迭代随机性、易陷入局部最优解、更新速度缓慢的缺点。所以，针对这一问题，特别引入全局因子的位置更新式：

$$V_{i,j} = x_{i,j} + r_{i,j}(x_{m,j} - x_{k,j}) + \varphi(x_{\max,j} - x_{i,j}) \tag{7-13}$$

式中，$V_{i,j}$ 为在 $x_{i,j}$ 附近产生的一个新的位置；$k\in\{1,2,\cdots,N\}$、$m\in\{1,2,\cdots,N\}$、$j\in\{1,2,\cdots,N\}$，k、m 和 j 都是随机数；$r_{i,j}\in[-1,1]$，$\varphi\in[-1,1]$，均为随机数；$x_{\max,j}$ 为适应度值最大的蜜源。

引领蜂利用式（7-13）对其邻域进行搜索，得到新的位置，按照贪婪选择原则，如果新的位置的适应度大于原先位置的适应度，则用新的位置更新原位置；否则，保持原位置不变。如果某引领蜂在 Limit 次迭代后，结果都没有改变，则由引领蜂变为侦察蜂，并随机产生一个新的位置取代原位置。当所有引领蜂完成邻域搜索后，根据式（7-14）计算概率 P_i（廖传柱等，2014）。

$$P_i = \frac{\text{Fit}_i}{\sum_{i=1}^{N}\text{Fit}_i} \tag{7-14}$$

式中，P_i 是跟随蜂选择引领蜂的概率，i=1,2,⋯,N。

5）跟随蜂利用算得的概率 P_i 选择引领蜂，原则上，P_i 越大，表明引领蜂 i 的适应度值越大，被跟随蜂选中的概率也越大。当跟随蜂完成引领蜂选择后，利用式（7-13）对邻域搜索，同样按照贪婪选择原则选择适应度高的位置。

6）在所有跟随蜂完成搜索后，将得到的位置作为聚类中心，对数据集进行一次 k 均值迭代聚类，根据聚类划分，用每一类的新的聚类中心更新蜂群。

7）如果当前迭代次数大于最大次数 MCN，则迭代结束，算法结束；否则转向 4）。

本章通过 IABC-k-PCNN 分割方法分割麦穗病斑，并将其与 ABC-PCNN（Gao et al.，2012）方法进行了对比以评价文中提出的 IABC-k-PCNN 的性能，分割结果如图

7-12 所示。

如图 7-12 所示，这两种方法在分割麦穗病斑时，基本分割准确，噪声较少。为了更为客观地评价分割结果，本研究利用相同的图像样本（120 幅），并用 QR、OR、UR 和 *D* 四个指标评价分割结果（图 7-13）。

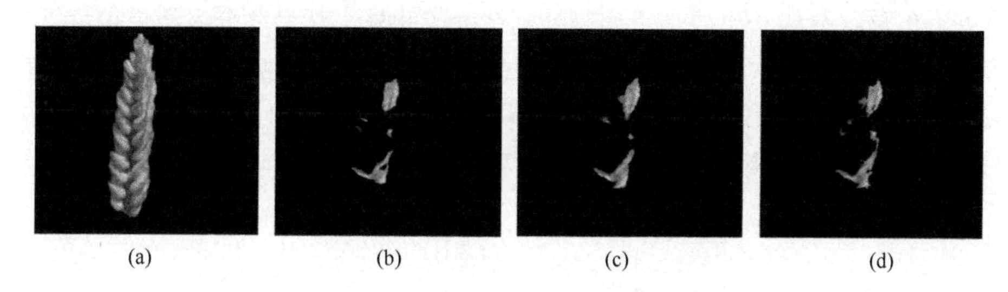

图 7-12　基于 PCNN 的麦穗病斑分割结果（彩图请扫封底二维码）
（a）原始图像；（b）人工标注的病斑区域；（c）ABC-PCNN 分割结果；（d）IABC-*k*-PCNN 分割结果

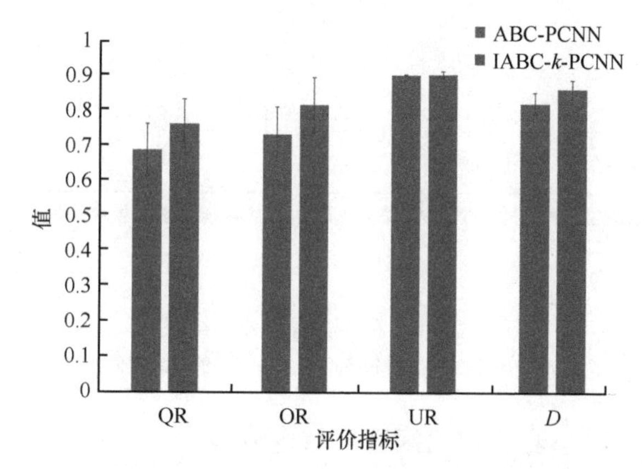

图 7-13　基于 PCNN 的麦穗病斑分割评价结果（彩图请扫封底二维码）
颜色列是平均值，黑色线是误差线。QR、OR、UR 和 *D* 是 ABC-PCNN 和 IABC-*k*-PCNN 分割结果的评价指标

如图 7-13 所示，ABC-PCNN 和 IABC-*k*-PCNN 分割方法在 UR 上表现较好，在 QR、OR 和 *D* 上表现较差，表明这两种方法基本能正确分割病斑部分，但是会出现错误分割健康部分为病斑部分，总体表现较好。并且 IABC-*k*-PCNN 分割结果优于 ABC-PCNN，说明用 IABC-*k* 来自动寻优 PCNN 的参数要优于 ABC 方法，说明本研究提出的病斑分割方法是可行的。但是，从误差图的分析来看，每种方法的上下误差都很大，对于 IABC-*k*-PCNN 来说，可能是参数的初始化较差或位置更新公式不能有效地找出最优解，导致分割误差有较大波动。

2. 病害严重度分级结果

基于田间麦穗分割结果和病斑分割结果，计算病斑面积与麦穗面积的比值作为病害等级分级标准。

首先，基于田间麦穗分割网络分割田间麦穗，并统计麦穗面积。其次，基于田间麦穗分割结果，用不同病斑分割方法分别分割麦穗病斑，并统计各分割方法的病斑面积。最后，计算病斑面积与麦穗面积的比值得到最终的病害等级，并与人工统计的真实病害等级进行对比，得出最终的病害分级精度。各方法的分级精度和分级时间如图 7-14 所示。

如图 7-14 所示，4 种分割方法精度均高于 0.800，其中 IABC-*k*-PCNN 的分级结果优于其他分割方法，其精度为 0.925。虽然这几种分割方法在分割病斑的 QR 和 *D* 指标上表现较差，但最终分级结果要高于病斑分割精度。此外，从最终分级结果也可以看出，虽然该分级方法存在多次分割，但是对最终病害等级的识别影响不大。由各方法的分级时间可以看出，Otsu 阈值法表现最好，本研究使用的方法 IABC-*k*-PCNN 分级时间为 5.11 s，较 ABC-PCNN 有一定提高且仅次于 Otsu 阈值法。

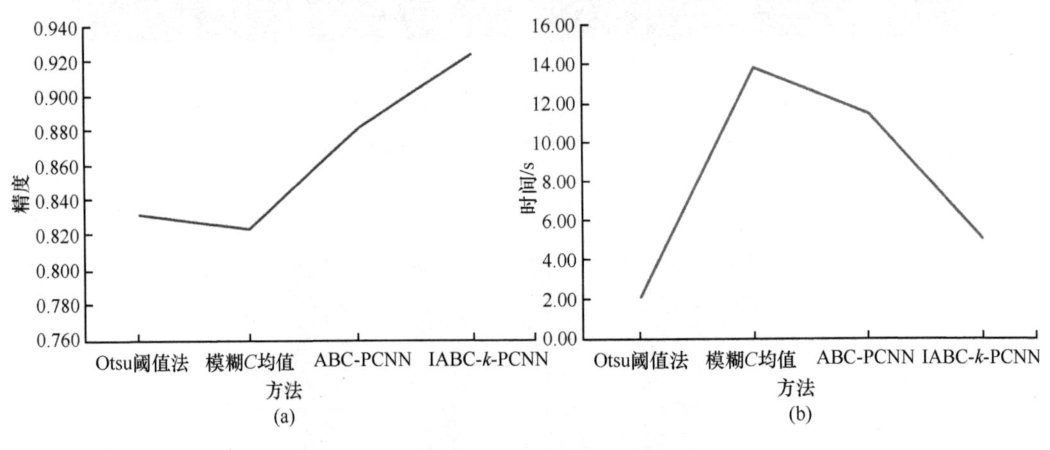

图 7-14　各方法病害分级结果

（a）各方法的分级精度；（b）各方法的分级时间

7.1.4　基于融合特征的小麦赤霉病病害严重度分级

为了更好地提取小麦赤霉病病害特征，利用 U-Net 分割田间麦穗，并从浅层和深层两个方面挖掘麦穗赤霉病病害特征。其中，浅层特征由颜色特征和纹理特征组成。深层特征由 AlexNet 迁移学习得到。最后，利用 Relief-F 方法计算融合浅层和深层特征的权重值。

1. 病害图像特征提取

（1）浅层特征提取

浅层特征由颜色特征和纹理特征组成。

1）颜色特征由 RGB 颜色空间中的 B 通道、Lab 颜色空间中的 a 通道和 HSV 颜色空间中的 S 通道描述。

2）纹理特征由灰度共生矩阵提取，分别对图像的 0°、45°、90°和 135°四个方向进行计算，得到灰度共生矩阵。然后计算灰度共生矩阵的能量、熵、逆差矩、相关性和对比度的平均值与方差来描述病害的纹理特征。

（2）深层特征提取

首先，用田间麦穗分割模型对获取的 1200 幅图像进行分割以便去除复杂背景提高识别精度。其次，对图像的边缘填充 0 使图像的长宽比为 1，防止图像失真。最后，用双线性插值法把图像尺寸重采样到 227×227。由于数据量较小，采用迁移学习（庄福振等，2015）的方法，通过把在 ImageNet 2012 数据集上训练好的 AlexNet 模型参数迁移到本研究数据集上，来提取图像的深层特征。其中保留前 5 个卷积层和相应池化层的参数，对三个全连接层的参数进行训练。

用 1200 幅预处理后的图像对 AlexNet 进行迁移学习，其中训练集为 840 幅，验证集为 360 幅，参数设置：learning rate 设置为 0.0001，Maxepochs 设置为 30，batch size 设置为 20。learning rate 确定参数移至最佳值的速度。Maxepochs 表示训练的总次数。batch size 表示每个训练批次在训练集中使用的样本数量。训练时间为 0.33 h，验证精度为 0.897。由此可得出，AlexNet 的迁移学习可用于赤霉病病害分级，但从精度来看病害分级的效果不是最好的，故本研究通过该迁移学习得到的网络来提取病害图像的深度卷积特征作为深层特征。然后融合浅层和深层特征对病害严重程度进行识别。

（3）基于 Relief-F 的融合特征提取

为了更好地表现病害图像的特征，从浅层和深层两个方面对病害图像的特征进行描述。采用 Relief-F 算法对提取的浅层特征和深层特征进行融合，以更好地挖掘病害图像的特征。首先，把浅层特征和深层特征合并。其次，用 Relief-F 计算合并特征的权重，并迭代 100 次求平均权重。再次，对平均权重值进行归一化处理，将归一化后的权重值分别与对应的特征相乘。最后，对得到的权重特征再进行一次归一化处理得到最终的融合特征。其中，归一化处理有利于使不同特征在数值上具有一定的比较性，从而提高分类的精度。其融合公式如下所示：

$$F_{\text{weight}_l} = \frac{w_l}{\sum_{l=1}^{k} w_l} \times F_{\text{cascade}_l} \tag{7-15}$$

$$F_{\text{normalization}_{i,j}} = \frac{F_{\text{weight}_{i,j}}}{\sum_{l=1}^{k} F_{\text{weight}_{i,j}}} \tag{7-16}$$

式中，F_{cascade_l} 为合并样本特征集的第 l 个特征集，l=1,2,⋯,k，k 为特征的维数；w_l 为第 l 个特征权重；F_{weight_l} 为计算权重后的第 l 个特征集；$F_{\text{weight}_{i,j}}$ 为计算权重后特征集的第 i 行第 j 列的特征值，i=1,2,⋯,m，j=1,2,⋯,n，m 为特征集的行数，n 为特征集的列数；$F_{\text{normalization}_{i,j}}$ 为归一化处理后的特征集。

2. 基于随机森林（RF）的小麦赤霉病分级

本研究用随机森林（RF）对病害图像的浅层特征、深层特征和融合特征进行建模，并与真实分级结果进行对比，分析分类精度。模型测试结果如表 7-1 所示。

表 7-1 模型测试结果

模型	各病害等级错误分类数量						精度	预测时间（单幅图像）/s
	0 级	1 级	2 级	3 级	4 级	5 级		
浅层特征+RF	1	4	3	2	0	2	0.900	6.03
深层特征+RF	0	6	2	1	1	0	0.917	5.46
融合特征+RF	0	3	2	0	1	1	0.942	6.21

由表 7-1 可知，用 RF 对各特征建模，其中融合特征的模型表现最好，精度达到 0.942。从预测时间来看，融合特征预测时间最长，可能是因为其特征较多。结合分级精度和预测时间，融合特征表现优于其他特征。但是，在病害等级为 1 和 2 级时，各模型的错误率都较高，这可能与数据集的分布有关，因为病害等级是由病斑面积与麦穗面积的比值确定的，各等级都有一定的范围。由于各等级范围的最边缘处与其他等级最接近，大幅度增加了图像病害等级识别的困难。可能因为病害等级为 1 或 2 的病害图像在各等级的最边缘处分布较多，所以分类错误较高。

基于前述田间麦穗分割结果，分别提取病害图像的浅层特征和深层特征。浅层特征由颜色特征和纹理特征组成，其中颜色特征由 RGB 颜色空间中的 B 通道、Lab 颜色空间中的 a 通道和 HSV 颜色空间中的 S 通道描述，纹理特征由灰度共生矩阵的能量、熵、逆差矩、相关性和对比度的平均值与方差来描述。深层特征通过迁移学习 AlexNet 卷积神经网络提取的深度卷积特征得到。然后，通过 Relief-F 算法融合浅层特征和深层特征。最后用随机森林（RF）对各特征进行建模，分析各特征的分类精度。研究结果表明：融合特征模型的赤霉病分级精度为 0.942，其结果优于浅层特征和深层特征，并且在维数增加的情况下，融合特征模型的分级时间同样表现较好。由此可以看出，通过 Relief-F 计算各特征权重，加大对不同病害等级识别贡献较大的特征的权重，降低不同病害等级识别贡献较小的特征的权重，以权重来描述浅层特征和深层特征在不同病害等级识别中的作用，可以更好、更全面地挖掘图像特征，提高识别精度。

7.2 小麦条锈病无人机遥感监测

7.2.1 试验设计与数据获取

1. 试验区概况

试验在甘肃省农业科学院植物保护研究所甘谷试验站开展，甘谷试验站位于甘谷县城以西 3 km，海拔 1254.7 m，甘谷县位于甘肃省东南部，天水市西北部，渭河上游，地理坐标为 104°58′E～105°31′E，34°31′N～35°03′N。甘谷县属温带大陆性季风气候，阳光充足，降水量偏少，降水分布不均匀。研究区位置如图 7-15 所示。

试验于 2021 年 4～6 月进行。选用高感病冬小麦品种‘铭贤 169’。在试验田中设置 30 个 40 cm×40 cm 的小区，行距 20 cm，采用人工喷雾法将条锈病病菌夏孢子混合生理小种喷洒在位于小区中间的小麦植株叶片上，喷洒完成后盖上塑料薄膜过夜，次日揭去薄膜，以中心发病感染周围植株的形式获取不同严重度的条锈病染病植株。

2. 数据获取

（1）小麦叶片图像采集

6 月 1 日采集各小区不同发病程度的小麦叶片，用随身携带的手机以白纸作为背景采集数码图片。获得 3840×5120 像素的数码图片共计 30 幅，其中，每幅图像包含小麦叶片 9～13 片。

图 7-15　甘谷试验站研究区示意图（彩图请扫封底二维码）

（2）近地面遥感数据及病情数据获取

小麦条锈病病情指数参照国家标准《小麦条锈病测报技术规范》（GB/T 15795—2011）获取。其中，病叶率是指发病叶片数占调查叶片总数的百分率，用于表示发病的普遍程度。严重度即病叶上病斑面积占叶片总面积的百分率，用分级法表示，分别为 1%、5%、10%、20%、40%、60%、80%、100%对应 1、2、3、4、5、6、7、8 级共 8 个级别，按照式（7-17）进行计算。选择 50 cm×50 cm 的小区样方，调查每株上两片叶，统计样本点病叶率，分别记录各严重度的小麦叶片数。病情指数按照式（7-18）计算得出。

$$D=\frac{\sum\left(i\times l_i\right)}{L} \tag{7-17}$$

式中，D 为病叶平均严重度；i 为各严重度值；l_i 为各严重度对应的病叶数；L 为调查总叶数。

$$\mathrm{DI}=F\times D\times 100 \tag{7-18}$$

式中，DI 为病情指数；F 为病叶率；D 为病叶平均严重度。

冠层光谱数据获取采用便携式地物光谱仪，波长为 350～2500 nm。分别于小麦挑旗期、抽穗期以及开花期选择 10:00～14:00、天空晴朗无云、日照良好时进行测量。观测时将探头垂直向下，距离小麦冠层高度 1 m，探头为 25°视场角。每个样本小区重复测量 10 次，取其平均值作为该样本小区的平均光谱值。每次测量前后均用标准的参考板进行辐射校正。

采用大疆精灵 4 多光谱版无人机分别在 2021 年 5 月 10 日和 5 月 23 日获取小麦条

锈病发病轻-中度和中-重度的多光谱影像。大疆精灵 4 多光谱版无人机是一款配备一体式多光谱成像系统的航测无人机，集成 1 个可见光传感器和 5 个多光谱相机（蓝光、绿光、红光、红边和近红外），可采集高精度多光谱数据。通过大疆精灵 4 多光谱版无人机，可以快速获取高精度的农田作物数据，实现农田作物的高效管理。

3. 数据预处理

（1）图像处理

用绘图软件对采集的图像进行裁剪得到小麦单叶叶片，参照国家标准《小麦条锈病测报技术规范》（GB/T 15795—2011）中的小麦条锈病发生程度分级指标，分别选取发病严重度为 1%、5%、10%、20%、40%、60%、80%和 100%的小麦叶片（以植保专家估测为标准）。各等级之间以中间发病严重度分界线作为划分标准计入最接近的分级等级，同时按照小麦条锈病病害严重度级别分别对应设置为 1～8 级，每个级别各取小麦条锈病发病叶片 30 片，共计 240 片不同等级的病害样本。选取其中 80 个样本用于数据分析，剩余的 160 个样本用于对图像分割的结果进行验证。

（2）光谱数据处理

使用光谱数据处理软件 ViewSpecPro 将光谱仪测量的数据转换为原始光谱反射率，并将重复测量的各样本小区的光谱数据取平均值作为测量点的反射光谱值。将数据处理结果输出为文本文件导入 Excel，剔除受水汽影响的异常值后，按照式（7-19）近似计算一阶微分光谱。

$$R'(\lambda_i)=\frac{\mathrm{d}R(\lambda_i)}{\mathrm{d}\lambda}=\frac{R(\lambda_{i+1})-R(\lambda_{i-1})}{2\Delta\lambda} \tag{7-19}$$

式中，λ_i 为波段 i 的波长值；$R(\lambda_i)$为波长 λ_i 的光谱值；$\Delta\lambda$ 为相邻波长之间的间隔。

7.2.2 叶片病害严重度估算

叶片病害严重度是获取病情指数的重要指标。传统上对于条锈病的病情调查依靠植保人员凭借其经验在田间对叶片病害程度进行目测分级。这种调查方法要求调查人员具备一定的专业经验，劳动强度大，耗费时间久。针对上述存在的问题，本研究基于数码图像的小麦条锈病单叶严重度分级方法，以手机相机获取不同发病程度的小麦叶片数码图像为研究对象，利用图像处理技术建立基于数码图像的小麦条锈病叶片病害严重度估算分级方法，为小麦条锈病病害严重度分级提供了一种快速、准确、成本低、操作简单且方便普及的识别方法。

1. 图像分析方法

（1）k 均值聚类

k 均值聚类（k-means clustering）算法是一种实时无监督学习算法，凭借其在处理大数据集方面具有收敛速度快的优点而在图像处理领域得到广泛应用。k 均值聚类算法是用一组特征将输入数据划分为 k 个子集，构成 k 个类的简单聚类，其不断提取当前分类的中心点，并最终在分类稳定时完成聚类。基本步骤如下（Jaware et al，2012）。

1）输入 n 个待聚类对象（x_1，x_2，…，x_n），选取 k 个点作为 k 均值聚类的中心点（m_1，m_2，…，m_k）。

2）计算图像中每个像素点到各个聚类中心点的距离，对于每一个像素点，根据其到聚类中心点的最小距离进行分类，计算公式如下。

$$d\left(x_i,m_j\right)=\sqrt{\sum_{j=1}^{d}\left(x_{i1}-m_{j1}\right)^2},\ i=1,2,\cdots,n\ ;\ j=1,2,\cdots,k \tag{7-20}$$

式中，$d(x_i, m_j)$是像素点到聚类中心点的距离；x_i 为像素点；m_j 为聚类中心点。

3）按照式（7-21）再次将各个分类的像素点平均值作为新的分类中心点。

$$m_j=\frac{1}{N_i}\sum_{j=1}^{N_i}x_{ij},\ j=1,2,\cdots,k \tag{7-21}$$

式中，N_i 为当前集群的样本数；x_{ij} 为第 j 个聚类中心的第 i 个像素点。

4）重复步骤 2）和步骤 3），直到分类稳定。

（2）形态学处理

腐蚀运算和膨胀运算是形态学运算的基础，将腐蚀运算和膨胀运算进行结合就可以实现开运算、闭运算等不同形式的运算。闭运算是先将图像进行膨胀之后再对膨胀的结果进行腐蚀，去除了原始图像内部的小孔和小黑点。

腐蚀运算是将输入图像 A 与结构元 B 进行卷积求取局部极小值，定义为式（7-22）：

$$A\ominus B=\{a|Ba\subset A\} \tag{7-22}$$

式中，A 为输入图像；B 为结构元；a 为腐蚀算法平移量；Ba 为平移量集合；$A\ominus B$ 为腐蚀运算后的图像。

膨胀运算是将输入图像 A 与结构元 B 进行卷积求取局部极大值，定义为式（7-23）：

$$A\oplus B=\{a|((\sim B)a\cap A)\neq\varnothing\} \tag{7-23}$$

式中，A 为输入图像；（$\sim B$）a 为结构元；a 为膨胀运算平移量；$A\oplus B$ 为膨胀运算后的图像。

开运算是先进行腐蚀运算再进行膨胀运算，可以消除细小的亮点、亮线，平滑物体边界，并不明显改变物体的面积。闭运算是先进行膨胀运算再进行腐蚀运算，可以消除细小的暗点、暗线且不明显改变其面积。

（3）最大类间方差法

最大类间方差法（Otsu 算法）是由日本学者大津提出的用来确定图像二值化分割阈值的算法。按照图像的灰度特性，将图像分为前景和背景两部分，按照式（7-24）求取两部分之间的类间方差 $\sigma^2(T)$，使类间方差最大，则分割错误概率最小。因其计算简单快速、不受图像亮度和对比度的影响而被广泛用于病斑提取。

$$\sigma^2\left(T\right)=p_1\left(T\right)\left[m_1\left(T\right)-m_G\right]^2+p_2\left(T\right)\left[m_2\left(T\right)-m_G\right]^2 \tag{7-24}$$

式中，$p_1(T)$为前景像素集合发生的概率；$p_2(T)$为背景像素集合发生的概率；m_G 为整个图像的平均灰度；$m_1(T)$为前景图像的平均灰度；$m_2(T)$为背景图像的平均灰度。

（4）图像加权和

图像加权和就是将两幅灰度图像像素值进行求和时，考虑每幅图像的权重，按照式（7-25）进行计算：

$$\mathrm{dst} = \mathrm{saturate}\left(\mathrm{src1} \times \alpha + \mathrm{src2} \times \beta + \gamma\right) \tag{7-25}$$

式中，dst 为结果图像；saturate()为取饱和值（最大值）；src1、src2 为相同的数据类型；α、β 分别为 src1、src2 对应的系数；γ 为亮度调节量，可以为 0。

2. 病害严重度估算

（1）叶片面积提取

叶片面积提取需要首先对获得的叶片数码图像进行图像增强处理，然后利用 k 均值聚类对经过平滑处理的数码图像进行分类运算，获得叶片面积信息。其中图像增强是为了增强对比度。在对小麦叶片进行拍摄和存储的过程中会引入噪声，影响病斑的部位提取。因此对裁剪的小麦单叶图像采用中值滤波进行平滑处理，减少噪声，改善图像质量，并将其作为后续图像处理的基础数据。

为了获取小麦叶片，采用 k 均值聚类法和形态学操作去除图片背景，如图 7-16 所示。首先将经过平滑处理的图像用 k 均值聚类法分割，再通过形态学操作，去除叶片内部的小孔洞、小黑点，生成叶片值为 255、背景值为 0 的黑白二值化图[图 7-16（a）]，并将其白色像素点数作为小麦叶片的总面积，之后将生成的黑白二值化图与原始图像进行按位与运算得到去除背景后的小麦叶片[图 7-16（b）]。采集的 240 个病害样本均按照此方法提取出小麦叶片，较为准确地获取了小麦叶片的面积。

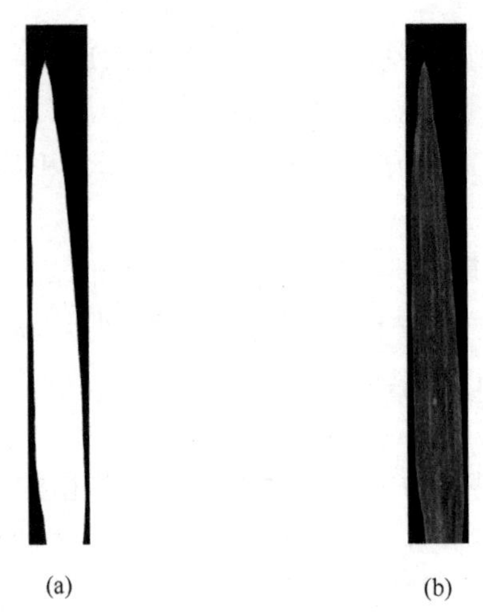

图 7-16　小麦叶片去除背景过程（彩图请扫封底二维码）
（a）二值化图；（b）最终背景

（2）病斑面积提取

将经过平滑处理的 1～4 级 40 个样本数据图像进行 B（蓝）、G（绿）、R（红）三通道分离，得到 B、G、R 三通道分量图。小麦条锈病病斑呈现黄色，成行排列且平行于叶脉。其病斑处的 R 值稍高于叶片健康部位的 R 值，因此对 G 和 R、R 和 B 组合图像进行分析。

将两灰度图的像素值进行求和时，遵循式（7-26）：

$$a+b=\begin{cases}a+b\,, & a+b\leqslant 255\\ 255\,, & a+b>255\end{cases} \tag{7-26}$$

若两灰度图的像素值相加小于或等于 255，则计算结果就是最终结果，若相加值大于 255，则最终结果就是 255。提取到的 G+R、R+B 组合图像如图 7-17 所示，G 和 R 图像较好地保存了病斑的形状，因此选取 G+R 组合图作为病斑提取的图像。

图 7-17　R、G、B 分量组合图

（a）G+R 图；（b）R+B 图

G+R 组合图像中能区分出病斑区域与健康区域。叶片中颜色较亮区域为条锈病病斑，较暗区域为健康区域。

随着小麦条锈病病情加重，小麦叶片黄化严重，后期叶片表面黄色面积占据大部分，用 G+R 组合图像并不能很好地将全部病斑提取出来，增加 R 分量在颜色空间中的权重，有利于对叶片病斑的分割（刁智华等，2013）。对后期病情严重、叶片表面大片泛黄且级别在 5、6、7、8 级的 40 个样本数据进行分析，对 G、R 分量图进行不同加权比获取组合图进行病斑分割提取。

采用最大类间方差法对 G+R 组合图像进行分割处理，提取病斑区域的具体步骤如下（Otsu，1979）。

1）根据阈值 T 将像素分为健康区域和病斑区域两大类，计算这两个区域灰度的类间方差 σ^2，寻找最优阈值 T 使得 σ^2 最大，使类间分离性最佳。

2）计算平均灰度值 n，若 n 大于 T，则判定该区域内所有点为病斑区域，赋值 255；若 n 小于 T，则判定该区域内所有点为健康区域，赋值 0。由此可获得条锈病病斑二值化图，此时小麦健康区域为黑色，条锈病病斑为白色，如图 7-18（a）所示。

3）提取利用 k 均值聚类法生成的黑白二值化图[图 7-18（a）]的坐标信息，根据坐标值相应地将二值化图中白色区域变成黑色，黑色区域变成灰色，生成背景图像[图 7-18（b），背景区域为灰色，小麦叶片为黑色]，最后利用条锈病病斑二值化图[图 7-18（a）]减去背景图像[图 7-18（b）]即可得到病斑图像[图 7-18（c），背景为灰色，健康区域为黑色，病斑区域为白色]，统计其白色像素点数作为病斑面积。

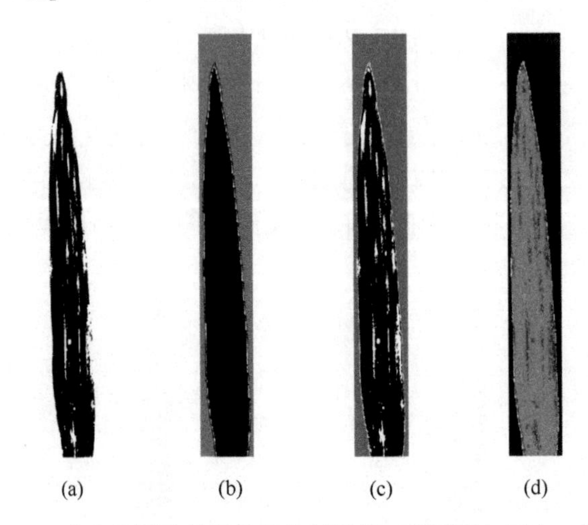

图 7-18　小麦条锈病早期病斑分割过程（彩图请扫封底二维码）
（a）病斑小麦叶片二值化图（白色背景）；（b）小麦叶片二值化图（灰色背景）；（c）病斑小麦叶片二值化图（灰色背景）；（d）病斑小麦叶片伪彩色图

4）通过伪彩色技术，将病斑区域设置为红色，健康区域设置为绿色，背景设置为黑色，如图 7-18（d）所示。

（3）病害严重度分级

病害严重度用病叶上病斑面积占叶片总面积的百分率表示。病害严重度的计算公式为

$$C = \frac{A_1}{A_2} \times 100\% \tag{7-27}$$

式中，C 为病害严重度；A_2 为小麦叶片总面积（或总像素数）；A_1 为小麦条锈病病斑面积（或像素数）。

3. 试验结果与分析

对获取的 G、R 分量图，按照 α 与 β 不同的系数比进行图像加权和，验证其分割效果。通过试验可知，α=1 时，β 的系数越大，病斑区域的增强越明显；而当 β>1.7 时，叶片健康区域也会被明显加强，不符合将全部病斑提取出来的试验预期。以 α∶β=1∶1.6、1∶1.7、1∶1.8 为例进行图像分割，并将分割结果与实测结果进行对比分析，如图 7-19 所示。选用 RMSE、MAE 和分级正确率进行精度评价，RMSE、MAE 值越小，分级精度越高（Yue et al.，2018）。通过研究发现，G+1.7R 时所表现的拟合性和精度最好，结果见表 7-2，RMSE 为 0.1055，MAE 为 0.0890，分级正确率为 80%。故 G、R 的加权和在 1∶1.7 时，分割效果最好。

图 7-20 为采用 G+R 分割算法后的效果图，从图中可以看出，只有一部分条锈病病斑被分割出来，不能达到病斑分割的目的。而图 7-21 为采用 G+1.7R 分割算法后的效果图，从图中可以看出，小麦叶片中呈现黄色的病斑区域能被较清晰地分割出来，可满足下一步小麦条锈病的分级需要。

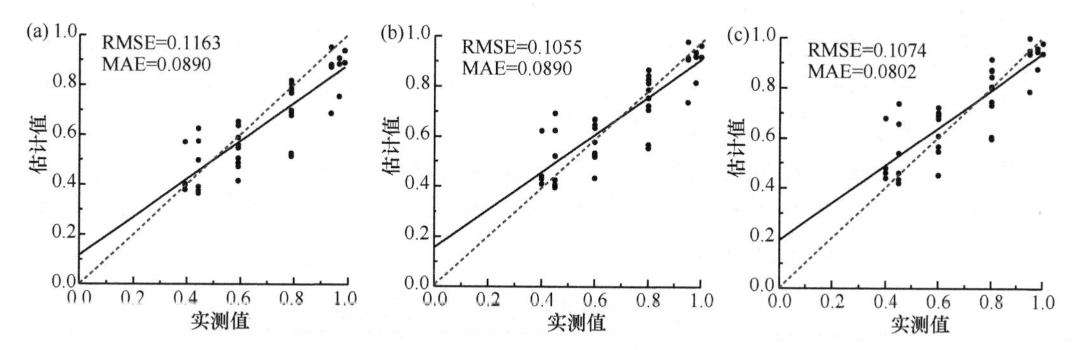

图 7-19　基于 G+1.6R（a）、G+1.7R（a）、G+1.8R（c）的病害严重度实测值与估计值

表 7-2　基于 G+1.6R、G+1.7R、G+1.8R 的病害严重度估算

方法	RMSE	MAE	分级正确率/%
G+1.6R	0.1163	0.0890	55
G+1.7R	0.1055	0.0890	80
G+1.8R	0.1074	0.0802	70

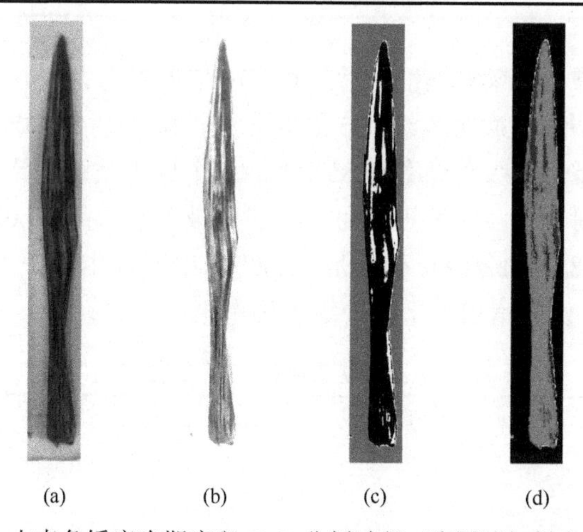

图 7-20　小麦条锈病晚期病斑 G+R 分割过程（彩图请扫封底二维码）

（a）原始图像；（b）G+R 组合图像；（c）Otsu 病斑分割图；（d）G+R 分割效果图

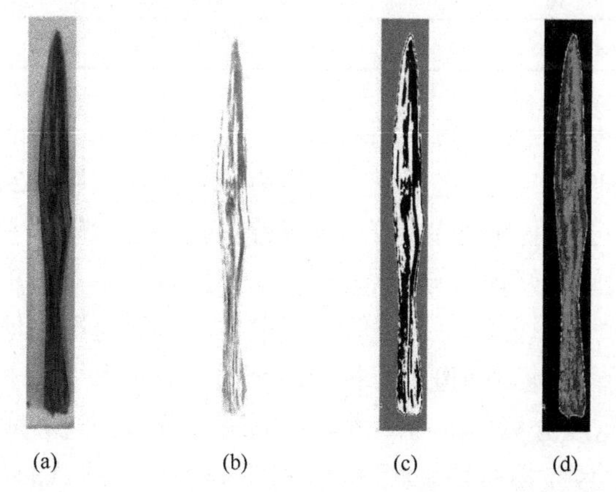

图 7-21　小麦条锈病晚期病斑 G+1.7R 分割过程（彩图请扫封底二维码）

（a）原始图像；（b）G+1.7R 组合图像；（c）Otsu 病斑分割图；（d）G+1.7R 分割效果图

对 80 个早期感染小麦条锈病的叶片采用 G+R 的分割算法进行分级，结果见表 7-3，通过表 7-3 可以看出，病害等级为 1 级的分级正确率是 85.00%，3 个样本被识别错误，其中 2 个被误分为 2 级，1 个被误分为 3 级；病害等级为 2 级的分级正确率是 90.00%，2 个样本被识别为 3 级；病害等级为 3 级的分级正确率是 95.00%，1 个样本被识别为 4 级；病害等级为 4 级的分级正确率是 100.00%。在 80 个验证样本中，共有 6 个识别错误，平均分级正确率为 92.50%。

表 7-3　小麦条锈病病害 1～4 级分级结果

级别	样本数量	误识别数	分级正确率/%
1	20	3	85.00
2	20	2	90.00
3	20	1	95.00
4	20	0	100.00
总计/平均	80	6	92.50

对 80 个晚期感染小麦条锈病的叶片采用 G+1.7R 的分割算法进行分级，结果见表 7-4，通过表 7-4 可以看出，病害等级为 5 级的分级正确率是 85.00%，3 个样本被识别为 4 级；病害等级为 6 级的分级正确率是 85.00%，3 个样本被识别错误，其中 1 个被误分到 5 级，2 个被误分到 7 级；病害等级为 7 级的分级正确率是 75.00%，5 个样本被识别为 6 级；病害等级为 8 级的分级正确率是 65.00%，7 个样本被识别为 7 级。在 80 个验证样本中，共有 18 个识别错误，平均分级正确率为 77.50%。

表 7-4　小麦条锈病病害 5～8 级分级结果

级别	样本数量	误识别数	分级正确率/%
5	20	3	85.00
6	20	3	85.00
7	20	5	75.00
8	20	7	65.00
总计/平均	80	18	77.50

对 160 个感染小麦条锈病的叶片进行分级，病害程度分级结果如图 7-22 所示，结果表明，在全部验证样本中，平均分级正确率为 85.00%，共有 24 个识别错误。R、G 分量的不同组合图像可以很好地显示出小麦条锈病病斑区域与健康区域的灰度差异。1～4 级，G+R 图像就能较好地区分出病斑区域与健康区域；5～8 级，病害程度加深，小麦叶片表皮破裂，黄化严重，G+R 图像不能很好地将病斑准确地分割出来，通过改变 R 分量图的权重，可更好地对病斑进行提取。通过对样本数据分析，G+1.7R 分割效果最好，再根据病叶严重度分级标准对小麦条锈病进行分级。随着病害等级增加，分级正确率总体上呈现下降趋势，拟合性逐渐降低。对于病害较为严重的分级还需进一步研究，以便更加准确地获取小麦条锈病病害程度。

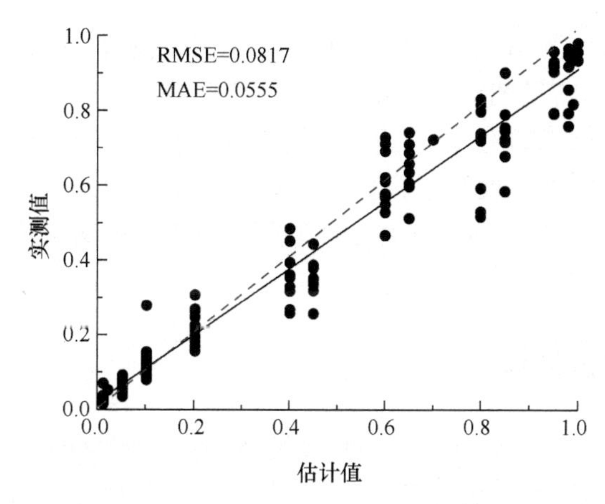

图 7-22　小麦条锈病 1～8 级分级结果

实线是估计值与实测值的拟合线；虚线是 1∶1 线（理论拟合线）；圆点是测量点值

通过手机相机获取了小麦条锈病叶片数据，采用本研究提出的方法分割出小麦叶片、小麦条锈病病斑，取得了较高的分级准确度，为小麦条锈病严重度分级研究提供了一种新的方法。利用 k 均值聚类法结合形态学处理，提取的特征值较少，具有较高的清晰度，能够很好地去除图像背景，从而将小麦叶片分割出来。G+R 组合图像能够完整地体现出病斑形状，有效地区分出健康区域与病斑区域。

病害等级在 1、2、3、4 级时，RMSE、MAE 均比较小，分级精度较高，拟合效果较好，误分主要集中在早期病害等级划分上，区间间隔相差较小，1 个百分点的误差都会导致分级结果错误。小麦条锈病病情逐渐加重，病害等级增加，5、6、7、8 级时，RMSE、MAE 相对较大，分级正确率逐渐降低，其原因主要集中在病害加重，叶片黄化严重，叶片健康区域面积较小且绿通道 G 值减弱，致使健康区域与病斑区域差异不够显著，没有黄化的病斑不能被提取出来，使病斑面积减小，得到的病害严重度比实测值较小，因而病情严重的叶片等级被误分为小 1 级。

影响分级正确率的因素主要有以下几个。①RGB 图像。因为 RGB 图像只有 3 个通道的像素值，病斑分割依靠颜色特征，没有黄化的病斑无法分割，致使病情较为严重的叶片等级被误分为小 1 级。②样本本身。叶片表面的泥土、叶片与背景的边缘阴影部分均有可能被误识别为病斑，致使病斑面积增大，病害前期，会将病害等级错误识别大 1 级。③拍摄亮度、图像分辨率的高低等也会影响分级准确性。④等级划分的因素。不同等级之间的区间相差太小，如等级 1 与等级 2 之间仅相差 4%，极易被错误分类，位于两级别间的分界线附近也容易被错误识别。

本研究以小麦锈病中最常见、发病广、影响范围大的条锈病作为研究对象，利用 k 均值聚类法结合形态学处理获取小麦叶片，利用 Otsu 算法分割 R、G 分量的不同组合图像提取小麦条锈病病斑。

1）对小麦条锈病病情严重的 5～8 级 40 个样本数据分析得出，G、R 分量图按照 G+1.7R 的组合图像分割效果最好，RMSE 为 0.1055，MAE 为 0.0890，分级正确率为 80%。

2）160 个不同病害等级的小麦叶片验证样本中，24 个样本被错误分级，136 个样本被正确分级，总体分级正确率为 85.00%。1～4 级分级正确率为 92.50%，分割精度较高，能够实现对小麦条锈病的早期病害分级，更适于田间早期小麦条锈病病害监测，可为田间病害早期管理提供基础数据，表明基于数码图像对小麦条锈病病害程度分级识别是可行的，为小麦条锈病病害程度评估提供了一种新的研究思路。5～8 级分级正确率为 77.50%，分割精度相较于中、轻度发病水平较低，小麦条锈病病害严重度达到重度水平时，分级方法还需进一步研究。

7.2.3 冠层病害严重度估算

光谱遥感是一种以非接触方式探测物体性质与形态变化的新兴学科。利用关联分析、统计判别、回归模型等方法对获取的作物冠层光谱数据进行信息挖掘，可构建作物病情监测模型。本部分根据测得的挑旗期、抽穗期和开花期三个生育期的小麦条锈病冠层光谱数据，提取对条锈病敏感的光谱指数，结合人工神经网络（artificial neural network，ANN）、多元线性回归（multiple linear regression，MLR）、偏最小二乘回归（partial least square regression，PLSR）和主成分回归（principle component regression，PCR）4 种算法构建冠层尺度上单一植被指数、植被指数协同微分指数的条锈病病害严重度估算模型，实现了对小麦关键生育期条锈病的病情监测，为田块尺度的有效监测提供了理论基础。

1. 模型构建方法

选择人工神经网络（ANN）、多元线性回归（MLR）、偏最小二乘回归（PLSR）和主成分回归（PCR）4 种方法建立冠层病害严重度估算模型，以期找到适合条锈病监测的模型方法。

人工神经网络是通过对输入数据反复学习训练，逐步调整改变神经元连接权重的方法，不需要知道输入、输出数据之间的确切关系，经网络模型计算后得到输出结果。本节中输入数据是实测病情指数和光谱指数，输出结果是预测病情指数。

多元线性回归是因变量与多个自变量间的数量关系。以光谱指数为自变量（x），病情指数为因变量（y），通过多元线性回归模型反演小麦条锈病病情指数。

$$y_i = b_0 + b_1 x_{i1} + b_2 x_{i2} + \cdots + b_p x_{ip} + \varepsilon_i \tag{7-28}$$

式中，p 为自变量个数；b 为模型系数；ε_i 为残差。

偏最小二乘回归是一种先进的多元分析方法，集多元线性回归、典型相关分析和主成分分析于一身，能够解决自变量间的多重相关性问题。

主成分回归是以主成分为自变量进行的回归分析，主成分回归用提取的较少变量代替原先较多的变量建立模型，有效减少了变量间的复杂性，充分、有效地利用了数据。

2. 基于植被指数估算病害严重度

（1）植被指数选取

在遥感应用领域，植被指数被广泛用于监测植被长势、生物量、叶面积指数、叶绿素含量、植被覆盖度等生物物理变量。植被指数是将多光谱或高光谱的波段反射率按照基本数学运算（加、减、乘、除等）进行线性或非线性组合，来消除非植被目标的影响，突出反映作物冠层光谱的特性，已被作为一种遥感手段广泛用于农作物病虫害监测预报。利用高光谱数据衍生得到的植被指数越来越多地应用到监测作物病害中，根据相关文献和资料，选取 18 种植被指数用于估算小麦冠层条锈病病害严重度，如表 7-5 所示。

表 7-5　用于估算小麦冠层条锈病病害严重度的植被指数

植被指数	计算公式
植物衰老反射指数（PSRI）	$(R_{680}-R_{500})/R_{750}$
绿度指数（GI）	R_{554}/R_{667}
结构不敏感植被指数（SIPI）	$(R_{800}-R_{445})/(R_{800}+R_{680})$
水分胁迫指数（MSI）	R_{1600}/R_{819}
归一化叶绿素比值指数（NPCI）	$(R_{680}-R_{430})/(R_{680}+R_{430})$
花青素反射指数（ARI）	$R_{550}^{-1}-R_{700}^{-1}$
疾病水胁迫指数（DSWI）	$(R_{802}+R_{547})/(R_{1657}+R_{682})$
窄带归一化差分植被指数（NBNDVI）	$(R_{850}-R_{682})/(R_{850}+R_{680})$
氮反射率指数（NRI）	$(R_{570}-R_{670})/(R_{570}+R_{670})$
水分指数（WI）	R_{900}/R_{970}
光化学反射指数（PRI）	$(R_{531}-R_{570})/(R_{531}+R_{570})$
归一化差分植被指数（NDVI）	$(R_{840}-R_{675})/(R_{840}+R_{675})$
三角植被指数（TVI）	$60\times(R_{750}-R_{550})-100\times(R_{670}-R_{550})$
条锈病植被指数（YRI）	$(R_{515}-R_{698})/(R_{515}+R_{698})-0.5\times R_{738}$
改良叶绿素吸收指数（CARI）	$[(R_{700}-R_{670})-0.2\times(R_{700}-R_{550})]\times(R_{700}/R_{680})$
改进简单比值植被指数（MSR）	$(R_{800}/R_{670}-1)/(R_{800}/R_{670}+1)^{½}$
生理反射指数（PhRI）	$(R_{550}-R_{531})/(R_{550}+R_{531})$
红边植被胁迫指数（RVSI）	$[(R_{712}+R_{752})/2]-R_{732}$

注：R 为反射率，下角标的数字代表波段值

将选取的植被指数与田间调查得到的挑旗期、抽穗期、开花期以及 3 个生育期综合的小麦条锈病病情指数进行相关性分析，根据相关系数检验临界值表，以自由度为 n 时两个变量有大于 99%的概率具有相关性为极显著相关，如图 7-23 所示，挑旗期，植被指数和病情指数未达到极显著相关；抽穗期、开花期和多生育期的绝大部分植被指数与病情指数达到极显著相关。

（2）估算模型构建

本节以小麦条锈病的病情指数作为衡量条锈病病害严重度的指标，选取样本数据的 2/3 作建模集、1/3 作验证集来构建小麦条锈病病害严重度估算模型。每个单生育期小麦条锈病病害严重度估算模型随机选取 38 个样本数据作建模集，选取剩余 19 个样本数据作验证集；多生育期小麦条锈病病害严重度估算模型随机选取 114 个样本数据作建模集，选取剩余 57 个样本数据作验证集。

对选取的 18 个植被指数按照与小麦条锈病病害严重度的相关系数绝对值大小进行排序，每个生育期选择相关性较高的前 8 个植被指数作为构建小麦条锈病病害严重度估

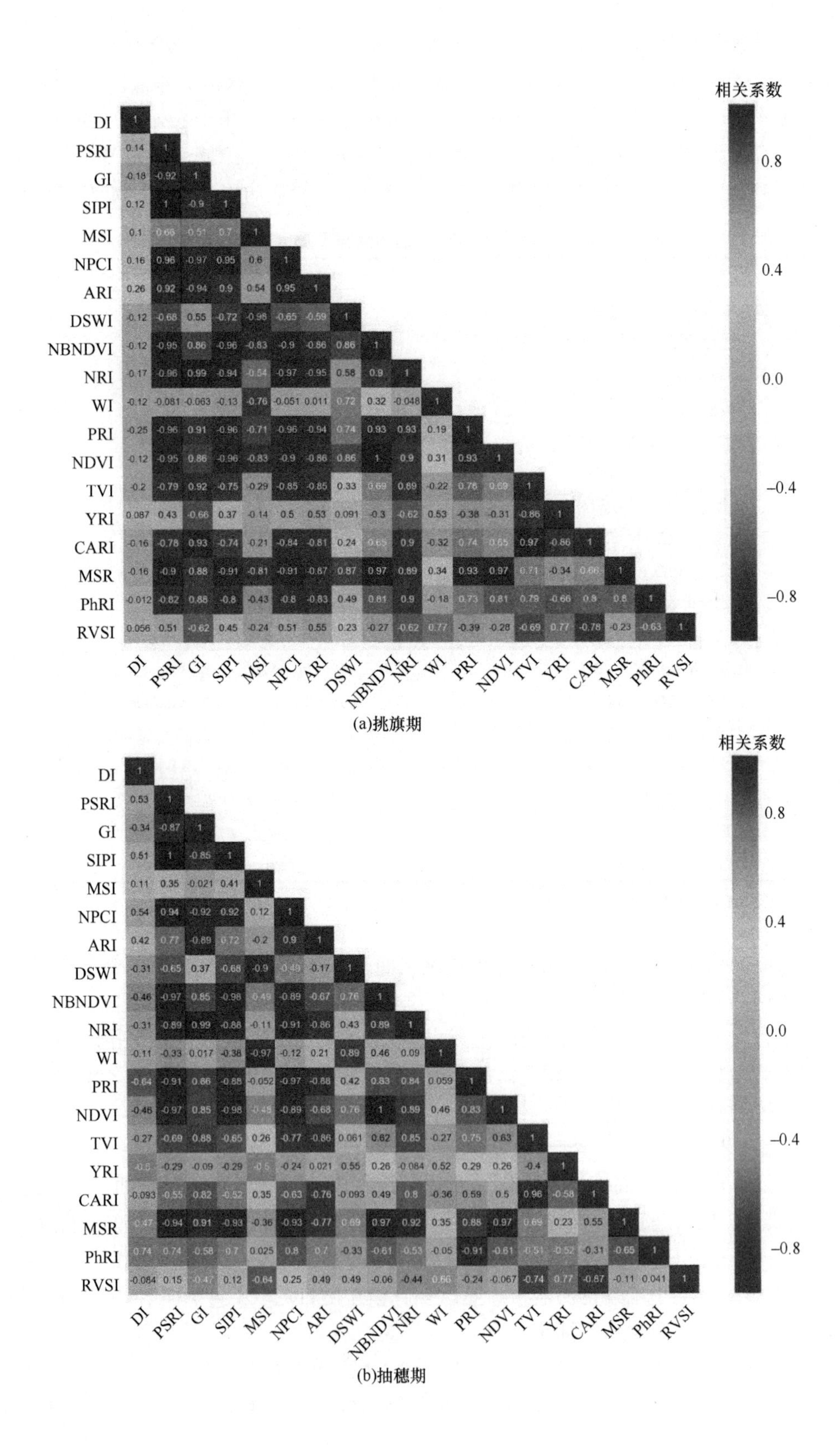
相关系数
0.8
0.4
0.0
−0.4
−0.8
DI
PSRI
GI
SIPI
MSI
NPCI
ARI
DSWI
NBNDVI
NRI
WI
PRI
NDVI
TVI
YRI
CARI
MSR
PhRI
RVSI

(a)挑旗期

(b)抽穗期

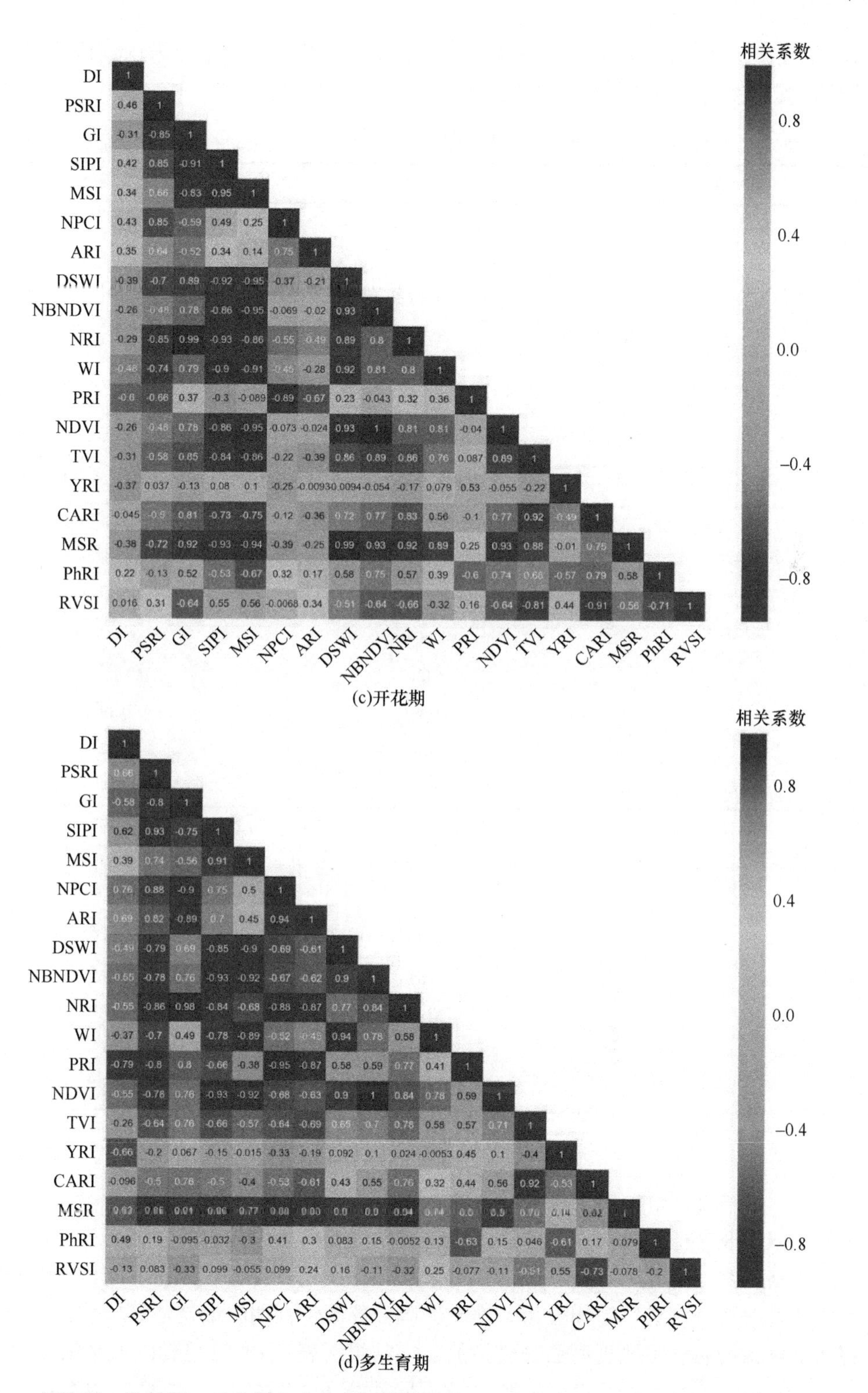

(c)开花期

(d)多生育期

图 7-23　挑旗期、抽穗期、开花期和多生育期植被指数与小麦条锈病病情指数（DI）的相关性分析结果（彩图请扫封底二维码）

算模型的特征因子，如表 7-6 所示。由于挑旗期植被指数和病情指数未达到极显著相关，建模分析其精度的参考性不大，因此将这一生育期单独建模忽略。

表 7-6　抽穗期、开花期和多生育期小麦条锈病病害严重度估算模型建模特征因子

生育期	植被指数	相关系数
抽穗期	PhRI	0.74**
	PRI	−0.64**
	NPCI	0.54**
	PSRI	0.53**
	SIPI	0.51**
	YRI	−0.50**
	MSR	−0.47**
	NBNDVI	−0.46**
开花期	PRI	−0.60**
	WI	−0.48**
	PSRI	0.46**
	NPCI	0.43**
	SIPI	0.42**
	DSWI	−0.39**
	MSR	−0.37**
	YRI	−0.37**
多生育期	PRI	−0.79**
	NPCI	0.76**
	ARI	0.69**
	PSRI	0.66**
	YRI	−0.66**
	MSR	−0.63**
	SIPI	0.62**
	GI	−0.58**

**极显著相关（$P<0.01$）

（3）模型精度评价

将选取的 8 个植被指数作为建立小麦条锈病病害严重度估算模型的自变量，采用人工神经网络（ANN）、多元线性回归（MLR）、偏最小二乘回归（PLSR）和主成分回归（PCR）4 种方法分别进行建模分析。挑选出适合各个生育期的最佳估算模型。根据不同生育期小麦条锈病病害严重度估算模型的建模结果（表 7-7）可得到以下结论。

1）不同生育期、不同特征因子以及不同建模方法所构建的估算模型存在显著差异。其中，抽穗期和开花期的小麦条锈病病害严重度估算模型对小麦条锈病病害严重度的估算结果较为接近，多生育期小麦条锈病病害严重度估算模型的估算效果要优于单生育期。

表 7-7　单一植被指数的小麦条锈病病害严重度（DI）估算结果

生育期	方法	建模			验证		
		R^2	RMSE/%	nRMSE/%	R^2	RMSE/%	nRMSE/%
抽穗期	DI-ANN	0.69	10.98	13.69	0.76	16.86	21.08
	DI-MLR	0.61	13.15	16.44	0.69	15.27	19.08
	DI-PLSR	0.61	13.33	16.66	0.65	20.62	25.78
	DI-PCR	0.51	15.03	18.79	0.54	18.80	23.50
开花期	DI-ANN	0.61	9.42	13.46	0.64	12.94	18.49
	DI-MLR	0.64	9.69	13.85	0.66	11.99	17.13
	DI-PLSR	0.62	10.09	14.43	0.62	10.49	14.98
	DI-PCR	0.51	12.19	17.41	0.54	21.53	30.76
多生育期	DI-ANN	0.87	13.50	13.50	0.88	14.19	14.19
	DI-MLR	0.82	15.61	15.61	0.82	18.03	18.03
	DI-PLSR	0.78	17.56	17.56	0.82	17.11	17.11
	DI-PCR	0.76	18.19	18.19	0.82	16.73	16.74

2）在抽穗期，小麦条锈病病害严重度估算模型建模效果最好的是 DI-ANN 模型，建模 R^2 和 nRMSE 分别达到 0.69 和 13.69%，验证 R^2 和 nRMSE 分别是 0.76 和 21.08%，模型拟合效果较好，精度较高。

3）在开花期，小麦条锈病病害严重度估算模型建模效果最好的是 DI-MLR 模型，建模 R^2 和 nRMSE 分别是 0.64 和 13.85%，验证 R^2 和 nRMSE 分别是 0.66 和 17.13%，模型拟合效果较好，精度较高。

4）在多生育期，小麦条锈病病害严重度估算模型建模效果最好的是 DI-ANN 模型，建模 R^2 和 nRMSE 分别是 0.87 和 13.50%，验证 R^2 和 nRMSE 分别是 0.88 和 14.19%，模型精度较高，拟合效果很好。

综上所述，由于抽穗期和开花期缺少健康小麦与小麦条锈病轻发症样本数据，因此建模精度低于多生育期建模模型；而多生育期建模模型涵盖不同严重度的样本数据构建估算模型，具有普遍性和通用性，使得多生育期构建的模型要优于单生育期。

3. 植被指数协同微分指数估算病害严重度

（1）微分指数选取

光谱微分就是对原始光谱反射率进行求导，得到原始光谱曲线的斜率，分为一阶导数微分和高阶导数微分。微分光谱可以有效去除目标背景、大气散射、光谱噪声的影响。目前，利用微分光谱监测小麦条锈病的相关研究主要集中在红边和近红外区域。红边区域包含了植物叶片的丰富信息，近红外对植被差异及植物长势反应十分敏感。小麦在受到病害侵染时，叶片会因缺乏营养、海绵组织受到破坏，而发生色素、细胞结构的变化，叶片的变化直接体现为冠层水平上的光谱变化。前人研究结果表明，在红边和近红外区，光谱变化明显，光谱特征对病害较为敏感。本节充分利用近红外区域的信息，重点分析近红外区域的微分指数对监测小麦条锈病的敏感性，选取 25 个微分指数用于小麦条锈病的病情分析（表 7-8）。

表 7-8 用于小麦条锈病病情分析的微分指数

微分指数	定义	编号
Dr	红边内（670～750 nm）最大的一阶微分值	I
Dy	黄边内（550～582 nm）最大的一阶微分值	II
Db	蓝边内（490～530 nm）最大的一阶微分值	III
SDr	红边内一阶微分值的总和	IV
SDy	黄边内一阶微分值的总和	V
SDb	蓝边内一阶微分值的总和	VI
SDg	绿峰一阶微分值的总和	VII
SDnir	近红外（783～890 nm）一阶微分值的总和	VIII
SDr/SDg	—	IX
SDnir/SDr	—	X
SDnir/SDy	—	XI
SDnir/SDb	—	XII
SDnir/SDg	—	XIII
SDnir–SDr	—	XIV
SDnir+SDr	—	XV
（SDnir–SDr）/（SDnir+SDr）	—	XVI
SDnir–SDy	—	XVII
SDnir+SDy	—	XVIII
（SDnir–SDy）/（SDnir+SDy）	—	XIX
SDnir–SDb	—	XX
SDnir+SDb	—	XXI
（SDnir–SDb）/（SDnir+SDb）	—	XXII
SDnir–SDg	—	XXIII
SDnir+SDg	—	XXIV
（SDnir–SDg）/（SDnir+SDg）	—	XXV

（2）估算模型构建

将选取的微分指数和田间调查得到的挑旗期、抽穗期、开花期以及三个生育期综合的小麦条锈病病情指数进行相关性分析，结果如图 7-24 所示。①在挑旗期建模分析中，微分指数和病情指数未达到极显著相关；②在抽穗期建模分析中，微分指数和病情指数的相关系数最高为 0.67，微分指数与病情指数具有较高的相关性；③在开花期建模分析中，微分指数和病情指数极显著相关；④在多生育期建模分析中，微分指数和病情指数的相关系数最高为 0.89，微分指数与病情指数具有较高的相关性。

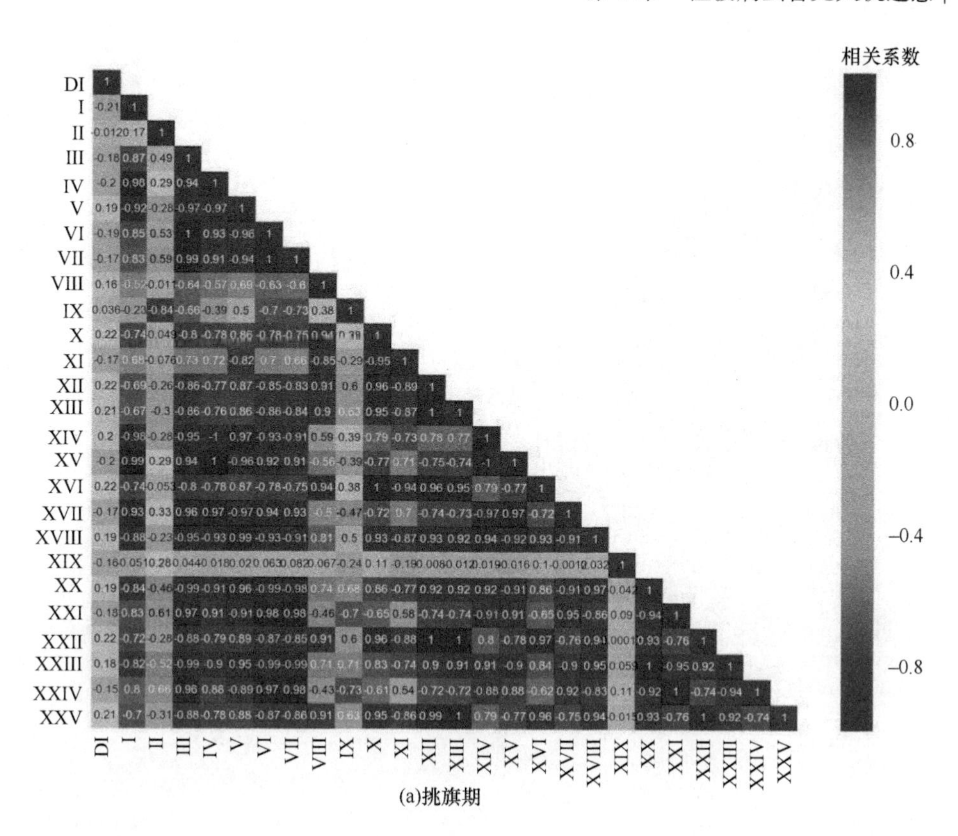
相关系数
0.8
0.4
0.0
–0.4
–0.8
DI
I
II
III
IV
V
VI
VII
VIII
IX
X
XI
XII
XIII
XIV
XV
XVI
XVII
XVIII
XIX
XX
XXI
XXII
XXIII
XXIV
XXV

(a)挑旗期

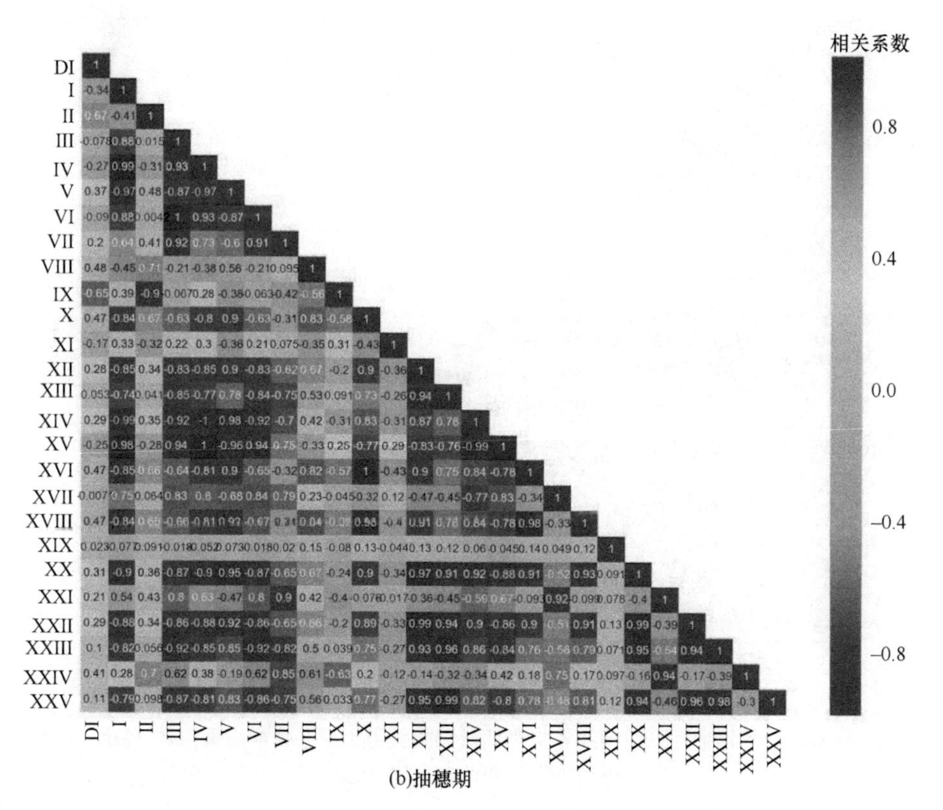
相关系数
0.8
0.4
0.0
–0.4
–0.8
DI
I
II
III
IV
V
VI
VII
VIII
IX
X
XI
XII
XIII
XIV
XV
XVI
XVII
XVIII
XIX
XX
XXI
XXII
XXIII
XXIV
XXV

(b)抽穗期

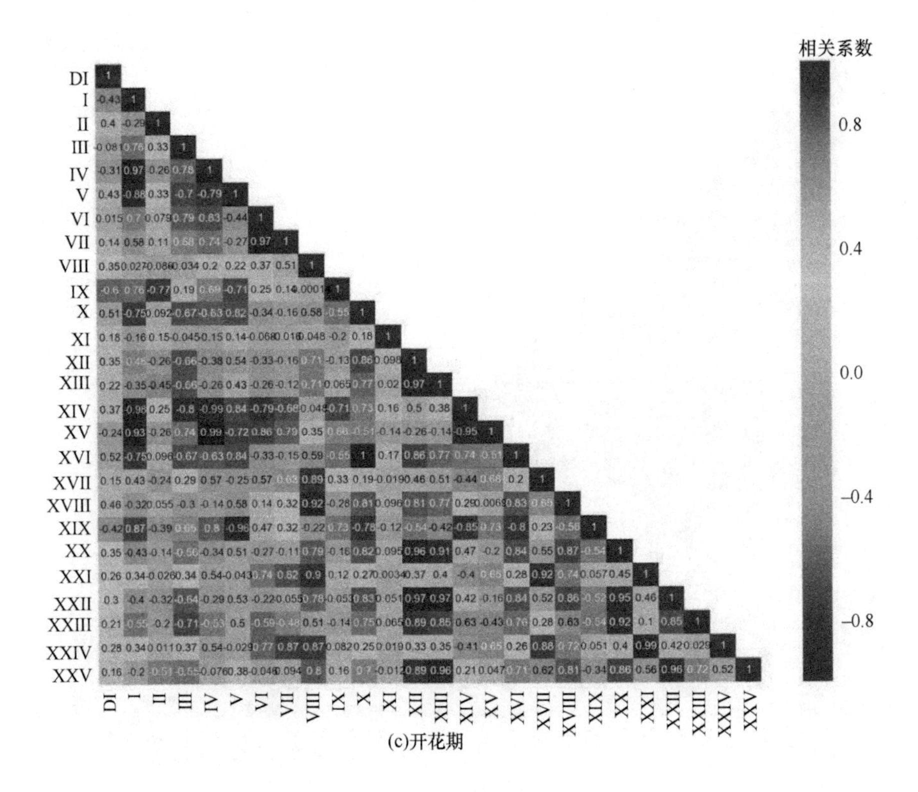

(c)开花期

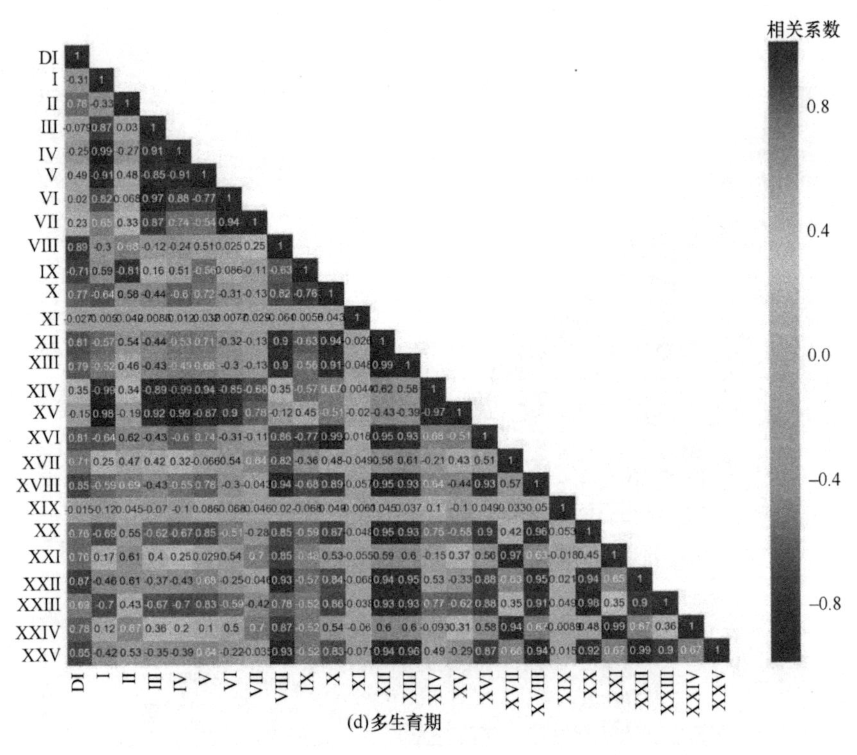

(d)多生育期

图 7-24　挑旗期、抽穗期、开花期和多生育期微分指数与小麦条锈病病情指数（DI）的相关性分析结果（彩图请扫封底二维码）

挑旗期，小麦处于感染条锈病显症初期，大部分小区发病 1～2 叶片，病情指数普遍在 1%以下；抽穗期，小麦条锈病病害严重度处于轻-中度；开花期，每个小区的发病率达到了 100%，全部显症且病害全部处于重发程度，病情指数普遍集中在 70%以上。通过对比挑旗期、抽穗期、开花期三个生育期的微分指数与病情指数的相关性发现，随着生育期推进，小麦条锈病病害严重度不断加重，大部分微分指数与病情指数的相关性呈现出先增后降的现象，小部分相关性越来越好，说明微分指数对早期病害不敏感。开花期，病情发展很快，整体达到严重级别，病情严重度区分不明显，相关性相比抽穗期有所下降。将三个生育期获取的微分指数与病情指数进行相关性分析，微分指数的相关性相比单生育期具有显著提升，说明微分指数对处于不同严重度下的小麦条锈病同样敏感。

将选取的 25 个微分指数分别按照与病情指数的相关性绝对值大小进行排序，每个生育期选择前 4 个相关性高的微分指数，如表 7-9 所示。由于挑旗期微分指数与病情指数的相关性较低，建模分析其精度的参考性不大，因此将这一生育期单独建模忽略。

表 7-9　抽穗期、开花期和多生育期微分指数建模特征因子

生育期	微分指数	相关系数
抽穗期	Dy	0.67**
	SDr/SDg	–0.65**
	SDnir	0.48**
	SDnir+SDy	0.47**
开花期	SDr/SDg	–0.60**
	（SDnir–SDr）/（SDnir+SDr）	0.52**
	SDnir/SDr	0.51**
	SDnir+SDy	0.46**
多生育期	SDnir	0.89**
	（SDnir–SDr）/（SDnir+SDr）	0.87**
	SDnir/SDr	0.85**
	SDnir+SDy	0.85**

**极显著相关（$P<0.01$）

根据基于单一植被指数估算模型选取的 8 个植被指数协同筛选出的 4 个微分指数，共 12 个光谱指数作为模型的自变量，4 种建模方法的建模结果如表 7-10 所示。可以看出，抽穗期、开花期和多生育期，建模效果最佳的均是 DI-ANN 模型，最差的是 DI-PCR 模型，其中建模效果最好的是多生育期 DI-ANN 模型，建模 R^2 和 nRMSE 分别是 0.94 和 9.25%，验证 R^2 和 nRMSE 分别是 0.94 和 9.64%，R^2 均达到了 0.9 以上，nRMSE 小于 10%，模型精度很高，拟合效果很好。

在加入微分指数后，3 组建模结果精度相较于单一植被指数建模，4 种建模方法均有一定程度的提高。

表 7-10　植被指数协同微分指数的 DI 估算结果

生育期	方法	建模			验证		
		R^2	RMSE/%	nRMSE/%	R^2	RMSE/%	nRMSE/%
抽穗期	DI-ANN	0.79	10.63	13.29	0.80	12.68	15.85
	DI-MLR	0.70	11.81	14.77	0.72	17.32	21.65
	DI-PLSR	0.66	13.74	17.17	0.67	17.86	22.33
	DI-PCR	0.60	15.29	19.26	0.67	20.04	22.03
开花期	DI-ANN	0.72	7.97	11.38	0.74	12.38	17.68
	DI-MLR	0.70	8.01	11.45	0.72	10.16	14.51
	DI-PLSR	0.66	7.58	10.83	0.67	13.49	19.27
	DI-PCR	0.55	11.39	16.27	0.57	22.08	31.55
多生育期	DI-ANN	0.94	9.25	9.25	0.94	9.64	9.64
	DI-MLR	0.90	11.77	11.77	0.91	12.17	12.17
	DI-PLSR	0.85	14.11	14.11	0.91	12.15	12.15
	DI-PCR	0.83	15.58	15.58	0.86	14.55	14.55

1）在小麦抽穗期建模中，DI-ANN 模型建模 R^2 提高了 0.10，nRMSE 减少了 0.40 个百分点，验证 R^2 提高了 0.04，nRMSE 减少了 5.23 个百分点；DI-MLR 模型建模 R^2 提高了 0.09，nRMSE 减少了 1.67 个百分点，验证 R^2 提高了 0.03，nRMSE 增加了 2.57 个百分点；DI-PLSR 模型建模 R^2 提高了 0.05，nRMSE 增加了 0.51 个百分点，验证 R^2 提高了 0.02，nRMSE 减少了 3.45 个百分点；DI-PCR 模型建模 R^2 提高了 0.09，nRMSE 增加了 0.47 个百分点，验证 R^2 提高了 0.13，nRMSE 减少了 1.47 个百分点。

2）在小麦开花期建模中，DI-ANN 模型建模 R^2 提高了 0.11，nRMSE 减少了 2.08 个百分点，验证 R^2 提高了 0.10，nRMSE 减少了 0.81 个百分点；DI-MLR 模型建模 R^2 提高了 0.06，nRMSE 减少了 2.40 个百分点，验证 R^2 提高了 0.06，nRMSE 减少了 2.62 个百分点；DI-PLSR 模型建模 R^2 提高了 0.04，nRMSE 减少了 3.60 个百分点，验证 R^2 提高了 0.05，nRMSE 增加了 4.29 个百分点；DI-PCR 模型建模 R^2 提高了 0.04，nRMSE 减少了 1.14 个百分点，验证 R^2 提高了 0.03，nRMSE 增加了 0.79 个百分点。

3）在多生育期综合建模中，DI-ANN 模型建模 R^2 提高了 0.07，nRMSE 减少了 4.25 个百分点，验证 R^2 提高了 0.06，nRMSE 减少了 4.55 个百分点；DI-MLR 模型建模 R^2 提高了 0.08，nRMSE 减少了 3.84 个百分点，验证 R^2 提高了 0.09，nRMSE 减少了 5.86 个百分点；DI-PLSR 模型建模 R^2 提高了 0.07，nRMSE 减少了 3.45 个百分点，验证 R^2 提高了 0.09，nRMSE 减少了 4.96 个百分点；DI-PCR 模型建模 R^2 提高了 0.07，nRMSE 减少了 2.61 个百分点，验证 R^2 提高了 0.04，nRMSE 减少了 2.19 个百分点。

综上所述，利用植被指数协同微分指数的建模效果优于单一植被指数的建模效果。

4. 模型稳定性评价

基于单一植被指数构建的 4 种冠层病害严重度估算模型，对比 4 种建模方法，将利用植被指数建模的 3 组数据建模结果每种方法取均值，DI-ANN 模型的建模平均 R^2 和 nRMSE 分别是 0.72 和 13.55%，验证平均 R^2 和 nRMSE 分别是 0.76 和 17.92%；DI-MLR 模型的建模平均 R^2 和 nRMSE 分别是 0.69 和 15.30%，验证平均 R^2 和 nRMSE 分别是 0.72

和 18.08%；DI-PLSR 模型的建模平均 R^2 和 nRMSE 分别是 0.67 和 16.22%，验证平均 R^2 和 nRMSE 分别是 0.70 和 19.29%；DI-PCR 模型的建模平均 R^2 和 nRMSE 分别是 0.59 和 18.13%，验证平均 R^2 和 nRMSE 分别是 0.63 和 23.67%。DI-ANN 模型的验证精度高于建模模型，平均 R^2 均达到了 0.7 以上，nRMSE 低于 20%，建模精度较高，模型较为稳定；DI-MLR、DI-PLSR 模型验证精度略高于建模精度，相差不大；DI-PCR 的建模平均 R^2 仅为 0.59，验证 nRMSE 超过了 20%，精度相对较差，模型稳定性不高。

植被指数协同微分指数构建估算模型的 3 组数据，DI-ANN 模型的建模平均 R^2 和 nRMSE 分别是 0.82 和 11.31%，验证平均 R^2 和 nRMSE 分别是 0.83 和 14.39%；DI-MLR 模型的建模平均 R^2 和 nRMSE 分别是 0.77 和 12.66%，验证平均 R^2 和 nRMSE 分别是 0.78 和 16.11%；DI-PLSR 模型的建模平均 R^2 和 nRMSE 分别是 0.72 和 14.04%，验证平均 R^2 和 nRMSE 分别是 0.75 和 17.92%；DI-PCR 模型的建模平均 R^2 和 nRMSE 分别是 0.66 和 17.04%，验证平均 R^2 和 nRMSE 分别是 0.70 和 22.71%。

由单一植被指数建模和植被指数协同微分指数建模结果分析可得，DI-ANN 模型的精度最高，稳定性最好；DI-MLR 模型次之；DI-PCR 模型精度最差。因此，用 DI-ANN 方法构建的模型更适于小麦条锈病冠层病害严重度估算。

基于冠层光谱数据构建小麦条锈病病害严重度估算模型时，首先选取 18 种植被指数和 25 种微分指数，将其与病情指数进行相关性分析，按照相关性绝对值大小筛选出 8 种植被指数和 4 种微分指数作为估算模型的特征变量，分别采用 ANN、MLR、PLSR、PCR 四种建模方法构建小麦条锈病病害严重度估算模型。得到如下结论。

1）在各个生育期光谱指数与病情指数的相关性分析中，挑旗期，光谱指数与病情指数未达到极显著相关；抽穗期和开花期大部分为极显著相关；多生育期，只有几个光谱指数与病情指数未达到极显著相关且相关系数均高于单生育期。光谱指数对处于不同严重度的小麦条锈病更加敏感。

2）构建小麦条锈病病情指数反演模型中，抽穗期，建模精度最高 R^2 为 0.79，nRMSE 为 13.29%；开花期，建模精度最高 R^2 为 0.72，nRMSE 为 11.38%；多生育期，建模精度最低 R^2 为 0.83，nRMSE 为 15.58%，建模精度最高 R^2 为 0.94，nRMSE 为 9.25%。多生育期构建的模型要优于单生育期。

3）植被指数协同微分指数为自变量构建的反演模型相比于单一植被指数为自变量的模型，抽穗期，建模 R^2 最高提高了 0.10，nRMSE 减少了 0.40 个百分点，建模 R^2 最低提高了 0.05，nRMSE 增加了 0.51 个百分点；开花期，建模 R^2 最高提高了 0.11，nRMSE 减少了 2.08 个百分点，建模 R^2 最低提高了 0.04，nRMSE 减少了 1.14 个百分点；多生育期，建模 R^2 最高提高了 0.08，nRMSE 减少了 3.84 个百分点，建模 R^2 最低提高了 0.07，nRMSE 减少了 2.61 个百分点。利用植被指数协同微分指数为自变量建立的小麦条锈病病害严重度估算模型优于以单一植被指数为自变量建立的模型。

4）用 4 种方法估算冠层尺度小麦条锈病病害严重度，对比不同生育期，基于不同特征因子构建的模型，DI-ANN 模型是各生育期的最优反演模型，更适于监测小麦条锈病病情，DI-MLR 模型次之。

7.2.4 田块病害严重度估算

基于不同飞行高度的无人机多光谱影像，提取其光谱特征和纹理特征，通过机器学习模型 ANN 和回归模型 MLR 构建小麦条锈病发病初-中期、中-后期病害严重度估算模型，挑选出适合不同发病期的最佳飞行高度估算模型，制作小麦条锈病病害严重度分级图。研究成果可为田间条锈病定量施药提供有效信息，满足病害防治实时性与精确性的要求。

1. 不同飞行高度下基于光谱特征的病害严重度估算

（1）光谱特征提取

在田块尺度上，利用无人机多光谱遥感影像提取光谱信息和纹理信息，筛选与小麦条锈病相关性高的敏感特征。条锈病会导致叶片出现失绿、失水及叶片表面堆积孢子粉等症状，由此引发叶片叶绿素含量减少、水分含量下降、叶片结构发生变化等。选取对叶绿素含量、叶片表面及冠层结构敏感的归一化差分植被指数（NDVI）、简单比值植被指数（SR）、三角植被指数（TVI）、归一化绿度指数（NDGI）、归一化差分红边植被指数（NDRE）、叶片叶绿素指数（LCI），能够减小土壤、大气对冠层影响的增强型植被指数（EVI）、重归一化差分植被指数（RDVI）、优化土壤调节植被指数（OSAVI）、土壤调节植被指数（SAVI），反映光能利用率的结构不敏感植被指数（SIPI）、红绿比值植被指数（RGR），用来估算纤维素和木质素干燥状态下碳含量的植物衰老反射指数（PSRI）。在此基础上选取可见光大气阻抗植被指数（VARI）、差异植被指数（DVI）、改进简单比值植被指数（MSR）共 16 个常应用于植物病害监测研究的植被指数。参考 Mueller 等（2012）、陶惠林等（2020）的研究构建了光谱指数 OSAVI×NDVI。综上，共 17 个光谱指数，具体如表 7-11 所示。

表 7-11 用于基于光谱特征的病害严重度估算的植被指数

编号	植被指数	计算公式	来源
1	归一化差分植被指数（NDVI）	$(R_{NIR}-R_{RED})/(R_{NIR}+R_{RED})$	Baret and Guyot，1991
2	可见光大气阻抗植被指数（VARI）	$(R_{GRE}-R_{RED})/(R_{GRE}+R_{RED})$	Gitelson et al.，2002
3	结构不敏感植被指数（SIPI）	$(R_{NIR}-R_{BLUE})/(R_{NIR}+R_{BLUE})$	Huete et al.，2002
4	归一化绿度指数（NDGI）	$(R_{NIR}-R_{GRE})/(R_{NIR}+R_{GRE})$	Verstraete et al.，1996
5	红绿比值植被指数（RGR）	R_{RED}/R_{GRE}	Gamon and Surfus，1999
6	简单比值植被指数（SR）	R_{NIR}/R_{RED}	Person and Kudina，1972
7	差异植被指数（DVI）	$R_{NIR}-R_{RED}$	Verstraete et al.，1996
8	三角植被指数（TVI）	$60\times(R_{NIR}-R_{GRE})-100\times(R_{RED}-R_{GRE})$	Zhao et al.，2004
9	增强型植被指数（EVI）	$2.5\times(R_{NIR}-R_{R})/(R_{NIR}+6R_{RED}-7.5R_{BLUE}+1)$	Huete，1988
10	土壤调节植被指数（SAVI）	$1.5\times(R_{NIR}-R_{RED})/(R_{NIR}+R_{RED}+0.5)$	Huete，1988
11	重归一化差分植被指数（RDVI）	$(R_{NIR}-R_{RED})/(R_{NIR}+R_{RED})^{1/2}$	Chen and Goodman，1999
12	改进简单比值植被指数（MSR）	$(R_{NIR}/R_{RED}-1)/(R_{NIR}/R_{RED}+1)^{1/2}$	Kononenko，1994
13	优化土壤调节植被指数（OSAVI）	$1.16\times(R_{NIR}-R_{RED})/(R_{NIR}+R_{RED}+0.16)$	Rondeaux et al.，1996
14	植物衰老反射指数（PSRI）	$(R_{RED}-R_{G})/R_{RE}$	Ren et al.，2017
15	归一化差分红边植被指数（NDRE）	$(R_{NIR}-R_{RE})/(R_{NIR}+R_{RE})$	Thompson et al.，2019
16	叶片叶绿素指数（LCI）	$(R_{NIR}-R_{RE})/(R_{NIR}+R_{RED})$	Zebarth et al.，2002
17	OSAVI×NDVI	—	

注：R_{NIR} 为近红外波段反射率，R_{RED} 为红光波段反射率，R_{BLUE} 为蓝光波段反射率，R_{G} 为绿光波段反射率，R_{RE} 为红边波段反射率

（2）模型构建

根据无人机不同飞行高度的遥感影像，提取光谱特征，分别与各个发病时期的病情指数（DI）进行相关性分析，得到的不同飞行高度的光谱特征分析结果见图 7-25、图 7-26。

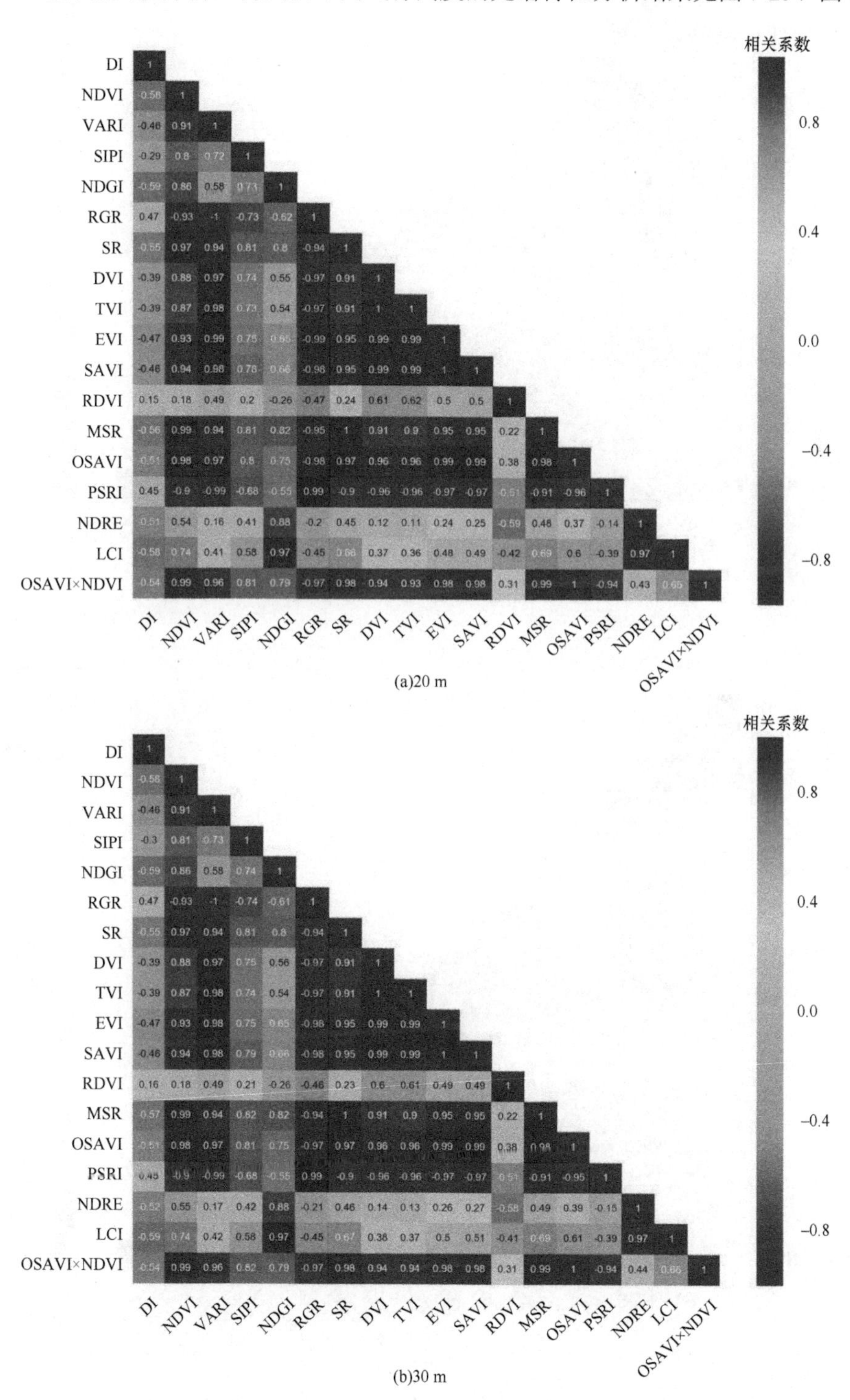

(a)20 m

(b)30 m

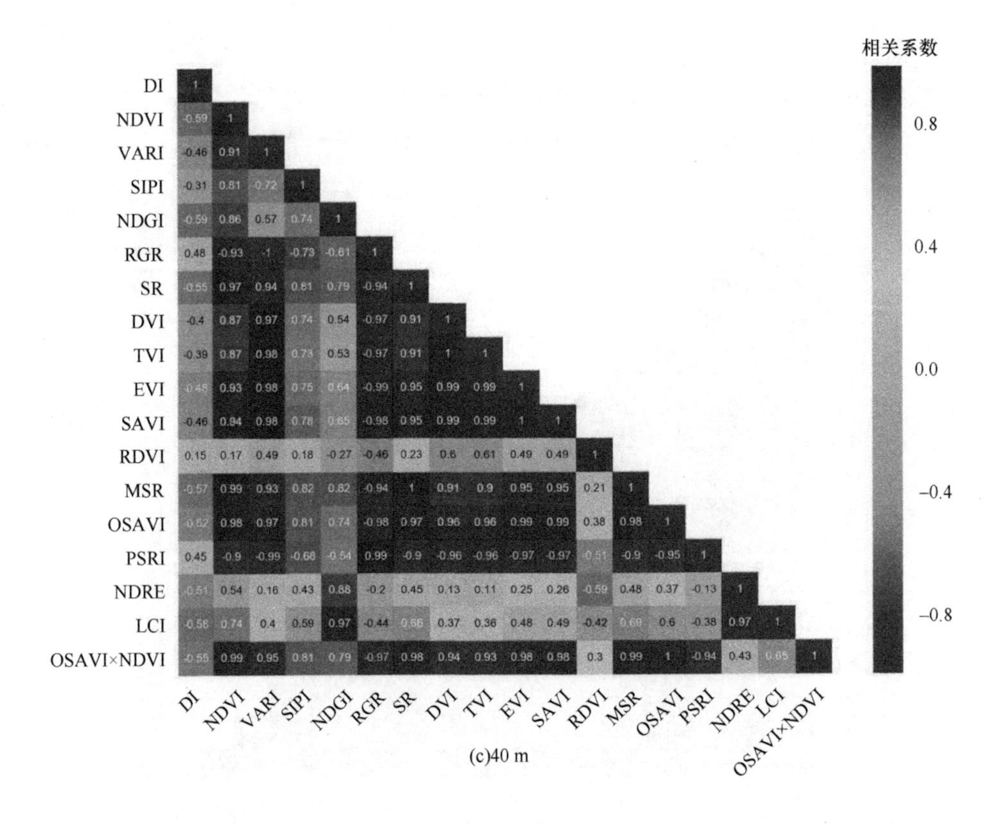

(c)40 m

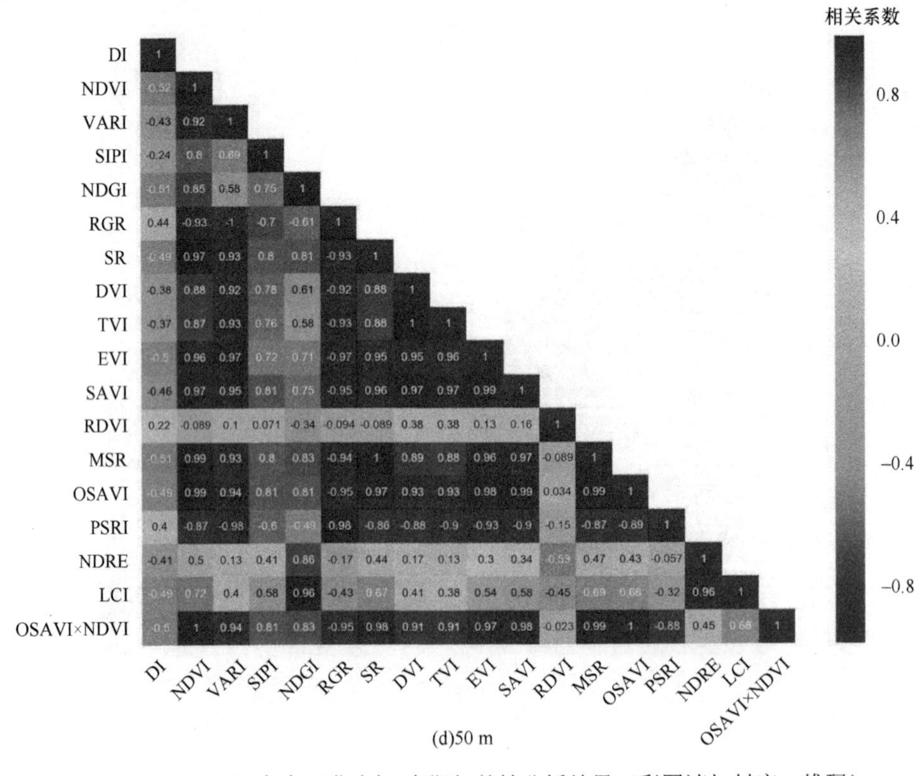

(d)50 m

图 7-25　不同飞行高度下发病初-中期相关性分析结果（彩图请扫封底二维码）

可以看出，同一光谱参数在不同飞行高度不同发病期的相关性各不相同，大部分光谱参数与小麦条锈病病害严重度极显著相关，其中光谱参数 SIPI 和 RDVI 在两个发病时期 4 种飞行高度下与病害严重度都未达到极显著相关。

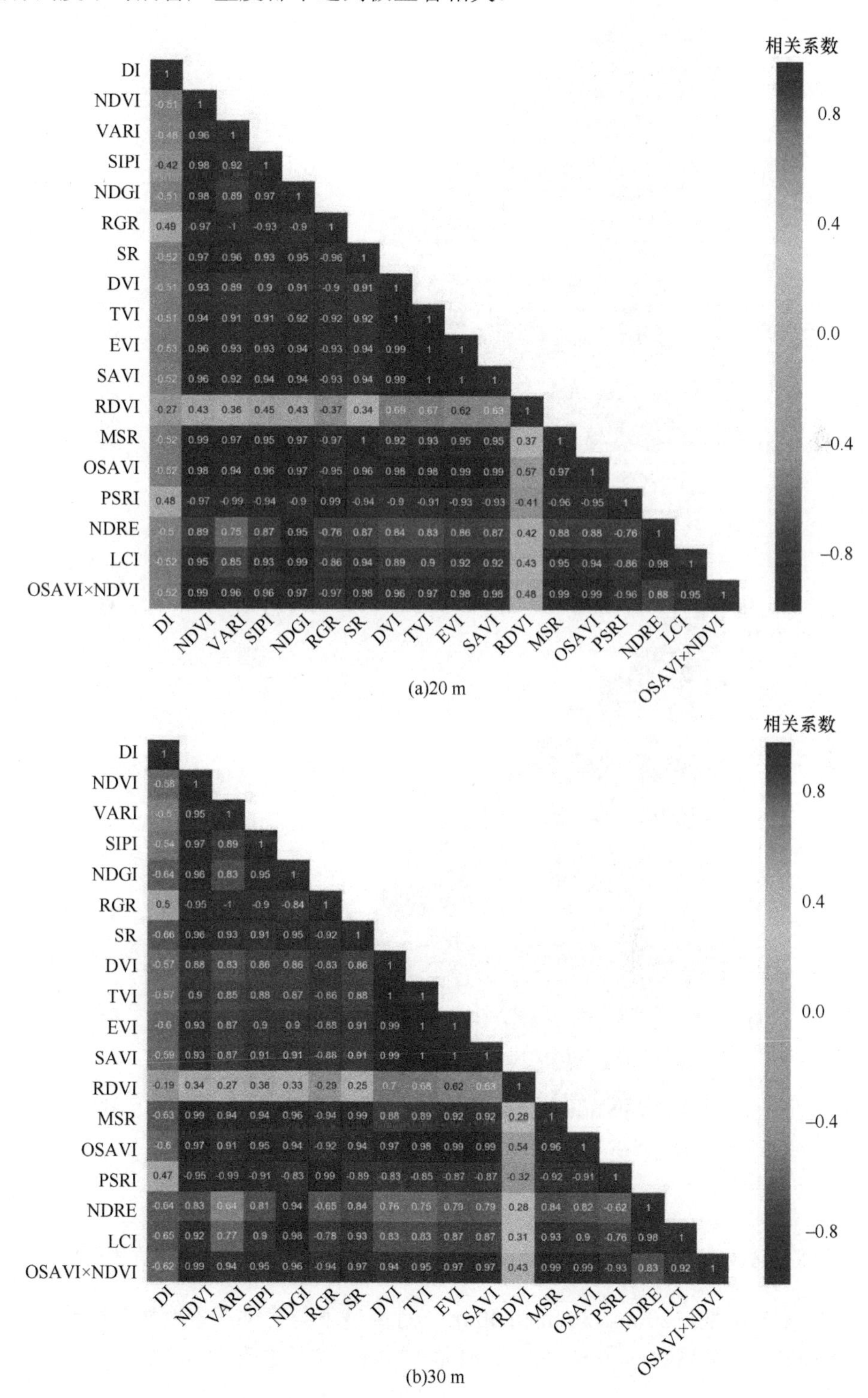

(a)20 m

(b)30 m

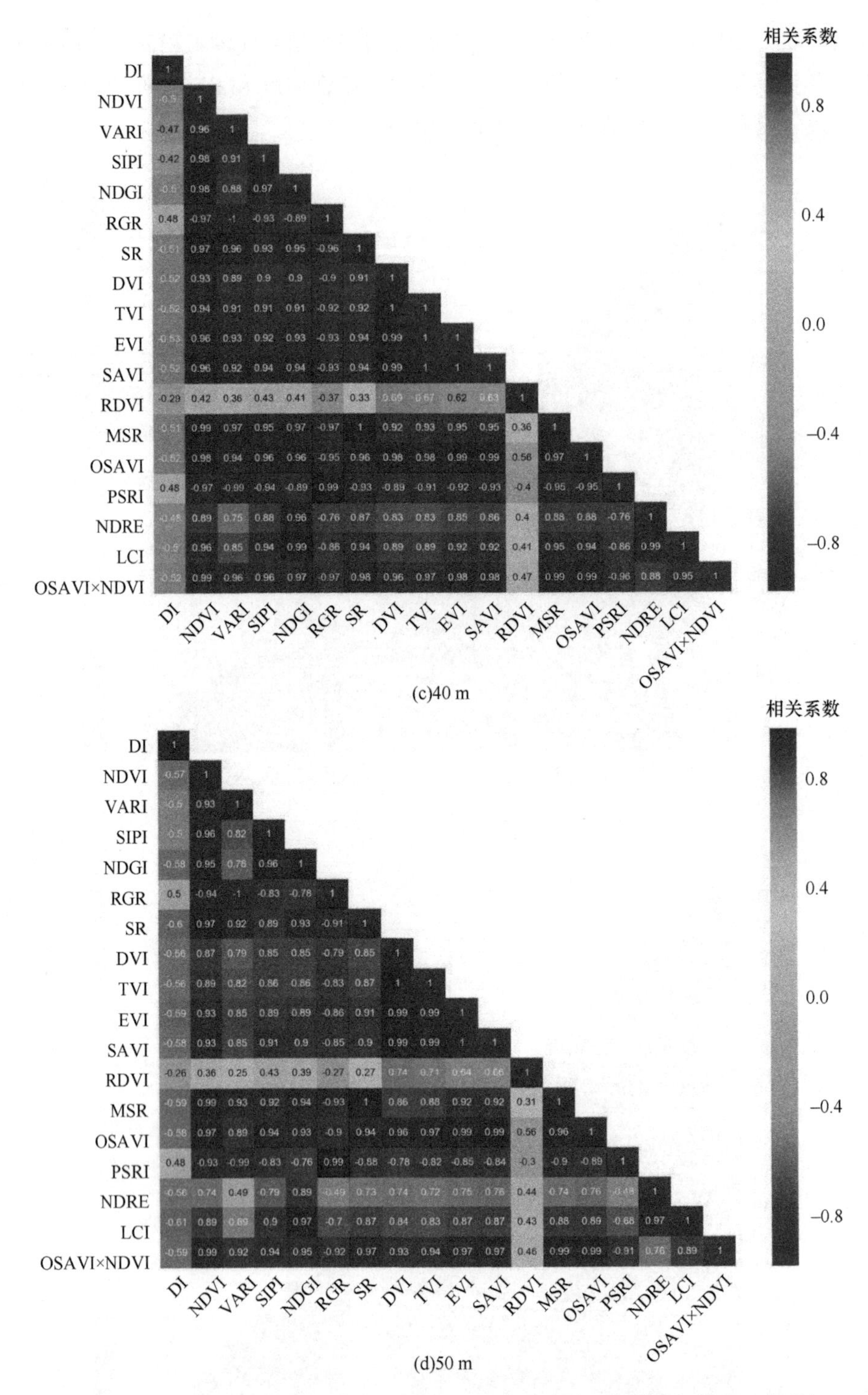

图 7-26　不同飞行高度下发病中-后期相关性分析结果（彩图请扫封底二维码）

1）发病初-中期，20 m、30 m 和 40 m 飞行高度下与病害严重度相关性最高的光谱参数是 NDGI，相关系数达–0.59；50 m 时是 NDVI，相关系数是–0.52。

2）发病中-后期，20 m、40 m 飞行高度下与病害严重度相关性最高的光谱参数是 EVI，相关系数达–0.53；30 m 时是 SR，相关系数是–0.66；50 m 时是 LCI，相关系数是–0.61。

3）构建的光谱参数 OSAVI×NDVI，在 30 m 飞行高度的发病中-后期与病情严重度相关性最高，相关系数为–0.62；在 50 m 飞行高度的发病初-中期与病情严重度的相关性最低，相关系数为–0.50。

综上所述，在发病初-中期，NDGI 和 NDVI 与病害严重度表现出了极高的相关性，发病中-后期，EVI、SR 和 LCI 与病害严重度表现出了极高的相关性。这 5 个植被指数均对植物的叶片叶绿素含量、冠层结构敏感，表明条锈病引起了叶片叶绿素含量、叶片结构发生变化。在不同飞行高度、不同发病期光谱参数与病情指数的相关性结果表明，不同飞行高度、不同发病期所对应的与病害严重度相关性最高、最低的光谱参数也不尽相同，但本研究构建的光谱参数 OSAVI×NDVI 较为稳定，在不同飞行高度、不同发病期，其与病害严重度的相关性都较好。

根据不同飞行高度下植被指数和病情指数的相关性分析结果，分别在小麦条锈病发病初-中期、中-后期从 20 m、30 m、40 m、50 m 中筛选出相关性绝对值排名靠前的 8 个植被指数，如表 7-12、表 7-13 所示。在每个飞行高度下筛选的植被指数顺序略有不同，8 个植被指数类别差异较小，且相关系数差异不大，表明飞行高度对光谱特征造成的影响较小。

表 7-12　不同飞行高度下发病初-中期建模特征因子

序号	20 m		30 m		40 m		50 m	
	植被指数	相关系数	植被指数	相关系数	植被指数	相关系数	植被指数	相关系数
1	NDGI	–0.59	NDGI	–0.59	NDGI	–0.59	NDVI	–0.52
2	LCI	–0.58	LCI	–0.59	NDVI	–0.59	NDGI	–0.51
3	NDVI	–0.58	NDVI	–0.58	LCI	–0.58	MSR	–0.51
4	MSR	–0.56	MSR	–0.57	MSR	–0.57	OSAVI×NDVI	–0.50
5	SR	–0.55	SR	–0.55	SR	–0.55	EVI	–0.50
6	OSAVI×NDVI	–0.54	OSAVI×NDVI	–0.54	OSAVI×NAVI	–0.55	SR	–0.49
7	OSAVI	–0.51	NDRE	–0.52	OSAVI	–0.52	OSAVI	–0.49
8	NDRE	–0.51	OSAVI	–0.51	LCI	–0.58	LCI	–0.49

表 7-13　不同飞行高度下发病中-后期建模特征因子

序号	20 m		30 m		40 m		50 m	
	植被指数	相关系数	植被指数	相关系数	植被指数	相关系数	植被指数	相关系数
1	EVI	–0.53	SR	–0.66	EVI	–0.53	LCI	–0.61
2	OSAVI×NDVI	–0.52	LCI	–0.65	SAVI	–0.52	SR	–0.60
3	SR	–0.52	NDRE	–0.64	TVI	–0.52	OSAVI×NDVI	–0.59
4	LCI	–0.52	NDGI	–0.64	OSAVI	–0.52	MSR	–0.59
5	SAVI	–0.52	MSR	–0.63	DVI	–0.52	EVI	–0.59
6	OSAVI	–0.52	OSAVI×NDVI	–0.62	OSAVI×NDVI	–0.52	NDGI	–0.58
7	MSR	–0.52	EVI	–0.60	MSR	–0.51	OSAVI	–0.58
8	TVI	–0.51	OSAVI	–0.60	SR	–0.51	SAVI	–0.58

在各个发病时期各飞行高度下分别选取 2/3 的样本（38 个）作为建模集，1/3 的样本（19 个）作为验证集。基于冠层病虫害严重度反演结论，选择较适于估算小麦条锈病病害严重度的 ANN、MLR 两种建模方法构建小麦条锈病病害严重度估算模型，结果如表 7-14、表 7-15 所示。

表 7-14　不同飞行高度下基于光谱特征的小麦条锈病发病初-中期严重度估算结果

飞行高度	模型	建模精度			验证精度		
		R^2	RMSE/%	nRMSE/%	R^2	RMSE/%	nRMSE/%
20 m	DI-ANN	0.58	15.25	19.07	0.58	14.63	18.29
	DI-MLR	0.55	14.86	18.57	0.59	16.48	20.60
30 m	DI-ANN	0.51	13.86	17.32	0.45	20.00	25.00
	DI-MLR	0.52	15.37	19.21	0.55	16.39	20.48
40 m	DI-ANN	0.43	17.21	21.52	0.57	15.76	19.70
	DI-MLR	0.51	15.43	19.28	0.55	16.36	20.45
50 m	DI-ANN	0.40	18.91	23.63	0.44	18.11	22.65
	DI-MLR	0.44	17.11	21.40	0.45	17.18	21.48

表 7-15　不同飞行高度下基于光谱特征的小麦条锈病发病中-后期严重度估算结果

飞行高度	模型	建模精度			验证精度		
		R^2	RMSE/%	nRMSE/%	R^2	RMSE/%	nRMSE/%
20 m	DI-ANN	0.62	10.62	15.17	0.63	15.26	10.68
	DI-MLR	0.52	11.31	16.15	0.57	10.73	15.34
30 m	DI-ANN	0.64	8.96	12.79	0.61	10.07	14.38
	DI-MLR	0.54	9.70	13.85	0.57	12.87	18.39
40 m	DI-ANN	0.52	10.31	14.73	0.60	12.69	18.12
	DI-MLR	0.49	11.91	17.02	0.49	8.28	11.83
50 m	DI-ANN	0.56	9.60	13.71	0.57	10.51	15.02
	DI-MLR	0.48	11.13	15.90	0.53	10.86	15.55

根据建模结果可以得到如下结论。

1）发病初-中期，无人机飞行高度 20～50 m（即影像地面分辨率为 1.058～2.646 cm/像素）时，随着飞行高度的增加，利用光谱特征估算小麦条锈病病害严重度的建模精度逐渐降低。①不同发病时期利用不同的模型方法在 4 种飞行高度下构建的小麦条锈病病害严重度估算模型，其估算结果具有显著差别。例如，在发病初-中期，20 m 飞行高度下利用 DI-ANN 建立的模型效果最好，精度最高；50 m 飞行高度下利用 DI-ANN 建立的模型效果最差，精度最低。②随着无人机飞行高度的增加，模型精度总体上逐渐降低。例如，利用 DI-ANN 方法构建的模型建模 R^2 从 0.58 递减到 0.40，nRMSE 从 19.07%递增到23.63%；利用DI-MLR方法构建的模型建模 R^2 从0.55 递减到0.44，nRMSE 从 14.86%递增到 17.11%。③两种建模方法的病害严重度估算效果都是在飞行高度 20 m 时精度最高，50 m 时精度最低。

2）发病中-后期，无人机飞行高度为 20～50 m 时，随着飞行高度的增加，利用光谱特征构建小麦条锈病病害严重度估算模型的建模精度出现先增加后降低的现象。①飞行高度低于 30 m 时，随着飞行高度的增加，建模精度逐渐升高。例如，利用 DI-ANN 方法构建的模型建模 R^2 从 0.62 增加到 0.64，nRMSE 从 15.17%减少到 12.79%；利用 DI-MLR 方法构建的模型建模 R^2 从 0.52 增加到 0.54，nRMSE 从 16.15%减少到 13.85%。②当飞行高度高于 30 m 时，随着飞行高度的增加，建模精度呈下降趋势。例如，利用 DI-ANN 方法构建的模型建模 R^2 从 0.64 递减到 0.56，nRMSE 从 12.79%递增到 13.71%；利用 DI-MLR 方法构建的模型建模 R^2 从 0.54 递减到 0.48，nRMSE 从 13.85%递增到 15.90%。

综上所述，小麦条锈病发病初-中期最佳病害严重度估算模型是飞行高度在 20 m 时的 DI-ANN 模型，中-后期最佳病害严重度估算模型是飞行高度在 30 m 时的 DI-ANN 模型。对比分析 DI-ANN、DI-MLR 两种模型的建模结果，DI-ANN 的建模效果好于 DI-MLR，冠层尺度的两种方法估算病害严重度，基于 ANN 构建的估算模型效果虽然好于 MLR，但是两者之间相差不大。田块尺度，两种方法构建的估算模型差异较大，表明用 ANN 方法构建的模型更适合遥感影像的条锈病病害严重度估算。在无人机飞行高度为 20～50 m 即影像地面分辨率为 1.058～2.646 cm/pixel 时，发病初-中期，随着飞行高度的增加，利用单一光谱特征估算病害严重度的建模精度逐渐降低。发病中-后期，随着飞行高度的增加，利用光谱特征构建病害严重度估算模型，建模精度先增后降。

（3）试验结果与分析

本研究参考罗菊花等（2010）构建的分级标准，根据病情的严重度共分为 4 个级别：健康（0～5%）、轻微病害（5%～45%）、严重病害（45%～80%）、极严重病害（80%～100%）。对获得的无人机多光谱影像分别利用发病初-中期和中-后期两种最佳模型进行填图，得到发病初-中期、中-后期的小麦条锈病病害严重度空间分布图。分级效果如图 7-27 所示。①发病初-中期，4 个试验田块的病情严重度普遍是轻微病害和严重病害，极严重病害呈现小区域行状分布，健康小麦只剩零星点状分布；发病中-后期，4 个试验田块的小麦全部发病，没有健康小麦。②对比两个发病时期的分级影像可以很直观地看出试验田块小麦条锈病的发生范围和病情严重度随时间变化的过程：发病初-中期，距离条锈病接种成功、初步显症已过去 18 天，此时条锈病已显症，部分区域达到了极严重病害；发病中-后期，此时试验田块小麦全部感染条锈病，无健康小麦，大部分区域呈现极严重病害。病情分布结果与地面调查结果相一致。

2. 不同飞行高度下基于光谱特征与纹理特征的病害严重度估算

（1）纹理特征提取

通过 ENVI 软件，利用基于二阶矩阵的纹理滤波，分别提取红、绿、蓝、红边、近红外 5 个波段的纹理特征。每个波段提取均值（Mean）、方差（variance，Var）、同质性（homogeneity，Hom）、对比度（contrast，Con）、相异性（dissimilarity，Dis）、信息熵（entropy，Ent）、二阶矩（second moment，SM）和相关性（correlation，Cor）共 8 个纹理特征，如表 7-16 表示。

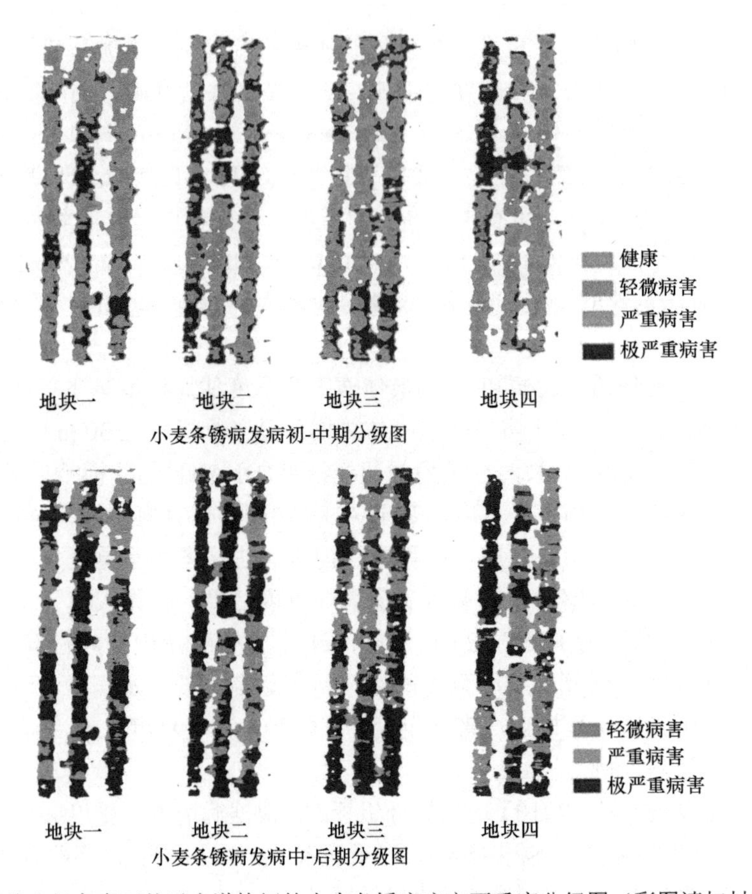

图 7-27　最佳飞行高度下基于光谱特征的小麦条锈病病害严重度分级图（彩图请扫封底二维码）

表 7-16　红、绿、蓝、红边、近红外 5 个波段提取的纹理特征

波段	纹理特征
蓝波段	B_Mean
	B_Var
	B_Hom
	B_Con
	B_Dis
	B_Ent
	B_SM
	B_Cor
绿波段	G_Mean
	G_Var
	G_Hom
	G_Con
	G_Dis
	G_Ent
	G_SM
	G_Cor

续表

波段	纹理特征
红波段	R_Mean
	R_Var
	R_Hom
	R_Con
	R_Dis
	R_Ent
	R_SM
	R_Cor
红边波段	RE_Mean
	RE_Var
	RE_Hom
	RE_Con
	RE_Dis
	RE_Ent
	RE_SM
	RE_Cor
近红外波段	N_Mean
	N_Var
	N_Hom
	N_Con
	N_Dis
	N_Ent
	N_SM
	N_Cor

（2）模型构建

将发病初-中期、中-后期在不同飞行高度下提取的 40 个纹理特征与病情指数进行相关性分析，结果表明：①选取的 5 个波段每个波段上 8 个纹理特征共 40 个纹理特征，其中蓝波段与绿波段的纹理特征对病害不敏感，红波段纹理特征对病害较为敏感，RE_Mean 和 N_Mcan 在发病初-中期与病情指数未达到极显著相关，中-后期达到极显著相关，说明 RE_Mean 和 N_Mean 对条锈病早期不敏感，晚期较为敏感。发病初-中期各飞行高度下，蓝波段、绿波段和近红外波段的纹理特征与病情指数均未达到极显著相关，红波段和红边波段部分纹理特征与病情指数达到极显著相关，如图 7-28 所示。发病中-后期各飞行高度下，蓝波段和绿波段的纹理特征与病情指数同样未达到极显著相关，红波段大部分纹理特征与病情指数极显著相关，红边波段和近红外波段纹理特征与病情指数极显著相关，如图 7-29 所示。②通过对比分析，同种纹理特征在不同飞行高度下对病害的敏感性不同。在发病初-中期，20 m、30 m 和 40 m 飞行高度下各纹理特征与病害相关性的差异不大，50 m 飞行高度下相关性最低；发病中-后期，同种纹理特征在不同飞行高度下与病害相关性差异较大，没有呈现出明显的规律性。

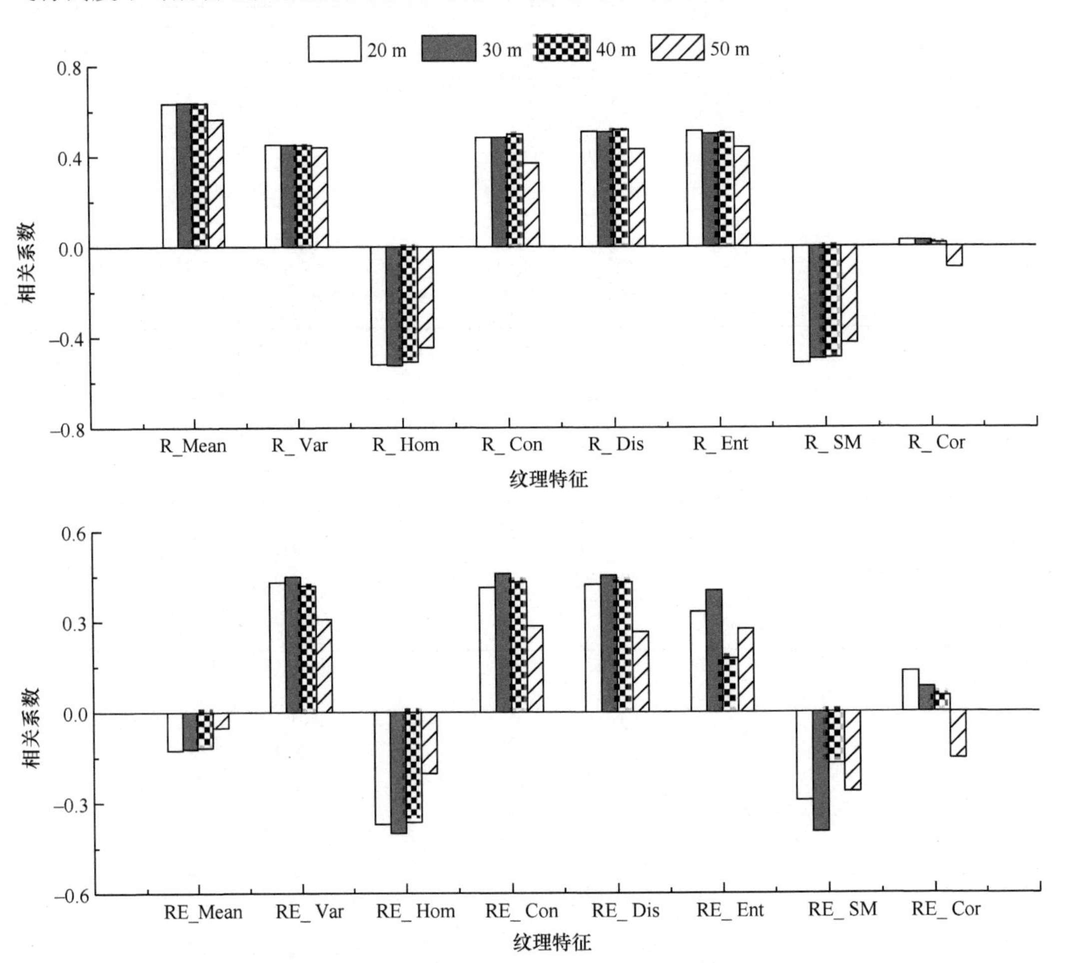

图 7-28　发病初-中期不同飞行高度下纹理特征与病情指数相关性分析结果

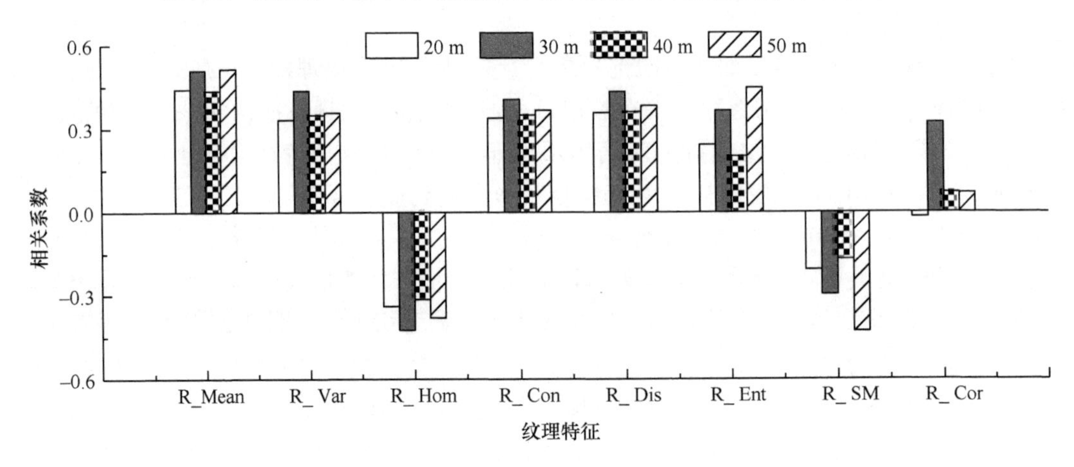

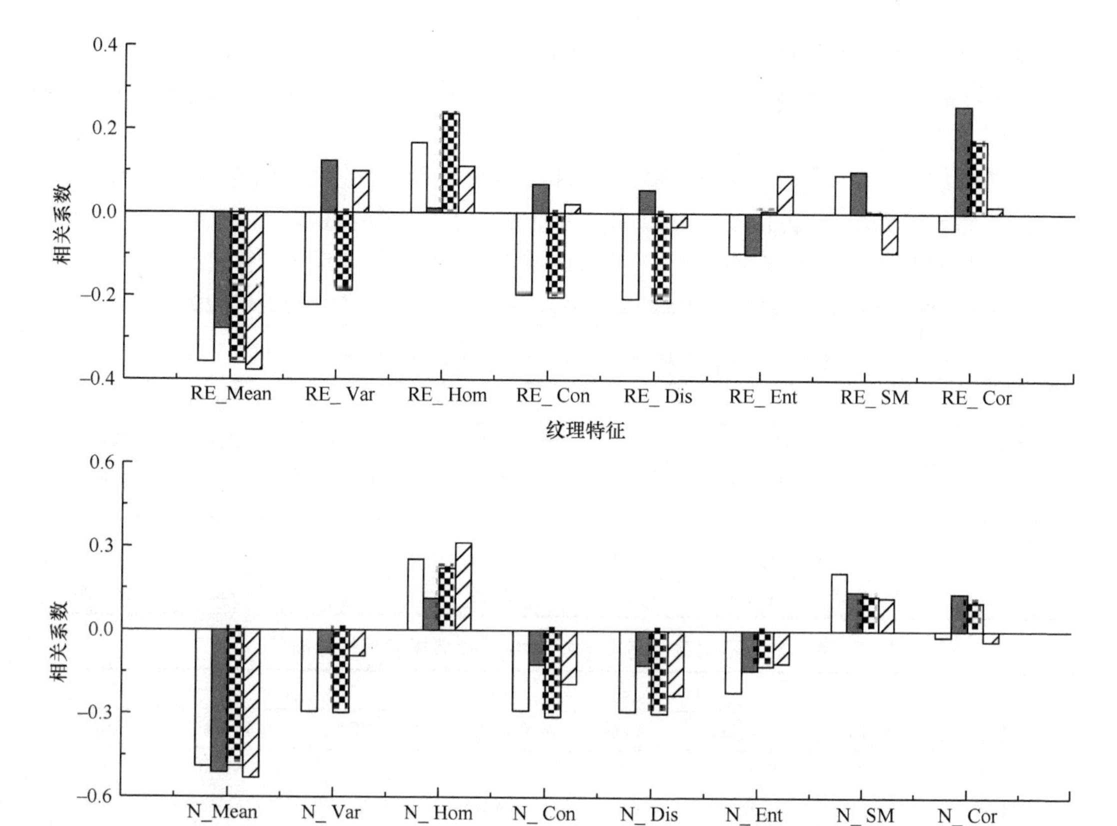

图 7-29 发病中-后期不同飞行高度下纹理特征与病情指数相关性分析结果

将得到的相关系数按照绝对值大小，选取前 4 个与病情指数达到极显著相关的纹理特征，结果如表 7-17、表 7-18 所示。发病初-中期，在 4 种飞行高度下，筛选的相关性

表 7-17 发病初-中期不同飞行高度建模纹理特征因子

20 m		30 m		40 m		50 m	
纹理特征	相关系数	纹理特征	相关系数	纹理特征	相关系数	纹理特征	相关系数
R_Mean	0.63	R_Mean	0.64	R_Mean	0.63	R_Mean	0.56
R_Hom	−0.52	R_Hom	−0.53	R_Dis	0.52	R_Hom	−0.45
R_SM	−0.52	R_Dis	0.51	R_Hom	−0.51	R_Var	0.44
R_Ent	0.51	R_Ent	0.50	R_Ent	0.50	R_Ent	0.44

表 7-18 发病中-后期不同飞行高度建模纹理特征因子

20 m		30 m		40 m		50 m	
纹理特征	相关系数	纹理特征	相关系数	纹理特征	相关系数	纹理特征	相关系数
N_Mean	−0.49	N_Mean	−0.51	N_Mean	−0.49	N_Mean	−0.53
R_Mean	0.44	R_Mean	0.51	R_Mean	0.44	R_Mean	0.51
RE_Mean	−0.36	R_Var	0.44	R_Dis	0.36	R_Ent	0.45
R_Dis	0.36	R_Dis	0.43	RE_Mean	−0.36	R_SM	−0.43

最高的 4 个纹理特征均是红波段上的，同种纹理特征与病情指数的相关系数在飞行高度为 50 m 时最低。发病中-后期，在 4 种飞行高度下，筛选的纹理特征差异较大，主要是红波段、近红外波段及红边波段的纹理特征。

多重共线性即特征属性之间存在着相互关联，其会导致解的空间不稳定，模型泛化能力较弱。本研究采用方差膨胀因子（VIF）评价特征变量之间是否存在多重共线性。VIF 越大，多重共线性越严重，VIF 一般不大于 5，当 VIF>5 时，说明特征变量之间存在严重的多重共线性。对筛选的前 4 个纹理特征进行多重共线性诊断，结果如表 7-19、表 7-20 所示。

表 7-19 不同飞行高度下发病初-中期多重共线性诊断

20 m		30 m		40 m		50 m	
纹理特征	VIF	纹理特征	VIF	纹理特征	VIF	纹理特征	VIF
R_Mean	1.334	R_Mean	1.522	R_Mean	1.624	R_Mean	1.957
R_Hom	16.634	R_Hom	31.842	R_Dis	18.834	R_Hom	36.906
R_SM	110.154	R_Dis	27.927	R_Hom	21.928	R_Var	8.103
R_Ent	152.274	R_Ent	8.552	R_Ent	7.486	R_Ent	24.388

表 7-20 不同飞行高度下发病中-后期多重共线性诊断

20 m		30 m		40 m		50 m	
纹理特征	VIF	纹理特征	VIF	纹理特征	VIF	纹理特征	VIF
N_Mean	17.535	N_Mean	1.507	N_Mean	17.338	N_Mean	1.472
R_Mean	6.732	R_Mean	4.021	R_Mean	6.899	R_Mean	2.935
RE_Mean	13.780	R_Var	14.036	R_Dis	4.008	R_Ent	91.349
R_Dis	3.845	R_Dis	13.796	RE_Mean	13.790	R_SM	85.328

主成分分析是将多个互相关联的变量转化成少数几个互不相关的综合指标的统计方法，其本质思想是对数据进行降维，减少模型输入变量之间的复杂性，充分利用输入变量的有效信息并且使各成分之间互不相关。在构建小麦条锈病病害严重度估算模型之前，对筛选的纹理特征进行主成分分析，选取特征根大于或等于 1 的主成分。

在基于植被指数建模的基础上，对前 4 个存在严重多重共线性的纹理特征进行主成分分析并提取最佳主成分。基于 ANN、MLR 方法，分别构建无人机不同飞行高度的植被指数-纹理特征条锈病病害严重度反演模型，结果如表 7-21、表 7-22 所示。利

表 7-21 不同飞行高度下基于光谱特征与纹理特征协同的小麦条锈病发病初-中期严重度估算结果

飞行高度	模型	建模精度			验证精度		
		R^2	RMSE/%	nRMSE/%	R^2	RMSE/%	nRMSE/%
20 m	DI-ANN	0.70	12.57	15.72	0.71	12.03	15.04
	DI-MLR	0.66	13.54	31.05	0.70	22.30	31.76
30 m	DI-ANN	0.65	14.39	17.99	0.69	17.34	21.68
	DI-MLR	0.64	14.19	17.74	0.66	19.50	24.37
40 m	DI-ANN	0.58	15.02	18.77	0.63	13.48	16.86
	DI-MLR	0.62	14.82	18.52	0.64	18.67	23.33
50 m	DI-ANN	0.57	15.93	19.91	0.58	15.80	19.75
	DI-MLR	0.56	15.04	18.80	0.58	20.02	25.03

表 7-22　不同飞行高度下基于光谱特征与纹理特征协同的小麦条锈病发病中-后期严重度估算结果

飞行高度	模型	建模精度			验证精度		
		R^2	RMSE/%	nRMSE/%	R^2	RMSE/%	nRMSE/%
20 m	DI-ANN	0.52	10.86	15.52	0.55	10.22	14.60
	DI-MLR	0.59	10.54	15.06	0.60	14.14	20.20
30 m	DI-ANN	0.72	7.48	10.68	0.72	11.72	16.74
	DI-MLR	0.67	8.31	11.87	0.72	19.79	28.27
40 m	DI-ANN	0.67	9.32	13.31	0.71	9.73	13.89
	DI-MLR	0.65	9.65	13.78	0.73	17.04	24.34
50 m	DI-ANN	0.63	6.48	9.25	0.63	14.85	21.22
	DI-MLR	0.56	10.97	15.67	0.59	13.47	19.24

用光谱特征协同纹理特征构建小麦条锈病病害严重度估算模型，发病初-中期精度最高的是 20 m 飞行高度下 DI-ANN 模型，建模 R^2、nRMSE 分别为 0.70、15.72%，验证 R^2、nRMSE 分别为 0.71、15.04%，模型精度较高。发病中-后期精度最高的是 30 m 飞行高度下 DI-ANN 模型，建模 R^2、nRMSE 分别为 0.72、10.68%，验证 R^2、nRMSE 分别为 0.72、16.74%，估算效果较好。对比分析 DI-ANN、DI-MLR 两种模型的建模结果，大部分情况下，DI-ANN 的建模效果优于 DI-MLR。

（3）试验结果与分析

根据 4 种飞行高度下利用两种建模方法估算小麦条锈病病害严重度模型，筛选出小麦条锈病发病初-中期最佳病害严重度估算模型是飞行高度 20 m 时的 DI-ANN 模型，中-后期最佳病害严重度估算模型是飞行高度 30 m 时的 DI-ANN 模型。对获得的无人机多光谱影像分别利用发病初-中期和中-后期两种最佳模型进行填图，得到发病初-中期、中-后期的小麦条锈病病害严重度空间分布图，如图 7-30 所示。发病初-中期，4 个试验田块的健康小麦区域较少，呈点状分布，轻微病害与严重病害呈现大面积分布，局部区域呈现极严重病害；发病中-后期，4 个试验田块的小麦全部发病，没有健康小麦，只有轻微病害、严重病害和极严重病害 3 个级别。此分级结果与基于光谱特征估算模型的分级结果相一致，也符合地面实测调查结果。

3. 病害严重度反演结果对比分析

将不同飞行高度下基于光谱特征协同纹理特征构建的估算模型与基于单一光谱特征构建的估算模型进行对比分析，可知：①发病初-中期，4 个飞行高度下，DI-ANN 和 DI-MLR 两种模型精度均显著提高，建模 R^2 增加了 10%以上，同种高度下，光谱特征协同纹理特征构建的估算模型精度最高、效果最佳；②发病中-后期，除 20 m 飞行高度外，基于光谱特征协同纹理特征构建的病害严重度估算模型效果均优于基于单一光谱特征构建的病害严重度估算模型。

对比最佳飞行高度下光谱特征协同纹理特征的建模结果图与单一光谱特征建模结果图可得，光谱特征协同纹理特征估算模型分级图，对较轻的条锈病病情更为敏感，在发病初-中期对于健康区域、轻微病害的识别更为精确（图 7-31）。发病中-后期，大部分区域处于重度感染阶段，利用单一光谱特征构建的分级图，对处于其间的轻微病害识别不够精确，而结合纹理特征的分级图则很好地弥补了这一缺陷（图 7-32）。

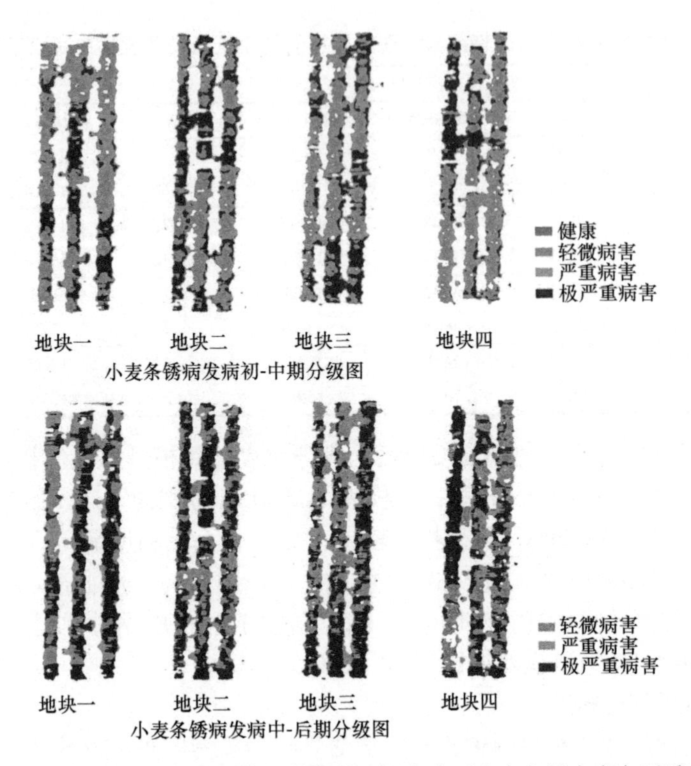

图 7-30　基于光谱特征与纹理特征的最佳飞行高度下小麦条锈病病害严重度分级图（彩图请扫封底二维码）

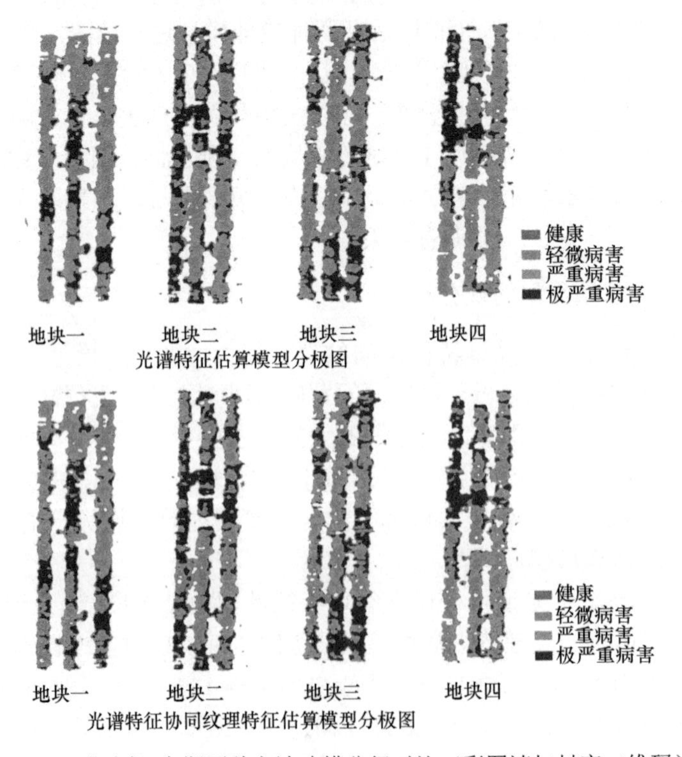

图 7-31　发病初-中期两种方法建模分级对比（彩图请扫封底二维码）

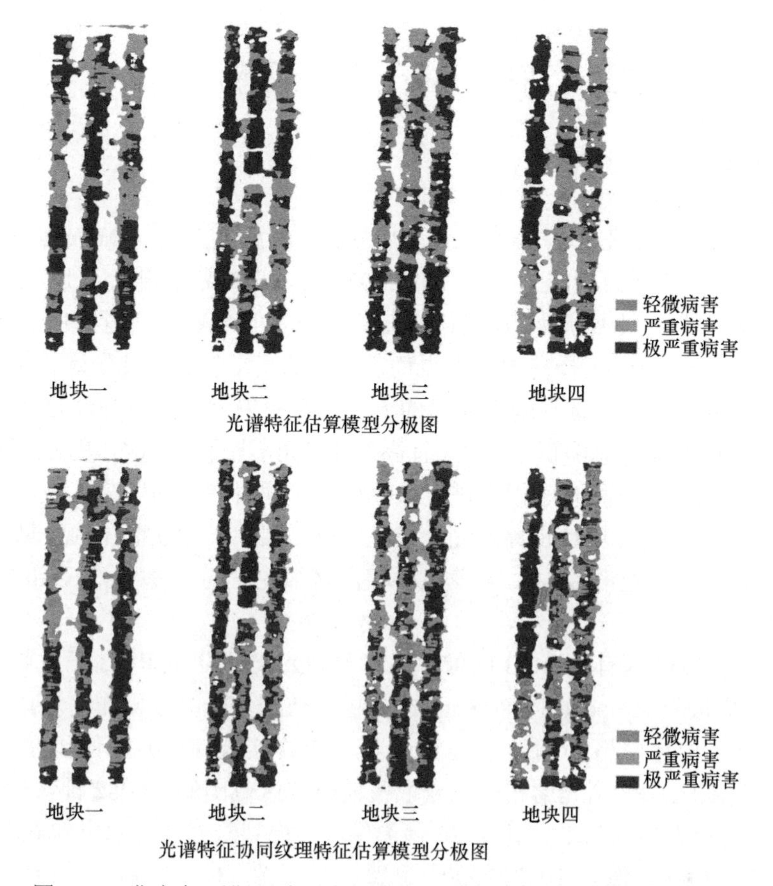

图 7-32　发病中-后期两种方法建模分级对比（彩图请扫封底二维码）

无论是基于单一光谱特征还是光谱特征协同纹理特征构建估算模型，在 20～50 m 飞行高度，发病初-中期，模型精度随着飞行高度增加而逐渐降低；发病中-后期，模型精度大致呈现先增后降的现象，这种现象类似于高光谱数据出现的“休斯”（Hughes）现象（Gitelson et al.，2002）。“休斯”现象指的是在高光谱数据分析过程中，参与运算波段数目的增加，即特征空间维数增加，导致样本数目相对减少，使得参数的估计精度下降，引起最终分类精度先增后降。大部分研究表明（Huete et al.，2002；Verstraete et al.，1996；Gamon and Surfus，1999；Person and Kudina，1972；Zhao et al.，2004），随着空间分辨率的提高，模型精度逐渐变差，与发病初-中期得出的结论相一致。发病中-后期的建模结果与此结论略有不同，飞行高度在 20 m（即地面影像分辨率在 1.058 cm/pixel）时，模型精度并不是最高的。过高的空间分辨率会造成识别效率降低和数据庞大，从信息论的角度来说，过高的空间分辨率可能导致信噪比的下降，反而使得信息量下降。空间分辨率越高，纹理特征越丰富，但是纹理特征对多光谱遥感分类的影响并不是空间分辨率越高分类精度越高。由此表明，利用无人机对条锈病病情监测时，并不是无人机飞行高度越低监测效果越好，在适宜的空间分辨率下进行条锈病病情监测才能达到更好的效果。

7.3 油松毛虫无人机遥感监测

7.3.1 数据获取

本研究基于航空数据获取平台展开，由大疆八旋翼无人机（DJI Spreading Wings S1000+）同步搭载高清数码相机（索尼 DSC-QX100）及高光谱相机（UHD185）组成数据获取系统。试验用八旋翼无人机机身 4.5 kg，有效载荷 5 kg，飞行时间 25 min，可飞行高度 10～1000 m。试验选择在油松毛虫危害严重的辽宁省建平县朱碌科镇展开，2016 年 7 月 30 日至 8 月 3 日，选择晴朗无风的天气，在中午 10:00～14:00 进行。依据试验样地地形、植被情况及覆盖面积，设定飞行高度 100 m，飞行 4 架次，单次飞行时间 20～25 min。每架次飞行前对高光谱相机进行白板校正，同时在地面覆盖区域内放置标准白板、白布和黑布以便进行场地定标及光谱校正。每个架次飞行获取试验区域内空间分辨率为 2.8 cm 的成像高光谱数据，同步获取相同区域空间分辨率为 2.6 cm 的高清数码相片。

试验共获取 2087 幅有效 RGB 图像，并基于 POS 数据生成 RGB 正射影像。整个图像拼接过程严格按照 Agisoft PhotoScan 中提供的数据分析流程操作，通过对齐照片、构建致密点云、构建网格和构建纹理等步骤，最终实现 RGB 图像拼接，并重采样至 0.028 m。而 UHD185 高光谱相机共获取覆盖研究区范围的 14 082 幅影像，删除每架次飞行起飞、降落及转弯时的共计 7726 幅影像，共得到研究区有效影像 6356 幅，包括全色影像（JPG 格式，像素 1000×1000）和高光谱影像（CUB 格式，像素 50×50），全色影像和高光谱影像一一对应，地理范围一致。

7.3.2 油松毛虫危害木单木冠幅提取

1.“空-谱”分类框架构建

无人机高光谱成像系统所提供的数据同时具有高空间分辨率和高光谱分辨率，在两种分辨率大幅提升的情况下，更有利于单木冠幅的提取。目前已有研究有针对性地提出了一系列单木冠幅提取方法：区域生长法、模板匹配法、流域跟踪法、流域分割法。然而，在基于无人机的高光谱图像数据分析中，特别是在训练数据稀疏的情况下，这些方法往往会出现“休斯”现象，导致分类精度下降。基于此，针对高空间分辨率的高光谱图像，学者们提出了“空-谱”分类的概念，以减少数据高维信息对图像分类精度的影响。目前，“空-谱”分类框架主要集中在两个方面：一是通过融合高光谱图像的空间和光谱信息，构造光谱空间特征提取算法；二是构建“空-谱”分类框架，优化以图像分割和概率优化为代表的像素级光谱分类结果。

考虑到油松毛虫为食叶害虫，8 月是其危害最为严重的时期，其啃食后的松树树冠具有边缘结构突出的特点，本研究采用边缘保持滤波的空间分类方法，优化分类精度高、运行速度快、泛化能力强的支持向量机（SVM）逐像素分类结果，形成“空-谱”分类框架，进行油松毛虫危害木单木冠幅提取。图 7-33 为本研究无人机数码及高光谱图像预处理流程示意图。

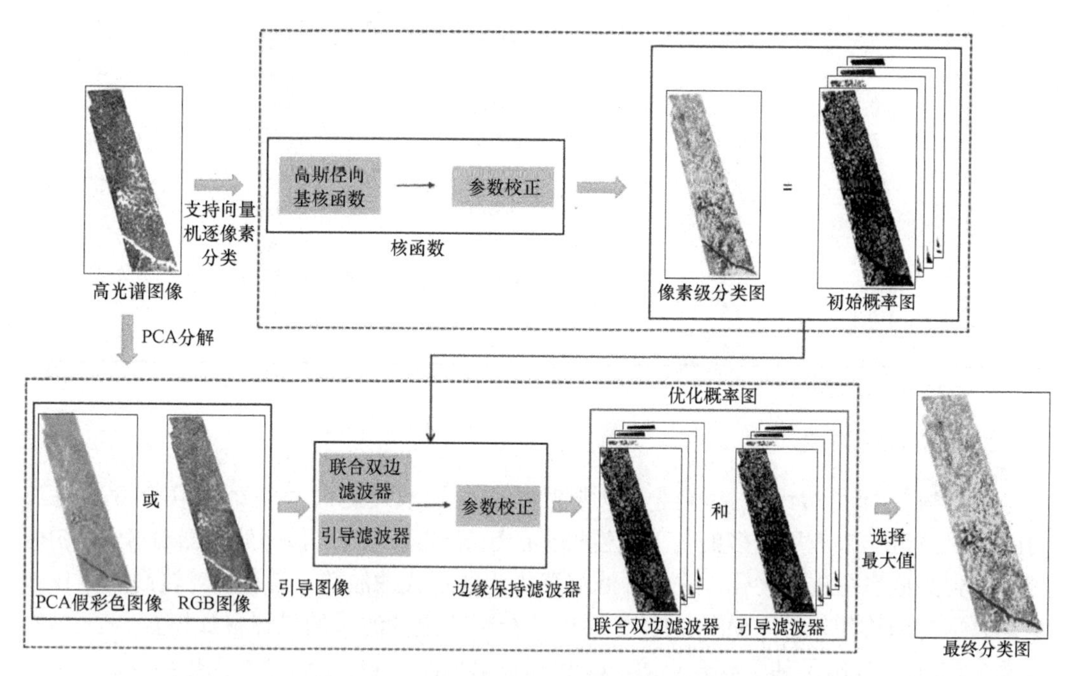

图 7-33　无人机数码及高光谱图像预处理流程（彩图请扫封底二维码）

首先，通过 SVM 逐像素分类算法获取各类地物的初始概率图，确定各像素属于各个类别的概率；其次，对初始概率图进行基于边缘保持滤波的局部优化，此时得到的概率图即为在光谱分类基础上加入了空间信息优化的概率图；最后，依据最大概率准则确定各像素所属类别，完成分类，并提取影像中危害油松的范围。在进行边缘保持滤波时，对于引导图像的选择，本研究确定以下两种方式。

主成分分析（PCA）假彩色图像：对原始高光谱图像进行主成分分析，将利用前三个主成分组合得到的假彩色图像作为引导图像。

红绿蓝（RGB）图像：将利用与近地高光谱图像同步获取的高清 RGB 影像作为引导图像。由于 RGB 影像空间分辨率与近地高光谱数据分辨率不同，在进行滤波前需对其进行空间重采样。

基于高斯径向核函数（G-RBF）的支持向量机（SVM）是目前最为主流、最为基本的分类方案，经过长期大量的研究，通过惩罚因子及核参数的设置，寻找（C，γ）的最优设定，发现基于 G-RBF 的支持向量机在大样本、小样本、高维及低维等情况下都能够得到较好的分类效果。依据试验样地的实际情况，我们将研究区主要地类划分为危害油松、林下植被、裸地及树冠阴影四类。基于像素进行采样，其中每种土地覆盖类型选择了 1250 个采样点，共 5000 个采样点。训练和验证样本的比例为 3∶1。采用总体分类精度、Kappa 系数以及危害油松分类精度作为评价指标，表 7-23 列出了不同惩罚因子以及核参数设定下的 SVM 分类结果。由表 7-23 可知，当惩罚因子为 20、核参数为 0.5 时，分类精度最高。

表 7-23　不同参数设置下的 SVM 分类结果

主要参数		总体分类精度	Kappa 系数	危害油松分类精度
惩罚因子	核参数			
100	0.5	0.8933	0.8514	0.7687
80	0.5	0.8933	0.8514	0.7687
60	0.5	0.8961	0.8554	0.7744
40	0.5	0.8961	0.8554	0.7744
20	**0.5**	**0.9045**	**0.8673**	**0.7923**
20	1	0.8961	0.8554	0.7744
15	0.5	0.9045	0.8673	0.7923
15	1	0.9045	0.8673	0.7923
10	0.5	0.9045	0.8673	0.7923
5	0.5	0.9045	0.8673	0.7923

注：加粗格式的数据表示最佳精度

2. 边缘保持滤波

本研究选择了边缘保持滤波中以典型的非线性双边滤波为基础的联合双边滤波（JBF）以及近年来应用较多的基于线性模型的引导滤波（GF）作为滤波器对 SVM 初始分类得到的概率图进行优化。这两种滤波器均为非迭代滤波器，具有相对较高的工作效率。以平均结构相似性（MSSIM）作为评价指标确定各滤波的最佳参数设置。表 7-24 及表 7-25 分别列出了基于联合双边滤波和基于引导滤波的 SVM 分类优化结果。

表 7-24　联合双边滤波在不同参数设置下的 MSSIM 精度分析

引导图	MSSIM	σ_r=0.01	σ_r=0.1	σ_r=0.2	σ_r=0.4
RGB 图像	σ_d=1	**0.8754**	0.8654	0.8451	0.8348
	σ_d=2	0.8593	0.8537	0.8389	0.8386
	σ_d=3	0.8122	0.8117	0.8014	0.7909
	σ_d=4	0.7763	0.7690	0.7554	0.7483
PCA 假彩色图像	σ_d=1	**0.8478**	0.8425	0.8375	0.8269
	σ_d=2	0.8217	0.8168	0.8102	0.8072
	σ_d=3	0.7986	0.7945	0.7864	0.7735
	σ_d=4	0.7513	0.7479	0.7412	0.7358

注：表中加粗格式的数据表示最佳精度；σ_d 为滤波核大小；σ_r 为局部窗口内权重变化比重

表 7-25　引导滤波不同参数设置下 MSSIM 精度分析

引导图	MSSIM	ε=0.01^2	ε=0.1^2	ε=0.2^2	ε=0.4^2
RGB 图像	r=1	0.9187	**0.9227**	0.9064	0.9015
	r=2	0.8594	0.8646	0.8513	0.8474
	r=4	0.7482	0.7239	0.7144	0.7011
	r=8	0.6289	0.5955	0.5626	0.5449
PCA 假彩色图像	r=1	0.9097	**0.9118**	0.9005	0.8956
	r=2	0.8437	0.8513	0.8447	0.8331
	r=4	0.7048	0.7165	0.6946	0.6632
	r=8	0.6090	0.6132	0.5518	0.5053

注：表中加粗格式的数据表示最佳精度；r 为窗口半径；ε 为梯度变化控制系数

利用联合双边滤波进行 SVM 分类概率图优化时，需要设置滤波核大小（σ_d）和局部窗口内权重变化比重（σ_r），分析已有相关研究，σ_d 分别取 1、2、3、4，σ_r 分别设定为 0.01、0.1、0.2 和 0.4。由表 7-24 可以发现，不论是 RGB 图像作为引导图还是 PCA 假彩色图像作为引导图，随着滤波核大小以及局部窗口内权重变化比重的不断增加，滤波后 MSSIM 均呈现出不断降低的趋势。最佳滤波设置为（σ_d，σ_r）=（1，0.01）。利用引导滤波进行 SVM 分类概率图优化时，需要设置控制局部窗口大小的窗口半径 r 以及控制梯度变化的 ε。本研究分别设置 r 为 1、2、4 和 8，ε 为 0.01^2、0.1^2、0.2^2 和 0.4^2 进行滤波后比较分析 MSSIM。由表 7-25 可以发现，在固定窗口大小不变时，随着 ε 的变化，MSSIM 呈现先增高再降低的趋势，且在 $\varepsilon=0.1^2$ 时，MSSIM 取值最大；但在固定 ε 不变时，随着 r 的不断增加，MSSIM 呈现明显的下降趋势。最佳滤波设置为（r，ε）=（1，0.1^2）。同时可以发现，不论哪种滤波，在 RGB 图像作为引导图时，其滤波效果均优于 PCA 假彩色图像的滤波效果。图 7-34 和图 7-35 分别给出了两种滤波的细节展示（以危害油松的概率图为例）。

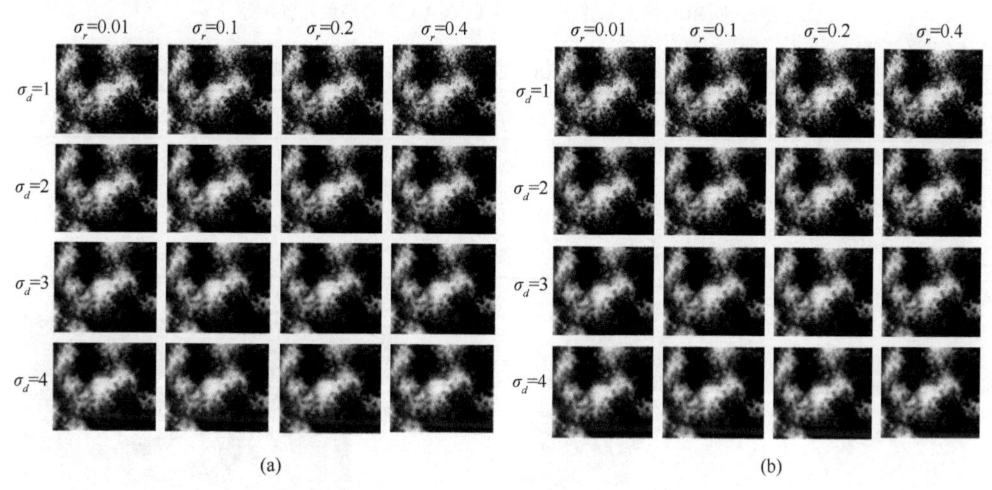

图 7-34　联合双边滤波优化细节图
（a）以 RGB 图像为引导图；（b）以 PCA 假彩色图像为引导图

3. 危害油松单木冠幅提取及精度评价

通过对支持向量机分类方法和边缘保持滤波分析比较，采用基于 G-RBF（惩罚因子−20，核参数 0.5）核函数的 SVM 进行初始逐像素分类，以 RGB 图像为引导图进行基于边缘保持滤波优化，建立油松毛虫危害油松单木树冠提取的最佳“空-谱”分类框架。由于两种边缘保持滤波方法精度相差不大，分别用两种滤波进行最终的分类验证，其中联合双边滤波采用（σ_d，σ_r）=（1，0.01）的参数设置，引导滤波采用（γ，ε）=（1，0.1^2）的参数设置，在确定每个像素的最大概率值的类别后，完成所有像素的分类，并使用原始支持向量机分类的 1250 个验证样本评估整个区域的分类结果。

由表 7-26 可以发现，优化后的总体分类精度、Kappa 系数以及危害油松分类精度均得到了提高，其中以引导滤波效果最佳。因此选择引导滤波优化结果进行研究区危害油松单木冠幅提取。图 7-36 为最后分类效果图。

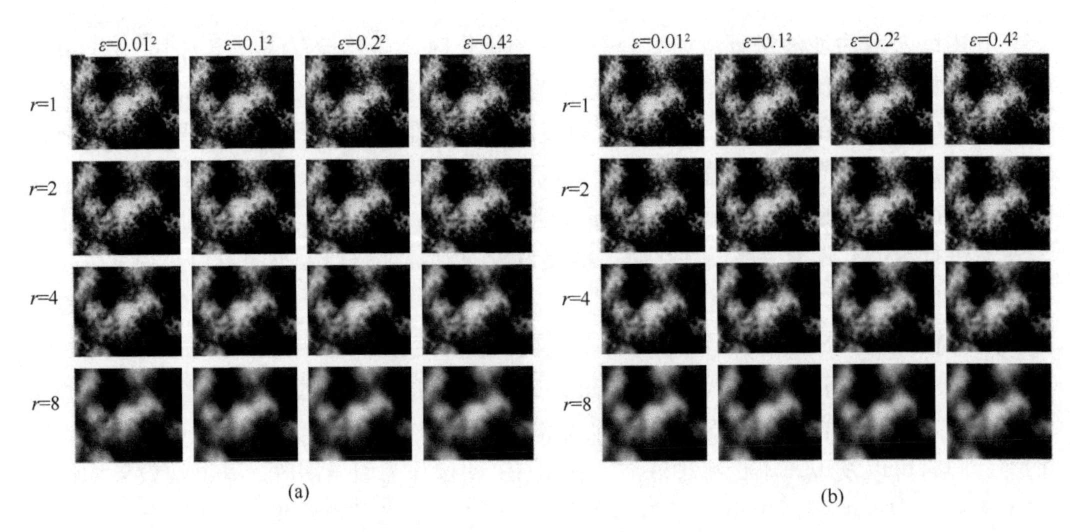

图 7-35 引导滤波优化细节图

（a）以 RGB 图像为引导图；（b）以 PCA 假彩色图像为引导图

表 7-26 基于优化支持向量机“空-谱”分类框架的分类结果评价

分类方法	滤波器	总体分类精度	Kappa	危害油松分类精度
SVM 分类	—	0.9045	0.8673	0.7923
“空-谱”分类	联合双边滤波	0.9163	0.8921	0.8673
	引导滤波	0.9317	0.9053	0.8897

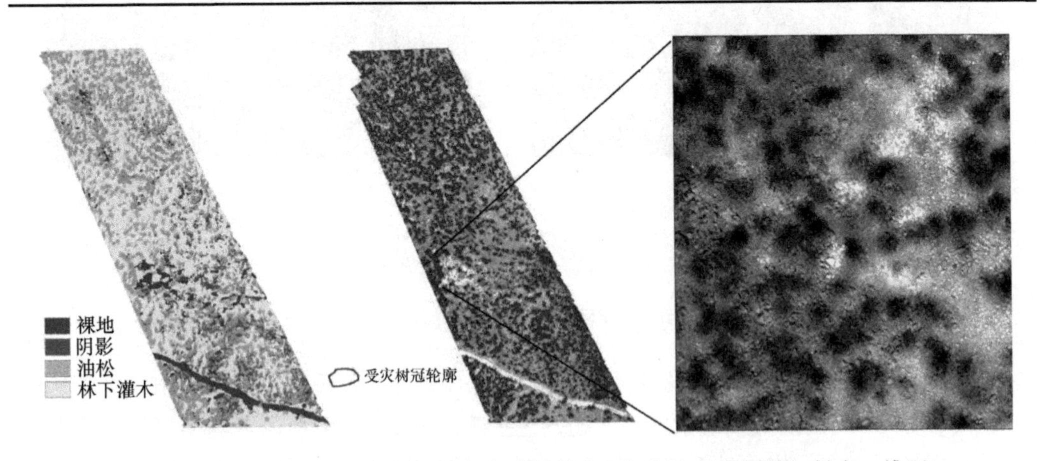

图 7-36 基于“空-谱”分类框架的危害油松单木冠幅提取（彩图请扫封底二维码）

左图为研究区分类图，中间为提取的受灾树冠轮廓，右图为中间局部放大图

7.3.3 油松毛虫危害等级划分

1. 单木油松光谱信息提取

依据基于引导滤波优化的支持向量机“空-谱”分类框架，对研究区无人机载高光谱数据进行危害油松单木冠幅提取，将危害油松类别形成样本数据感兴趣区（ROI）；同

时，利用野外调查 DGPS 定位点，确定零星未被自动提取的油松位置，利用人工勾绘感兴趣区的方式获取其单木冠幅。将获取的所有单木冠幅 ROI 叠加到经过辐射校正的无人机载高光谱图像上，提取对应 ROI 的平均光谱作为对应单木的光谱信息。值得注意的是，提取的平均光谱并不是单纯的叶片（或受害木本身）光谱，尤其是受重度危害的油松，而是包含了大量的裸地及林下植被的光谱，但在实际应用或更大尺度的研究中，混合像元及混合光谱问题是普遍存在的。因此，我们将提取的光谱作为单木光谱进行后续分析且未进行其他平滑处理。试验共获取 226 条油松光谱信息。

2. 油松毛虫危害敏感波段筛选

本研究以单株油松失叶率为油松毛虫危害等级评价指标进行分析，通过分析不同失叶率对应光谱的差异性实现敏感波段筛选。利用不稳定指数（instability index，ISI）波段筛选算法，基于差值绝对值（Di）阈值进行敏感波段筛选。此外作为参考对比，利用主成分分析（PCA）以及连续投影变换（SPA）进行波段筛选。将 226 个单木光谱信息按照 3∶1 划分为训练集及验证集，利用 152 个训练集样本进行波段筛选试验，选择交叉验证相关系数（RCV）和交叉验证均方根误差（RMSECV）作为标准，进行基于 ISI 的波段筛选，表 7-27 为不同 Di 阈值下的类间不稳定指数（instability index between classes，ISIC）波段筛选交叉验证精度。

表 7-27　不同 Di 阈值下的波段筛选交叉验证精度

Di	N	RCV	RMSECV	Di	N	RCV	RMSECV
0.000 76	125	0.724 8	0.687 6	0.072 90	67	0.742 5	0.668 5
0.004 32	115	0.725 4	0.687 0	0.073 49	66	0.743 3	0.667 6
0.014 81	105	0.725 8	0.686 5	0.078 53	65	0.742 9	0.668 1
0.018 43	95	0.737 7	0.678 3	0.130 07	60	0.727 8	0.684 5
0.020 21	90	0.738 7	0.672 7	0.417 05	50	0.724 5	0.687 9
0.030 60	80	0.737 4	0.674 2	0.799 29	40	0.720 1	0.692 5
0.052 21	70	0.740 0	0.671 2	11.338 00	10	0.722 3	0.690 3

注：N 表示在对应 Di 阈值下的优选波段个数

由表 7-27 确定，Di 为 0.073 49 时，RCV 达到最大，为 0.7433，同时 RMSECV 最小，为 0.6676，因此确定由 ISIC 优选出 66 个波段。考虑到相对于实际应用而言，其优选效率并未达到最高，因此在 ISIC 优选结果的基础上，进行基于 SPA 的二次筛选。这是由于 SPA 是多数研究所选定的优选效率较高、分析结果稳定的波段筛选算法。本研究共使用了 4 种波段筛选方法，各种方法筛选的波段个数及对应波段如表 7-28 所示。

表 7-28　不同算法波段筛选结果

算法	筛选波段个数	筛选波段（4 nm 间隔）
ISIC	66	454～534 nm、542～550 nm、558～622 nm、630～654 nm、666～714 nm、722～730 nm、738 nm、950 nm
PCA	43	458～530 nm、538 nm、618～694 nm、742～746 nm、770 nm
SPA	14	522 nm、718 nm、750 nm、778 nm、842 nm、850 nm、862 nm、890 nm、902 nm、914 nm、922 nm、930 nm、942 nm、950 nm
ISIC-SPA	3	522 nm、710 nm、738 nm

3. 基于分段偏最小二乘回归（P-PLSR）拟合的油松毛虫危害等级反演

以《油松毛虫监测与防治技术规范》为依据，首先根据辽宁省建平县 2012 年更新的小班调查数据，确定样地所在区域油松林为林龄在 40～60 年的成熟林，其次根据杜凯名等（2016）研究中单株幼虫虫口密度与失叶率的拟合模型，将虫口密度转化为失叶率，确定通过地面实测失叶率表征单株油松危害程度的划分标准（表 7-29）。

表 7-29　油松毛虫危害程度划分标准

林龄	表征参数	危害程度		
		轻度	中度	重度
≥21 年	幼虫虫口密度/（头/株）	>15～≤25	>25～≤40	>40
	失叶率/%	>35～≤38	>38～≤40	>40

不难发现，轻度、中度及重度危害等级基于失叶率的划分差距较大，失叶率>40%的油松均被划分为重度危害，而轻度及中度危害以 38%为界限。这样很容易造成模型拟合的不规范性。因此，我们利用分段拟合的方法进行油松毛虫危害等级的反演模型构建。模型构建前分段参数的确定方法及步骤如下。①根据相应的失叶率对所有 3 个敏感波段所构建的光谱指标数据进行排序。②生成每个指标的失叶率（X 轴）和指标值（Y 轴）的散点图，并确定每个危害等级所在位置的分界线。③分析各个指标值随失叶率的增加而变化的趋势，并着重分析其在分界点上的特点。④通过分析变化趋势和分界点，确定指标值是否适合作为分段指标。如果一个指标值变化不规则，则不适合作为分段函数；如果指标值有明显的增大或减小趋势，则重点分析 38%和 40%分界点的指标值。选择在分界点有明显转折的光谱指标作为初始分段指标。该指标与失叶率具有较高的相关系数，并尽可能地综合了所有最佳波段，将成为最终的分段指标。

依据已有相关研究，我们利用筛选出的 3 个敏感波段，构建了 18 个参数进行分段函数的筛选。由图 7-37 可知，所有参数在失叶率小于 40%时，均呈现规律性的上升或下降趋势；而失叶率大于 40%时，大多数参数的变化并没有明显的规律可循。利用筛选波段分别计算差值光谱指数 DSI（λ_i，λ_j）和波段算数值 B（λ_i，λ_j，λ_k），DSI（λ_i，λ_j）表示 λ_i 波段反射率与 λ_j 波段反射率的差值，B（$\lambda_i+\lambda_j-\lambda_k$）表示 λ_i 波段反射率加上 λ_j 波段反射率减去 λ_k 波段反射率，λ_i、λ_j、λ_k 分别为筛选的敏感波段 522 nm、710 nm 和 738 nm。DSI（522，738）、DSI（710，738）和 B（710+738 –522）、B（522+738–710）却分别呈现明显的上升和下降趋势。因此，我们将这 4 个参数作为初始选择，而其中 DSI 对应的两个参数只包含了两个敏感波段，故而选择 B（710+738–522）和 B（522+738–710）进行分界点位置的研究。

通过数据分类和统计分析，这两个光谱指标的阈值可以很简单且准确地分析出（图 7-38）。当 B（710+738–522）为 0.227、B（522+738–710）为 0.130 时，在失叶率为 40%处几乎所有的点都可以分成两部分。而 B（710+738–522）在失叶率为 40%处的错分样点只有 9 个，低于 B（522+738–710）的错分点数，最终我们确定分段指数（PI）为 B（710+738–522），且 0.227≤PI≤0.550 为轻中度危害分段，0.100≤PI<0.227 为重度危害分段。

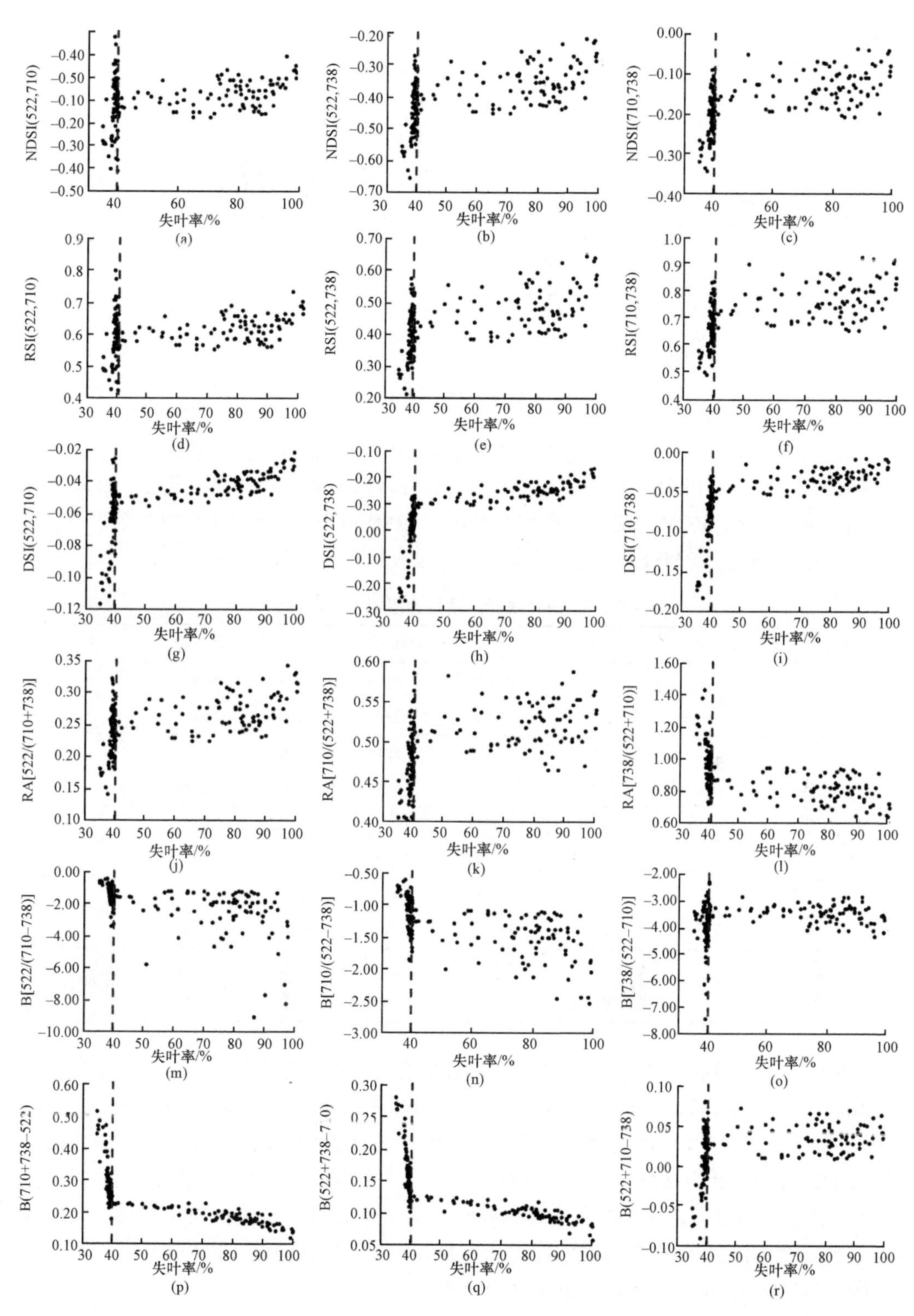

图 7-37　分段参数与失叶率相关性分析图

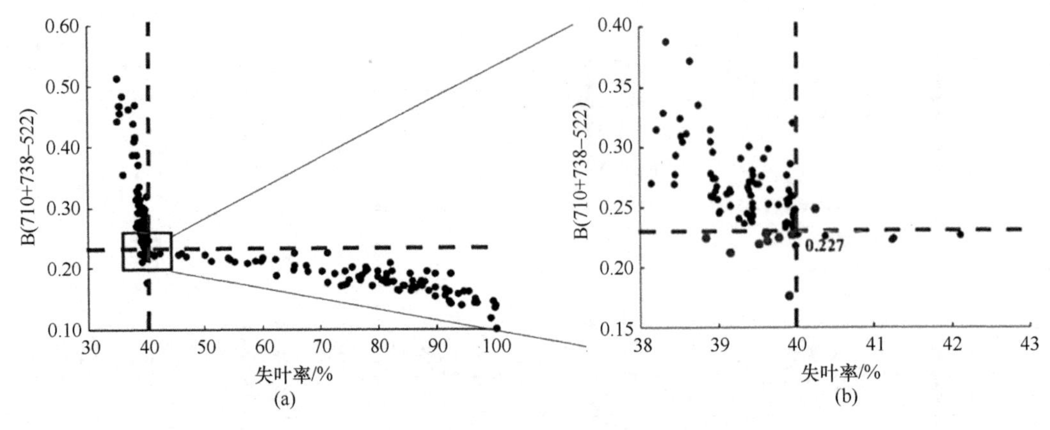

图 7-38 PI 分段阈值确定

此后，我们基于单木失叶率和 4 种不同敏感波段筛选算法得到的波段，进行了分段偏最小二乘回归（P-PLSR）分析。152 个样本参与训练，74 个样本进行验证，以训练集交叉验证相关系数(RCV)、交叉验证均方根误差(RMSECV)以及验证集相关系数(RP)、验证集均方根误差（RMSEP）进行模型拟合精度评价（表 7-30）。

表 7-30 不同算法优选波段分段拟合精度评价

波段筛选算法	波段个数	分段	RCV	RMSECV	RP	RMSEP	R^2
全部波段	125	轻中度	0.9655	0.2589	0.8783	0.3665	
		重度	0.9408	0.3360	0.8713	7.5613	
PCA	46	轻中度	0.9461	0.3219	0.9327	0.2633	0.8937
		重度	0.9278	0.3699	0.8609	7.1824	
SPA	14	轻中度	0.9657	0.2578	0.9445	0.2554	0.9315
		重度	0.9393	0.3402	0.8726	7.5978	
ISIC	66	轻中度	0.9718	0.2342	0.9367	0.2855	0.9512
		重度	0.9369	0.3467	0.8476	7.4608	
ISIC-SPA	3	轻中度	0.9335	0.3562	0.8061	0.4567	0.8693
		重度	0.8882	0.4554	0.8657	8.4818	

由表 7-30 分别对不同定义域的分段函数拟合结果进行分析和比较，可以发现，虽然 ISIC 的波段选择效率不是最好的，但在轻中度损伤水平（0.227≤PI≤0.550）下，ISIC 的模型精度是最好的，最终的总体评估参数 RCV 为 0.9718，RP 为 0.9367，RMSECV 为 0.2342，RMSEP 为 0.2855，R^2 为 0.9512。在三种基本算法（PCA、SPA 和 ISIC）中，PCA 算法的结果最差，并且波段选择效率比 SPA 算法差得多。ISIC-SPA 是最有效的波段选择方法，其准确识别失叶率的能力却不是最好的，但是即使 ISIC-SPA 只选择了 3 个最佳波段参与模型拟合，R^2 也达到了 0.8693。

图 7-39 显示了所有算法的总体模型拟合精度和溢出情况。所有波段选择算法都能更有效地反演属于中重度损伤水平的失叶率，而它们识别轻度损伤水平的能力稍低。相

比之下，ISIC 算法对轻度损伤点失叶率的反演能力明显优于其他波段算法，对中度和重度损伤的反演能力没有显著差异。图 7-39 中的红色圆点代表预测的溢出点。以主成分分析（PCA）为自变量得出的溢出点数最少，ISIC 和 ISIC-SPA 并列第二。由于数据噪声的存在和测量数据的不完全性，每种方法都会出现溢出点。此外，训练样本少也是造成这一现象的原因。综合考虑运行速率及指导实际应用情况，利用 ISIC-SPA 进行波段筛选，并通过 P-PLSR 实现油松毛虫危害等级划分是可以满足实际应用需求的，因此，我们利用最终构建的油松毛虫危害等级拟合模型[式（7-29）]进行研究区的单木危害程度制图（图 7-40）。

$$P=\begin{cases}43.8403-31.8932B_{522}+29.8588B_{710}-28.5645B_{738}, 0.227\leqslant B(710+738-522)\leqslant 0.550\\ 217.0435-583.3388B_{522}+163.2454B_{710}-824.7452B_{738}, 0.100\leqslant B(710+738-522)<0.227\end{cases} \quad (7\text{-}29)$$

式中，P 为单木失叶率；B_i 代表波段 i 纳米处的反射率。

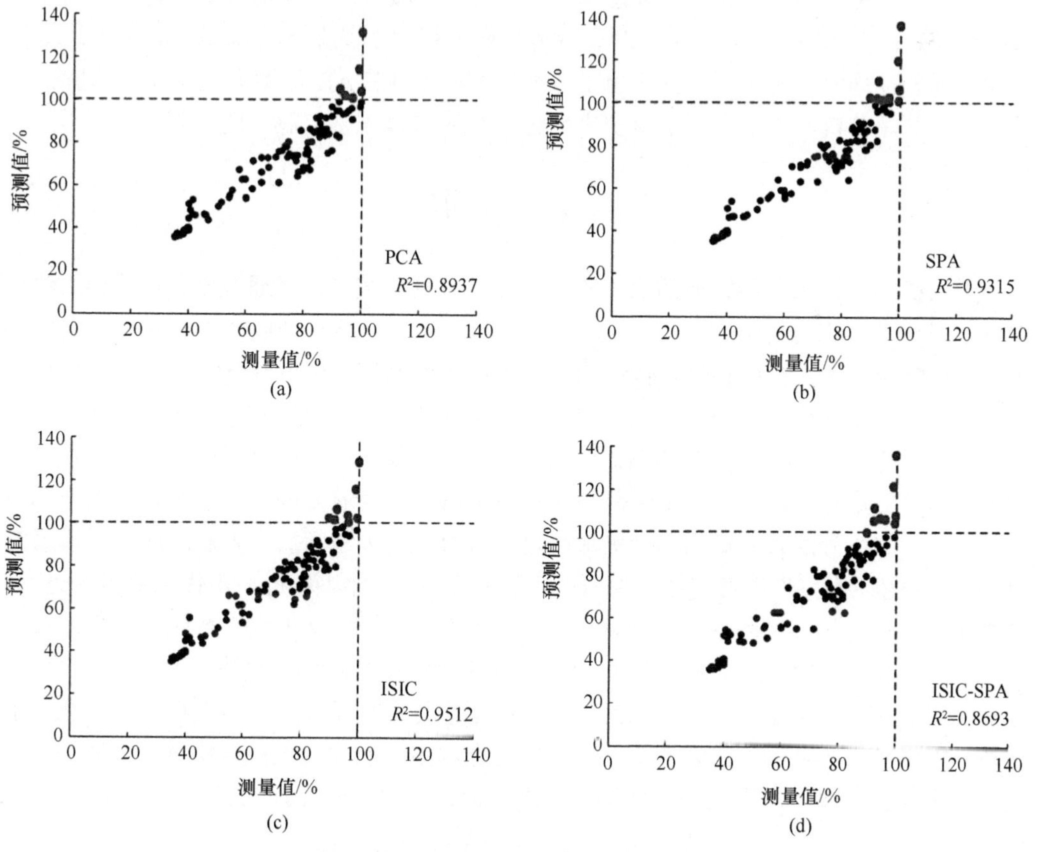

图 7-39 分段模型失叶率拟合精度评价

利用无人机搭载高光谱相机及数码相机获取研究区近地光学影像数据，结合地面调查数据实现了从单木冠幅提取到单木油松毛虫危害等级划分的全自动化分析。研究通过构建基于边缘保持滤波优化的支持向量机“空-谱”分类框架，实现了油松单木冠幅的识别（识别精度 88.97%），以此形成样本数据感兴趣区（ROI），实现单木平均光谱的自

动提取；此后，针对高光谱数据，通过波段筛选及分段模型拟合实现了单木尺度的油松

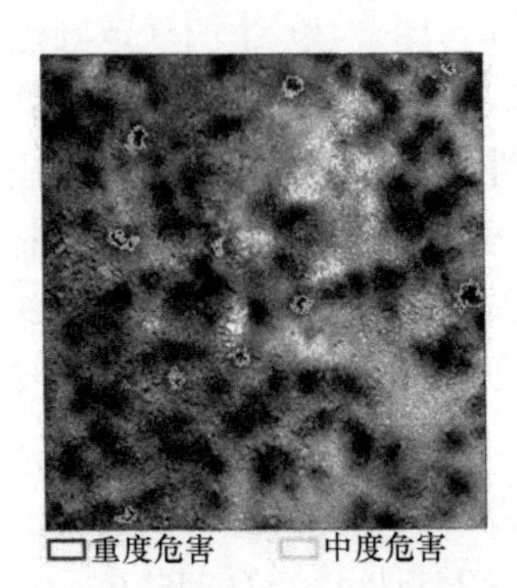

图 7-40　油松毛虫危害等级划分图（彩图请扫封底二维码）

毛虫危害等级划分，并完成制图。最终模型拟合 R^2 达到 0.8693。采用本研究分析得到的油松毛虫危害识别敏感波段，可直接获取包含三个波段的多光谱数据，避免了高光谱数据处理量大的弊端，更能实际应用；此外，研究提出的从单木冠幅提取到单木尺度危害程度划分，均针对图像展开，避免了以往研究需要 LiDAR 等数据提供单木位置信息的数据获取及分析，有效证明了航空平台在森林病虫害识别监测上的有效性。

7.4　总结与展望

无人机遥感在农业和林业病虫害监测方面都开展了较多创新研究和探索实践。随着深度学习理论和应用的快速发展，无人机遥感与深度学习结合开展病虫害种类识别取得了较好的效果。无人机遥感结合传统的病虫害严重度监测、病虫害分级方法等也取得了较好的效果，表明无人机遥感在精细尺度农林病虫害监测识别方面具有较大潜力。

但无人机遥感病虫害监测仍然面临诸多难题。例如，无人机遥感虽然提供了较高的空间分辨率，增加了病虫害早期监测识别的可能性，但随着空间细节增强，冠层内部结构异质性、阴影等因素的影响也会更加凸显，这为无人机遥感病虫害监测增加了模型的复杂度和不确定性。未来可构建多种病虫害的遥感特征数据库，进一步优化基于多光谱、高光谱和热红外等多源数据的病虫害识别与诊断算法，开展基于人工智能深度学习算法的病虫害识别与诊断模型研究，进一步提高识别效率和准确度。此外，还可结合农林行业病虫害遥感监测需求，结合地面测报、卫星遥感等多种手段，将无人机遥感监测“小而精”扩展到大区域的病虫害监测预警，构建全国主要农林病虫害监测时空大数据，实现病虫害发生频率、严重度等指标的及时测报，提高农林植保行业智能化水平。

参 考 文 献

刁智华, 王欢, 宋寅卯, 等. 2013. 基于颜色和形状特征的棉花害螨图像分割方法. 农机化研究, 35(3): 50-55

杜凯名, 高成龙, 刘文萍, 等. 2016. 油松毛虫性信息素监测量与失叶率及虫口密度的相关性分析. 植物保护学报, 43(6): 966-971

廖传柱, 张旦, 江铭炎. 2014. 基于 ABC-PCNN 模型的图像分割. 南京理工大学学报, 38(4): 558-565
罗菊花, 黄文江, 顾晓鹤, 等. 2010. 基于 PHI 影像敏感波段组合的冬小麦条锈病遥感监测研究. 光谱学与光谱分析, 30(1): 184-187
陶惠林, 冯海宽, 杨贵军, 等. 2020. 基于无人机成像高光谱影像的冬小麦 LAI 估测. 农业机械学报, 51(1): 176-187
闫欢兰, 陆慧娟, 叶敏超, 等. 2020. 结合 Sobel 算子和 Mask R-CNN 的肺结节分割. 小型微型计算机系统, 41(1): 161-165
庄福振, 罗平, 何清, 等. 2015. 迁移学习研究进展. 软件学报, 26(1): 26-39
Aslam A, Khan E, Beg MMS. 2015. Improved edge detection algorithm for brain tumor segmentation. Procedia Computer Science, 58: 430-437
Baret F, Guyot G. 1991. Potentials and limits of vegetation indices for LAI and APAR assessment. Remote Sensing of Environment, 35(2): 161-173
Bian W, Tao D. 2011. Max-min distance analysis by using sequential SDP relaxation for dimension reduction. IEEE Transactions on Pattern Analysis and Machine Intelligence, 33(5): 1037-1050
Chen S, Goodman J. 1999. An empirical study of smoothing techniques for language modeling. Computer Speech & Language, 13(4): 359-394
Clinton N, Holt A, Scarborough J, et al. 2010. Accuracy assessment measures for object-based image segmentation goodness. Photogrammetric Engineering & Remote Sensing, 76(3): 289-299
Dougherty ER, Lotufo RA. 2003. Hands-On Morphological Image Processing. Bellingham, Washington: SPIE-The International Society for Optical Engineering
Gamon J, Surfus J. 1999. Assessing leaf pigment content and activity with a reflectometer. The New Phytologist, 143(1): 105-117
Gao K, Duan H, Xu Y, et al. 2012. Artificial Bee Colony approach to parameters optimization of pulse coupled neural networks. IEEE International Conference on Industrial Informatics, 7203(4): 128-132
Gitelson AA, Kaufman YJ, Stark R, et al. 2002. Novel algorithms for remote estimation of vegetation fraction. Remote Sensing of Environment, 80(1): 76-87
Huete A, Didan K, Miura T, et al. 2002. Overview of the radiometric and biophysical performance of the MODIS vegetation indices. Remote Sensing of Environment, 83(1): 195-213
Huete AR. 1988. A Soil-adjusted Vegetation Index (SAVI). Remote Sensing of Environment, 25(3): 295-309
Jaware TH, Badgujar RD, Patil PG. 2012. Crop disease detection using image segmentation. World Journal of Science and Technology, 2(4): 190-194
Kirkland EJ. 2010. Bilinear Interpolation. *In*: Kirkland EJ. Advanced Computing in Electron Microscopy. Boston, MA: Springer
Kononenko I. 1994. Estimating Attributes: Analysis and Extensions of Relief. European Conference on Machine Learning: 171-182
Mueller ND, Gerber JS, Johnston M, et al. 2012. Closing yield gaps through nutrient and water management. Nature, 490(7419): 254-257
Otsu N. 1979. A threshold selection method from gray-level histograms. IEEE Transactions on Systems, Man, and Cybernetics, 9(1): 62-66
Person RS, Kudina LP. 1972. Discharge frequency and discharge pattern of human motor units during voluntary contraction of muscle. Electroencephalography and Clinical Neurophysiology, 32(5): 471-483
Ren S, Chen X, An S. 2017. Assessing plant senescence reflectance index-retrieved vegetation phenology and its spatiotemporal response to climate change in the Inner Mongolian Grassland. International Journal of Biometeorology, 61(4): 601-612
Rondeaux G, Steven M, Baret F. 1996. Optimization of soil-adjusted vegetation indices. Remote Sensing of Environment, 55(2): 95-107
Sternberg SR. 1986. Grayscale morphology. Computer Vision, Graphics, and Image Processing, 35(3): 333-355
Thompson CN, Guo W, Sharma B, et al. 2019. Using normalized difference red edge index to assess maturity

in cotton. Crop Science, 59(5): 2167-2177

Verstraete MM, Pinty B, Myneni RB. 1996. Potential and limitations of information extraction on the terrestrial biosphere from satellite remote sensing. Remote Sensing of Environment, 58(2): 201-214

Wagstaff K, Cardie C, Rogers S, et al. 2001. Constrained K-means Clustering with Background Knowledge. Proceedings of the Eighteenth International Conference on Machine Learning: 577-584

Yue J, Feng H, Jin X, et al. 2018. A comparison of crop parameters estimation using images from UAV-mounted snapshot hyperspectral sensor and high-definition digital camera. Remote Sensing, 10(7): 1138

Zebarth BJ, Younie M, Paul JW, et al. 2002. Evaluation of leaf chlorophyll index for making fertilizer nitrogen recommendations for silage corn in a high fertility environment. Communications in Soil Science and Plant Analysis, 33(5): 665-684

Zhao C, Huang M, Huang W, et al. 2004. Analysis of Winter Wheat Stripe Rust Characteristic Spectrum and Establishing of Inversion Models. IGARSS 2004. 2004 IEEE International Geoscience and Remote Sensing Symposium: 4318-4320

第8章 展 望

8.1 无人机遥感平台与传感器发展趋势

无人机遥感技术应用需求的不断扩大对无人机平台及传感器技术提出了更高的要求，未来无人机遥感平台与传感器的发展方向主要有4个：第一是无人机平台飞行的安全性，这主要表现在无人机飞控技术的升级和对环境感知与决策能力的提升上（朱华勇等，2010）；第二是传感器采集数据更加多样性和智能化（晏磊等，2019），数据多样性主要表现在多种数据同步采集、图谱信息自动融合，智能化主要是传感器能够对采集的数据进行实时空间及光谱校正；第三是实现数据的实时分析及传输功能，在无人机平台上集成数据实时处理分析模块或者通过高速传输网络实现数据云处理，并将采集数据处理结果实时传输给用户终端进行存储和显示，实现飞行采集即所得；第四是无人机遥感平台与传感器之间协同作业，这主要表现为无人机根据传感器工作性能参数自动调整飞行状态，提升数据获取的效率和质量（图8-1）。

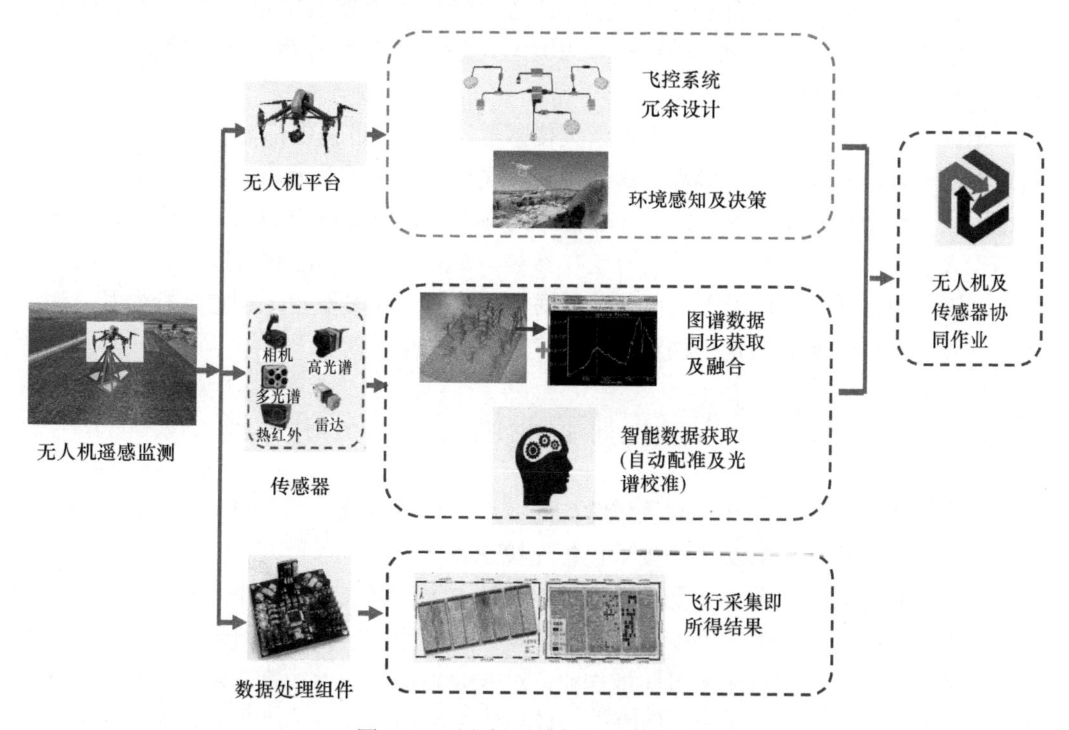

图8-1 无人机遥感技术发展趋势

未来无人机遥感监测平台将搭载更多而且更加复杂、价值也会更高的传感器，无人机的安全是保证整个遥感作业顺利进行的基础，飞控系统的冗余设计和环境感知及决策能力的提升将是发展的重点，环境感知能力包括无人机系统自身硬件性能的感知和周围环境信息的感知。自身硬件感知对象包括电池电量、起飞负载情况、飞行系统电子元器件性能状态等，环境感知包括风力、风向、温度、气压、降雨、太阳辐射、地形地貌等。可通过设计的智能决策算法实现多种数据的融合（王媛媛，2012），从而提升环境感知及应变能力，及时调整无人机飞行状态或者提供给无人机操作人员飞行信息及飞行建议，实现人机的高效智能化交互，进而促进无人机系统综合飞行安全性能的提高。

传感器技术的发展是除无人机安全控制技术发展以外另一个重点需要突破的领域，未来的传感器技术将向着多种类型数据获取、图谱信息融合及数据自动校正方向发展，目前遥感上应用的单个传感器基本上还是获取单一类型信息，当作业要求较高时，往往需要多种类型传感器数据依次获取，这样做不仅效率低，而且很容易由于时间和空间不同步而造成获取的数据一致性不高，因此发展能同时采集多种类型数据的传感器，以及能实现多类型数据融合的技术将大大提高数据获取和分析的效率（郭庆华等，2021；Yuan et al.，2017；Huang et al.，2015；Vetrivel et al.，2018）。

目前，大多数遥感类传感器采集的依然是原始光谱及点云数据，还需要线下进行二次加工和处理才能形成分析结果，此种形式无疑增加了工作量，降低了效率。基于此种情况，未来无人机载传感器将向着数据采集及分析处理一体化方向发展，即将所需要的分析方法及模型数字化后固化到传感器处理器中或者通过高速数据传输网络实现云传输和云处理（晏磊等，2019），最后将实时分析结果传输到用户显示终端（何勇等，2018）。

无论是光谱类传感器还是激光点云类传感器，在使用过程中都需要人为根据飞机的飞行参数设定传感器的工作参数，这使得实际飞行作业需要具有丰富经验的人来完成，否则无法保证数据质量。鉴于此，未来传感器与无人机将高度集成，协同作业，传感器根据无人机的飞行参数自动调整自身工作参数，如根据飞行高度和速度来调整数据采集频率和曝光时间等，同样无人机也可以根据传感器的工作参数自动调整飞行参数，如根据传感器的工作频率和质量来调整飞行速度、高度和架次等。

8.2 无人机遥感智能化大数据分析加速

随着无人机遥感在农业监测领域的广泛应用，数据存储、智能分析、大数据挖掘、在线服务、虚拟现实实时交互等技术也正在快速发展。

无人机遥感数据目前主要是本地存储在高速SD存储卡上，操作人员在无人机完成飞行后取下SD卡将其拷贝到移动工作站或服务器进行数据处理。但随着无人机农业遥感应用的快速发展，大量无人机同步作业，对专业人员和硬件的需求越来越高，因此无人机遥感数据的高速云端存储、集成化和智能化在线处理与分析成为当前无人机遥感领域发展的重要方向。

5G技术和云计算的快速发展，为无人机数据实时处理提供了可能。基于人工智能和5G技术的无人机图像实时处理、计算、建模、决策发展迅速，深圳市大疆创新科技有限公司推出了具有云端制图功能的大疆司空 2，支持可见光或红外数据准实时同步云端存储和拼接处理，飞行平台支持 M30 和 M300RTK 系列无人机平台，传感器目前只支持禅思 H20 系列。其技术路线是无人机拍摄的照片先通过无线信号同步传输到遥控器，再通过遥控器的移动网络传输到云端服务器，由云端服务器进行高性能拼接计算，拼接结果可以实时在网络端进行数据分析，也可以同步传回遥控器地图页面。目前从无人机到遥控器的数据传输基本可以实时完成，但从遥控器到云端服务器、云端服务器拼接分析和从云端服务器到遥控器这些功能受限于网络带宽和速度，还有明显的延迟。DroneDeploy 公司进一步实现了多种大疆无人机从航线规划、飞行拍照、数据上传、数据处理和数据分析的全程自动化。随着 5G/6G 技术的快速发展，面向农业应用的无人机多光谱和高光谱遥感数据有望实现“即拍即传”，并实时同步传输到云端服务器，从而实现从无人机航线规划、飞行到数据上传、数据处理和数据分析的全程自动化。

无人机遥感数据在线分析已经成为当前无人机数据处理的主流应用方向，大疆智图、ArcGIS Drone2Map、DroneDeploy 等商业软件以及开源的 WebODM 等软件都实现了无人机数据的在线拼接、二维地图生成、三维地形生成、植被指数计算等在线分析功能。未来面向农情监测的农学参数产品（LAI、株高、生物量、氮含量、蛋白质含量、产量等）在线生产和在线服务将成为农业无人机遥感数据在线处理的重要研究方向。

人工智能与深度学习技术促进了无人机影像数据的快速和精确解译（图 8-2）。美国 Airlitix 精准农业公司开发了支持人工智能和机器学习的温室专用无人机，可实时收集温度、湿度和二氧化碳水平数据，通过人工智能技术在线分析土壤养分和作物健康状况，以确保植物在最佳生态系统中生长。Alive 公司使用人工智能技术支持无人机巡田，该技术具有农田 2D/3D 建模、地形测绘、图像识别和土壤分析功能，使无人机能够实现作物株高测量、长势监测、病虫害分析、土壤状况监测、产量预测等各种功能。人工智能、

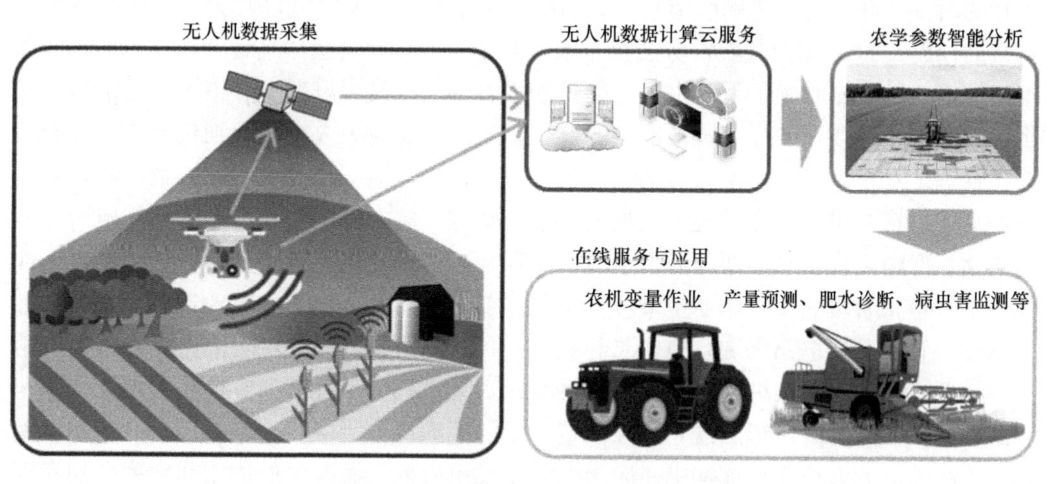

图 8-2 人工智能与云计算技术加速无人机农业遥感智能化应用

无人机与作物生长模型的结合，会给作物生长状态监测构建精确而强大的数据和计算基础，预期成为作物数字孪生技术的重要支撑。随着大数据、深度学习、人工智能和虚拟现实（VR）/增强现实（AR）技术的快速发展，农业无人机遥感数据智能分析、数据挖掘、虚拟现实实时交互也将获得更快的发展和应用。

8.3 无人机智慧管控仍然是行业发展的瓶颈

近年来，中国无人机制造业快速发展，无人机在农业、地质测绘、气象减灾、电力巡查、个人消费等领域得到了广泛应用。到2019年年底，我国无人机年销售量达到196万架，其中消费级无人机150万架，工业级无人机46万架。无人机普及程度不断加大，但无人机产业发展却面临两难问题：如果管控过严，将会扼杀整个蓬勃发展的产业；如果失之过宽，则会产生黑飞、非法干扰等一系列问题，甚至可能会引发危及公众生命财产安全和国家安全的恶性事件。

自2003年开始，国家有关部门就开始重视对通用航空的监管，出台了《通用航空飞行管制条例》，旨在合法、合理和有效地引导通用航空事业的健康发展。随后，2013年出台的《民用无人驾驶航空器系统驾驶员管理暂行规定》使民用无人机的操作飞行有据可依，也提升了入驻这一行业的门槛，在技术、管理等方面将变得更加规范可行。但长期缺乏无人机驾驶飞行以及有关活动的相关法律法规，成为民用无人机行业快速发展的重要掣肘，特别是低、慢、小航空器强制管理权限等问题比较突出，以消费级无人机为代表的飞行器，位置信息仍旧采用将坐标位置预录芯片识别电子围栏的模式，制约了航线的可变性，也限制了无人机市场的发展。

因此，从促进通用航空和无人机发展的角度来看，低空空域管理改革重要性凸显。处理好突出的空域使用与空域管制之间的矛盾，加大空域立体的空间利用效率，有序、合理使用将有利于加快交通运输的流转速度，从安全与快速角度考虑，还保证了飞行器飞行的时候，其拥有的专属航道唯一、通畅，这是我国发展空域以及无人机产业所需要解决的问题。2023年国务院常务会议审议通过《无人驾驶航空器飞行管理暂行条例（草案)》，该条例首先明确了无人机飞行管理的主管部门以及生产制造、销售流通、作业应用、公共安全等涉及的行业管理部门的具体职责。二是对无人机进行细化分类，实施精细化管理。对小型以上的无人机加强监管，对微型、轻型产品可以适度放宽限制，对大中型无人机应当进行适航管理。三是明确管控空域，建立管控空域飞行需求的申请与审批制度，保障飞行安全；划定适飞空域，保障合法合规的飞行权利。四是对无人机飞行计划实行审批管理。飞行计划申请应当于飞行前若干时间内向有关管制部门提出，飞行中保持与管制部门联络畅通，报告飞行动态；飞行结束后，在规定时间内报告飞行实施完成情况。五是对无人机使用者提出明确要求。无人机使用者应当掌握相关理论知识和实践技能，熟悉有关法律法规。操控一定重量的无人机应当取得合格证照，并定期接受培训。此外，无人机飞行过程中，应当确保无线电发射设备及台站的工作频率、功率等技术指标符合国家无线电管理相关规定。

现有空中交通管理系统主要面向高空和机场周边的管制空域，管理对象主要是有人运输航空飞行。管理策略和管制指令以地面管制员人为经验以及与地空通话协调通报为基础。在飞行监视方面，一般基于一次/二次雷达、广播式自动相关监视（automatic dependent surveillance-broadcast，ADS-B）等手段，成本相对较高。总体而言，现有空管体系表现出两个突出特点：一是智慧程度不足，基于人为经验和判断的管制模式已经逐步到达运行能力的上限；二是管理区域不主要面向低空空域，虽然有人通航飞行大多集中在低空空域，但是当前我国有人通航飞行体量太小，不足以对现有空管体系造成实质性影响。

未来无人机将朝着自主化、集群化、多样化飞行趋势发展，低空无人机多样化应用、多变动态需求、高密度飞行，对现有空管体系提出了新的需求和挑战，需要突破并超越当前空中交通管理系统基础设施、空中交通管制人员资源和载人飞机运行模式的关键技术（朱华勇等，2010；何勇等，2018；李德仁和李明，2014）。这些挑战主要包括三个方面。一是体系架构层面，包括新的空域结构、航线结构、无人机空管主体、无人机空管流程、多维信息的交互传输、无人机空管体系与有人机空管体系的边界融合等。尤其在低空空域这一传统空管涉足较少的区域，可以认为需要几乎从零开始新建一个与高空管制空域空管体系完全对应的低空空管体系。二是空管基础设施层面，传统空管的通信、导航、监视、信息等基础设施一般针对机场及高空空域，没有专门针对低空的基础设施，如传统的一次/二次雷达或 ADS-B 等监视技术手段应用于低空时将遇到信号覆盖范围和定位精度等多方面的问题，低空无人机空管需要新建大量相应配套的基础设施，但同时面临着有没有合适的技术、新建设施是否具有可行性等挑战。三是空管关键技术层面，传统空管关键技术和管制手段都是人工化的，低空无人机飞行需要计算机自动化生成和处理空管指令，且低空飞行量巨大，需要快速智能化的处理技术，这就为发展智慧化的空管关键技术提出了迫切的需求。但是，人工智能等智慧技术如何应用于空管当中，如何保证新技术下的飞行安全，这仍然是无人机空管体系面临的主要挑战。

纵观全球，无人机空管在体系架构、政策法规、关键技术、应用实施等方面均处于探索阶段，没有成熟案例。低空无人机空管的首要难题在于无人机与空管系统的通信，随着 5G 商用技术的成熟，基于 5G 蜂窝网络大带宽、低时延、大连接的网络能力将赋能无人机产业，为低空无人机的看得见、控得住、能溯源等空管目标提供了天然的支持。在 5G 网络和北斗导航等技术支撑下，通过构建基于人工智能（AI）和时空大数据的实时航线规划、高效起降管理、智能探测与避让等技术，形成无人机智慧空管体系，从而实现无人机产业可持续健康发展，切实维护航空安全、公共安全、国家安全。低空无人机空管作为智慧空管的重要组成部分，也必将向着信息传输网络化、运行空间数字化、飞行终端智能化的方向发展（图 8-3）。接入低空移动通信网络的 5G 网联无人机，具有实时超高清图传、远程低时延控制、永远在线等重要能力，其将形成一个数以千万计的无人机智能网络，7×24 小时不间断地提供航拍、监测、作业等各种各样的个人及行业服务，进而构成一个全新的、丰富多彩的“网联天空”。

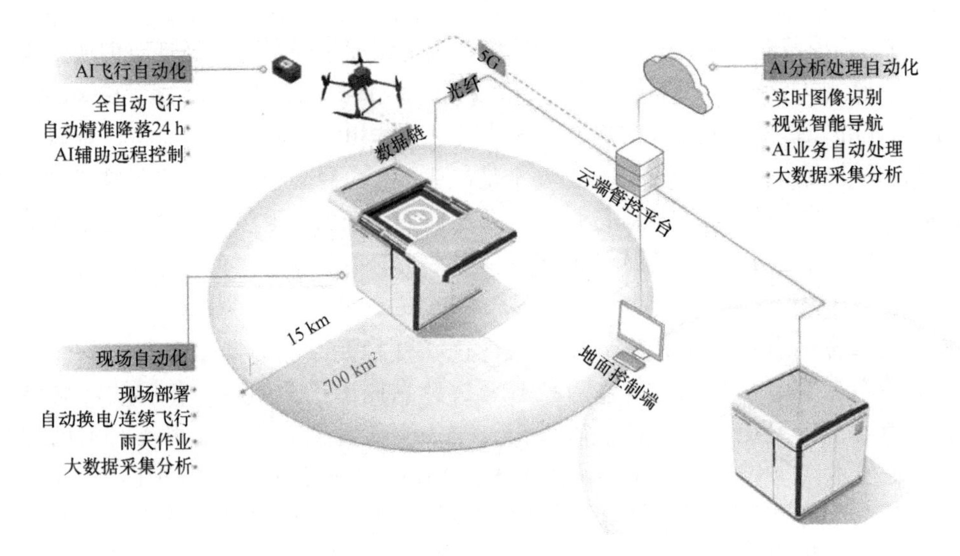

图 8-3　无人智慧空管及自主智能飞行

8.4　无人机遥感推进智慧农业快速发展

智慧农业是以全面感知、可靠传输和智能处理等物联网技术为支撑和手段，以自动化生产、最优化控制、智能化管理、系统化物流和电子化交易为主要特征，实现高产、高效、低耗、优质、生态和安全发展的新型现代农业，是农业信息化发展的新阶段。农业无人化是智慧农业发展的主要特征，成为全球智慧农业的前沿领域。而无人化农场不仅将机械化与信息化技术深度融合，还运用智能技术有效破解了传统农业模式严重依赖人工劳动的困境。

未来大量涌现的无人化农场，将重点依赖无人机遥感、高分卫星遥感及物联网设备等实现农田全过程数字化，通过 AI 作物模型、深度学习和图像识别，智慧农业系统能为农业生产者提供苗情分析、病虫草害诊断、产量预测及肥水调优等决策辅助，既提高了农田生产效率和标准化水平，也极大地降低了劳动力成本（廖小罕等，2019；兰玉彬等，2019；汪沛等，2014）。英国的农业无人机渗透率已达到 18%，并且正在改变农民种植作物和饲养牲畜的方式。在中国，随着无人机技术的迅速提高，农业无人机也正在应用于作物健康、水分应用、土壤分析等土地实时信息的收集，帮助农户更好地管理作物，实现智慧农业（图 8-4）。

此外，无人机更深入地介入农业领域，还将影响农业全行业链条，推动农业技术革命，其中以“无人机+感应器+大数据”为代表的技术模式在农业领域应用，能够创新出一个多层次、全方位的“农业地图”：土壤信息、动植物信息、气候信息，乃至农户信息都将得到汇总，从而提高农业生产效率。

作为农业领域“空中”飞行智能装备的无人机，也将不断与农机农艺更紧密地融合（何勇等，2018），并依托未来“智慧农场”新基建，并与 5G、人工智能、大数据技术有机融合，以更灵活、自主、智能的方式超越人眼的视距范围和观测能力，支撑田间管护巡查、协同农机精准作业、评估农情灾损，从而打造智慧农业空天地一体化高效协作的农业遥感监测系统。

图 8-4 无人机遥感在智慧农业中的应用前景

参 考 文 献

郭庆华, 胡天宇, 刘瑾, 等. 2021. 轻小型无人机遥感及其行业应用进展. 地理科学进展, 40(9): 1550-1569

何勇, 岑海燕, 何立文, 等. 2018. 农用无人机技术及其应用. 北京: 科学出版社

兰玉彬, 邓小玲, 曾国亮. 2019. 无人机农业遥感在农作物病虫草害诊断应用研究进展. 智慧农业, 1(2): 1-19

李德仁, 李明. 2014. 无人机遥感系统的研究进展与应用前景. 武汉大学学报(信息科学版), 39(5): 505-513, 540

廖小罕, 肖青, 张颢. 2019. 无人机遥感: 大众化与拓展应用发展趋势. 遥感学报, 23(6): 1046-1052

汪沛, 罗锡文, 周志艳, 等. 2014. 基于微小型无人机的遥感信息获取关键技术综述. 农业工程学报, 30(18): 1-12

王媛媛. 2012. 多传感器信息融合在无人机自主精确导航技术中的应用. 洛阳: 洛阳惯性技术学会2012年学术年会: 57-60

晏磊, 廖小罕, 周成虎, 等. 2019. 中国无人机遥感技术突破与产业发展综述. 地球信息科学学报, 21(4): 476-495

朱华勇, 牛轶峰, 沈林成, 等. 2010. 无人机系统自主控制技术研究现状与发展趋势. 国防科技大学学报, 3(32): 115-120

Huang W, Xiao L, Wei Z, et al. 2015. A new pan-sharpening method with deep neural networks. IEEE Geoscience and Remote Sensing Letters, 12(5): 1037-1041

Vetrivel A, Gerke M, Kerle N, et al. 2018. Disaster damage detection through synergistic use of deep learning and 3D point cloud features derived from very high resolution oblique aerial images, and multiple-kernel-learning. ISPRS Journal of Photogrammetry and Remote Sensing, 140: 45-59

Yuan Y, Zheng X, Lu X. 2017. Hyperspectral image superresolution by transfer learning. IEEE Journal of Selected Topics in Applied Earth Observations and Remote Sensing, 10(5): 1963-1974